非平稳信号时频分析与分解方法

彭志科　陈是扦　周　鹏　著

科学出版社

北　京

内 容 简 介

　　本书系统阐述非平稳信号时频分析与分解的基本原理和方法，不仅包括常用的分析方法，还重点介绍参数化时频变换、同步压缩变换、变分模式分解、非线性调频分量非参数化分解等。本书系统介绍非平稳信号时频分析与分解方法的基本思想、算法原理、仿真算例以及该方法在工程信号分析与机械故障诊断中的应用，并且给出主要算法的 MATLAB 程序代码，可以帮助读者加深对算法原理的理解。本书章节安排合理，内容由浅入深，既包含了基础理论知识，又涉及领域前沿，适合不同层次的读者使用。

　　本书可供从事信号处理、故障诊断等领域的广大科技人员使用，也可作为高等院校机械工程、仪器仪表、自动控制、信息工程等专业的研究生和高年级本科生的教材或教学参考用书。

图书在版编目（CIP）数据

非平稳信号时频分析与分解方法 / 彭志科，陈是扦，周鹏著. —北京：科学出版社，2023.10
ISBN 978-7-03-076547-5

Ⅰ. ①非… Ⅱ. ①彭… ②陈… ③周… Ⅲ. ①随机信号－频谱分析 Ⅳ. ①TN911

中国国家版本馆 CIP 数据核字（2023）第 189323 号

责任编辑：邓　静 / 责任校对：王　瑞
责任印制：吴兆东 / 封面设计：马晓敏

科 学 出 版 社 出版
北京东黄城根北街 16 号
邮政编码：100717
http://www.sciencep.com
北京厚诚则铭印刷科技有限公司印刷
科学出版社发行　各地新华书店经销
*
2023 年 10 月第 一 版　开本：787×1092　1/16
2024 年 10 月第二次印刷　印张：21 3/4
字数：560 000
定价：128.00 元
（如有印装质量问题，我社负责调换）

前　言

本书主要介绍近十年所发展的具有代表性的非平稳信号时频分析与分解方法。得益于量子力学领域研究的启发，Gabor 和 Ville 等著名学者于 20 世纪中期开始开展时频分析方法研究。至今，涌现了一大批具有代表性的时频分析方法，包括经典的短时傅里叶变换、小波变换、Wigner-Ville 分布和高阶谱，以及先进的时频重排变换和参数化时频变换等。相较于时频变换而言，信号分解是一个更为年轻的领域。它的发展起始于 20 世纪末，最具标志性的成果是黄锷（Norden E. Huang）等学者提出的经验模式分解。此后，信号分解理论取得了十分迅猛的发展，学者陆续提出了一系列新的非平稳信号分解方法，如原子分解、集总经验模式分解、经验小波变换和变分模式分解等。此外，国内外知名学者也陆续出版了多本介绍非平稳信号时频分析理论与应用研究进展的专著，如清华大学褚福磊教授主编的《机械故障诊断中的现代信号处理方法》、雷达微多普勒效应领域国际著名学者 Victor C. Chen 教授主编的 *Time-Frequency Transforms for Radar Imaging and Signal Analysis* 以及时频分析理论研究领域国际知名学者 Ljubiša Stanković 教授主编的 *Time-Frequency Signal Analysis with Applications* 等。前两者偏重工程实际应用，后者偏重理论研究进展介绍。这些专著以介绍经典的非平稳信号时频分析方法为主，对近十年来所提出的前沿非平稳信号时频分析理论与信号分解方法涉及较少。

近年来，作者有幸主持"两机"重大专项、国家自然科学基金创新研究群体项目（编号：12121002）、国家自然科学基金重点项目（编号：11632011）以及国家杰出青年科学基金项目（编号：11125209）等重要科研项目。在这些项目的资助下，针对时变强调制非平稳信号时频分析与分解的关键科学难题与实现方法开展研究，原创性地建立了参数化时频变换与非线性调频分量分解理论方法体系，并将这些前沿理论成果成功应用于解决重大装备的状态监测与故障诊断难题。本书基于非平稳信号时频分析与分解方法近十年发展的标志性成果撰写而成，内容由浅入深、层层递进，既突出前沿理论进展，又注重工程实际应用，适合不同领域和不同层次的研究人员阅读与参考。

本书具有以下特点：

（1）注重方法基本原理与思想的阐释。许多时频分析与信号分解方法的提出虽涉及复杂的数学推导，但其基本思想与原理是简明而又深刻的。本书综合运用图例与核心公式解释代表性方法的基本原理，帮助读者深入理解这些方法的核心思想。

（2）聚焦前沿理论发展，突出独创性成果。基于参数化与非参数化两条脉络梳理近十年国内外非平稳信号时频分析与分解方法的发展，聚焦标志性成果，突出作者团队近年来在时频分析理论与信号分解方法领域所做出的原创性贡献。

（3）注重前沿理论方法的工程实际应用。本书在主要的时频分析和信号分解方法的章节最后都提供了多个工程应用算例。其中，结合作者团队近年来在机械装备故障诊断方面的研究成果，本书选取了典型的试验或工程案例对所介绍方法的工程应用价值进行了验证，并提供了主要源代码供读者参考。这部分源代码的下载方式：打开网址 www.ecsponline.com，在页面最上方注册或通过 QQ、微信等方式快速登录，在页面搜索框输入书名，找到图书后进入图书详情页，在"资源下载"栏目中下载。

本书第 1、4、5、7 章由彭志科完成，第 2、3、6 章由周鹏完成，第 8、9、10、11 章由陈是扦完成，全书由彭志科统稿。书稿撰写过程中，博士生王红兵、位莎和李天奇在程序整理、图形绘制和文稿校对方面做了许多工作。

最后，作者由衷感谢"两机"重大专项和国家自然科学基金的资助，同时感谢学术界同仁对作者工作的一贯支持和热情帮助。

由于作者水平有限，加之时间仓促，书中的不足之处在所难免，诚恳欢迎广大读者批评指正。

作 者

2022 年 12 月于上海

目　　录

第 1 章　数 学 基 础

正如数学家莫里斯·克莱因所说，事实上，一些科学分支只是由一套数学理论组成的，并饰以几个物理事实，信号分析与处理正是这样一门学科，它深深地根植于若干数学基础之上。信号分析中的许多概念、性质都离不开数学的推导，这也是为什么一般的关于数字信号基本理论的书中，数学推导往往占据了很大篇幅。更有甚者，有些信号分析方面的论著，通篇都是数学推导，令人望而生畏。应该注意到，虽然很多推导过程很复杂，但往往只是涉及一些技巧。如果能牢牢掌握数学基础知识，就可以做到触类旁通，不为高度技巧化的、复杂的推导过程所困惑，直达信号处理方法的要义和本质。实际上，很多情况下，要做到这一点，不需要很高深的数学知识，一般的高等数学知识就够了。

1.1　空　　间

数学上的空间本质上可看作实际的物理空间或欧几里得三维空间的推广和抽象化。广义上来说，空间就是用公理确定了元素与元素之间关系的集合；也可以理解为满足一定数学结构的元素的集合，而这个数学结构就是由公理来确定的。对信号处理来说，重要的空间概念包括线性空间、赋范线性空间和内积空间。

1.1.1　线性空间

定义了元素间代数运算的集合称为线性空间。令 V 为一集合且定义两个运算(加法与标量乘法)。若对每个 V 上的元素 f、g、w 及每个标量 c、d 都符合下列公理，则称 V 为一个线性空间。

(1) $f + g \in V$　　　　　　　　　(加法封闭性)

(2) $g + f = f + g$　　　　　　　　(加法交换性)

(3) $f + (g + w) = (f + g) + w$　　　(加法结合性)

(4) $f + 0 = f$　$\forall f \in V$

(5) $\exists -f \in V$　使得　$f + (-f) = 0$　$\forall f \in V$

(6) $cf \in V$　　　　　　　　　　(标量乘法的封闭性)

(7) $c(f + g) = cf + cg$　　　　　　(分配性)

(8) $(c + d)f = cf + df$　　　　　　(分配性)

(9) $c(df) = (cd)f$　　　　　　　　(结合性)

(10) $1f = f$　　　　　　　　　　(标量单位元素)

线性空间中的常用元素类型有函数和向量，当元素为向量时，常称为向量空间。

1.1.2 赋范线性空间

定义了元素范数的线性空间称为赋范线性空间。定义在赋范线性空间中的函数 $\|\cdot\|$，满足以下条件都可以称为范数。

(1) 正值性：$\|f\| \geq 0$；

(2) 正值齐次性：$\|af\| = |a|\|f\|$，其中 a 为标量；

(3) 三角不等式：$\|f + g\| \leq \|f\| + \|g\|$；

(4) 正定性：$\|f\| = 0 \rightarrow f = 0$。

对于 $[a,b]$ 区间上 p 次可积的函数空间 $L^p\left(\int_a^b |f(t)|^p \mathrm{d}t < \infty\right)$，常用的范数定义为

$$\|f\|_p = \left(\int_a^b |f(t)|^p \mathrm{d}t\right)^{1/p} \tag{1.1}$$

类似地，在 N 维向量空间中，元素 $f = [f_1, \cdots, f_N]$ 的常用范数定义为

$$\|f\|_p = \left(\sum_{n=1}^N |f_n|^p\right)^{1/p} \tag{1.2}$$

不同的范数定义可以从不同的角度度量空间中元素的某个特征。例如，若把空间中的每个元素看成一个信号，那么对于信号 f，$\|f\|_1$ 就表示该信号的绝对值和，$\|f\|_2$ 则表示该信号的能量。

在线性空间中，任意两个元素 f 和 g 之间的距离可通过范数来定义，即

$$d(f,g) = \|f - g\|_2 \tag{1.3}$$

根据该定义，两个二维向量 $f = [f_1, f_2]$ 和 $g = [g_1, g_2]$ 之间的距离可表示为

$$d(f,g) = \|f - g\|_2 = \sqrt{(f_1 - g_1)^2 + (f_2 - g_2)^2} \tag{1.4}$$

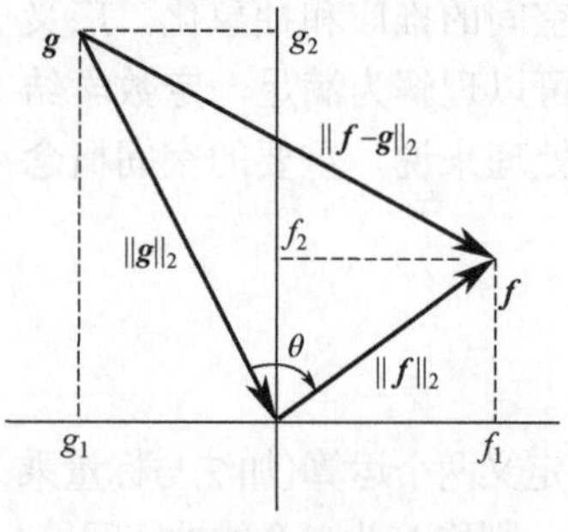

图 1.1 二维向量间的距离

如图 1.1 所示，$\|\cdot\|_2$ 定义的距离正是人们所熟悉的欧几里得距离。

1.1.3 内积空间

令 g、f 与 w 为线性空间 V 中的元素且 c 是任何标量。V 上的内积是一个函数 $\langle g, f \rangle$，该函数将每一个元素 g 或 f 对应到一个实数并满足下列公理：

(1) $\langle g, f \rangle = \langle f, g \rangle$；

(2) $\langle g, f + w \rangle = \langle g, f \rangle + \langle g, w \rangle$；

(3) $\langle cg, f \rangle = c\langle g, f \rangle$；

(4) $\langle f, f \rangle \geq 0$，且 $\langle f, f \rangle = 0$ 当且仅当 $f = 0$。

定义了元素间内积(积分运算)的线性空间称为内积空间。完备的内积空间（引入极限概念)又称为希尔伯特(Hilbert)空间。关于希尔伯特空间的具体定义可在一般的泛函分析的教科书中找到，这里不做具体展开。

对于 N 维向量空间，元素 g 和 f 间的内积最常见的定义为

$$\langle \boldsymbol{g}, \boldsymbol{f} \rangle = g_1 f_1^* + \cdots + g_N f_N^* = \sum_{n=1}^{N} g_n f_n^* \tag{1.5}$$

其中，f_n^* 是 f_n 的复共轭。之所以要将其中一个元素采用复共轭形式，是要保证在复实数情况下，元素和其自身的内积为正。

对于 $[a, b]$ 区间上二次可积的函数空间，最常见的内积定义为

$$\langle \boldsymbol{g}, \boldsymbol{f} \rangle = \int_a^b g(t) f^*(t) \mathrm{d}t \tag{1.6}$$

由式 (1.5) 和式 (1.6) 所定义的内积可知，元素 $\boldsymbol{f}$ 与其自身的内积就是该元素的 $\|\boldsymbol{f}\|_2$，即

$$\langle \boldsymbol{f}, \boldsymbol{f} \rangle = \|\boldsymbol{f}\|_2 \tag{1.7}$$

向量的内积可以用来表示向量的角度关系，以图 1.1 中的两个向量为例，由三角函数关系可知：

$$\|\boldsymbol{f} - \boldsymbol{g}\|_2^2 = \|\boldsymbol{f}\|_2^2 + \|\boldsymbol{g}\|_2^2 - 2\|\boldsymbol{f}\|_2 \|\boldsymbol{g}\|_2 \cos\theta \tag{1.8}$$

另外，直接根据范数定义可知：

$$\|\boldsymbol{f} - \boldsymbol{g}\|_2^2 = \|\boldsymbol{f}\|_2^2 + \|\boldsymbol{g}\|_2^2 - 2(f_1 g_1 + f_2 g_2) = \|\boldsymbol{f}\|_2^2 + \|\boldsymbol{g}\|_2^2 - 2\langle \boldsymbol{f}, \boldsymbol{g} \rangle \tag{1.9}$$

比较式 (1.8) 和式 (1.9)，可知：

$$\langle \boldsymbol{f}, \boldsymbol{g} \rangle = \|\boldsymbol{f}\|_2 \|\boldsymbol{g}\|_2 \cos\theta \tag{1.10}$$

从而

$$\cos\theta = \frac{\langle \boldsymbol{f}, \boldsymbol{g} \rangle}{\|\boldsymbol{f}\|_2 \|\boldsymbol{g}\|_2} \tag{1.11}$$

该关系可推广至高维向量和函数情况，可用于度量向量间或函数间的角度相关性。当 $\boldsymbol{f}$ 和 $\boldsymbol{g}$ 同向时，$\theta = 0$，此时式 (1.11) 达到最大值 1；当 $\langle \boldsymbol{f}, \boldsymbol{g} \rangle = 0$ 时，$\boldsymbol{f}$ 和 $\boldsymbol{g}$ 正交。

正是因为内积可以用来表示向量间的角度关系，利用内积可方便地引入一个在信号处理中非常重要的概念——正交投影。

令 $\boldsymbol{g}$ 与 $\boldsymbol{f}$ 为内积空间 V 上的两个向量且 $\boldsymbol{f} \neq \boldsymbol{0}$，则 $\boldsymbol{g}$ 正交投影到 $\boldsymbol{f}$ 可表示为

$$\mathrm{proj}_f \boldsymbol{g} = \frac{\langle \boldsymbol{g}, \boldsymbol{f} \rangle}{\langle \boldsymbol{f}, \boldsymbol{f} \rangle} \boldsymbol{f} \tag{1.12}$$

若 $\boldsymbol{f}$ 为单位向量，即 $\|\boldsymbol{f}\|_2 = 1$，则 $\boldsymbol{g}$ 正交投影到 $\boldsymbol{f}$ 可简写为

$$\mathrm{proj}_f \boldsymbol{g} = \langle \boldsymbol{g}, \boldsymbol{f} \rangle \boldsymbol{f} \tag{1.13}$$

正交投影的几何含义可通过图 1.2 中二维向量的例子来说明。

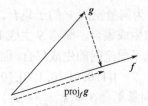

图 1.2　正交投影的几何含义

1.2 信号分解

简单来说，信号分解的基本含义就是将一个复杂信号分解成多个其他信号(常称为基向量或基函数)之和。人们所熟悉的众多信号分析方法本质上都可认为是一种信号分解方法，包括傅里叶变换(Fourier transform)、小波变换(wavelet transform)、原子分解(atom decomposition)、稀疏分解(sparse decomposition)、本征模式分解(intrinsic mode decomposition)、主成分分析(principal component analysis)、独立成分分析(independent component analysis)、奇异值分解(singular value decomposition)和盲源分离(blind source separation)等。各种分解方法的目的各有不同，有些分解方法是要将复杂的目标信号分解为一些特定类型的基函数或者基向量，求取它们对应的分解系数，如傅里叶变换和小波变换等；而有些分解方法则是要利用(单个或多个)目标信号，根据一定的准则，寻找一组基函数或者基向量来表示目标信号，如主成分分析和独立成分分析等。

信号分解和重构是信号处理学科的核心，涉及的内容很广，基本的研究内容可大致归纳为：①基函数的构造，如小波基的构造和原子字典的生成等；②分解系数的求解，如正交匹配追踪法、快速傅里叶变换算法、小波变换中的 Mallat 算法和它们相应的实现方法等；③基函数的寻找与确定，如稀疏分解算法、Karhunen–Loève 变换、独立成分分析中的极小化互信息和极大化非高斯性估计方法等；④分解结果的性质分析，如傅里叶变换与小波变换的性质分析和典型信号的分解结果分析等；⑤重构算法，如傅里叶逆变换、小波极大模重建算法和稀疏重构算法等；⑥应用研究，典型应用有信号压缩、去噪处理、特征提取、目标识别和系统辨识等。

实际上，更广泛意义上的信号分解在其他研究领域同样有着重要应用。在动力学研究领域中，线性振动分析最主要的概念是模态分析，其实质就是将复杂的振动响应表示为一系列相互正交的子模态系统的响应和，只是这里的基函数不是利用系统响应而是通过动力学方程直接求得的。在非线性动力学问题求解中，常用的有谐波平衡法和摄动法等，它们的思想也是用一些简单函数来逼近系统响应。

本节将给出信号分解的基本概念，分解逆向即为重构，以备后面学习所需。

1.2.1 线性组合

线性组合：在向量空间 V 中的向量 s 称为在 V 中向量 $u_1, u_2, \cdots, u_n$ 的线性组合(linear combination)，可以写成以下形式：

$$s = c_1 u_1 + c_2 u_2 + \cdots + c_n u_n \tag{1.14}$$

其中，$c_1, c_2, \cdots, c_n$ 为标量。

例如，令 s_1 =[1, 3, 1]，s_2 =[0, 1, 2]，s_3 =[1, 0, –5]，则 s_1 是 s_2 与 s_3 的线性组合，因为 $s_1 = 3s_2 + s_3$。

生成集合：令 $S = \{s_1, s_2, \cdots, s_n\}$ 为向量空间 V 的子集合。若在 V 中的每个向量均可写成 S 中向量的线性组合，则称 S 为 V 的生成集合，简称 S 生成 V (S spans V)。

例如，$S = \{[1, 0], [0, 1]\}$ 为二维平面空间的生成集合。因为所有平面中的向量 $u = [x_1, x_2]$ 都可写成 $u = x_1 [1, 0] + x_2 [0, 1]$。同样 $S = \{[1, 0, 0], [0, 1, 0], [0, 0, 1]\}$ 是三维空间的生成集合。

线性独立：在向量空间 V 中的向量集合 $S = \{s_1, s_2, \cdots, s_n\}$ 称为线性独立(linear independent)的，若下列向量方程式

$$c_1 s_1 + c_2 s_2 + \cdots + c_n s_n = 0 \tag{1.15}$$

只有一个平凡解(trivial solution)，则 $c_1 = c_2 = \cdots = c_n = 0$。若式(1.15)有非零平凡解(nontrivial solution)，则 S 称为线性相关(linear dependent)的。

例如，在二维线性空间中的向量集合 $S = \{[1, 2], [2, 4]\}$ 为线性相关，因为 $-2[1, 2] + [2, 4] = [0, 0]$。在三维线性空间的向量集合 $S = \{[1, 2, 3], [0, 1, 2], [-2, 0, 1]\}$ 为线性独立的。

底基：在向量空间 V 中的向量集合 $S = \{s_1, s_2, \cdots, s_n\}$ 称为 V 的底基(basis)，若下列的情况成立：

(1) S 生成 V；

(2) S 为线性独立的。

如果底基 S 中每个向量均有 $\|s_k\|_2 = 1$，则 S 又称为标准底基。

例如，向量集合 $S = \{[1, 2, 3], [0, 1, 2], [-2, 0, 1]\}$ 为三维线性空间的底基。

性质 1.1 若 $S = \{s_1, s_2, \cdots, s_n\}$ 是向量空间 V 的底基，则 V 中的每一个向量都可唯一表示成 S 中向量的线性组合。

性质 1.2 令 V 为一个 n 维的向量空间，若 $S = \{s_1, s_2, \cdots, s_n\}$ 是一个在 V 中线性独立的集合，则 S 是 V 的底基。

以上两个性质均可用反证法进行证明。

1.2.2 正交基与正交分解

正交分解是信号分析中最重要的一类工具，它概念清晰，分解系数计算方法简单且高效，因此应用最为广泛。

正交：在内积空间 V 上的集合 S 称为正交，若在 S 上每对向量均为正交，即

$$S = \{s_1, s_2, \cdots, s_n\} \subseteq V; \qquad \langle s_i, s_j \rangle = 0, \quad i \neq j \tag{1.16}$$

单位正交：若在 S 上每对向量均为正交且每个向量均为单位向量，则称 S 为单位正交，即

$$S = \{s_1, s_2, \cdots, s_n\} \subseteq V; \qquad \langle s_i, s_j \rangle = \begin{cases} 1, & i = j \\ 0, & i \neq j \end{cases} \tag{1.17}$$

若 S 为底基，则 $s_1, s_2, \cdots, s_n$ 分别称为正交底基或单位正交底基。

不难验证 $S = \left\{ \left[\dfrac{1}{\sqrt{2}}, \dfrac{1}{\sqrt{2}}, 0 \right], \left[-\dfrac{\sqrt{2}}{6}, \dfrac{\sqrt{2}}{6}, \dfrac{2\sqrt{2}}{3} \right], \left[\dfrac{2}{3}, -\dfrac{2}{3}, \dfrac{1}{3} \right] \right\}$ 为三维向量空间的一组单位正交基。

定理 1.1 正交集合为线性独立的，即若 $S = \{s_1, s_2, \cdots, s_n\}$ 为内积空间 V 上一些非零向量所构成的正交集合，则 S 为线性独立的。

推论 1.1 若 V 为 n 维的内积空间，则 n 个非零向量所构成的任意正交集合为 V 的底基。

正交分解：若 $S = \{s_1, s_2, \cdots, s_n\}$ 为内积空间 V 的单位正交基，则对于向量 $w \in V$，其相对于 S 的坐标表示为

$$w = \langle w, s_1 \rangle s_1 + \langle w, s_2 \rangle s_2 + \cdots + \langle w, s_n \rangle s_n = \sum_{i=1}^{n} \langle w, s_i \rangle s_i \tag{1.18}$$

证明：因为 S 为空间 V 的单位正交基，且 $w \in V$，所以 w 可唯一表示为

$$w = c_1 s_1 + \cdots + c_n s_n \tag{1.19}$$

将式(1.19)左、右两边分别和基向量 s_i 做内积可得

$$\langle w, s_i \rangle = c_1 \langle s_1, s_i \rangle + \cdots + c_i \langle s_i, s_i \rangle + \cdots + c_n \langle s_n, s_i \rangle \tag{1.20}$$

将式(1.20)代入式(1.19)，即可得式(1.18)。

记 $[w]_S = \left[\langle w, s_1 \rangle, \cdots, \langle w, s_n \rangle \right]'$，称为 w 相对于 S 的坐标矩阵。

性质1.3 若 $S = \{s_1, s_2, \cdots, s_n\}$ 为内积空间 V 的单位正交基，则对于向量 $w \in V$ 和 $u \in V$，若 $w = u$，则 $[w]_S = [u]_S$；若 $w \neq u$，则 $[w]_S \neq [u]_S$。

需说明的是，上面涉及的都是有限维数空间，即向量空间 V 有一个由有限个向量所形成的底基。如果空间 V 的底基是无限维的，则称 V 为无限维数空间。这时需要在希尔伯特空间进行分析，但以上结论依然成立。

1.2.3 正交函数集与完备性

考察包含无穷多函数的函数集 $\{\varphi_k(t), k = 0, 1, 2, \cdots\}$，若此函数族中的任何两个函数在区间 $[a, b]$ 上正交，即

$$\langle \varphi_m(t), \varphi_n(t) \rangle = \frac{1}{b-a} \int_a^b \varphi_m(t) \varphi_n(t) \mathrm{d}t = K_n \delta(m-n), \quad K_n \neq 0 \tag{1.21}$$

则该函数集为正交函数集；当 $K_n = 1$ 时，则该函数集称为标准正交函数集。

完备性：若对于任意函数 $f(t)$ 在区间 $[a, b]$ 上，总可以表示成标准正交函数集 $\{\varphi_n(t), n = 0, 1, 2, \cdots\}$ 的线性组合，即

$$f(t) = \sum_{n=0}^{+\infty} c_n \varphi_n(t) \tag{1.22}$$

则称该标准正交函数集是完备的。该展开式应该对区间 $[a, b]$ 内的每一点 t 都成立，或者说对区间 $[a, b]$ 内的每一点 t，级数 $\sum_{n=0}^{+\infty} c_n \varphi_n(t)$ 都收敛于 $f(t)$。

如果把几乎处处为零的函数称为零函数，也可以将式(1.20)理解为左右两端相差一个广义的零函数，即级数 $\sum_{n=0}^{+\infty} c_n \varphi_n(t)$ 都平均收敛于 $f(t)$。

$$\lim_{N \to +\infty} \int_a^b \left| f(t) - \sum_{n=0}^N c_n \varphi_n(t) \right|^2 \mathrm{d}t = 0 \tag{1.23}$$

将式(1.22)左右两边分别和基函数 φ_n 做内积，由函数集 $\{\varphi_n(t), n = 0, 1, 2, \cdots\}$ 的标准正交性，可求得展开系数为

$$c_n = \langle f(t), \varphi_n(t) \rangle \tag{1.24}$$

帕塞瓦尔(Parseval)方程：若函数集 $\{\varphi_k(t), k = 0, 1, 2, \cdots\}$ 是区间 $[a, b]$ 上的一组完备的标准正交函数集，则对于区间 $[a, b]$ 上的函数 $f(t)$，式(1.25)均成立。

$$\int_a^b f^2(t) \mathrm{d}t = \sum_{n=0}^{+\infty} c_n^2 = \sum_{n=0}^{+\infty} \left| \langle f(t), \varphi_n(t) \rangle \right|^2 \tag{1.25}$$

证明：

$$\int_a^b \left[f(t) - \sum_{n=0}^N c_n \varphi_n(t) \right]^2 \mathrm{d}t = \int_a^b \left[f^2(t) - 2f(t) \sum_{n=0}^N c_n \varphi_n(t) + \left(\sum_{n=0}^N c_n \varphi_n(t) \right)^2 \right] \mathrm{d}t$$

$$= \int_a^b f^2(t) \mathrm{d}t - 2\sum_{n=0}^N c_n^2 + \left(\sum_{n=0}^N c_n^2 + 0 \right) \tag{1.26}$$

$$= \int_a^b f^2(t) \mathrm{d}t - \sum_{n=0}^N c_n^2$$

因为函数集 $\{\varphi_k(t), k = 0,1,2,\cdots\}$ 是完备的，则由级数的平均收敛性可知：

$$\int_a^b \left[f(t) - \sum_{n=0}^{+\infty} c_n \varphi_n(t) \right]^2 \mathrm{d}t = 0 \tag{1.27}$$

即 $\int_a^b f^2(t) \mathrm{d}t - \sum_{n=0}^N c_n^2 = 0$，也就是 $\int_a^b f^2(t) \mathrm{d}t = \sum_{n=0}^{+\infty} c_n^2$。

帕塞瓦尔方程在信号处理领域有着重要的物理含义。式 (1.25) 中 $\int_a^b f^2(t) \mathrm{d}t$ 可看作信号 $f(t)$ 在时域的总能量；而 $c_n(n = 0,1,2,\cdots)$ 可认为是信号在标准正交函数集 $\{\varphi_k(t), k = 0,1,2,\cdots\}$ 对应的系数域内的具体表现形式，$\sum_{n=0}^{\infty} c_n^2$ 则是信号 $f(t)$ 在该系数域内表现出的能量，那么由帕塞瓦尔方程可知，这两者相等。

假设标准正交函数集 $\{\varphi_n(t), n = 0,1,2,\cdots\}$ 在区间 $[a, b]$ 上不完备，如果用组函数的线性组合 $\sum_{n=0}^N a_n \varphi_n(t)$ 来逼近函数 $f(t)$，如何选择系数 $a_n(n = 0,1,2,\cdots)$ 得到最佳逼近，即使得式 (1.28) 所标识的误差最小：

$$\int_a^b \left[f(t) - \sum_{n=0}^N a_n \varphi_n(t) \right]^2 \mathrm{d}t \tag{1.28}$$

这是函数的最佳逼近问题，参照帕塞瓦尔方程的推导过程可知：

$$\int_a^b \left[f(t) - \sum_{n=0}^N a_n \varphi_n(t) \right]^2 \mathrm{d}t = \int_a^b \left[f^2(t) - 2f(t) \sum_{n=0}^N a_n \varphi_n(t) + \left(\sum_{n=0}^N a_n \varphi_n(t) \right)^2 \right] \mathrm{d}t$$

$$= \int_a^b f^2(t) \mathrm{d}t - 2\sum_{n=0}^N c_n a_n + \sum_{n=0}^N a_n^2 \tag{1.29}$$

$$= \int_a^b f^2(t) \mathrm{d}t + \sum_{n=0}^N (c_n - a_n)^2 - \sum_{n=0}^N c_n^2$$

根据帕塞瓦尔方程，$\int_a^b f^2(t) \mathrm{d}t \geqslant \sum_{n=0}^N c_n^2$，因此只有当 $c_n = a_n$ 时，误差达到最小，并且随着 N 的增大，误差将越来越小。

上述讨论都限于实数函数，但以上结论都可以推广到复数函数。只是，复数函数的正交性须表示为

$$\langle \varphi_m(t), \varphi_n(t) \rangle = \frac{1}{b-a} \int_a^b \varphi_m(t) \varphi_n^*(t) \mathrm{d}t = K_n \delta(m-n), \quad K_n \neq 0 \tag{1.30}$$

复函数 $f(t)$ 的标准正交基 $\{\varphi_k(t), k = 0, 1, 2, \cdots\}$ 逼近可写为

$$f(t) \approx \sum_{n=0}^N c_n \varphi_n(t) \tag{1.31}$$

要使其均方误差最小，正交函数分量的系数 c_n 应为

$$c_n = \langle f(t), \varphi_n(t) \rangle = \int_a^b f(t) \varphi_n^*(t) \mathrm{d}t \tag{1.32}$$

1.2.4　傅里叶变换

三角函数集 $\left\{ \cos(nt) \big/ \sqrt{2\pi}, \sin(nt) \big/ \sqrt{2\pi}, n = 0, \pm1, \cdots, \pm\infty \right\}$ 和复指数函数集 $\left\{ e_n(t) = \mathrm{e}^{\mathrm{j}nt} \big/ \sqrt{2\pi}, n = 0, \pm1, \cdots, \pm\infty \right\}$ 在区间 $[-\pi, \pi]$ 上分别构成一组完备的标准正交基。

这两组基函数的正交性较容易证明，以复指数函数集为例，任意两个基函数的内积为

$$\langle e_n(t), e_m(t) \rangle = \frac{1}{2\pi} \int_{-\pi}^{\pi} \mathrm{e}^{\mathrm{j}nt} \mathrm{e}^{-\mathrm{j}mt} \mathrm{d}t = \delta(n-m) \tag{1.33}$$

关于这两组基完备性的证明可参考相应的参考文献。

因为复指数函数集是一组完备的标准正交基，对于区间 $[-\pi, \pi]$ 上的函数 $f(t)$，式 (1.34) 均成立：

$$f(t) = \frac{1}{\sqrt{2\pi}} \sum_{n=0}^{+\infty} c_n \mathrm{e}^{\mathrm{j}nt} \tag{1.34}$$

其中

$$c_n = \frac{1}{\sqrt{2\pi}} \int_{-\pi}^{\pi} f(t) \mathrm{e}^{-\mathrm{j}nt} \mathrm{d}t \tag{1.35}$$

对于区间 $[a, b]$ 上的任意函数 $g(t)$，都可以对应为区间 $[-\pi, \pi]$ 上的一个函数，如

$$g(t) = f\left[\pi \left(1 - 2\frac{b-t}{b-a} \right) \right] \tag{1.36}$$

结合式 (1.34) ～式 (1.36) 可知，函数 $g(t)$ 可以利用复指数函数展开成以下形式：

$$g(t) = \sum_{n=-\infty}^{+\infty} \widehat{g}_n \mathrm{e}^{\mathrm{j}2\pi nt/(b-a)} \tag{1.37}$$

其中

$$\widehat{g}_n = \frac{1}{b-a} \int_a^b g(t) \mathrm{e}^{-\mathrm{j}2\pi nt/(b-a)} \mathrm{d}t \tag{1.38}$$

引入变量 $T = b - a$ 和 $\omega = 2\pi/T$，则式 (1.37) 和式 (1.38) 可分别改写为

$$g(t) = \sum_{n=-\infty}^{+\infty} \widehat{g}_n \mathrm{e}^{\mathrm{j}n\omega t} \tag{1.39}$$

和

$$\widehat{g}_n = \frac{1}{T} \int_0^T g(t) \mathrm{e}^{-\mathrm{j}n\omega t} \mathrm{d}t \tag{1.40}$$

式 (1.39) 和式 (1.40) 正是众所周知的傅里叶级数。如果 $a = -\infty$，$b = +\infty$，则式 (1.39) 和式 (1.40) 分别演变为如下形式。

傅里叶逆变换：

$$g(t) = \frac{1}{2\pi} \int_{-\infty}^{+\infty} \widehat{g}(\omega) \mathrm{e}^{\mathrm{j}\omega t} \mathrm{d}\omega \tag{1.41}$$

傅里叶变换：

$$\widehat{g}(\omega) = \int_{-\infty}^{+\infty} g(t) \mathrm{e}^{-\mathrm{j}\omega t} \mathrm{d}t \tag{1.42}$$

至此，可看出傅里叶变换只是线性函数空间中的一类正交基展开形式。因为傅里叶变换采用的三角函数基在很多应用场合有着明确的物理含义，很容易在变换结果和分析对象的物理特征间建立直接联系，如物体的周期运动或简谐振动模式等；另外，三角函数基是正交基，因此它的计算相对简单；特别是 1965 年由 Cooley 和 Tukey 发明了快速傅里叶变换，这些因素综合在一起，使得傅里叶变换在各个领域得到广泛应用。

关于傅里叶变换的详细知识在很多文献中都有介绍，这里不再赘述。

第 2 章　非平稳信号时频分析与分解基础

自然界和工程中最基本的信号为简谐信号，即信号的幅值和频率都不随时间发生改变。然而，当物理对象具有非线性及时变特性时，信号的幅值和频率往往会随时间发生变化。这类信号统称为非平稳信号。在统计学上，非平稳信号是指统计分布规律随时间发生变化的一类随机过程。而本书所提及的非平稳信号则为确定性信号，非平稳特性是指其幅值或频率随时间发生变化。信号的非平稳特性往往是由研究对象的物理性质发生变化所引起的，通过提取分析非平稳信号的时频特征可反演物理对象的状态信息。本章主要对非平稳信号的基本时频特性进行介绍，从而为后续非平稳信号时频分析与分解方法的提出奠定基础。

2.1　非平稳信号模型

基本物理量(如物体位移、声波强度及电磁场强度等)随时间发生变化而形成的波形即为信号。在数学上，这些信号可以是任意的函数形式，而且可以形成丰富而又复杂的波形。为了对这些物理信号进行表征与研究，需要先找出能够描述这些信号的基本形式，以便在刻画和分析复杂信号之前建立起基本的理解。

随时间变化的最基本的信号形式为简谐信号，即正弦波。简谐信号是许多物理方程通解的基本组成部分，可通过恒定的幅值 a、频率 f 和初相位 φ_0 进行描述，其形式如下：

$$s(t) = a \cdot \cos\varphi(t) = a \cdot \cos(2\pi f t + \varphi_0) \tag{2.1}$$

其中，简谐信号 $s(t)$ 的相位 $\varphi(t) = 2\pi f t + \varphi_0$ 为线性函数，初相位 $\varphi_0 \in [0, 2\pi)$。从该简谐信号模型出发，可将其推广至如下一般化的非平稳信号：

$$s(t) = a(t) \cdot \cos\varphi(t) \tag{2.2}$$

其中，非平稳信号的幅值 $a(t)$ 和相位 $\varphi(t)$ 可为任意时变函数。为了突出幅值的时变特性，后续内容将称非平稳信号的幅值 $a(t)$ 为瞬时幅值。在许多学术著作中，经常会使用幅值调制和相位调制这两个术语来强调它们的时变特性，调制即意味着变化。

自然界和工程中所获得的非平稳信号为式(2.2)等号左边部分 $s(t)$，该式等号右边部分中的瞬时幅值 $a(t)$ 和相位 $\varphi(t)$ 是通过类比简谐信号的形式所给出的，物理过程并没有提供瞬时幅值和相位的明确划分方式。事实上，通过给定一组特定的瞬时幅值 $a(t)$ 和相位 $\varphi(t)$，就可以根据式(2.2)产生一个非平稳信号。然而，产生同样的非平稳信号可供选择的瞬时幅值和相位组合有无数种情况，而且难以说明其中的某个组合具有特殊性，能够表征该非平稳信号具有明确物理意义的瞬时幅值和相位。下面利用一个典型的例子来说明非平稳信号瞬时幅值和相位划分的多种可能性。

【例 2.1】　两个余弦波的乘积信号

考虑两个余弦波的乘积信号 $s(t) = \cos(2\pi f_1 t) \cdot \cos(2\pi f_2 t)$，其中 $f_1 \neq f_2$。如果将第 1 个余弦

波视为该非平稳信号的瞬时幅值，则其瞬时幅值和相位的划分结果为 $a(t)=\cos(2\pi f_1 t)$ 和 $\varphi(t)=2\pi f_2 t$；如果将第 2 个余弦波视为该非平稳信号的瞬时幅值，则其瞬时幅值和相位的划分结果为 $a(t)=\cos(2\pi f_2 t)$ 和 $\varphi(t)=2\pi f_1 t$。因此，单纯根据这两种划分方式的数学表达式难以说明哪种组合更具特殊性。事实上，还可以通过对其中某个余弦波进行三角函数变换（如利用二倍角公式）给出无数种瞬时幅值和相位的划分方式。

如果将实非平稳信号改写为复数形式就能消除上述瞬时幅值和相位划分的不确定性：

$$z(t)=A(t)\cdot\exp[\mathrm{j}\cdot\theta(t)] \tag{2.3}$$

对于上述复数信号 $z(t)$，等号右边部分中的瞬时幅值 $A(t)$ 和相位 $\theta(t)$ 组合是唯一的。而非平稳信号 $s(t)$ 为复数信号 $z(t)$ 的实部。由于式(2.2)等号右边部分中的瞬时幅值和相位组合并不唯一，因此它们与复数信号 $z(t)$ 中的瞬时幅值和相位并不一定相同，这也是式(2.3)中的瞬时幅值和相位采用不同表示符号的原因。因此，如何基于实非平稳信号 $s(t)$ 构造其对应的复数形式，从而给出非平稳信号瞬时幅值和相位的明确定义将是 2.2 节讨论的重点。

2.2　解析信号和瞬时频率

2.2.1　解析信号

根据 2.1 节中针对非平稳信号瞬时幅值与相位的讨论，需要构造实非平稳信号 $s(t)$ 所对应的复数信号 $z(t)$，使得该复数信号的实部为 $s(t)$，从而获得非平稳信号 $s(t)$ 满足特定数学物理性质的瞬时幅值与相位。复数信号 $z(t)$ 的实部为原非平稳信号 $s(t)$，现在问题的关键就在于如何定义和计算复数信号 $z(t)$ 的虚部。

Gabor 于 1946 年提出可利用希尔伯特(Hilbert)变换计算复数信号的虚部[1]：

$$\hat{s}(t)=\mathrm{HT}[s(t)]=\frac{1}{\pi\cdot t}*s(t)=\frac{1}{\pi}\int_{-\infty}^{+\infty}\frac{s(\tau)}{t-\tau}\mathrm{d}\tau \tag{2.4}$$

其中，*代表卷积运算；$\hat{s}(t)$ 为复数信号 $z(t)$ 的虚部。由于实信号 $s(t)$ 的频谱分布关于零频对称且在负频率段不为零，而利用上述 Hilbert 变换所构造的复数信号 $z(t)=s(t)+\mathrm{j}\cdot\hat{s}(t)$ 则能够使其频谱分布在负频率段的值为零而在正频率段的分布（除幅值提升一倍外）保持不变，如图 2.1 所示。显然，利用 Hilbert 变换所构造的复数信号频谱分布更符合直观认知。因此，研究利用 Hilbert 变换所构造的复数信号能够克服许多在分析实信号时所遇到的困难。此外，由于这种类型的复数信号（函数）满足柯西-黎曼(Cauchy-Riemann)可微分条件，因此通过 Hilbert 变换所构造的复数信号通常称为解析信号（函数）[2]。

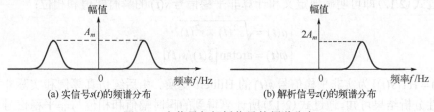

(a) 实信号 $s(t)$ 的频谱分布　　　　　　　　(b) 解析信号 $z(t)$ 的频谱分布

图 2.1　实信号与解析信号的频谱分布

将上述 Hilbert 变换作用到式 (2.2) 所给出的实非平稳信号上，就可计算其对应虚信号的形式。在此之前，先介绍两个关于 Hilbert 变换的重要性质。

性质 2.1[3]　针对定义在平方可积空间 $L^2(-\infty, +\infty)$ 上的实函数 $x(t)$ 和 $y(t)$，若它们的傅里叶变换分别为 $X(f)$ 和 $Y(f)$ 且满足如下条件：

$$\begin{cases} X(f) = 0, & |f| > a \\ Y(f) = 0, & |f| < b \end{cases}, \quad b \geq a \geq 0 \tag{2.5}$$

则这两个实函数 $x(t)$ 和 $y(t)$ 乘积的 Hilbert 变换具有如下性质：

$$\text{HT}[x(t) \cdot y(t)] = x(t) \cdot \text{HT}[y(t)] \tag{2.6}$$

性质 2.1 说明当对两个实函数的乘积作 Hilbert 变换时，若这两个实函数的频谱不发生混叠，总可以将位于低频段的实函数从 Hilbert 变换中提取出来。

性质 2.2[4]　针对具有任意时变规律相位 $\varphi(t)$ 的余弦函数 $\cos\varphi(t)$，若它的傅里叶变换 $G(f)$ 满足如下条件：

$$G(f) = 0, \quad |f| < c, \quad c \geq 0 \tag{2.7}$$

则该余弦函数 $\cos\varphi(t)$ 的 Hilbert 变换结果如下：

$$\text{HT}[\cos\varphi(t)] = \sin\varphi(t) \tag{2.8}$$

通过比较性质 2.1 和性质 2.2 所需满足的条件可知，性质 2.2 所需的条件已包含在性质 2.1 中。

基于上述两个关于 Hilbert 变换的性质，若非平稳信号 $s(t) = a(t) \cdot \cos\varphi(t)$ 所划分的瞬时幅值 $a(t)$ 和余弦函数 $\cos\varphi(t)$ 的傅里叶变换 $A(f)$ 和 $G(f)$ 满足如下条件：

$$\begin{cases} A(f) = 0, & |f| > a \\ G(f) = 0, & |f| < b \end{cases}, \quad b \geq a \geq 0 \tag{2.9}$$

则针对非平稳信号 $s(t) = a(t) \cdot \cos\varphi(t)$ 的 Hilbert 变换的结果为

$$\text{HT}[a(t) \cdot \cos\varphi(t)] = a(t) \cdot \text{HT}[\cos\varphi(t)] = a(t) \cdot \sin\varphi(t) \tag{2.10}$$

式 (2.10) 第 1 个等号运用了性质 2.1，第 2 个等号则运用了性质 2.2。上述瞬时幅值和相位的划分方式所满足条件 (2.9) 的含义为该非平稳信号的瞬时幅值和余弦形式函数的频谱在频域不发生混叠，并且余弦形式函数位于高频段。针对瞬时幅值和相位划分方式满足条件 (2.9) 的非平稳信号 $s(t)$，其所对应的解析信号 $z(t)$ 可通过式 (2.11) 计算得到：

$$\begin{aligned} z(t) &= s(t) + \text{j} \cdot \text{HT}[s(t)] = a(t) \cdot \cos\varphi(t) + \text{j} \cdot \text{HT}[a(t) \cdot \cos\varphi(t)] \\ &= a(t) \cdot \cos\varphi(t) + \text{j} \cdot a(t) \cdot \sin\varphi(t) = a(t) \cdot \exp[\text{j} \cdot \varphi(t)] \end{aligned} \tag{2.11}$$

因此，通过式 (2.12) 即可明确地定义和计算非平稳信号 $s(t)$ 的瞬时幅值和相位：

$$\begin{cases} a(t) = \sqrt{s^2(t) + \hat{s}^2(t)} \\ \varphi(t) = \arctan[\hat{s}(t)/s(t)] \end{cases} \tag{2.12}$$

其中，$\hat{s}(t) = \text{HT}[s(t)]$ 为实非平稳信号 $s(t)$ 的 Hilbert 变换。由后续仿真算例和实际非平稳信号的时频特性分析结果可知，通过式 (2.12) 所计算得到的瞬时幅值和相位与非平稳信号具有物理意义的瞬时幅值与相位是基本一致的。即使条件 (2.9) 无法准确满足，通过式 (2.12) 所计算得到的结果也能够尽可能地接近非平稳信号具有物理意义的瞬时幅值和相位。

下面利用 Hilbert 变换计算例 2.1 所给出两个余弦波乘积信号所对应的解析信号。首先，不妨假设 $0 \leqslant f_1 \leqslant f_2$，计算解析信号的虚部：

$$
\begin{aligned}
\hat{s}(t) &= \mathrm{HT}[s(t)] = \mathrm{HT}[\cos(2\pi f_1 t) \cdot \cos(2\pi f_2 t)] \\
&= \cos(2\pi f_1 t) \cdot \mathrm{HT}[\cos(2\pi f_2 t)] = \cos(2\pi f_1 t) \cdot \sin(2\pi f_2 t)
\end{aligned}
\tag{2.13}
$$

其中，第 3 个等号运用了性质 2.1，第 4 个等号运用了性质 2.2。于是，两个余弦波乘积信号所对应的解析信号形式为

$$
\begin{aligned}
z(t) &= s(t) + \mathrm{j} \cdot \hat{s}(t) \\
&= \cos(2\pi f_1 t)\cos(2\pi f_2 t) + \mathrm{j} \cdot \cos(2\pi f_1 t)\sin(2\pi f_2 t) \\
&= \cos(2\pi f_1 t) \cdot \exp[\mathrm{j} \cdot (2\pi f_2 t)]
\end{aligned}
\tag{2.14}
$$

由上述结果可知，Hilbert 变换会选择频率较低的余弦波为瞬时幅值，频率较高的余弦波的相位为解析信号的相位。

2.2.2　瞬时频率

不同于简谐信号，非平稳信号的频率将随时间发生变化。正如出现在日常生活中色彩变化的光、音调高低变化的声音和许多其他具有变周期特性的现象，非平稳信号在每一个时刻都具有一个特定的频率。为了准确刻画非平稳信号的频率时变特性，有学者引入了瞬时频率的概念，即将非平稳信号的频率表示为随时间变化的函数。1937 年，Carson 和 Fry 在研究变频电路理论时首次提出瞬时频率的概念[5]，并将其应用于调频信号分析。van der Pol 和 Gabor 进一步完善了对瞬时频率的数学描述[1, 6]，Gabor 还首次提出了解析信号的概念[1]。随后，Ville 统一了 Carson 和 Gabor 等学者的工作，提出了一种目前被广泛接受的瞬时频率定义[7]。根据 Ville 的定义，非平稳信号 $s(t)$ 的瞬时频率即为其对应解析信号 $z(t)$ 相位的导数：

$$
f(t) = \frac{1}{2\pi} \cdot \frac{\mathrm{d}\varphi(t)}{\mathrm{d}t}
\tag{2.15}
$$

其中，$f(t)$ 为非平稳信号 $s(t)$ 的瞬时频率（单位：Hz）。对于式 (2.1) 所给出的简谐信号，利用式 (2.15) 所得到的瞬时频率 $f(t)$ 即为简谐信号的频率 f。同样地，许多学术著作中经常使用频率调制这一术语来突出频率的时变特性。根据式 (2.15) 所给出相位与瞬时频率之间的关系，式 (2.2) 可进一步改写为如下形式：

$$
s(t) = a(t) \cdot \cos\varphi(t) = a(t) \cdot \cos\left[2\pi \int_0^t f(\tau)\mathrm{d}\tau + \varphi_0 \right]
\tag{2.16}
$$

其中，φ_0 为初相位。式 (2.16) 等号右边部分中的余弦函数 $\cos\varphi(t)$ 只取决于非平稳信号的频率调制规律，因此通常被称为非平稳信号的纯频率调制部分[8]。

在信号处理理论的发展历程中，信号的瞬时能量和瞬时幅值的概念早已被广泛地接受。而瞬时频率这一概念在提出之时就引起了不少争议，主要的两个原因可总结如下。首先是深受傅里叶（Fourier）变换的影响，认为频率只能通过信号在恒定幅值和频率的正（余）弦函数基上进行展开来定义。作为这种定义的推广，瞬时频率的定义必须同正（余）弦函数联系起来，也就是说，至少需要一个周期的正（余）弦波形来定义信号的局部频率。根据这个逻辑，在短

于一个整周期正(余)弦波的时间内是无法定义频率的。这显然与非平稳信号的频率每时每刻都在发生变化这一认知相矛盾。其次是当时无法给出统一的瞬时频率定义方法。这一困难自从 Gabor、Bedrosian 和 Nuttall 等给出了解析信号所划分的瞬时幅值和相位所需满足的条件，Ville 给出了式(2.15)的定义之后，便得到了比较好的解决。

根据式(2.15)所定义的瞬时频率是关于时间 t 的单值函数，即在任意时间，只能有唯一的频率值。为了使瞬时频率的概念有意义，Cohen[8]提出采用"窄带"条件来限制信号的带宽，从而使其满足"单频率"特性，并于 1992 年提出了"单频率分量"的概念。Cohen 认为信号在某一时刻的带宽只与其瞬时幅值有关，并定义了信号在某一时刻的"瞬时带宽"来精确刻画信号的"单频率"特性。下面将利用一个典型算例来阐明定义"单频率分量"的重要性。

【例 2.2】 两个余弦波的合成信号

针对由两个余弦波 $s_1(t) = a_1 \cdot \cos(2\pi f_1 t)$ 和 $s_2(t) = a_2 \cdot \cos(2\pi f_2 t)$ 所组成的信号 $s(t)$，有

$$s(t) = s_1(t) + s_2(t) = a_1 \cdot \cos(2\pi f_1 t) + a_2 \cdot \cos(2\pi f_2 t) \tag{2.17}$$

利用 Hilbert 变换计算实信号 $s(t)$ 所对应的解析信号 $z(t)$：

$$\begin{aligned}
z(t) &= s(t) + \mathrm{j} \cdot \mathrm{HT}[s(t)] = s_1(t) + s_2(t) + \mathrm{j} \cdot \mathrm{HT}[s_1(t) + s_2(t)] \\
&= a_1 \cos(2\pi f_1 t) + a_2 \cos(2\pi f_2 t) + \mathrm{j} \cdot [a_1 \sin(2\pi f_1 t) + a_2 \sin(2\pi f_2 t)] \\
&= a(t) \cdot \exp[\mathrm{j} \cdot \varphi(t)]
\end{aligned} \tag{2.18}$$

根据式(2.12)，合成信号 $s(t)$ 的瞬时幅值 $a(t)$ 和瞬时频率 $f(t)$ 的计算结果为

$$\begin{cases}
a(t) = \sqrt{a_1^2 + a_2^2 + 2a_1 a_2 \cdot \cos[2\pi(f_2 - f_1)t]} \\
f(t) = \dfrac{1}{2}(f_2 + f_1) + \dfrac{1}{2}(f_2 - f_1) \cdot \dfrac{a_2^2 - a_1^2}{a^2(t)}
\end{cases} \tag{2.19}$$

该算例中两个余弦波的频率分别为 $f_1 = 1.6\,\mathrm{Hz}$ 和 $f_2 = 3.2\,\mathrm{Hz}$，首先取这两个余弦波的幅值分别为 $a_1 = 0.2$ 和 $a_2 = 1$，这两个余弦波及其合成信号 $s(t)$ 的时域波形如图 2.2 所示。其中，图 2.2(d) 为合成信号 $s(t)$ 的瞬时频率 $f(t)$。由该合成信号瞬时频率的变化规律可知，瞬时频率的变化范围为 2.93~3.60Hz。由此可知，第一个余弦波的频率并未包含在瞬时频率的变化范围内，而且该瞬时频率的最大值超过了这两个余弦波的频率。因此，该合成信号瞬时频率的变化规律显然与人们对其频谱分布的认知是不相符的。

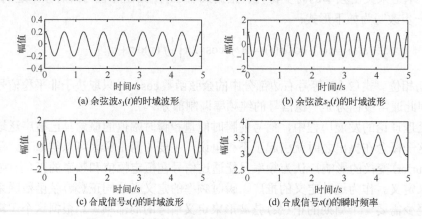

图 2.2　两个余弦波的合成信号 $s(t)$（$a_1 = 0.2$ 和 $a_2 = 1$）

接着，取这两个余弦波的幅值分别为 $a_1 = 1.2$ 和 $a_2 = 1$，这两个余弦波及其合成信号 $s(t)$ 的时域波形如图 2.3 所示。其中，图 2.3(d) 为合成信号 $s(t)$ 的瞬时频率 $f(t)$。由该合成信号瞬时频率的变化规律可知，瞬时频率的变化范围为 $-6.24 \sim 2.33\text{Hz}$。该瞬时频率的变化范围内出现了负值，这与解析信号的频谱分布在负频率段取值为零这一性质不符。此外，瞬时频率绝对值的最大值也远远超过了两个余弦波的频率。

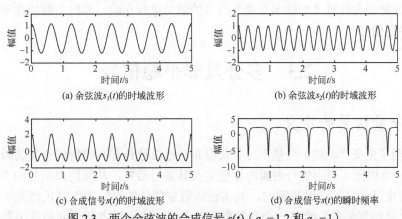

(a) 余弦波 $s_1(t)$ 的时域波形　　　　　　　　　　(b) 余弦波 $s_2(t)$ 的时域波形

(c) 合成信号 $s(t)$ 的时域波形　　　　　　　　　　(d) 合成信号 $s(t)$ 的瞬时频率

图 2.3　两个余弦波的合成信号 $s(t)$（$a_1 = 1.2$ 和 $a_2 = 1$）

根据上述解析信号瞬时幅值和相位的划分方式，还可以进一步研究其瞬时幅值和纯频率调制部分的频谱分布，计算结果如图 2.4 和图 2.5 所示。由瞬时幅值和纯频率调制部分的频谱分布可知，这两部分的频谱分布发生了混叠，并不满足性质 2.1 所需的条件。也就是说，若将两个余弦波的合成信号看成一个独立的非平稳信号，利用 Hilbert 变换所构造解析信号的瞬时频率并不符合人们的直观认知，缺乏明确的物理意义。

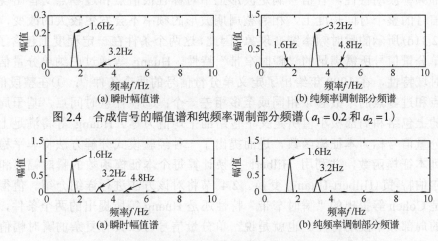

(a) 瞬时幅值谱　　　　　　　　　　(b) 纯频率调制部分频谱

图 2.4　合成信号的幅值谱和纯频率调制部分频谱（$a_1 = 0.2$ 和 $a_2 = 1$）

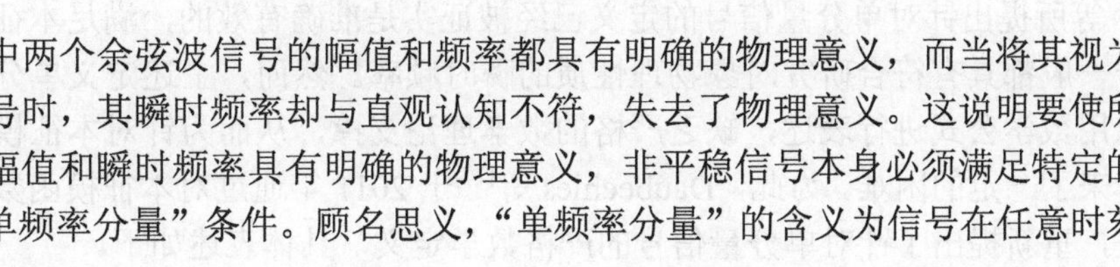

(a) 瞬时幅值谱　　　　　　　　　　(b) 纯频率调制部分频谱

图 2.5　合成信号的幅值谱和纯频率调制部分频谱（$a_1 = 1.2$ 和 $a_2 = 1$）

该算例中两个余弦波信号的幅值和频率都具有明确的物理意义，而当将其视为一个独立的非平稳信号时，其瞬时频率却与直观认知不符，失去了物理意义。这说明要使所构造解析信号的瞬时幅值和瞬时频率具有明确的物理意义，非平稳信号本身必须满足特定的条件。该条件即为"单频率分量"条件。顾名思义，"单频率分量"的含义为信号在任意时刻只具有单个频率值,这与定义式 (2.15) 中瞬时频率的含义是一致的。Cohen 提出可利用信号在某一时刻的"瞬时带宽"来约束信号的"单频率"特性[8],从而使得非平稳信号满足性质 2.1 所需的条件,并且利用 Hilbert 变换所构造解析信号的瞬时频率具有明确的物理含义。

根据"单频率分量"的含义,上述算例可视为包含两个恒定频率分量的信号,该信号在每个时刻都具有两个频率值,带宽为两个余弦波频率值的差,自然不符合"单频率分量"的条件。2.3 节将对现有针对"单频率分量"信号的定义进行介绍,并将一般的非平稳信号建模为多分量非平稳信号。

2.3　多分量非平稳信号

2.3.1　单分量信号的定义

2.2 节阐明了定义"单频率分量"对于获得非平稳信号具有明确物理意义的瞬时频率的重要性。Cohen[8]曾提出可利用信号的瞬时幅值定义其瞬时带宽,从而约束信号的"单频率"特性。然而,在定义信号的瞬时带宽时,其实已经假定信号的瞬时频率满足恒大于零等前提条件。为了对"单频率分量"给出一个完整准确的定义,许多学者从不同角度出发提出了自己的见解。下面将对两种最具代表性的"单频率分量"定义进行介绍,为了与文献中的名称保持一致,后续将"单频率分量"统称为"单分量信号"。

通过对比图 2.3 所示两个单分量余弦波及其合成信号的时域波形可知,两个单分量余弦波信号的波形具有优越的局部性质,即信号波形上下对称且信号的极值点和过零点交替出现,而合成信号却不具备这两个重要性质。事实上,这两个重要性质都是在约束信号的局部频率波动特性。若信号满足波形上下对称且极值点和过零点交替出现这两个条件,在信号的整个时间长度上,相邻整周期波形的频率不会发生较大的改变,即不会出现如图 2.3 (d) 所示的瞬时频率突变现象。因此,这两个条件在一定程度上包含了 Cohen 所提出的单分量信号所需满足的"瞬时窄带"特性。Huang 等通过归纳单分量信号所具备的局部时域特性,在 1998 年给出了定义单分量信号的两个条件[9]:①在整段信号中,信号极值点和过零点的个数必须相同或至多相差一个;②在任意时间点,基于局部极大值所定义的上包络和局部极小值所定义下包络的平均值为零。Huang 等将满足上述两个条件的单分量信号称为本征模函数,进而提出了一种经验模式分解方法将非平稳信号分解为一系列本征模函数,并利用 Hilbert 变换计算每个本征模函数的瞬时幅值和瞬时频率,即希尔伯特-黄 (Hilbert-Huang) 变换。2.4 节将对该方法进行详细介绍。值得注意的是,无论是 Cohen 等提出的"瞬时窄带"特性还是 Huang 等所提出的两个条件,都只限制了信号的局部频率波动特性。也就是说,单分量信号可以具有复杂的瞬时幅值和瞬时频率变化规律,可以是全局意义上的宽带信号。

Huang 等所提出针对单分量信号的定义已经被证实是准确有效的,满足本征模函数两个条件的信号一般都具有符合研究对象物理性质的瞬时频率。然而,上述定义单分量信号的两个条件难以用数学公式进行表述,缺乏严格的数学理论支撑,从而为针对本征模函数性质的理论研究带来了一定的困难。为此,Daubechies 等[10]于 2011 年通过对本征模函数所满足的条件进行改进,重新提出了针对单分量信号的严格数学定义,具体表述如下。

　　针对连续函数 $s(t):\mathbb{R} \to \mathbb{R}$，其中 $\mathbb{R}$ 为实数集，若 $s(t)=a(t)\cdot\cos\varphi(t)$ 对应解析信号所划分的瞬时幅值 $a(t)$ 和相位 $\varphi(t)$ 满足如下条件，则 $s(t)\in L^{\infty}(\mathbb{R})$ 称为具有 ε 精度的单分量信号。

(1) $a(t)\in C^{1}(\mathbb{R})\bigcap L^{\infty}(\mathbb{R})$，$\varphi(t)\in C^{2}(\mathbb{R})$；

(2) $\inf\limits_{t\in\mathbb{R}}\mathrm{d}\varphi(t)/\mathrm{d}t>0$，$\sup\limits_{t\in\mathbb{R}}\mathrm{d}\varphi(t)/\mathrm{d}t<\infty$；

(3) $\left|\dfrac{\mathrm{d}a(t)}{\mathrm{d}t}\right|,\left|\dfrac{\mathrm{d}^{2}\varphi(t)}{\mathrm{d}t^{2}}\right|\leqslant\varepsilon\left|\dfrac{\mathrm{d}\varphi(t)}{\mathrm{d}t}\right|$，$\forall t\in\mathbb{R}$；

(4) $M'':=\sup\limits_{t\in\mathbb{R}}\left|\dfrac{\mathrm{d}^{2}\varphi(t)}{\mathrm{d}t^{2}}\right|<+\infty$。

其中，$C^{1}(\mathbb{R})$ 和 $C^{2}(\mathbb{R})$ 分别表示实数域上一阶和二阶可导的连续函数集；$L^{\infty}(\mathbb{R})$ 表示实数域上的有界函数集。上述条件(1)赋予了瞬时幅值和相位的连续性和可微性；条件(2)规定了瞬时频率的非负性和有界性；条件(3)限制了瞬时幅值和瞬时频率的变化率远小于相位的变化率，也就是说，在一段比较短的时间 $[t-\delta,t+\delta]$ 内[其中 $\delta\approx 2\pi/\varphi'(t)$]，信号 $s(t)$ 可视为幅值为 $a(t)$、频率为 $\varphi'(t)/(2\pi)$ 的谐波信号；条件(4)则限制了瞬时频率变化率，防止出现如图 2.3(d)所示的频率突变现象。条件(3)为单分量信号的核心性质，与本征模函数所需满足的两个条件类似，都是在限制信号的局部频率波动特性。事实上，满足上述 4 个条件的单分量信号必定为本征模函数，但反过来则不一定成立。相较于 Huang 等所给出单分量信号所需满足的两个条件，Daubechies 等所提出的单分量信号定义更为规范，并且具有坚实的数学基础，有利于对单分量信号所具有的性质作更进一步的研究。因此，后续章节所介绍的非平稳信号时频分析及信号分解算法多是基于 Daubechies 等所定义的单分量信号发展的。

2.3.2　多分量非平稳信号的定义

　　基于上述针对单分量信号的论述可知，单分量信号的瞬时频率是具有明确物理意义的。然而，自然界和工程中的非平稳信号几乎都不满足上述所提出单分量信号所需满足的条件。在任意时间点，它们可能会包含多种振荡模式，这也是直接对其进行 Hilbert 变换无法表征其时频特性的原因。因此，在对一般的非平稳信号进行分析之前，需要先对其组成成分和时频特性有一个正确的认识。由于一般的非平稳信号包含多种振荡模式，因此可将其建模为如下多个单分量信号和的形式：

$$\begin{aligned}s(t)&=\sum_{k=1}^{K}s_{k}(t)+r(t)=\sum_{k=1}^{K}a_{k}(t)\cdot\cos\varphi_{k}(t)+r(t)\\&=\sum_{k=1}^{K}a_{k}(t)\cdot\cos\left[2\pi\int_{0}^{t}f_{k}(\tau)\mathrm{d}\tau+\varphi_{0}^{(k)}\right]+r(t)\end{aligned}$$

$$(2.20)$$

其中，K 为信号分量个数；$s_{k}(t)$ 为第 k 个信号分量；$a_{k}(t)$、$\varphi_{k}(t)$、$f_{k}(t)$ 和 $\varphi_{0}^{(k)}$ 分别为第 k 个信号分量的瞬时幅值、相位、瞬时频率和初相位；$r(t)$ 为剩余信号成分。

　　为了表征一般的多分量非平稳信号中所包含的时频特征信息，需要先将非平稳信号分解为一系列瞬时频率具有明确物理意义的单分量信号，通过提取每个单分量信号的瞬时幅值和瞬时频率即可反演物理对象的状态信息。

2.4　希尔伯特-黄变换

　　根据 2.3.2 节中所建立的多分量信号模型,非平稳信号分析的两个主要目标为信号分解及单分量信号时频特征提取。由于第二个目标可利用希尔伯特(Hilbert)变换实现,因此非平稳信号分析的重点就落在如何将非平稳信号分解为多个瞬时频率具有明确物理意义的单分量信号。基于本征模函数所需满足的条件,Huang 等于 1998 年提出了著名的多分量信号分解方法——经验模式分解[9](empirical mode decomposition,EMD)。该方法一经提出就引起了广泛关注并被成功应用于语音识别[11]、生物医学信号处理[12]和机械故障诊断[13]等领域,从而开启了非平稳信号时频分析与分解方法最近二十年的高速发展纪元。先利用经验模式分解将非平稳信号分解为一系列本征模函数,再利用 Hilbert 变换表征本征模函数瞬时幅值和瞬时频率的非平稳信号分析范式也被时频分析与信号分解领域的学者称为希尔伯特-黄(Hilbert-Huang)变换[9]。

　　随着时频分析与信号分解方法的不断发展,虽然越来越多的非平稳信号分析结果表明 Hilbert-Huang 变换存在一些难以弥补的不足之处,但无论是本征模函数的概念还是经验模式分解方法的算法流程都对后续非平稳信号时频分析与分解方法的发展产生了极大的推动作用。如后续章节将要介绍的同步压缩变换[10, 14]、经验小波变换[15]和变分模式分解[16]等先进时频分析与信号分解方法,都是在 Hilbert-Huang 变换的基础上发展起来的。因此,本节将主要对 Hilbert-Huang 变换这个经典非平稳信号分析方法的核心思想和算法流程进行介绍,以便读者更容易地厘清时下诸多先进的时频分析与信号分解方法的发展脉络。

2.4.1　经验模式分解

　　本节首先介绍经验模式分解方法的算法流程,然后对算法核心步骤的基本原理以及信号分解结果的有效性作进一步的解释和讨论。作为一种纯数据驱动方法,经验模式分解在执行时依赖于下列 3 个假设:

　　(1)信号至少存在两个极值点,即一个最大值和一个最小值;

　　(2)信号的特征时间尺度通过极值点之间的时间长度进行定义;

　　(3)若原信号没有极值点但有拐点,则可通过对其进行一次或多次微分获得极值点,然后对分解结果进行积分获得原信号的分解结果。

　　针对包含多个信号分量的非平稳信号 $s(t)$,经验模式分解的算法流程如下:

　　(1)初始化,令残余信号 $r_0(t) = s(t)$,本征模函数的序号 $k = 1$;

　　(2)分解第 k 个本征模函数;

　　(2.1)初始化,令迭代次数 $l = 1$,第 k 个本征模函数 $h_k^{(l)}(t) = r_{k-1}(t)$;

　　(2.2)确定本征模函数 $h_k^{(l)}(t)$ 的所有局部极大值和极小值;

　　(2.3)基于三次样条插值方法,分别根据本征模函数 $h_k^{(l)}(t)$ 的局部极大值和局部极小值拟合其上包络 $u_k^{(l)}(t)$ 和下包络 $d_k^{(l)}(t)$;

　　(2.4)计算上、下包络的瞬时均值

$$m_k^{(l)}(t) = \frac{1}{2}\left[u_k^{(l)}(t) + d_k^{(l)}(t)\right] \tag{2.21}$$

　　(2.5)消除骑波干扰,更新本征模函数

$$h_k^{(l)}(t) = h_k^{(l)}(t) - m_k^{(l)}(t) \tag{2.22}$$

(2.6)若本征模函数 $h_k^{(l)}(t)$ 满足迭代终止条件，则令第 k 个本征模函数 $s_k(t) = h_k^{(l)}(t)$；否则，令迭代次数 $l = l+1$，返回步骤(2.2)。

(3)移除残余信号中的本征模函数

$$r_k(t) = r_{k-1}(t) - s_k(t) \tag{2.23}$$

(4)若残余信号 $r_k(t)$ 满足经验模式分解的终止条件，则分解过程结束；否则，令本征模函数的序号 $k = k+1$，返回步骤(2)。

以上分解算法中的步骤(2.1)~步骤(2.6)为本征模函数的核心分解步骤。由于需要不断地从本征模函数中"筛"去偏离时间轴的骑波干扰，该分解过程也被形象地称为筛选过程。本征模函数筛选过程的主要作用为消除包含在本征模函数中的骑波干扰，从而使得本征模函数的上、下包络关于时间轴对称。因此，如何合理地控制筛选次数是实现瞬时频率具有明确物理意义的本征模函数精准分解的关键。若筛选次数不够多，分解得到的本征模函数中的骑波干扰无法彻底消除，但过度筛选也会导致本征模函数中具有明确物理意义的幅值调制信息丢失。Huang 等[9]在提出经验模式分解方法时指出，可通过判断相邻两次筛选结果之间的标准差控制本征模函数的筛选次数：

$$\sigma = \left\| h_k^{(l)}(t) - h_k^{(l-1)}(t) \right\|_2 / \left\| h_k^{(l-1)}(t) \right\|_2 \tag{2.24}$$

Huang 等建议，当标准差 σ 为 0.2~0.3 时，可终止本征模函数的筛选过程。由于相邻两次筛选过程所产生本征模函数的差异主要取决于新产生的极值点，两次筛选结果之间的标准差小于阈值并不表示筛选得到的本征模函数已满足成为单分量信号的两个条件。因此，对基于该筛选终止判断准则所得到的分解结果应保持谨慎态度。Huang 等在此之后又陆续提出了基于极值点和过零点数量相当的 S-数量准则[17]和局部终止准则[18]，使得筛选得到的本征模函数能够尽可能地满足单分量信号的两个条件。

为了更好地理解经验模式分解的算法流程及分解结果，将经验模式分解方法应用于分解图 2.3(c)所示两个余弦波的合成信号。表 2.1 给出了分解该合成信号的 MATLAB 程序，经验模式分解函数 EMD_EEMD( )的 MATLAB 程序在 2.5 节给出。其中，本征模函数的筛选次数设定为 20 次。第 1 个本征模函数的分解过程如图 2.6 所示。其中，实线为筛选过程中的本征模函数，点画线为本征模函数的上、下包络，虚线为上、下包络的均值。可以发现，随着筛选次数的增加，本征模函数逐渐变得更为对称，极值点和过零点的位置也基本不再发生变化。如图 2.6(d)所示，本征模函数在经过 9 次筛选之后已基本满足成为单分量信号所需满足的两个条件，但与图 2.3(b)所示的原余弦波相比，该本征模函数出现显著的边界效应。这是由于利用三次样条插值拟合图 2.6(a)所示本征模函数的上包络时，在波形的两端出现了过拟合现象，拟合误差随着筛选次数的增加不断累积并传递至后续的本征模函数。这是三次样条插值在实际操作中难以避免的问题，特别是在处理具有复杂频率调制规律及受噪声干扰的非平稳信号时体现得尤为显著。虽然上述筛选过程所分解得到的本征模函数与原单分量信号之间可能会存在一定的误差，Huang 等所做的大量数据分析工作表明，筛选过程总是能够把数据的内在本征尺度提取出来。

表 2.1   分解双余弦合成信号的 MATLAB 程序

```
%% 双余弦合成信号参数设定
SampFreq = 100;
t = 0:1/SampFreq:5 - 1/SampFreq;
L = length(t);
F = 0:SampFreq/L:SampFreq - SampFreq/L;
Amp1 = 1.2; f1 = 1.6;
Amp2 = 1; f2 = 3.2;
Sig1 = Amp1*cos(2*pi*f1*t);
Sig2 = Amp2*cos(2*pi*f2*t);
Sig  = Sig1 + Sig2;
figure
plot(t,Sig,'b','linewidth',1);
xlabel('\fontname{宋体}时间\fontname{Times New Roman}{\itt} (s)');
ylabel('\fontname{宋体}幅值');
axis([0 5 -2 4])

%% 合成信号经验模式分解
Nstd = 0;
NE = 1;
allmode = EMD_EEMD(Sig,Nstd,NE);
for i = 2:size(allmode,2)
    figure
    plot(t,allmode(:,i),'b','linewidth',1)
    xlabel('\fontname{宋体}时间\fontname{Times New Roman}{\itt} (s)');
    ylabel('\fontname{宋体}幅值');
    if i <= 3
        axis([0 5 -2 2]);
    else
        axis([0 5 -0.4 0.4]);
    end
end
```

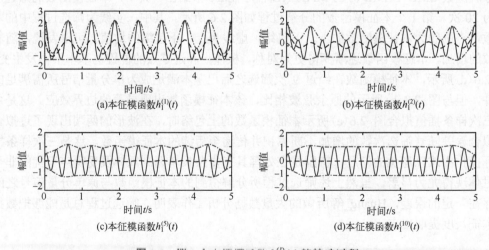

(a)本征模函数$h_1^{(1)}(t)$ (b)本征模函数$h_1^{(2)}(t)$

(c)本征模函数$h_1^{(5)}(t)$ (d)本征模函数$h_1^{(10)}(t)$

图 2.6   第 1 个本征模函数 $h_1^{(l)}(t)$ 的筛选过程

　　针对整个经验模式分解过程，当残余信号 $r_k(t)$ 变为趋势项时，即最多只有 1 个局部极值点，终止整个分解过程，即上述经验模式分解算法流程中的步骤(4)。图 2.3(c) 所示两个余弦波合成信号的分解结果如图 2.7 所示。

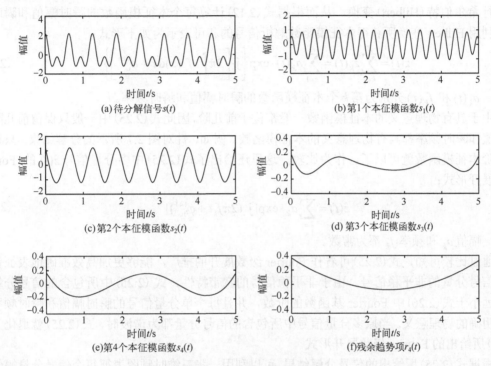

图 2.7　本征模函数分解结果

　　由上述本征模函数的分解结果可知，经验模式分解是按照频率从高到低的顺序分解非平稳信号中所包含的单分量信号。Huang 等曾以高斯白噪声为研究对象，研究经验模式分解方法所分解得到本征模函数的频率分布特性。研究结果表明[18]，针对高斯白噪声所分解得到本征模函数的中心频率和带宽按照分解顺序依次降低为前一个本征模函数的 1/2。这意味着经验模式分解具有二进制频带分解的特点，分解机理与离散小波变换类似，在频域等效于一组二进制滤波器。此外，经验模式分解结果还具有完备性和本征模函数几乎正交等特点。

　　作为一种数据驱动的时域信号分解方法，经验模式分解无须获取信号的先验匹配特征就能有效提取信号中的本征波动模式及其时频特征。这些优点使得经验模式分解在提出之后就在诸多领域获得了广泛的关注与应用。然而，经验模式分解也存在一些无法规避的缺点。例如，该方法缺乏严格的数学基础，难以对其进行理论分析。此外，经验模式分解作为一种时域信号分解方法，在处理实际信号时抗噪性较差且易发生模式混叠现象。为了解决经验模式分解在处理实际信号时所遇到的问题，Wu 和 Huang 在 2009 年进一步提出了集总经验模式分解方法[19]。针对受到高斯白噪声干扰的含噪信号，该方法将白噪声多次实现下的经验模式分解结果的集总平均作为最终的分解结果，有效地促进了本征模函数信噪比较低和模式混叠问题的解决。在 2.5 节给出了(集总)经验模式分解方法的 MATLAB 程序。其中，当集总经验模式分解算法只执行一次信号分解操作时，其退化为经验模式分解。

2.4.2　本征模函数的希尔伯特谱

利用经验模式分解将多分量信号分解为一系列本征模函数之后，就可以对每个本征模函数进行希尔伯特(Hilbert)变换，从而根据式(2.12)计算每个本征模函数的瞬时幅值和瞬时频率。利用 Hilbert 变换所获得本征模函数解析信号的和可表示为如下形式：

$$\hat{z}(t) = \sum_{k=1}^{K} \hat{z}_k(t) = \sum_{k=1}^{K} a_k(t) \cdot \exp\left\{ j \cdot \left[2\pi \int_0^t f_k(\tau) d\tau + \varphi_0^{(k)} \right] \right\} \tag{2.25}$$

其中，$a_k(t)$ 和 $f_k(\tau)$ 分别为第 k 个本征模函数的瞬时幅值和瞬时频率。

由于具有物理意义的本征模函数一般都位于前几阶，因此式(2.25)中一般只保留前几阶瞬时幅值和瞬时频率都具有物理意义的本征模函数。例如，针对图 2.7 所示的分解结果，只保留前两阶本征模函数就可以了。作为比较，这里还给出了式(2.25)中多分量信号 $\hat{z}(t)$ 的 Fourier 级数展开形式：

$$\hat{z}(t) = \sum_{k=1}^{\infty} a_k \cdot \exp[j \cdot (2\pi f_k t + \varphi_0^{(k)})] \tag{2.26}$$

其中，幅值 a_k 和频率 f_k 都为常数。

通过比较可知，式(2.25)可看作 Fourier 级数展开的推广，能够更加高效准确地表征包含多个信号分量的非平稳信号。由于非平稳信号的宽带特性，式(2.25)中所包含的信号分量个数会远小于式(2.26)中 Fourier 基函数的阶数，并且每个单分量信号的瞬时幅值和瞬时频率都具有明确的物理意义。当原多分量信号中所包含的信号分量都为谐波时，式(2.25)就退化为式(2.26)所给出的 Fourier 级数展开形式。

根据式(2.25)所给出的信号分解结果，可以利用一张三维时频图表征每个信号分量幅值和频率随时间的变化规律，其中，瞬时幅值可表示为信号分量在某个时刻对应频率成分的强度。该时频图被称为 Hilbert 幅值谱，或简称 Hilbert 谱[9]。此外，若利用瞬时幅值的平方表征信号分量在某个时刻对应频率成分的强度，得到的便是 Hilbert 能量谱[9]。由于信号分量是利用经验模式分解方法所分解得到的，而信号分量的瞬时幅值和瞬时频率则是通过 Hilbert 变换计算获得的，这样一种表征多分量信号幅值和频率随时间变化规律的方法也称为 Hilbert-Huang 变换[9]。表 2.2 给出了计算并展示上述双余弦合成信号 Hilbert 谱的 MATLAB 程序。其中，计算信号 Hilbert-Huang 变换的函数 HHT( ) 的 MATLAB 程序在 2.5 节给出。图 2.8 给出了该双余弦合成信号的 Hilbert 谱，右侧的色谱表示本征模函数的幅值。除前两个具有明确物理意义且能量较强的本征模函数外，其他能量较小的本征模函数在 Hilbert 谱中几乎被淹没。

表 2.2　计算双余弦合成信号 Hilbert 谱的 MATLAB 程序

```
%% 双余弦合成信号参数设定
SampFreq = 100;
t = 0:1/SampFreq:5 - 1/SampFreq;
L = length(t);
F = 0:SampFreq/L:SampFreq - SampFreq/L;
Amp1 = 1.2; f1 = 1.6;
Amp2 = 1; f2 = 3.2;
Sig1 = Amp1*cos(2*pi*f1*t);
Sig2 = Amp2*cos(2*pi*f2*t);
```

```
Sig = Sig1 + Sig2;
figure
plot(t,Sig,'b','linewidth',1);
xlabel('\fontname{宋体}时间\fontname{Times New Roman}{\itt} (s)');
ylabel('\fontname{宋体}幅值');
axis([0 5 -2 4]);
%% 计算合成信号 Hilbert 谱
Nstd = 0; NE = 1;
[HSpec,Fbin] = HHT(Sig,SampFreq,Nstd,NE);
figure
imagesc(t,Fbin,abs(HSpec));
xlabel('\fontname{宋体}时间\fontname{Times New Roman}{\itt} (s)');
ylabel('\fontname{宋体}频率\fontname{Times New Roman}{\itf} (Hz)');
set(gca,'YDir','normal');
axis([0 5 0 20]);
```

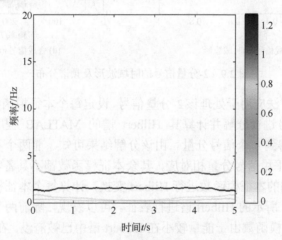

图 2.8　本征模函数的 Hilbert 谱

2.4.3　算例验证

2.4.2 节通过分析两个余弦波的合成信号来辅助理解经验模式分解和 Hilbert-Huang 变换的执行过程和处理结果。而本节将通过分析两个幅值调制、频率调制的非平稳信号所构成的 2-分量信号来验证 Hilbert-Huang 变换在提取多个非平稳信号分量时频特征时的有效性。该 2-分量信号的信号模型及其参数取值如下。

【例 2.3】　2-分量非平稳信号

$$\begin{cases} s(t) = s_1(t) + s_2(t) \\ s_1(t) = [1 + 0.25\cos(2\pi t)] \cdot \cos[2\pi(20t + 20t^2)] \\ s_2(t) = 1.2\mathrm{e}^{-0.5t^2} \cdot \cos[350\pi t - 60\cos(2\pi t)] \end{cases} \tag{2.27}$$

该 2-分量信号 $s(t)$ 由两个幅值调制、频率调制的非平稳信号 $s_1(t)$ 和 $s_2(t)$ 构成。第 1 个非平稳信号 $s_1(t)$ 的瞬时幅值具有周期变化规律，而瞬时频率则随时间线性增大。第 2 个非平稳信号 $s_2(t)$ 的瞬时幅值具有指数衰减规律，而瞬时频率则具有周期变化规律。该 2-分量信号的时域波形及频谱分布如图 2.9 所示。由图 2.9(d) 所示合成信号的频谱分布可知，这两个非平稳信号分量在频域不发生混叠。

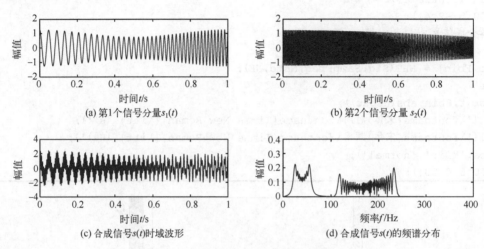

图 2.9 2-分量信号的时域波形及频谱分布

将经验模式分解方法应用于处理该 2-分量信号，设定每个本征模函数的筛选次数为 20 次。表 2.3 给出了对该信号进行分解并计算其 Hilbert 谱的 MATLAB 程序，最终的分解结果如图 2.10 所示，共分解得到 7 个信号分量。由该分解结果可知，前两个本征模函数与图 2.9(a) 和 (b) 所展示的两个非平稳信号分量相对应，其余本征模函数都不具备明确的物理意义。对利用经验模式分解所得到的本征模函数进行 Hilbert 变换，计算每个本征模函数的瞬时幅值和瞬时频率，并利用图 2.11 所示的 Hilbert 谱进行表征。可以发现，除前两个具有物理意义的本征模函数外，其余的本征模函数由于能量较小在 Hilbert 谱中已被淹没。在图 2.11 所示的 Hilbert 谱中依然可以观察到本征模函数的两端出现了轻微的边界效应，但这并不影响 Hilbert 谱准确反映两个信号分量的幅值及频率随时间的变化规律。

表 2.3 分解 2-分量信号并计算 Hilbert 谱的 MATLAB 程序

```
%% 2-分量信号参数设定
SampFreq = 4096;
t = 0:1/SampFreq:1 - 1/SampFreq;
L = length(t);
F = 0:SampFreq/L:SampFreq - SampFreq/L;
Amp1 = 1 + 0.25*cos(2*pi*t); Amp2 = 1.2*exp(-0.5*t.^2);
f10 =  20; f11 = 20;
f20 = 175; f21 = 60;
Sig1 = Amp1.*cos(2*pi*(f10*t + f11*t.^2));
Sig2 = Amp2.*cos(2*pi*(f20*t - f21/(2*pi)*cos(2*pi*t)));
Sig = Sig1 + Sig2;
```

```
%% 2-分量信号经验模式分解
Nstd = 0;
NE   = 1;
allmode = EMD_EEMD(Sig,Nstd,NE);
for i = 2:size(allmode,2)
    figure
    plot(t,allmode(:,i),'b','linewidth',1)
    xlabel('\fontname{宋体}时间\fontname{Times New Roman}{\itt} (s)');
    ylabel('\fontname{宋体}幅值');
    if i<=3
        axis([0 1 -2 2]);
    else
        axis([0 1 -0.1 0.1]);
    end
end

%% 2-分量信号的 Hilbert 谱计算
[HSpec,Fbin] = HHT(Sig,SampFreq,Nstd,NE);
figure
imagesc(t,Fbin,abs(HSpec));
xlabel('\fontname{宋体}时间\fontname{Times New Roman}{\itt} (s)');
ylabel('\fontname{宋体}频率\fontname{Times New Roman}{\itf} (Hz)');
set(gca,'YDir','normal');
axis([0 1 0 400]);
```

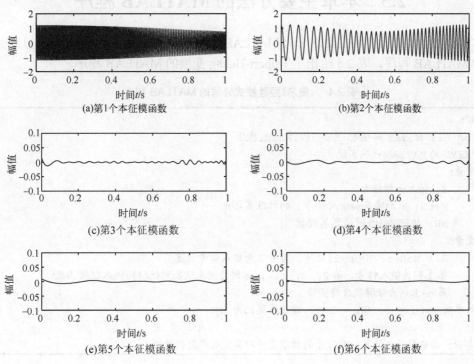

(a)第1个本征模函数　　　　　　　　　　　(b)第2个本征模函数

(c)第3个本征模函数　　　　　　　　　　　(d)第4个本征模函数

(e)第5个本征模函数　　　　　　　　　　　(f)第6个本征模函数

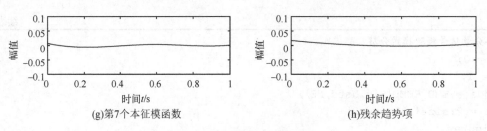

(g) 第7个本征模函数　　　　　　　　　　　　(h) 残余趋势项

图 2.10　本征模函数分解结果

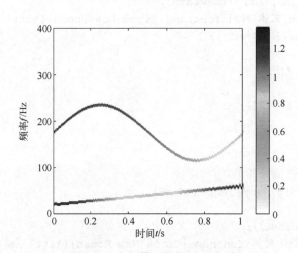

图 2.11　本征模函数的 Hilbert 谱

2.5　本章主要方法的 MATLAB 程序

本节给出了本章所介绍主要方法的 MATLAB 程序。其中，表 2.4 给出了 (集总) 经验模式分解的 MATLAB 程序，表 2.5 给出了 Hilbert-Huang 变换的 MATLAB 程序。

表 2.4　(集总) 经验模式分解的 MATLAB 程序

```
% 主函数:
function All_Modes = EMD_EEMD(Y,Nstd,NE)
% EMD/EEMD 的 MATLAB 代码实现
% 输入变量:
%        Y: 输入一维信号
%        Nstd: 附加噪声和输入信号 Y 的标准差之比
%        NE: 执行 EEMD 时的集总次数
% 输出变量:
%        All_Modes: N×(m+1) 矩阵, 其中 N 为输入信号长度
%        第 1 列为输入信号, 第 2, 3, ..., m 列为频率从高到低排列的本征模函数
%        第 m+1 列为分解残余趋势项
% 当输入参数 Nstd = 0, NE = 1 时, 该程序退化为 EMD

% 第 1 部分. 读取信号, 计算输入信号的标准差并对其进行规范化处理
```

```
xsize = length(Y);
dd = 1:1:xsize;
Ystd  = std(Y);
Y = Y/Ystd;

% 第 2 部分: 确定本征模函数的个数, 设置输出矩阵 All_Modes
TNM  = fix(log2(xsize))-1;
TNM2 = TNM+2;
for kk = 1:1:TNM2
    for ii = 1:1:xsize
        All_Modes(ii,kk) = 0.0;
    end
end

% 第 3 部分: 执行 EMD/EEMD, 将输入信号分解为一系列本征模函数
for iii = 1:1:NE                      % 执行 NE 次 EMD

    % 第 4 部分步骤 1: 将噪声信号加入到原信号中得到含噪信号 X1
    for i = 1:xsize
        temp  = randn(1,1)*Nstd;
        X1(i) = Y(i) + temp;
    end
    % 第 4 部分步骤 2: 将输入信号放在矩阵 mode 的第 1 列
    for jj = 1:1:xsize
        mode(jj,1) = Y(jj);
    end

    % 第 5 部分: 将待分解的含噪信号 X1 赋值给向量 xorigin 和 xend
    xorigin = X1;
    xend = xorigin;

    % 第 6 部分: 本征模函数分解
    nmode = 1;
    while nmode <= TNM
        xstart = xend;              % 将残余信号作为待分解信号继续分解
        iter = 1;                   % 筛选次数初始化

        % 第 7 部分: 经过 20 次筛选得到本征模函数
        while iter <= 20
            [spmax, spmin, flag] = extrema(xstart);    % 调用函数 extrema
            upper = spline(spmax(:,1),spmax(:,2),dd);  % 本次筛选的上包络
            lower = spline(spmin(:,1),spmin(:,2),dd);  % 本次筛选的下包络
            mean_ul = (upper + lower)/2;               % 上、下包络的均值
            xstart  = xstart - mean_ul;      % 从待分解信号中移除上、下包络的均值
            iter = iter +1;
```

```
        end

        % 第 8 部分: 从待分解信号中移除本征模函数
        xend  = xend - xstart;
        nmode = nmode + 1;

        % 第 9 部分: 将第 nmode 个本征模函数放入矩阵 mode
        for jj = 1:1:xsize
            mode(jj,nmode) = xstart(jj);
        end
    end

    % 第 10 部分: 将残余趋势项 xend 放入矩阵 mode 的最后 1 列
    for jj = 1:1:xsize
        mode(jj,nmode+1) = xend(jj);
    end
    All_Modes = All_Modes + mode;          % 对分解结果进行集总
end

% 第 11 部分: 对 NE 次 EMD 分解结果进行平均, 将噪声系数乘回分解结果
All_Modes = All_Modes/NE;
All_Modes = All_Modes*Ystd;
end

% 极值点定位函数
function [spmax, spmin, flag] = extrema(in_data)
% 输入变量:
%          in_data: 输入一维时间序列
% 输出变量:
%          spmax: 第 1 列为极大值的位置, 第 2 列为极大值
%          spmin: 第 1 列为极小值的位置, 第 2 列为极小值

flag  = 1;
dsize = length(in_data);

% 第 1 部分: 定位局部极大值及边界点处理
spmax(1,1) = 1;
spmax(1,2) = in_data(1);
jj = 2;
kk = 2;
while jj < dsize
    if (in_data(jj-1) <= in_data(jj) & in_data(jj) >= in_data(jj+1))
        spmax(kk,1) = jj;
        spmax(kk,2) = in_data(jj);
```

```
        kk = kk+1;
    end
    jj = jj+1;
end
% 边界点处理
spmax(kk,1) = dsize;
spmax(kk,2) = in_data(dsize);
if kk >= 4
    slope1 = (spmax(2,2) - spmax(3,2))/(spmax(2,1) - spmax(3,1));
    tmp1   = slope1*(spmax(1,1) - spmax(2,1)) + spmax(2,2);
    if tmp1 > spmax(1,2)
        spmax(1,2) = tmp1;
    end
    slope2 = (spmax(kk-1,2) - spmax(kk-2,2))/(spmax(kk-1,1) - spmax(kk-2,1));
    tmp2   = slope2*(spmax(kk,1) - spmax(kk-1,1)) + spmax(kk-1,2);
    if tmp2 > spmax(kk,2)
        spmax(kk,2) = tmp2;
    end
else
    flag = -1;
end

% 第 2 部分: 定位局部极小值及边界点处理
spmin(1,1) = 1;
spmin(1,2) = in_data(1);
jj = 2;
kk = 2;
while jj < dsize
    if (in_data(jj-1)> = in_data(jj) & in_data(jj) <= in_data(jj+1))
        spmin(kk,1) = jj;
        spmin(kk,2) = in_data (jj);
        kk = kk+1;
    end
    jj = jj+1;
end
% 边界点处理
spmin(kk,1) = dsize;
spmin(kk,2) = in_data(dsize);
if kk >= 4
    slope1 = (spmin(2,2) - spmin(3,2))/(spmin(2,1) - spmin(3,1));
    tmp1   = slope1*(spmin(1,1) - spmin(2,1)) + spmin(2,2);
    if tmp1 < spmin(1,2)
        spmin(1,2) = tmp1;
    end
```

```
    slope2 = (spmin(kk-1,2) - spmin(kk-2,2))/(spmin(kk-1,1) - spmin(kk-2,1));
    tmp2 = slope2*(spmin(kk,1) - spmin(kk-1,1)) + spmin(kk-1,2);
    if tmp2 < spmin(kk,2)
        spmin(kk,2) = tmp2;
    end
else
    flag = -1;
end
flag = 1;
end
```

表 2.5　　Hilbert-Huang 变换的 MATLAB 程序

```
% 主函数:
function [HSpec,Fbin] = HHT(Sig,SampFreq,Nstd,NE)
% 输入变量:
%          Sig: 输入一维信号
%          SampFreq: 信号采样频率
%          Nstd: 附加噪声和输入信号的标准差之比
%          NE: 执行 EEMD 时的集总次数
% 输出变量:
%          HSpec: Hilbert 谱
%          Fbin: Hilbert 谱的频率轴向量

All_Modes = EMD_EEMD(Sig,Nstd,NE); % 调用 EMD/EEMD 函数, 详见表 2.4
[Freq, Amp] = FAhilbert(All_Modes(:,2:end-1),1/SampFreq); % 调用 Hilbert 变换函数
IAmulti = Amp';
IFmulti = Freq';
band = [0 SampFreq/2];
[HSpec,Fbin] = TFSpec(IFmulti,IAmulti,band); % 计算 Hilbert 谱
end


% Hilbert 变换函数:
function [Freq,Amp] = FAhilbert(Data,dt)
% 输入变量:
%          Data: 输入多分量信号矩阵
%          dt: 采样时间间隔
% 输出变量:
%          Freq: 信号分量瞬时频率
%          Amp: 信号分量瞬时幅值

% 获得多分量信号矩阵的维数
[nIMF,npt] = size(Data);
flip = 0;
if nIMF > npt
```

续表

```
    Data = Data';
    [nIMF,npt] = size(Data);
    flip = 1;
end
% 利用 Hilbert 变换计算每个信号分量的瞬时幅值和瞬时频率
Freq(1:nIMF,1:npt) = 0;
Amp(1:nIMF,1:npt) = 0;
for j1 = 1:nIMF
    h1 = hilbert(Data(j1,:)); % MATLAB 自带函数
    temp = diff(unwrap(angle(h1)))./(2*pi*dt);
    tta = [temp temp(end)];
    Freq(j1,1:npt) = tta(1:npt);
    Amp(j1,1:npt) = abs(h1);
    clear tta temp h1
end
if flip == 1
    Freq = Freq';
    Amp = Amp';
end
end


% Hilbert 谱函数:
function [HSpec,Fbin] = TFSpec(IFmulti,IAmulti,band)
% 输入变量:
%             IFmulti: 输入多分量信号的瞬时频率矩阵
%             IAmulti: 输入多分量信号的瞬时幅值矩阵
%             band: 选定频带范围
% 输出变量:
%             HSpec: Hilbert 谱
%             Fbin: Hilbert 谱的频率轴向量

frnum = 1024;                      % 频率轴的划分份数
Fbin = linspace(band(1),band(2),frnum);
num = size(IFmulti,1);             % 分量个数
N = size(IFmulti,2);               % 信号长度
HSpec = zeros(frnum,N);
delta = floor(frnum*0.1e-2);       % 瞬时频率的瞬时带宽
for kk = 1:num
    temp = zeros(frnum,N);
    for ii = 1:N
    [~,index] = min(abs(Fbin - IFmulti(kk,ii)));
                                 % index 为瞬时频率值在频率轴上的位置
        lindex = max(index-delta,1);
        rindex = min(index+delta,frnum);
        temp(lindex:rindex,ii) = IAmulti(kk,ii); % 信号分量瞬时带宽区域所具有的幅值
```

```
    end
    HSpec = HSpec + temp;
end
end
```

参 考 文 献

[1] GABOR D. Theory of communication. Part 1: the analysis of information[J]. Journal of the institution of electrical engineers - part Ⅲ: radio and communication engineering, 1946, 93(26): 429-441.

[2] VAKMAN D E, VAĬNSHTEĬN L A. Amplitude, phase, frequency—fundamental concepts of oscillation theory[J]. Soviet physics uspekhi, 1977, 20(12): 1002-1016.

[3] BEDROSIAN E. A product theorem for Hilbert transforms[J]. Proceedings of the IEEE, 1963, 51(5): 868-869.

[4] NUTTALL A H, BEDROSIAN E. On the quadrature approximation to the Hilbert transform of modulated signals[J]. Proceedings of the IEEE, 1966, 54(10): 1458-1459.

[5] CARSON J R, FRY T C. Variable frequency electric circuit theory with application to the theory of frequency-modulation[J]. Bell system technical journal, 1937, 16(4): 513-540.

[6] VAN DER POL B. The fundamental principles of frequency modulation[J]. Journal of the institution of electrical engineers - part Ⅲ: radio and communication engineering, 1946, 93(23): 153-158.

[7] VILLE J. Theorie et application dela notion de signal analytique[J]. Câbles et transmissions, 1948, 2(1): 61-74.

[8] COHEN L. Time-frequency analysis[M]. Englewood Cliffs: PTR Prentice Hall, 1995.

[9] HUANG N E, SHEN Z, LONG S R, et al. The empirical mode decomposition and the Hilbert spectrum for nonlinear and non-stationary time series analysis[J]. Proceedings of the royal society of London series A: mathematical, physical and engineering sciences, 1998, 454(1971): 903-995.

[10] DAUBECHIES I, LU J F, WU H T. Synchrosqueezed wavelet transforms: an empirical mode decomposition-like tool[J]. Applied and computational harmonic analysis, 2011, 30(2): 243-261.

[11] MOLLA M K I, HIROSE K. Single-mixture audio source separation by subspace decomposition of Hilbert spectrum[J]. IEEE transactions on audio, speech, and language processing, 2007, 15(3): 893-900.

[12] LIANG H L, LIN Q H, CHEN J D Z. Application of the empirical mode decomposition to the analysis of esophageal manometric data in gastroesophageal reflux disease[J]. IEEE transactions on biomedical engineering, 2005, 52(10): 1692-1701.

[13] LEI Y G, LIN J, HE Z J, et al. A review on empirical mode decomposition in fault diagnosis of rotating machinery[J]. Mechanical systems and signal processing, 2013, 35(1/2): 108-126.

[14] THAKUR G, BREVDO E, FUČKAR N S, et al. The Synchrosqueezing algorithm for time-varying spectral analysis: robustness properties and new paleoclimate applications[J]. Signal processing, 2013, 93(5): 1079-1094.

[15] GILLES J. Empirical wavelet transform[J]. IEEE transactions on signal processing, 2013, 61(16): 3999-4010.

[16]　DRAGOMIRETSKIY K, ZOSSO D. Variational mode decomposition[J]. IEEE transactions on signal processing, 2014, 62(3): 531-544.

[17]　HUANG N E, WU M L C, LONG S R, et al. A confidence limit for the empirical mode decomposition and Hilbert spectral analysis[J]. Proceedings of the royal society of London series A: mathematical, physical and engineering sciences, 2003, 459(2037): 2317-2345.

[18]　WU Z H, HUANG N E. A study of the characteristics of white noise using the empirical mode decomposition method[J]. Proceedings of the royal society of London series A: mathematical, physical and engineering sciences, 2004, 460(2046): 1597-1611.

[19]　WU Z H, HUANG N E. Ensemble empirical mode decomposition: a noise-assisted data analysis method[J]. Advances in adaptive data analysis, 2009, 1(1): 1-41.

第 3 章　常用时频变换方法

傅里叶变换是目前应用最为广泛的频谱分析工具。作为一种全局信号分析方法，傅里叶变换结果只能告诉人们信号中存在哪些频率成分而无法指出这些频率成分在什么时刻出现，即无法表征非平稳信号频率随时间的变化规律。一般地，引起非平稳信号幅值调制和频率调制的两种主要物理机制为信号源或信号传播介质的物理特性发生了变化。因此，为了表征非平稳信号中所包含特定频率成分随时间的变化规律，需要建立一种关于时间和频率的联合分布，从而获取信号源与传播介质的物理信息。匈牙利物理学家 Gabor 于 1946 年提出短时傅里叶变换[1,2]，他是时频联合分布研究领域的先行者。该方法首先将全局信号按时间顺序划分为多段短时信号，然后对每段短时信号进行傅里叶变换获得对应时间段内短时信号的频谱分布，将每段短时信号的频谱分布结果按照时间顺序进行集总，便可建立起一个时间-频率联合分布表征全局信号中的频率成分随时间的变化规律。为了提高时频分布的集中性及自适应性，Ville 和 Mallat 等又陆续引入和提出了 Wigner-Ville 分布[3,4]和小波变换[5-7]等时频变换方法。不同于短时傅里叶变换和小波变换等线性时频变换方法，双线性时频变换 Wigner-Ville 分布巧妙地利用信号的自相关增强效应提升了时频分布的集中性，但同时也带来了时频交叉项的干扰。一些学者在此基础之上引入了自适应核函数，力争在保留双线性时频分布高时频集中性的同时抑制时频交叉项[8-11]。本章主要关注线性时频变换方法，而后续章节所要介绍的先进时频变换方法也主要是在线性时频变换方法的基础之上发展起来的，故本章对于 Wigner-Ville 分布等双线性时频变换方法将不作过多赘述。

上述经典的时频变换方法虽然具有一定的普适性，但由于它们的变换公式中并未包含信号的频率调制信息，因此只能粗略刻画非平稳信号中频率成分的时变规律。为了将信号的调频信息融入时频变换公式从而准确刻画频率成分的时变规律，有学者通过引入变换核函数来描述信号的调频规律并提出参数化时频变换方法[12]。针对线性调频非平稳信号，Mann 等[13,14]和 Mihovilovic 等[15]于 1991 年左右几乎在同一时间提出了具有线性核函数的线性调频小波(chirplet)变换，从而准确刻画了线性调频信号的频率变化规律。Mann 等[13]和 Angrisani 等[16]还进一步提出了具有正弦核函数的正弦调频小波(warblet)变换，以适应瞬时频率周期性变化的非平稳信号。此后，相继有学者对 chirplet 变换及 warblet 变换进行改进[17-19]，使得参数化时频变换的核函数能够适应更加复杂的频率变化规律。Peng 和 Yang 等阐明了参数化时频变换中变换核函数对目标信号在时频域的作用机理，并于 2010~2015 年发表了一系列重要成果，通过将变换核函数的形式推广至一般化的多项式核[20]、傅里叶级数核[19]和样条函数核[21]，建立了广义参数化时频变换方法理论体系，赋予了参数化时频变换方法精确表征非平稳信号复杂频率调制规律的泛化能力。

除了上述经典的时频变换方法和参数化时频变换方法外，还有一类时频重排方法[22,23]。这类方法通过对经典时频变换方法所得到时频分布中的时频系数按照一定的规律进行重新排列来获得具有更高时频集中度的时频分布，从而精确刻画信号的频率调制规律。该方法基于初始时频分布对时频系数进行排列，无须获悉信号调频规律的先验信息，并对初始时频分布的参数选择具有较强的自适应性。与参数化时频变换方法相对应，时频重排方法可归类为非参数化时频变换方法。本章前 3 节将对短时傅里叶变换及连续小波变换这两类经典的线性时频变换方法及时频不确定性原理进行介绍，3.4 节将对 chirplet 变换和 warblet 变换这两种基本参数化时频变换方法进行介绍。在此基础之上，后续章节将对当前的先进参数化时频变换方法及时频重排技术进行详细介绍。

3.1　短时傅里叶变换

3.1.1　变换公式与窗函数选取

短时傅里叶变换的基本思想为：将全局信号按时间顺序划分为多段短时信号，然后对每段短时信号进行傅里叶变换以获得短时信号的频谱分布，将每段短时信号的频谱分布按照时间顺序进行集总，便可建立起一个时间-频率联合分布，从而表征全局信号中所包含频率成分随时间的变化规律。针对特定的时刻 t，需要先利用一个窗函数 $h(t)$ 截取全局信号 $s(t)$ 在该时刻附近的短时信号 $s_t(\tau)$，进而研究该短时信号的频率特性。利用窗函数所截取的短时信号 $s_t(\tau)$ 可表示如下：

$$s_t(\tau) = s(\tau) \cdot h(\tau - t) \tag{3.1}$$

一般地，当中心时刻 t 固定不变时，随着任意时间 τ 远离中心时刻 t，利用窗函数所截取短时信号 $s_t(\tau)$ 的幅值会不断衰减，即

$$s_t(\tau) \approx \begin{cases} s(\tau), & \tau \approx t \\ 0, & |\tau - t| \gg 0 \end{cases} \tag{3.2}$$

短时信号幅值的衰减规律取决于窗函数的形状。对短时信号 $s_t(\tau)$ 进行傅里叶变换，就可得到信号在 t 时刻附近的频率特性：

$$S_t(f) = \int s_t(\tau) \cdot \mathrm{e}^{-\mathrm{j}2\pi f\tau} \mathrm{d}\tau = \int s(\tau) \cdot h(\tau - t) \cdot \mathrm{e}^{-\mathrm{j}2\pi f\tau} \mathrm{d}\tau \tag{3.3}$$

上述为短时傅里叶变换公式。当时间 t 遍历信号整个时间历程时，便可建立起以时间 t 和频率 f 为变量的时频联合分布，展示全局信号 $s(t)$ 中所包含频率成分随时间的变化规律。与傅里叶变换类似，由于短时傅里叶变换结果通常为复数，展示利用短时傅里叶变换所得到的时频分布往往需要对变换结果取模。在一些特定的物理问题中，如光谱分析，人们更关心信号中特定频率成分能量密度随时间的变化规律，这时会采用短时傅里叶变换结果模的平方表征信号的时频分布，即

$$P(t, f) = \left| S_t(f) \right|^2 = \left| \int s(\tau) \cdot h(\tau - t) \cdot \mathrm{e}^{-\mathrm{j}2\pi f\tau} \mathrm{d}\tau \right|^2 \tag{3.4}$$

该时频分布在时频分析领域通常被称为"频谱图（spectrogram）"。

由以上短时傅里叶变换的计算过程可知，窗函数的选取对于计算结果有着重要的影响。窗函数的选取一般包含两个层面，首先是窗函数类型的选取，其次是窗函数宽度的确定。常用的窗函数类型有矩形窗（Rec）、高斯窗（Gau）、汉宁窗（Han）和海明窗（Ham）等，它们的时

域波形如图 3.1 所示。为了避免边界效应,短时傅里叶变换往往倾向于选择具有光滑边界的窗函数,如高斯窗和汉宁窗等。本章在对信号作短时傅里叶变换时主要采用高斯窗。当选定窗函数的类型后,窗函数宽度的确定则是影响时频分布展示效果的另一个重要因素。一般地,针对幅值快速变化的瞬态信号可采用较窄的窗,而针对频率变化较为缓慢的准平稳信号则可采用较宽的窗。3.1.3 节和 3.2 节将对窗宽的选取对于信号时频分布展示效果的影响进行数值与理论分析。

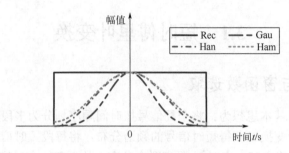

图 3.1　不同类型窗函数的时域波形

3.1.2　短频傅里叶变换

短时傅里叶变换侧重于研究信号在某一时刻附近的频率特性,反之,也可以基于信号的频谱分布 $S(f)$ 研究信号在某一频率附近的时间特性。类比短时傅里叶变换的计算过程,利用频域窗函数 $H(f)$ 截取信号在频率 f 附近的频谱分布,并对截取得到的频谱分布取关于时间的傅里叶逆变换,即可定义如下短频傅里叶变换[24, 25]:

$$s_f(t) = \int S(\tilde{f}) \cdot H(\tilde{f} - f) \cdot \mathrm{e}^{\mathrm{j}2\pi\tilde{f}t} \mathrm{d}\tilde{f} \tag{3.5}$$

若计算短时傅里叶变换 $S_t(f)$ 和短频傅里叶变换 $s_f(t)$ 所使用的时域窗函数 $h(t)$ 和频域窗函数 $H(f)$ 互为傅里叶变换对,即

$$H(f) = \int h(t) \cdot \mathrm{e}^{-\mathrm{j}2\pi ft} \mathrm{d}t \tag{3.6}$$

则短时傅里叶变换 $S_t(f)$ 和短频傅里叶变换 $s_f(t)$ 之间满足如下关系:

$$S_t(f) = \mathrm{e}^{-\mathrm{j}2\pi ft} s_f(t) \tag{3.7}$$

式 (3.6) 和式 (3.7) 表明,窗函数互为傅里叶变换对的短时傅里叶变换 $S_t(f)$ 和短频傅里叶变换 $s_f(t)$ 之间只相差一个相位因子 $\mathrm{e}^{-\mathrm{j}2\pi ft}$。由于展示信号的时频分布时通常会对变换结果取模,因此相位因子并不改变两种分布的展示结果,即

$$\left| S_t(f) \right| = \left| s_f(t) \right| \tag{3.8}$$

由后续将要介绍短时傅里叶变换的时频不确定性原理可知,当时域窗函数变窄时,对应的频域窗函数会变宽;而当时域窗函数变宽时,对应的频域窗函数则会变窄。因此,可选取较窄的时域窗函数或较宽的频域窗函数研究信号在某一时刻的频率特性(即采用短时傅里叶变换),而选取较宽的时域窗函数或较窄的频域窗函数研究信号在某一特定频率的时间特性(即采用短频傅里叶变换)。

3.1.3 仿真算例

下面利用 3 个典型的仿真算例来展示利用短时傅里叶变换所得到的信号时频分布，并对它们的时频变化规律及短时傅里叶变换的性质进行讨论。

【例 3.1】 "三正弦" 信号

考虑如下 3 个正弦波首尾相连所组成的 "三正弦" 信号 $s(t)$：

$$s(t)=\begin{cases} s_1(t)=\cos(2\pi f_1 t), & 0\leq t<1 \\ s_2(t)=\cos(2\pi f_2 t), & 1\leq t<2 \\ s_3(t)=\cos(2\pi f_3 t), & 2\leq t\leq 3 \end{cases} \tag{3.9}$$

其中，3 个正弦信号的频率分别为 $f_1=10\,\text{Hz}$、$f_2=20\,\text{Hz}$ 和 $f_3=40\,\text{Hz}$。

为了研究该仿真信号的时频特性，表 3.1 给出了计算该仿真信号频谱和时频分布的 MATLAB 程序，计算结果如图 3.2 所示。其中，短时傅里叶变换函数 STFT( ) 的 MATLAB 程序在 3.5 节给出。图 3.2(a) 和 (b) 分别给出了该仿真信号的时域波形和频谱。由频谱分布可知，该仿真信号中主要包含 3 个频率分别为 10Hz、20Hz 和 40Hz 的信号成分，但无法获悉这个 3 个信号成分所出现的时间。图 3.2(c) 给出了利用短时傅里叶变换计算得到该仿真信号的时频分布，清晰地展示了该信号中所包含 3 个正弦成分的频率及每个成分所出现的时间。

表 3.1 分析 "三正弦" 信号(例 3.1)时频特性的 MATLAB 程序

```
%% "三正弦"信号初始参数设定
SampFreq = 400;
t = 0:1/SampFreq:3 - 1/SampFreq;
L = length(t);
f1 = 10; f2 = 20; f3 = 40;
t1 = 0:1/SampFreq:1 - 1/SampFreq;
t2 = 1:1/SampFreq:2 - 1/SampFreq;
t3 = 2:1/SampFreq:3 - 1/SampFreq;
Sig1 = [cos(2*pi*f1*t1) zeros(1,2*length(t1))];
Sig2 = [zeros(1,length(t1)) cos(2*pi*f2*t2) zeros(1,length(t1))];
Sig3 = [zeros(1,2*length(t1)) cos(2*pi*f3*t3)];
Sig = Sig1 + Sig2 + Sig3;

%% "三正弦"信号时域波形
figure
plot(t,Sig,'b','linewidth',1);
xlabel('\fontname{宋体}时间\fontname{Times New Roman}{\itt} (s)');
ylabel('\fontname{宋体}幅值');
axis([0 3 -2 2])

%% "三正弦"信号频谱
f = 0:SampFreq/length(Sig):SampFreq - SampFreq/length(Sig);
Sig_F = abs(fft(Sig))/(L/2);
figure
```

```
plot(f(1:end/2),Sig_F(1:end/2),'b','linewidth',1);
xlabel('\fontname{宋体}频率\fontname{Times New Roman}{\itf} (Hz)');
ylabel('\fontname{宋体}幅值');
axis([0 50 0 0.6])

%% "三正弦"信号时频分布
N = 512; WinLen = 200;
STFT(Sig',SampFreq,N,WinLen);
```

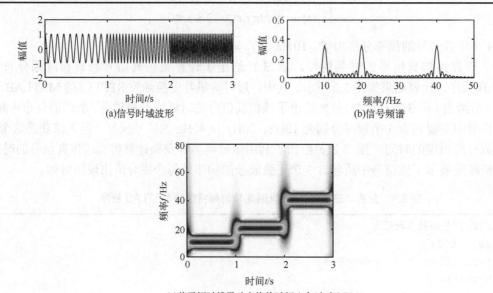

(a)信号时域波形　　　　　　　　　　(b)信号频谱

(c)基于短时傅里叶变换的时频分布(窗宽0.75s)

图 3.2　"三正弦"信号的时域、频谱及时频信息

【例 3.2】　第 2 章算例 2.3 时频分析

第 2 章例 2.3 中所采用的仿真算例为一个 2-分量信号,由一个具有线性频率调制规律的非平稳信号分量及一个具有周期频率调制规律的非平稳信号分量所组成。表 3.2 给出了计算该仿真信号频谱和时频分布的 MATLAB 程序,计算结果如图 3.3 所示。该 2-分量信号的时域波形及频谱如图 3.3(a)和(b)所示。由频谱分布可知,该仿真信号中所包含的信号成分分布于两个不同的频带,但无法获悉该仿真信号中所包含信号分量的个数及其频率随时间的变化规律。利用短时傅里叶变换计算得到该仿真信号的时频分布如图 3.3(c)所示。由此可知,该仿真信号中包含两个非平稳信号分量。其中,低频分量的频率随时间线性增加,而高频分量则具有正弦频率调制规律。这与图 2.11 所示 Hilbert 谱所展示的结果相一致,从而论证了基于短时傅里叶变换所得到时频分布的可靠性。需要指出的是,利用 2.4 节中所介绍的 Hilbert-Huang 变换方法不仅能够得到信号的时频分布,还能获得每个信号分量的瞬时幅值和瞬时频率。而短时傅里叶变换作为一种初步的信号时频特征分析工具,其所得到的时频分布往往只能粗略地反映信号的时频变化规律。若要准确提取信号的时频特征,还需要对短时傅里叶变换所得到的结果作进一步的处理。相关方法将在后续章节进行介绍。

表 3.2　分析 2-分量信号（例 3.2）时频特性的 MATLAB 程序

```
%% 2-分量信号参数设定
SampFreq = 4096;
t = 0:1/SampFreq:1 - 1/SampFreq;
L = length(t);
F = 0:SampFreq/L:SampFreq - SampFreq/L;
Amp1 = 1 + 0.25*cos(2*pi*t); Amp2 = 1.2*exp(-0.5*t.^2);
f10 = 20; f11 = 20;
f20 = 175; f21 = 60;
Sig1 = Amp1.*cos(2*pi*(f10*t + f11*t.^2));
Sig2 = Amp2.*cos(2*pi*(f20*t - f21/(2*pi)*cos(2*pi*t)));
Sig = Sig1 + Sig2;

%% 2-分量信号时域波形
figure
plot(t,Sig,'b','linewidth',1);
xlabel('\fontname{宋体}时间\fontname{Times New Roman}{\itt} (s)');
ylabel('\fontname{宋体}幅值');
axis([0 1 -4 4])

%% 2-分量信号频谱
Sig_F = abs(fft(Sig))/(L/2);
figure
plot(F(1:end/2),Sig_F(1:end/2),'b','linewidth',1);
xlabel('\fontname{宋体}频率\fontname{Times New Roman}{\itf} (Hz)');
ylabel('\fontname{宋体}幅值');
axis([0 400 0 0.4])

%% 2-分量信号时频分布
N = 1024; WinLen = 700;
STFT(Sig',SampFreq,N,WinLen);
```

【例 3.3】 多分量"间断"正弦信号

考虑由如下 3 个"间断"正弦分量所组成的多分量信号：

$$s(t) = s_1(t) + s_2(t) + s_3(t) \tag{3.10}$$

其中，3 个"间断"正弦分量 $s_i(t)$（$i = 1, 2, 3$）可表示如下：

$$s_1 = \begin{cases} a_1 \sin(2\pi f_1 t), & t \in [1.9\mathrm{s}, 2.1\mathrm{s}] \\ 0, & t \notin [1.9\mathrm{s}, 2.1\mathrm{s}] \end{cases} \tag{3.11}$$

$$s_{2,3} = \begin{cases} a_{2,3} \sin(2\pi f_{2,3} t), & t \in [1.5\mathrm{s}, 2.5\mathrm{s}] \\ 0, & t \notin [1.5\mathrm{s}, 2.5\mathrm{s}] \end{cases} \tag{3.12}$$

这 3 个"间断"正弦分量的幅值为 $a_1 = a_2 = a_3 = 1.2$，频率分别为 $f_1 = 40\,\mathrm{Hz}$、$f_2 = 100\,\mathrm{Hz}$ 以及 $f_3 = 110\,\mathrm{Hz}$，后两个分量的频率在频域及时频域紧邻。表 3.3 给出了计算该仿真信号频谱和时

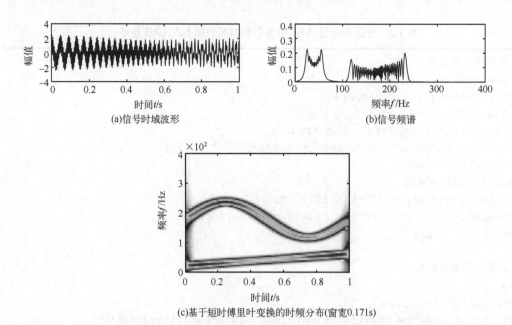

(a)信号时域波形　　　　　　　　　　　　(b)信号频谱

(c)基于短时傅里叶变换的时频分布(窗宽0.171s)

图 3.3　2-分量非平稳信号的时域、频谱及时频信息

频分布的 MATLAB 程序，计算结果如图 3.4 所示。该多分量"间断"正弦信号的时域波形及频谱如图 3.4(a) 和(b) 所示，3 个正弦分量在不同时间段出现了不同程度的间断，从而导致它们的频谱分布都出现了一定程度的泄漏。图 3.4(c) 和(d) 给出了当窗函数宽度分别为 0.256s 和 1.024s 时，利用短时傅里叶变换所得到的时频分布。当采用较窄的窗函数时，时频分布具有较高的时间分辨率，但频率分辨率较低，从而使得两个高频紧邻分量之间发生了较为严重的干涉；而当采用较宽的窗函数时，时频分布则具有较高的频率分辨率，可以根据时频分布准确估计每个"间断"正弦分量的频率，但时间分辨率较低，难以准确识别"间断"时间点。因此，无论怎样调节窗宽，都无法使得"间断"正弦信号的时间分辨率和频率分辨率同时达到最佳，这就是不确定性原理对信号在时频分布中所展示时频分辨率的限制。3.2 节将对时频不确定性原理作进一步的理论分析。

表 3.3　分析多分量"间断"正弦信号(例 3.3)时频特性的 MATLAB 程序

```
%% 多分量"间断"正弦信号参数设定
SampFreq = 500;
t = 0:1/SampFreq:4 - 1/SampFreq; L = length(t);
Sig1 = sin(2*pi*40*t);
Sig2 = sin(2*pi*100*t);
Sig3 = sin(2*pi*110*t);
iStart1 = 1.9*SampFreq;
iEnd1 = iStart1 + 0.2*SampFreq ;
Sig1(iStart1:iEnd1) = 0;
iStart2 = 1.5*SampFreq;
iEnd2 = iStart2 + 1*SampFreq ;
Sig2(1:iStart2-1) = 0; Sig2(iEnd2:end) = 0;
```

```
iStart3 = 1.5*SampFreq;
iEnd3 = iStart3 + 1*SampFreq ;
Sig3(1:iStart3-1) = 0; Sig3(iEnd3:end) = 0;
Sig = Sig1 + Sig2 + Sig3;

%% 多分量"间断"正弦信号时域波形
figure
plot(t,Sig,'b','linewidth',1);
xlabel('\fontname{宋体}时间\fontname{Times New Roman}{\itt} (s)');
ylabel('\fontname{宋体}幅值');
axis([0 4 -4 4])

%% 多分量"间断"正弦信号频谱分布
f = 0:SampFreq/length(Sig):SampFreq - SampFreq/length(Sig);
Sig_F = abs(fft(Sig))/(L/2);
figure
plot(f(1:end/2),Sig_F(1:end/2),'b','linewidth',1);
xlabel('\fontname{宋体}频率\fontname{Times New Roman}{\itf} (Hz)');
ylabel('\fontname{宋体}幅值');
axis([0 150 0 1.2])

%% 多分量"间断"正弦信号时频分布(短窗)
N = 1024; WinLen = 128; STFT(Sig',SampFreq,N,WinLen);
%% 多分量"间断"正弦信号时频分布(长窗)
N = 1024; WinLen = 512; STFT(Sig',SampFreq,N,WinLen);
```

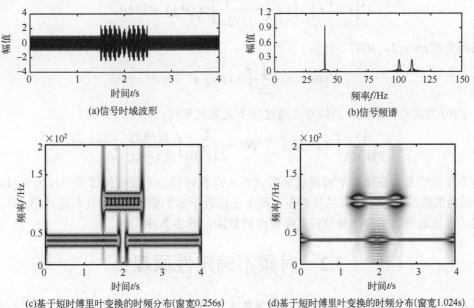

(a)信号时域波形　　　　　　　　　　　　　　　(b)信号频谱

(c)基于短时傅里叶变换的时频分布(窗宽0.256s)　　(d)基于短时傅里叶变换的时频分布(窗宽1.024s)

图 3.4　多分量"间断"正弦信号的时域、频谱及时频信息

3.1.4　时频分布反变换

本节讨论如何从利用短时傅里叶变换所得到的时频分布重构原信号,即短时傅里叶变换的逆过程[26-28]。通过对信号作短时傅里叶变换并取模,即可得到信号的时频联合分布。短时傅里叶变换结果作为一个复数,其幅值和相位中都包含了原信号的所有信息。因此,虽然取模过程导致了短时傅里叶变换相位的损失,依然可以通过短时傅里叶变换的模重构原信号的时域波形,即时频分布反变换。在介绍时频分布反变换的计算过程之前,先给出如下以原信号的"频谱图"为密度所构造的特征函数:

$$M(\theta,\tau) = \iint \left|S_t(f)\right|^2 \mathrm{e}^{\mathrm{j}\theta t + \mathrm{j}\tau(2\pi f)} \mathrm{d}t\mathrm{d}f = A_s(\theta,\tau) \cdot A_h(-\theta,\tau) \tag{3.13}$$

其中, $A_s(\theta,\tau)$ 和 $A_h(\theta,\tau)$ 分别为信号 $s(t)$ 和窗函数 $h(t)$ 的模糊度函数:

$$\begin{cases} A_s(\theta,\tau) = \displaystyle\int s^*\left(t - \frac{1}{2}\tau\right) \cdot s\left(t + \frac{1}{2}\tau\right) \mathrm{e}^{\mathrm{j}\theta t}\mathrm{d}t \\[3mm] A_h(\theta,\tau) = \displaystyle\int h^*\left(t - \frac{1}{2}\tau\right) \cdot h\left(t + \frac{1}{2}\tau\right) \mathrm{e}^{\mathrm{j}\theta t}\mathrm{d}t \end{cases} \tag{3.14}$$

由式(3.13)可导出信号模糊度函数 $A_s(\theta,\tau)$ 的表达式为

$$A_s(\theta,\tau) = \frac{M(\theta,\tau)}{A_h(-\theta,\tau)} = \frac{1}{A_h(-\theta,\tau)} \iint \left|S_t(f)\right|^2 \mathrm{e}^{\mathrm{j}\theta t + \mathrm{j}\tau(2\pi f)} \mathrm{d}t\mathrm{d}f \tag{3.15}$$

利用时频分布重构原信号时,式(3.15)右边的频谱图 $\left|S_t(f)\right|^2$ 和窗函数的模糊度函数 $A_h(-\theta,\tau)$ 都是已知的,因此只需要建立信号的模糊度函数 $A_s(\theta,\tau)$ 与原信号 $s(t)$ 之间的联系即可由时频分布重构原信号。通过对信号的模糊度函数 $A_s(\theta,\tau)$ 作傅里叶逆变换,可获得如下原信号信息:

$$s^*\left(t - \frac{1}{2}\tau\right) \cdot s\left(t + \frac{1}{2}\tau\right) = \frac{1}{2\pi} \int A_s(\theta,\tau) \cdot \mathrm{e}^{-\mathrm{j}\theta t}\mathrm{d}\theta \tag{3.16}$$

若取时间变量 $t = \tau/2$,则有

$$s^*(0) \cdot s(t) = \frac{1}{2\pi} \int A_s(\theta,t) \cdot \mathrm{e}^{-\mathrm{j}\theta t/2}\mathrm{d}\theta \tag{3.17}$$

其中, $s^*(0)$ 为常数。因此,原信号可通过如下关系式重构:

$$s(t) = \frac{1}{2\pi s^*(0)} \int A_s(\theta,t) \cdot \mathrm{e}^{-\mathrm{j}\theta t/2}\mathrm{d}\theta = \frac{1}{2\pi s^*(0)} \int \frac{M(\theta,t)}{A_h(-\theta,t)} \cdot \mathrm{e}^{-\mathrm{j}\theta t/2}\mathrm{d}\theta \tag{3.18}$$

需要注意的是,窗函数的模糊度函数 $A_h(-\theta,\tau)$ 在时频分布反变换过程中作为分母,其在 θ-τ 平面内的取值必须非零且尽量避免出现十分接近于零的值。因此,在利用式(3.18)重构原信号时,需选取合适的窗函数使得其模糊度函数满足非零条件。

3.2　时频不确定性原理

根据短时傅里叶变换的计算过程,窗函数宽度的确定对于时频分布的展示效果有着重要的影响。针对具有不同时频特性的信号,需要选择与之相匹配的窗宽才能获得高分辨率的时

频分布。此外，仿真结果表明，无论怎样调节窗宽都无法使得信号的时间分辨率和频率分辨率同时达到最佳，此即为不确定性原理对信号时频分布展示效果的限制[29, 30]。需要指出的是，信号分析中的不确定性原理与量子力学中的海森伯(Heisenberg)不确定性原理除了在形式上比较相似外是没有联系的[31]。由于不确定性原理的阐述中往往牵涉两个变量，因此本章将信号分析中的不确定性原理称为时频不确定性原理以示区分。

一般地，原始的不确定性原理是对未经过任何处理的原信号本身有效持续时间长度和有效带宽的限制，即信号的有效持续时间长度和有效带宽都可以达到任意窄，但无法让它们同时都达到任意窄。而本章中所讨论的短时傅里叶变换的不确定性原理[30, 32]，则是指原不确定性原理应用于加窗截断信号的一种特殊情形，取决于窗函数的形状、宽度及中心位置，这与原信号的不确定性原理之间没有关系。本节将分别对原信号及短时傅里叶变换的时频不确定性原理进行介绍并作理论分析，从而阐明这两者之间的区别。

3.2.1　原信号的时频不确定性原理

为了方便后续讨论，先将原信号 $s(t)$、窗函数 $h(t)$ 及其傅里叶变换表示为如下形式：

$$\begin{cases} s(t) = a_s(t) \cdot \exp\left[\mathrm{j} \cdot 2\pi\varphi_s(t) \right] \\ h(t) = a_h(t) \cdot \exp\left[\mathrm{j} \cdot 2\pi\varphi_h(t) \right] \end{cases}, \quad \begin{cases} S(f) = A_s(t) \cdot \exp\left[\mathrm{j} \cdot \psi_s(t) \right] \\ H(f) = A_h(t) \cdot \exp\left[\mathrm{j} \cdot \psi_h(t) \right] \end{cases} \tag{3.19}$$

其中，$a_s(t)$、$A_s(t)$、$a_h(t)$ 和 $A_h(t)$ 表示原信号、窗函数及其对应傅里叶变换的幅值，而 $\varphi_s(t)$、$\psi_s(t)$、$\varphi_h(t)$ 和 $\psi_h(t)$ 则为对应的相位。原信号的时频不确定性原理描述的是原信号 $s(t)$ 有效持续时间 σ_t 和有效带宽 σ_f 之间的关系。作为信号在时域和频域分布范围的准确度量，有效持续时间的平方 σ_t^2 和有效带宽的平方 σ_f^2 可定义如下：

$$\begin{cases} \sigma_t^2 = \int \left(t - \langle t \rangle \right)^2 \cdot |s(t)|^2 \, \mathrm{d}t \\ \sigma_f^2 = \int \left(f - \langle f \rangle \right)^2 \cdot |S(f)|^2 \, \mathrm{d}f \end{cases} \tag{3.20}$$

其中，信号的平均时间 $\langle t \rangle$ 和平均频率 $\langle f \rangle$ 可通过以下公式计算：

$$\begin{cases} \langle t \rangle = \int t \cdot |s(t)|^2 \, \mathrm{d}t \\ \langle f \rangle = \int f \cdot |S(f)|^2 \, \mathrm{d}f \end{cases} \tag{3.21}$$

不失普遍性，可取信号的总能量为 1，即 $\int |s(t)|^2 \, \mathrm{d}t = \int |S(f)|^2 \, \mathrm{d}f = 1$。原信号的时频不确定性原理限制了有效持续时间 σ_t 和有效带宽 σ_f 不能同时达到任意小：

$$\sigma_t \sigma_f \geqslant \frac{1}{2} \sqrt{1 + 4 \cdot \mathrm{Cov}_{t-f}^2} \tag{3.22}$$

其中，Cov_{t-f} 为时间 t 与原信号瞬时频率 $\varphi_s'(t)$ 的协方差。

$$\mathrm{Cov}_{t-f} = \langle t \cdot \varphi_s'(t) \rangle - \langle t \rangle \cdot \langle f \rangle = \int t \varphi_s'(t) \cdot |s(t)|^2 \, \mathrm{d}t - \int t |s(t)|^2 \, \mathrm{d}t \cdot \int f |S(f)|^2 \, \mathrm{d}f \tag{3.23}$$

式 (3.22) 是不确定性原理比较强的一种表达形式，证明过程主要用到了积分形式的柯西-施瓦茨不等式，详细的推导过程可参考文献[33]。由于协方差的平方 Cov_{t-f}^2 的非负性，式 (3.22)

所给出的时频不确定性原理可简化为如下常用形式：

$$\sigma_t \sigma_f \geq \frac{1}{2} \tag{3.24}$$

式 (3.24) 与量子力学中海森伯 (Heisenberg) 不确定性原理的表达形式十分相似，量子力学本质上具有概率属性，Heisenberg 不确定性原理的左边为两个物理量 (如位移与动量) 标准差的乘积。若将 $|s(t)|^2$ 和 $|S(f)|^2$ 看作信号的时域能量密度和频域能量密度，有效持续时间 σ_t 和有效带宽 σ_f 的物理含义即为信号的时间标准差和频率标准差，而时频不确定性原理的含义则为信号的时间标准差与频率标准差之间的乘积必须大于一个常数。

3.2.2 短时傅里叶变换的时频不确定性原理

由于短时傅里叶变换过程中需要对原信号进行加窗截断处理，因此当论及短时傅里叶变换的不确定性原理时，研究对象为经过加窗截断处理的短时信号。经过规范化的短时信号 $\eta_t(\tau)$ 可表达为

$$\eta_t(\tau) = \frac{s(\tau) \cdot h(\tau - t)}{\sqrt{\int |s(\tau) \cdot h(\tau - t)|^2 \, d\tau}} \tag{3.25}$$

该规范化短时信号的总能量为 1，即 $\int |\eta_t(\tau)|^2 \, d\tau = 1$。其中，$\tau$ 为短时信号的时间变量，参数 t 为窗函数的中心时间。该短时信号 $\eta_t(\tau)$ 针对时间变量 τ 的傅里叶变换可表达如下：

$$F_t(f) = \int \eta_t(\tau) \cdot e^{-j2\pi f \tau} \, d\tau \tag{3.26}$$

基于短时信号的傅里叶变换对 $\eta_t(\tau)$ 和 $F_t(f)$，同样可定义短时信号的平均时间 $\langle \tau \rangle_t$ 及有效持续时间的平方 T_t^2 为

$$\langle \tau \rangle_t = \int \tau \cdot |\eta_t(\tau)|^2 \, d\tau = \frac{\int \tau |s(\tau) h(\tau - t)|^2 \, d\tau}{\int |s(\tau) h(\tau - t)|^2 \, d\tau} \tag{3.27}$$

$$T_t^2 = \int \left(\tau - \langle \tau \rangle_t\right)^2 \cdot |\eta_t(\tau)|^2 \, d\tau = \frac{\int \left(\tau - \langle \tau \rangle_t\right)^2 |s(\tau) h(\tau - t)|^2 \, d\tau}{\int |s(\tau) h(\tau - t)|^2 \, d\tau} \tag{3.28}$$

平均频率 $\langle f \rangle_t$ 和有效带宽的平方 B_t^2 为

$$\langle f \rangle_t = \int f \cdot |F_t(f)|^2 \, df \tag{3.29}$$

$$B_t^2 = \int \left(f - \langle f \rangle_t\right)^2 |F_t(f)|^2 \, df \tag{3.30}$$

以规范化短时信号 $\eta_t(\tau)$ 为研究对象，可立即写出如下关系式：

$$T_t \cdot B_t \geq \frac{1}{2} \tag{3.31}$$

式 (3.31) 为短时傅里叶变换的时频不确定性原理。其中，有效持续时间 T_t 和有效带宽 B_t 皆为原信号、窗函数及参数 t 的函数。不等式 (3.31) 对以短时傅里叶变换为工具所得到时频分布的

分辨率提出了限制，即随着窗函数的变窄，时频分布的时间分辨率提高，但短时信号的有效带宽会增加，从而降低了时频分布的频率分辨率，也就是说，无法通过无限减小窗函数的宽度来提高信号在时频分布中的分辨率，反之亦然。然而，无论窗函数如何发生变化，关于原信号的不确定性原理都未曾改变。

3.2.3　瞬时平均频率与瞬时有效带宽

短时傅里叶变换的基本思想为：通过对加窗截断信号作傅里叶变换来获得信号中特定频率成分随时间的变化规律。由于时频不确定性原理的限制，当窗函数的宽度变得越来越窄时，截断信号的频谱分布相对中心频率的偏差会变得越来越大，即信号在时频分布上的瞬时有效带宽会变得越来越宽。本节将通过计算分析非平稳信号在时频分布中的瞬时平均频率和瞬时有效带宽[33]，深入理解不确定性原理对信号时频分布展示效果的影响。

为了简化后续推导，首先假设窗函数 $h(t)$ 为实函数，即式 (3.19) 中的 $\varphi_h(t)=0$。当窗函数变得越来越窄，即 $A_h^2(t) \to \delta(t)$ 时，式 (3.29) 所定义 t 时刻的瞬时平均频率 $\langle f \rangle_t$ 可作如下进一步的计算：

$$
\begin{aligned}
\langle f \rangle_t &= \int f \cdot \left| F_t(f) \right|^2 \mathrm{d}f = \int \eta_t^*(\tau) \cdot \frac{1}{\mathrm{j}} \cdot \frac{\mathrm{d}\eta_t(\tau)}{\mathrm{d}\tau} \mathrm{d}\tau \\
&= \frac{1}{\int \left| s(\tau) \cdot h(\tau-t) \right|^2 \mathrm{d}\tau} \cdot \int A^2(\tau) A_h^2(\tau-t) \left[\varphi'(\tau) + \varphi_h'(\tau-t) \right] \mathrm{d}\tau \\
&= \frac{\int A^2(\tau) A_h^2(\tau-t) \varphi'(\tau) \mathrm{d}\tau}{\int A^2(\tau) A_h^2(\tau-t) \mathrm{d}\tau} \to \frac{\int A^2(\tau) \delta(\tau-t) \varphi'(\tau) \mathrm{d}\tau}{\int A^2(\tau) \delta(\tau-t) \mathrm{d}\tau} = \frac{A^2(t)\varphi'(t)}{A^2(t)} = \varphi'(t)
\end{aligned}
\tag{3.32}
$$

以上瞬时平均频率的计算结果表明，当窗函数变得越来越窄时，首先时频分布的时间分辨率会逐渐提升，并且时频分布中信号成分的瞬时平均频率将趋向于瞬时频率，即 $\langle f \rangle_t \to \varphi'(t)$。这是一个十分理想的结果，但由于时频不确定性原理的限制，当窗函数趋向于狄拉克函数时，信号成分在时频分布中的瞬时有效带宽 $\sigma_{f|t}$ 将趋向于无穷大。若将 $A_h^2(t) \to \delta(t)$ 代入式 (3.30) 中，经过化简可得到如下结果：

$$
\sigma_{f|t} = B_t \to \sqrt{C_1(t) \cdot \delta(0) + C_2(t)} \to \infty
\tag{3.33}
$$

其中，$C_1(t) > 0$ 和 $C_2(t)$ 为关于时间的函数。也就是说，当希望通过无限减小窗宽来更为准确地捕捉非平稳信号在某一时刻的瞬时频率特性时，虽然信号在时频分布中的平均值会趋向于瞬时频率，但由于时频不确定性原理的限制，信号在时频分布中的瞬时有效带宽会趋向于无穷大，从而使得时频分布失去可读性。因此，对于短时傅里叶变换，只能通过折中地选择窗宽来使得信号在时频分布中的时频分辨率符合实际分析的要求。下面利用一个典型的算例来验证上述结论。

【例 3.4】　具有线性调频规律的非平稳信号

考虑如下具有线性调频规律的非平稳信号 $s(t)$ 及其瞬时频率 $f(t)$：

$$
\begin{cases}
s(t) = \cos[2\pi(40t + 20t^2)] \\
f(t) = 40 + 40t
\end{cases}
\tag{3.34}
$$

图 3.5 给出了该线性调频信号基于短时傅里叶变换的时频分布。可以发现,当选取非常窄的窗函数时,虽然时频分布的中心线为瞬时频率,但由于时频不确定性原理的限制,瞬时有效带宽变得非常大,严重影响了时频分布的可读性。而通过折中选择窗宽,则可以让基于短时傅里叶变换的时频分布具有较为合理的时频分辨率,有效提升了时频分布的可读性。感兴趣的读者还可参考一些通过优化窗宽来减小瞬时有效带宽方面的文献。

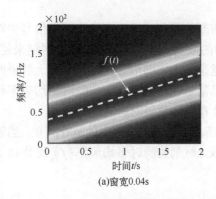 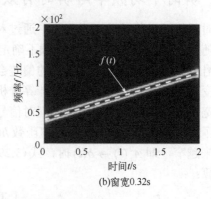

(a)窗宽0.04s　　　　　　　　　　　　　(b)窗宽0.32s

图 3.5　线性调频信号基于短时傅里叶变换的时频分布

3.3　连续小波变换

短时傅里叶变换在应用过程中的一个重要不足之处为窗函数不具备自适应性。若非平稳信号中包含了多种具有不同时频特性的信号成分,短时傅里叶变换难以通过调节窗函数的宽度使得不同信号成分的时频分辨率同时达到最佳。例如,针对幅值快速变化的瞬态信号,需要选择窄窗才能得到具有高时频集中度的时频分布,而针对频率缓慢变化的准平稳信号,则需要选取宽窗。若目标信号中同时包含这两种信号成分(如本节中的例 3.5),利用短时傅里叶变换无法同时让这两种信号成分的时频集中度都达到最佳。因此,从引入窗函数提出短时傅里叶变换到对窗函数的自适应性提出需求是时频变换方法发展的一个自然过程。而小波变换作为实现时频分布自适应性的重要解决方案应运而生。

小波分析理论的发展始于 20 世纪 80 年代,法国一家石油公司的工程师 Morlet 首先将小波变换应用于地质勘探[34, 35],理论物理学家 Grossmann 等对其进行了规范并建立了反演公式[36, 37],接着,Meyer 和 Mallat 建立了离散小波变换的基础理论——多分辨率分析[6, 7],比利时数学家 Daubechies 在此基础之上构造出了满足紧支撑条件的正交小波并建立了小波变换的理论框架[38, 39],她所著的 *Ten Lectures on Wavelets*(《小波十讲》)[40]对小波分析的普及起到了重要的推动作用。Mallat 和 Daubechies 的研究工作标志着离散小波变换方法的形成。在此之后,针对具体的研究对象,不断地有新的具有不同性质的小波基函数被提出。作为离散小波变换的延伸,Coifman、Meyer 和 Wickerhauser 提出了小波包变换[41, 42],从而使得全频段的小波滤波频带划分精度达到一致。以上工作都是在 10 年左右的时间内完成的。作为时频分析理论和信号分解方法发展过程中的一座重要里程碑,小波分析理论的诞生和发展是不同学科、不同领域的研究者思想互相碰撞的结果,是由工程师、物理学家和数学家所共同创造的,这反映了大科学时代学科之间相互综合、相互渗透的强烈趋势。近 30 多年来,小波分析在众多学科领域得到了广泛应用，并取得了具有科学意义和应用价值的重要成果。

小波分析理论不仅包含连续小波变换、离散小波变换和小波包变换等经典理论方法，还直接推动了稀疏分解[43, 44]和经验小波变换[45]等后续新理论、新方法的发展。本节主要对连续小波变换这一最为基础和重要的小波变换方法进行介绍，对小波分析的发展历程及其先进理论方法感兴趣的读者可参考以小波分析为主题的相关文献。

3.3.1　基本定义与性质

设 $x(t) \in L^2(\mathbb{R})$ 为一有限能量函数，该函数的连续小波变换 $W_x(a,b)$ 定义为以函数簇 $\psi_{a,b}(t)$ 为积分核的积分变换，如式(3.35)所示：

$$W_x(a,b) = \int_{-\infty}^{+\infty} x(t) \cdot \psi_{a,b}(t) \mathrm{d}t \tag{3.35}$$

其中，函数簇 $\psi_{a,b}(t)$ 由小波基函数 $\psi(t)$ 通过伸缩和平移变换产生，如式(3.36)所示：

$$\psi_{a,b}(t) = a^{-1/2} \psi\left(\frac{t-b}{a}\right) \tag{3.36}$$

其中，$a > 0$ 是伸缩尺度参数；b 是平移定位参数；因子 $a^{-1/2}$ 为归一化常数，用于确保伸缩平移变换前后小波函数的能量守恒，即

$$\left\| \psi_{a,b}(t) \right\|_2^2 = \int_{-\infty}^{+\infty} \left| \psi_{a,b}(t) \right|^2 \mathrm{d}t = \int_{-\infty}^{+\infty} \left| \psi(t) \right|^2 \mathrm{d}t \tag{3.37}$$

小波函数伸缩平移变换前后的频域表示如下：

$$\hat{\psi}_{a,b}(f) = \sqrt{a} \mathrm{e}^{-\mathrm{j}2\pi f} \hat{\psi}(af) \tag{3.38}$$

其中，$\hat{\psi}$ 为小波函数 ψ 的傅里叶变换。由式(3.36)和式(3.38)可知，当伸缩尺度参数 a 减小时，小波函数的有效持续时间会缩短，时域集中性增加，频谱分布整体将向高频段移动，有效带宽增加，频域集中性降低；当伸缩尺度参数 a 增大时，小波函数的有效持续时间会增加，时域集中性降低，频谱分布整体向低频段移动，有效带宽减小，频域集中性增加。也就是说，连续小波变换所得到时频分布的分辨率是随着尺度参数或频率的变化而变化的，在高频处，时域分辨率高，频域分辨率低；而在低频处，时域分辨率低，频域分辨率高，具有"变焦"特性。事实上，很多物理系统所产生的响应，如机械系统振动信号，往往在低频处的信号成分具有准平稳特性，而高频处的信号成分具有幅值瞬态变换特性。连续小波变换所具备的"变焦"性质正是物理系统响应分析时所需要的。

下面以常用的 Morlet 小波函数为例来说明连续小波变换的"变焦"特性。Morlet 小波是最常用的复值小波，以工程师 Morlet 的名字命名，由式(3.39)给出：

$$\psi(t) = \pi^{-1/4} \left[\exp\left(\mathrm{j}\omega_0 t\right) - \exp\left(-\frac{\omega_0^2}{2}\right) \right] \exp\left(-\frac{t^2}{2}\right) \tag{3.39}$$

其傅里叶变换为

$$\hat{\psi}(\omega) = \pi^{-1/4} \left\{ \exp\left[\frac{-(\omega-\omega_0)^2}{2} \right] - \exp\left(-\frac{\omega_0^2 + \omega^2}{2} \right) \right\} \tag{3.40}$$

当 $\omega_0 \geqslant 5$ 时，$\exp(-\omega_0^2) \approx 0$，则 Morlet 小波函数可简化如下：

$$\psi(t) = \pi^{-1/4} \exp\left(\mathrm{j}\omega_0 t - \frac{t^2}{2}\right) \tag{3.41}$$

其傅里叶变换相应地变为

$$\hat{\psi}(\omega) = \pi^{-1/4} \exp\left[\frac{-(\omega - \omega_0)^2}{2}\right] \tag{3.42}$$

图 3.6 给出了不同尺度参数取值下 Morlet 小波函数的时域波形及其频谱。由此可知，当伸缩尺度参数 a 增大时，小波函数的有效持续时间增加，而对应频谱分布的中心频率和有效带宽都发生了相应程度的缩减，反之亦然。这与上述针对小波函数所具备"变焦"特性的描述相一致。此外，由 Morlet 小波函数的频谱分布还可以发现其具有带通特性。

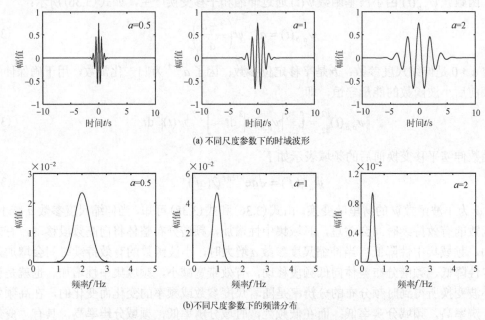

(a) 不同尺度参数下的时域波形

(b) 不同尺度参数下的频谱分布

图 3.6　不同尺度参数下的 Morlet 小波函数（$\omega_0 = 2\pi$）

显然，具备上述性质的小波基函数 $\psi(t)$ 的选择不是唯一的，很多函数都可作为小波基函数，但也不是任意的。小波基函数的选择应满足以下紧支撑条件和小波容许条件：

(1) 紧支撑条件，即在一个很小的区间之外，函数值为零，它规定了小波基函数的快速衰减特性，以便获得时域局部化波形；

(2) 小波容许条件，即 $\int_{-\infty}^{+\infty} \psi(t)\mathrm{d}t = 0$，这意味着 $\psi(t)$ 的取值应该有正有负，是一个在时间轴上下振荡的波，所以均值为零。

以上两个条件共同决定了 $\psi(t)$ 不是一个长时间持续的波，而是一个快速衰减的短波。

由小波变换的定义式可知，小波变换是线性变换，它的物理意义为利用一簇频率不同的小波函数 $\psi_{a,b}(t)$ 对信号 $x(t)$ 在时间尺度上进行平移扫描，其中，a 为对应振荡频率的伸缩尺度参数，b 为对应时间的平移定位参数。因此，小波变换在某种意义上类似于短时傅里叶变换，不同的是，小波变换所得到时频分布的时频分辨率与频率有关，即小波变换在高频段具有较高的时域分辨率，但频域分辨率较差，在低频段则恰好相反。而短时傅里叶变换在所有频段的时域和频域分辨率都是不变的。

最后，对式 (3.35) 所定义连续小波变换具备的基本性质进行介绍。

(1) 线性可加性。小波变换是线性变换，若 $x(t) = x_1(t) + x_2(t)$，则

$$W_x(a,b) = W_{x_1}(a,b) + W_{x_2}(a,b) \tag{3.43}$$

(2) 平移共变性。若 $x(t) \to W_x(a,b)$，则

$$x(t - b_0) \to W_x(a, b - b_0) \tag{3.44}$$

该性质表明，当信号在时间轴上移位一时间段时，它的整个小波变换结果也将相应地移位相同的时间量。

(3) 伸缩共变性。若 $x(t) \to W_x(a,b)$，则

$$x(\lambda \cdot t) \to \frac{1}{\sqrt{\lambda}} \cdot W_x(\lambda \cdot a, \lambda \cdot b) \tag{3.45}$$

该性质表明，当信号 $x(t)$ 作某一倍数伸缩时，其小波变换将在 a、b 两轴上作同一比例的伸缩，但不发生失真变形，这正是小波变换被称为数学显微镜的重要依据。

(4) 微分运算可交换性。若 $y(t) = \dfrac{\partial x(t)}{\partial t}$，则

$$W_y(a,b) = \frac{\partial}{\partial t} W_x(a,b) \tag{3.46}$$

(5) 微分运算性质。若 $y(t) = \dfrac{\partial^m x(t)}{\partial t^m}$，则

$$W_y(a,b) = (-1)^m \int_{-\infty}^{+\infty} x(t) \frac{\partial^m}{\partial t^m} [\psi_{a,b}^*(t)] \mathrm{d}t \tag{3.47}$$

(6) 可逆性。$x(t)$ 的连续小波变换的逆变换可由式 (3.48) 给出：

$$x(t) = \frac{1}{C_\psi} \int_{-\infty}^{+\infty} \int_{-\infty}^{+\infty} a^{-2} W_x(a,b) \psi_{a,b}(t) \mathrm{d}a \mathrm{d}b \tag{3.48}$$

其中

$$C_\psi = \int_{-\infty}^{+\infty} \frac{|\hat{\psi}(\omega)|^2}{|\omega|} \mathrm{d}\omega \tag{3.49}$$

利用傅里叶变换的相似性和帕塞瓦尔定理，即两个信号的内积等于它们傅里叶变换的内积，可以容易地证明上述逆变换公式。连续小波变换的可逆性说明变换过程中并没有损失任何信息，变换是守恒的，因而式 (3.50) 成立：

$$\int_{-\infty}^{+\infty} |x(t)|^2 \mathrm{d}t = \frac{1}{C_\psi} \int_{-\infty}^{+\infty} \int_{-\infty}^{+\infty} a^{-2} |W_x(a,b)|^2 \mathrm{d}a \mathrm{d}b \tag{3.50}$$

在 3.5 节给出了利用连续小波变换计算目标信号时频分布的 MATLAB 程序。

3.3.2　小波变换的时频分辨率分析

根据小波变换的定义与性质，本节通过计算小波函数的中心时间、中心频率、有效持续时间和有效带宽，对利用小波变换所得到时频分布的分辨率进行理论和数值分析，论证 3.3.1 节中所导出的推论，加深读者对小波变换时频特性的认识。

根据 3.2 节中的定义，小波函数的中心时间 $\langle t \rangle_{\psi_{a,b}}$ 和中心频率 $\langle f \rangle_{\hat{\psi}_{a,b}}$ 可通过式(3.51)计算：

$$
\begin{cases}
\langle t \rangle_{\psi_{a,b}} = \dfrac{\displaystyle\int_{-\infty}^{+\infty} t \left| \psi_{a,b}(t) \right|^2 \mathrm{d}t}{\displaystyle\int_{-\infty}^{+\infty} \left| \psi_{a,b}(t) \right|^2 \mathrm{d}t} \\[4mm]
\langle f \rangle_{\hat{\psi}_{a,b}} = \dfrac{\displaystyle\int_{-\infty}^{+\infty} f \left| \hat{\psi}_{a,b}(f) \right|^2 \mathrm{d}f}{\displaystyle\int_{-\infty}^{+\infty} \left| \hat{\psi}_{a,b}(f) \right|^2 \mathrm{d}f}
\end{cases}
\tag{3.51}
$$

有效持续时间 $\sigma_{\psi_{a,b}}$ 和有效带宽 $\sigma_{\hat{\psi}_{a,b}}$ 可通过式(3.52)计算：

$$
\begin{cases}
\sigma_{\psi_{a,b}}^2 = \displaystyle\int_{-\infty}^{+\infty} \left(t - \langle t \rangle_{\psi_{a,b}} \right)^2 \left| \psi_{a,b}(t) \right|^2 \mathrm{d}t \\[4mm]
\sigma_{\hat{\psi}_{a,b}}^2 = \displaystyle\int_{-\infty}^{+\infty} \left(f - \langle f \rangle_{\hat{\psi}_{a,b}} \right)^2 \left| \hat{\psi}_{a,b}(f) \right|^2 \mathrm{d}f
\end{cases}
\tag{3.52}
$$

根据小波函数的基本性质，不难证明上述四个量之间存在如下关系：

$$
\begin{cases}
\langle t \rangle_{\psi_{a,b}} = a \cdot \langle t \rangle_{\psi_{1,0}} + b, \quad \langle f \rangle_{\hat{\psi}_{a,b}} = \dfrac{1}{a} \cdot \langle f \rangle_{\hat{\psi}_{1,0}} \\[4mm]
\sigma_{\psi_{a,b}} = a \cdot \sigma_{\psi_{1,0}}, \quad \sigma_{\hat{\psi}_{a,b}} = \dfrac{1}{a} \cdot \sigma_{\hat{\psi}_{1,0}}
\end{cases}
\tag{3.53}
$$

由此可进一步导出：

$$
\sigma_{\psi_{a,b}} \cdot \sigma_{\hat{\psi}_{a,b}} = \sigma_{\psi_{1,0}} \cdot \sigma_{\hat{\psi}_{1,0}} = \text{Constant}
\tag{3.54}
$$

其中，$\langle t \rangle_{\psi_{1,0}}$、$\langle f \rangle_{\hat{\psi}_{1,0}}$、$\sigma_{\psi_{1,0}}$ 和 $\sigma_{\hat{\psi}_{1,0}}$ 为常数。

由于小波函数的频谱分布具有带通特性，$\langle f \rangle_{\hat{\psi}_{a,b}}$ 即为小波函数的通带中心频率，$2\sigma_{\hat{\psi}_{a,b}}$ 为有效带宽。由式(3.53)可知，随着伸缩尺度参数 a 的增大，中心频率 $\langle f \rangle_{\hat{\psi}_{a,b}}$ 减小，小波函数的带通中心向低频段移动，并且有效带宽 $\sigma_{\hat{\psi}_{a,b}}$ 减小，有效持续时间 $\sigma_{\psi_{a,b}}$ 增加。这一分析结果与 3.3.1 节中的推论一致，并为之提供了理论依据。因此，利用小波变换分析低频段的信号成分时可以达到较高的频率分辨率，但时域分辨率降低，反之亦然。此外，由式(3.54)可知，虽然小波函数的有效持续时间 $\sigma_{\psi_{a,b}}$ 和有效带宽 $\sigma_{\hat{\psi}_{a,b}}$ 在时频平面各处不同，但它们的乘积却是一个常数，这也正是时频不确定性原理在小波变换中的体现。

若将小波函数看作带通滤波器，由式(3.53)可导出其品质因子为常数：

$$
Q = \frac{\text{中心频率}}{\text{带宽}} = \frac{\langle f \rangle_{\hat{\psi}_{a,b}}}{2\sigma_{\hat{\psi}_{a,b}}} = \frac{\langle f \rangle_{\hat{\psi}_{1,0}}}{2\sigma_{\hat{\psi}_{1,0}}} = \text{Constant}
\tag{3.55}
$$

小波函数的品质因子 Q 为常数说明小波变换相当于一个恒 Q 滤波器。以 Morlet 小波函数为例，图 3.7 展示了小波函数的这种恒 Q 带通特性。图 3.8 则是小波变换的相空间表示，图中大尺度参数对应低频段，频率分辨率较高，而时域分辨率较低；反之，小尺度参数对应高频段，这里频域分辨率较低，而时域分辨率较高。

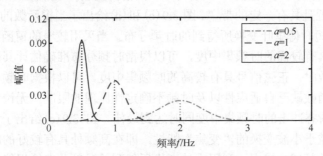

图 3.7　Morlet 小波函数频谱的恒 Q 带通特性（$\omega_0 = 2\pi$）

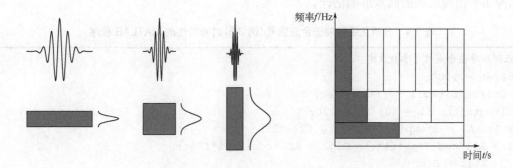

图 3.8　小波变换的相空间表示

若将小波函数中的伸缩尺度参数 a 转化为中心频率 $\langle f \rangle_{\hat{\psi}_{a,b}}$，即

$$\langle f \rangle_{\hat{\psi}_{a,b}} = \frac{1}{a} \cdot \langle f \rangle_{\hat{\psi}_{1,0}} \tag{3.56}$$

则小波变换所得到的时频分布就具有了与短时傅里叶变换结果一样的明确物理意义，避免了尺度参数坐标难以理解的困难。后续利用小波变换所得到时频分布的纵坐标单位都默认为通过式(3.56)转化而来的频率。

3.3.3　仿真算例

为了加深对小波变换的理解，下面利用两个典型的仿真算例来展示利用小波变换所得到的信号时频分布，并通过与短时傅里叶变换的结果进行比较阐明两者的优缺点。

【例 3.5】　正弦信号与冲击信号的合成信号

考虑如下由正弦信号 $s_1(t)$ 和瞬态冲击 $s_2(t)$ 所组成的合成信号 $s(t)$：

$$s(t) = s_1(t) + s_2(t) = \cos(2\pi f_1 t) + 3\exp\left[-\pi\left(\frac{t-t_0}{T}\right)^2\right]\cos(2\pi f_2 t) \tag{3.57}$$

其中，正弦信号 $s_1(t)$ 的频率 $f_1 = 40\,\mathrm{Hz}$，瞬态冲击 $s_2(t)$ 的中心时间 $t_0 = 1\,\mathrm{s}$、持续时间 $T = 0.02\,\mathrm{s}$ 及振荡频率 $f_2 = 120\,\mathrm{Hz}$。表 3.4 给出了计算该仿真信号频谱和时频分布的 MATLAB 程序，计算结果如图 3.9 所示。其中，连续小波变换函数 CWT( ) 的 MATLAB 程序在 3.5 节给出。由图 3.9(a) 和 (b) 所示的信号时域波形和频谱可知，瞬态冲击 $s_2(t)$ 出现在 1s 处，其频谱分布的中心位于 120Hz 附近且具有一定的带宽。图 3.9(c) 和 (d) 给出了当窗函数的宽度分别为 0.128s 和 0.512s 时，利用短时傅里叶变换所得到的时频分布。当采用较窄的窗函数时，该仿真信号中的瞬态冲击信号具有较高的时频集中度，可以根据时频分布准确估计其所出现的时间；而当采用较宽的窗函数时，正弦信号具有较高的时频集中度，可以根据时频分布准确估计其频率。然而，由于窗函数缺乏自适应性以及时频不确定性原理的限制，无论怎样调节窗宽都无法使得正弦信号和瞬态冲击的时频集中度同时达到最佳。图 3.9(e) 给出了利用小波变换所得到的时频分布。得益于小波变换的"变焦"特性，即在高频处具有较好的时域分辨率，而在低频处则具有较好的频域分辨率，利用小波变换所得到的时频分布恰好能够克服短时傅里叶变换的不足，使得正弦信号和瞬态信号的时频集中度同时达到最佳，实现了正弦信号频率及瞬态冲击所出现时间的同步准确估计。

表 3.4　分析正弦和冲击合成信号（例 3.5）时频特性的 MATLAB 程序

```
%% 正弦和冲击合成信号参数设定
SampFreq = 1000;
t = 0:1/SampFreq:2 - 1/SampFreq;
L = length(t); f1 = 40; f2 = 120;
A1 = 1;  A2 = 3*exp(-pi*((t-1)/0.02).^2);
Sig1 = A1.*cos(2*pi*f1*t); Sig2 = A2.*cos(2*pi*f2*t);
Sig  = Sig1 + Sig2;

%% 合成信号时域波形
figure
plot(t,Sig,'b','linewidth',1);
xlabel('\fontname{宋体}时间\fontname{Times New Roman}{\itt} (s)');
ylabel('\fontname{宋体}幅值');
axis([0 2 -5 5])

%% 合成信号频谱分布
f = 0:SampFreq/length(Sig):SampFreq - SampFreq/length(Sig);
Sig_F = abs(fft(Sig))/(L/2);
figure
plot(f(1:end/2),Sig_F(1:end/2),'b','linewidth',1);
xlabel('\fontname{宋体}频率\fontname{Times New Roman}{\itf} (Hz)');
ylabel('\fontname{宋体}幅值');
axis([0 200 0 1.2])

%% 合成信号时频分布(STFT，短窗)
N = 1024; WinLen = 128;
STFT(Sig',SampFreq,N,WinLen);
```

```
%% 合成信号时频分布(STFT, 长窗)
N = 1024; WinLen = 512;
STFT(Sig',SampFreq,N,WinLen);
```

```
%% 合成信号时频分布(连续小波变换)
nLevel = 1024;
CWT(Sig,t,nLevel,2,SampFreq);
```

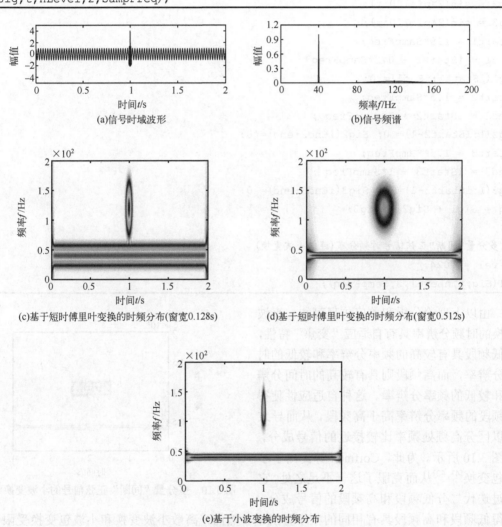

图 3.9　正弦与冲击合成信号的时域、频域及时频域信息

　　最后，表 3.5 给出了对例 3.3 中多分量"间断"正弦信号进行连续小波变换的 MATLAB 程序，计算结果如图 3.10 所示。在该基于小波变换的时频分布中，低频"间断"正弦分量具有较高的频率分辨率和令人满意的时间分辨率，而高频分量则具有更高的时间分辨率，但高频段较低的频率分辨率使得两个紧邻的高频正弦分量之间发生了严重干涉。

表 3.5　计算多分量"间断"正弦信号(例 3.3)小波变换的 MATLAB 程序

```
%% 多分量"间断"正弦信号参数设定
SampFreq = 500;
t = 0:1/SampFreq:4 - 1/SampFreq;
L = length(t);
Sig1 = sin(2*pi*40*t);
Sig2 = sin(2*pi*100*t);
Sig3 = sin(2*pi*110*t);
iStart1 = 1.9*SampFreq;
iEnd1 = iStart1 + 0.2*SampFreq ;
Sig1(iStart1:iEnd1)= 0;
iStart2 = 1.5*SampFreq;
iEnd2 = iStart2 + 1*SampFreq ;
Sig2(1:iStart2-1)= 0; Sig2(iEnd2:end)= 0;
iStart3 = 1.5*SampFreq;
iEnd3 = iStart3 + 1*SampFreq ;
Sig3(1:iStart3-1)= 0; Sig3(iEnd3:end)= 0;
Sig = Sig1 + Sig2 + Sig3;

%% 多分量"间断"正弦信号时频分布(连续小波变换)
nLevel = 1024;
CWT(Sig,t,nLevel,3,SampFreq);
```

　　由以上理论分析和数值仿真可知,小波变换的时频分辨率具有自适应"变焦"特性,即低频段具有较高的频率分辨率和较低的时间分辨率,而高频段则具有较高的时间分辨率和较低的频率分辨率。这种自适应性使得低频段的频率分辨率高于高频段,从而导致难以区分高频处频率比较接近的信号成分,如图 3.10 所示。为此,Coifman 等提出了小波包变换[41, 42]从而克服了这一不足之处,它通过迭代二分低频段和高频段的信号成分,

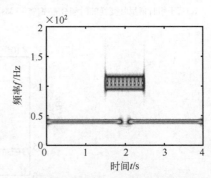

图 3.10　多分量"间断"正弦信号的小波变换结果

使得低频段和高频段具有相同的频率分辨率。然而,离散小波变换和小波包变换受限于二分频带划分规则的限制,难以分离非平稳信号中横跨多个二分子频带的信号成分。为此,加利福尼亚大学洛杉矶分校的学者 Gilles 于 2013 年提出了经验小波变换[45],该方法能够根据信号频谱峰值的变化规律自适应地对信号成分所处的频带进行划分,并在划分频带内构造小波滤波器对信号成分进行分离。因此,小波包变换和经验小波变换都能精确分离例 3.3 所给出仿真信号中的两个高频紧邻分量。第 7 章将对经验小波变换的原理和算法进行详细介绍。

3.4　参数化时频变换初步

短时傅里叶变换和小波变换等经典时频变换方法采用频率恒定的准平稳信号作为基函数对目标信号进行时频分析，所得到的时频分布是对目标信号时频特征的零阶拟合，即采用与时间轴或频率轴平行的线段逼近信号的时频特征。当目标信号具有较为复杂的非线性频率调制规律时，利用上述经典时频变换方法所得到时频分布的时频集中度往往较低。为此，有学者通过引入新的参数构造了具有频率调制规律的基函数，从而可对非平稳信号时频特征进行高阶逼近，提升了时频变换方法表征复杂频率调制规律的准确度。这类时频变换方法被称为参数化时频变换方法[12]。本章主要对两类基本的参数化时频变换方法进行介绍，即线性调频小波(chirplet)变换[14, 15]及正弦调频小波(warblet)变换[13, 16]。

3.4.1　线性调频小波变换

线性调频小波变换采用具有线性调频规律的小波函数作为基函数对非平稳信号进行时频分析，能够准确表征具有线性调频规律信号的时频特征。针对定义在平方可积空间上的实信号 $s(t) \in L^2(\mathbb{R})$，chirplet 变换可定义如下：

$$\mathrm{CT}_s(t_0, f; \alpha, \sigma) = \int_{-\infty}^{+\infty} z(t) \Psi^*_{(t_0, f, \alpha, \sigma)}(t) \mathrm{d}t \tag{3.58}$$

其中，$z(t)$ 为实信号 $s(t)$ 的解析形式，即 $z(t) = s(t) + \mathrm{j} \cdot \mathrm{HT}[s(t)]$；*为复数共轭；$\Psi_{(t_0, f, \alpha, \sigma)}(t)$ 为具有线性调频规律的小波函数(即 chirplet)，具体表达式如下：

$$\Psi_{(t_0, f, \alpha, \sigma)}(t) = h_\sigma(t - t_0) \exp\left\{ \mathrm{j} \cdot 2\pi \left[ft + \frac{\alpha}{2}(t - t_0)^2 \right] \right\} \tag{3.59}$$

其中，参数 t_0 和 $\alpha \in \mathbb{R}$ 分别表示窗函数中心时间与线性调频参数；$h_\sigma(t) \in L^2(\mathbb{R})$ 为非负、对称并且经过规范化的实窗函数，σ 为窗宽。因此，式(3.58)所定义的 chirplet 变换即为目标信号的解析形式 $z(t)$ 与线性调频小波函数 $\Psi_{(t_0, f, \alpha, \sigma)}(t)$ 的内积。当窗函数 $h_\sigma(t)$ 采用如下高斯窗时，式 (3.58)也称为高斯 chirplet 变换：

$$h_\sigma(t) = \frac{1}{\sqrt{2\pi}\sigma} \mathrm{e}^{-\frac{t^2}{2\sigma^2}} \tag{3.60}$$

为了对 chirplet 变换的工作原理进行解释，首先将线性调频小波函数 $\Psi_{(t_0, f, \alpha, \sigma)}(t)$ 代入定义式 (3.58)中，并对其表达形式作等价转换：

$$\mathrm{CT}_s(t_0, f; \alpha, \sigma) = A(t_0) \int_{-\infty}^{+\infty} \tilde{z}(t) h_\sigma(t - t_0) \mathrm{e}^{-\mathrm{j}2\pi ft} \mathrm{d}t \tag{3.61}$$

其中

$$\begin{cases} \tilde{z}(t) = z(t) \cdot \Phi_\alpha^D(t) \cdot \Phi_{(t_0, \alpha)}^T(t) \\ \Phi_\alpha^D(t) = \exp(-\mathrm{j}\pi\alpha t^2) \\ \Phi_{(t_0, \alpha)}^T(t) = \exp(\mathrm{j}2\pi\alpha t_0 t) \\ A(t_0) = \exp(-\mathrm{j}\pi\alpha t_0^2) \end{cases} \tag{3.62}$$

其中，$\varPhi_\alpha^D(t)$ 和 $\varPhi_{(t_0,\alpha)}^T(t)$ 分别称为解调算子和平移算子。解调算子 $\varPhi_\alpha^D(t)$ 的瞬时频率在参数化时频变换中被称为变换核函数，即 chirplet 变换具有线性核函数。给定窗宽 σ 与线性调频参数 α，式(3.61)给出的 chirplet 变换形式可看作复信号 $\tilde{z}(t)$ 的短时傅里叶变换。当线性调频参数 $\alpha=0$ 时，式(3.61)则退化为一般形式的短时傅里叶变换。

下面以式(3.63)所给出的线性调频信号 $s(t)$ 为例，对 chirplet 变换的工作原理进行解析：

$$s(t)=a(t)\cos\left[2\pi\left(f_0 t+\frac{\alpha_0 t^2}{2}\right)+\varphi_0\right] \tag{3.63}$$

其中，α_0 为该信号的线性调频斜率。该线性调频信号的瞬时频率为 $f(t)=f_0+\alpha_0 t$，解调算子 $\varPhi_\alpha^D(t)$ 和平移算子 $\varPhi_{(t_0,\alpha)}^T(t)$ 在时频域对该线性调频信号的作用机制如图 3.11 所示。其中，解调算子先对线性调频信号在时频域进行旋转，旋转角度 $\theta=\arctan(-\alpha)$，而平移算子则将旋转后的信号向上平移 αt_0，即对 t_0 时刻由旋转导致的频移量进行补偿。因此，chirplet 变换针对线性调频信号的作用机制可总结为如下 3 个步骤：①将信号在时频域旋转角度 $\arctan(-\alpha)$；②对信号进行大小为 αt_0 的频移；③利用窗函数对经过旋转和平移的信号作短时傅里叶变换。

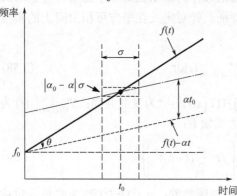

图 3.11　chirplet 变换工作原理图解

基于上述 chirplet 变换的工作原理，对利用 chirplet 变换所得到线性调频信号时频分布(以 t_0 和 f 为变量)的分辨率作如下分析。如图 3.11 所示，线性调频信号进行 chirplet 变换时在截断时间间隔内的有效持续时间和有效带宽分别为 σ 和 $|\alpha_0-\alpha|\sigma+1/\sigma$。有效带宽由两部分组成，第一部分 $|\alpha_0-\alpha|\sigma$ 为信号在截断时间段内的频率变化量，第二部分 $1/\sigma$ 为加窗截断所引起的带宽。当线性调频参数 $\alpha=\alpha_0$ 时，有效带宽达到最小值 $1/\sigma$，即此时的频率分辨率最高。也就是说，当 chirplet 变换核函数中的线性调频参数 α 与目标信号的线性调频斜率 α_0 相匹配时，所得到时频分布的分辨率最高，能够最为准确地表征线性调频信号频率随时间的变化规律。

在 3.5 节给出了计算信号 chirplet 变换的 MATLAB 程序。

3.4.2　正弦调频小波变换

正弦调频小波变换采用正弦调频小波作为基函数，适用于分析具有周期频率调制规律的非平稳信号。针对定义在平方可积空间上的实信号 $s(t)\in L^2(\mathbb{R})$，warblet 变换可定义为目标信号 $s(t)$ 的解析形式 $z(t)$ 与正弦调频小波 $\varPhi$ 的内积：

$$\mathrm{WT}_s(t_0,f;\lambda_m,f_m,\phi_m,\sigma)=\int_{-\infty}^{+\infty}z(t)\varPhi_{(t_0,f,\lambda_m,f_m,\phi_m,\sigma)}^*(t)\mathrm{d}t \tag{3.64}$$

其中，$\varPhi_{(t_0,f,\lambda_m,f_m,\phi_m,\sigma)}(t)$ 为具有正弦调频规律的小波函数(即 warblet)，具体表达式如下：

$$\varPhi_{(t_0,f,\lambda_m,f_m,\phi_m,\sigma)}(t)=h_\sigma(t-t_0)\exp\left\{\mathrm{j}\cdot\left[2\pi ft+\frac{\lambda_m}{f_m}\sin(2\pi f_m t+\phi_m)-2\pi\lambda_m\cos(2\pi f_m t_0+\phi_m)t\right]\right\} \tag{3.65}$$

其中，参数 t_0 为窗函数的中心时间；参数 λ_m、f_m 和 ϕ_m 分别为正弦调频小波函数的调制幅值、调制频率及调制相位；$h_\sigma(t) \in L^2(\mathbb{R})$ 为非负、对称并且经过规范化的实窗函数。当窗函数 $h_\sigma(t)$ 采用式 (3.60) 所给出的高斯窗时，式 (3.64) 可称为高斯 warblet 变换。

　　类似地，在对 warblet 变换的工作原理进行解释之前，先将式 (3.65) 所给出的正弦调频小波函数 $\Phi_{(t_0,f,\lambda_m,f_m,\phi_m,\sigma)}(t)$ 代入定义式 (3.64) 中，并对其表达形式作等价转换：

$$\mathrm{WT}_s(t_0,f;\lambda_m,f_m,\phi_m,\sigma) = \int_{-\infty}^{+\infty} \hat{z}(t) h_\sigma(t-t_0) \mathrm{e}^{-\mathrm{j}2\pi ft} \mathrm{d}t \tag{3.66}$$

其中

$$\begin{cases} \hat{z}(t) = z(t) \cdot \Phi_{(\lambda_m,f_m,\phi_m)}^{D}(t) \cdot \Phi_{(t_0,\lambda_m,f_m,\phi_m)}^{T}(t) \\[2mm] \Phi_{(\lambda_m,f_m,\phi_m)}^{D}(t) = \exp\left[-\mathrm{j}\dfrac{\lambda_m}{f_m}\sin(2\pi f_m t + \phi_m)\right] \\[2mm] \Phi_{(t_0,\lambda_m,f_m,\phi_m)}^{T}(t) = \exp[\mathrm{j}2\pi\lambda_m\cos(2\pi f_m t_0 + \phi_m)t] \end{cases} \tag{3.67}$$

其中，$\Phi_{(\lambda_m,f_m,\phi_m)}^{D}(t)$ 和 $\Phi_{(t_0,\lambda_m,f_m,\phi_m)}^{T}(t)$ 分别为 warblet 变换的解调算子和平移算子。warblet 变换的变换核函数为解调算子 $\Phi_{(\lambda_m,f_m,\phi_m)}^{D}(t)$ 的瞬时频率，即正弦函数。给定窗宽 σ 与正弦调频参数 λ_m、f_m 和 ϕ_m，式 (3.66) 给出的 warblet 变换形式可看作复信号 $\hat{z}(t)$ 的短时傅里叶变换。当正弦调频参数 $\lambda_m = f_m = \phi_m = 0$ 时，式 (3.66) 则退化为一般形式的短时傅里叶变换。

　　warblet 变换的工作原理与 chirplet 变换类似，即将短时傅里叶变换作用于经过解调和平移的目标信号。首先，通过从目标信号的瞬时频率 $f(t)$ 中移除解调算子 $\Phi_{(\lambda_m,f_m,\phi_m)}^{D}(t)$ 的瞬时频率 $d(t) = \lambda_m\cos(2\pi f_m t + \phi_m)$，即 $f(t) - d(t)$，实现目标信号在时频域的解调；然后，对解调后的信号进行平移，平移量为平移算子 $\Phi_{(t_0,\lambda_m,f_m,\phi_m)}^{T}(t)$ 的频率 $u(t_0) = \lambda_m\cos(2\pi f_m t_0 + \phi_m)$，以补偿 t_0 时刻由于解调所引起的频移；最后，利用窗函数对经过解调和平移后的信号作短时傅里叶变换，得到时频分布。图 3.12 展示了上述 3 个 warblet 变换的主要步骤，$\Delta f(t_0;\sigma) + 1/\sigma$ 为信号进行 warblet 变换时在截断时间间隔内的有效带宽，主要由信号经过解调后在截断时间段内的频率变化量 $\Delta f(t_0;\sigma)$ 和加窗截断所引起的带宽 $1/\sigma$ 所组成。当 warblet 变换的变换核函数 $d(t)$ 与信号的调频规律 $f(t)$ 完全匹配，即 $\Delta f(t_0;\sigma) = 0$ 时，经过解调后的信号在截断时间段内的有效带宽达到最小值 $1/\sigma$，利用 warblet 变换得到时频分布的频率分辨率和时频集中度最高，能

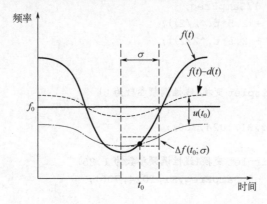

图 3.12　warblet 变换工作原理图解

够最为准确地表征周期调频信号频率随时间的变化规律。

在 3.5 节给出了计算信号 warblet 变换的 MATLAB 程序。

3.4.3 仿真算例

本节将采用两个典型的仿真算例验证 chirplet 变换和 warblet 变换表征非平稳信号调频规律的有效性，并对不同时频变换方法所得出的结果进行比较与讨论。

【例 3.6】 2-分量线性调频信号

考虑如下具有线性调频规律的 2-分量非平稳信号 $s(t)$：

$$s(t) = s_1(t) + s_2(t) = \sin[2\pi(10t + 1.25t^2)] + \sin[2\pi(12t + 1.25t^2)] \tag{3.68}$$

其中，第 1 个线性调频分量 $s_1(t) = \sin[2\pi(10t + 1.25t^2)]$，瞬时频率 $f_1(t) = 10 + 2.5t$；第 2 个线性调频分量 $s_2(t) = \sin[2\pi(12t + 1.25t^2)]$，瞬时频率 $f_2(t) = 12 + 2.5t$。这两个线性调频分量的瞬时频率具有相同的斜率和相近的截距，它们在时频域相互紧邻。

表 3.6 给出了当线性调频参数 α 取不同值时（窗宽为 3.5s），对该 2-分量线性调频信号作 chirplet 变换的 MATLAB 程序（在 3.5 节给出了 chirplet 变换函数 chirplet( ) 的 MATLAB 程序），计算结果如图 3.13 所示。当线性调频参数 $\alpha = 0$ 时，chirplet 变换退化为短时傅里叶变换。短时傅里叶变换采用频率恒定的准平稳信号对目标信号进行表征，所得到的时频分布只是对目标信号调频规律的零阶逼近，因此可以在图 3.13(a) 所示的时频分布中观察到与时间轴平行的时频铺砌（logon）。由于两个线性调频分量在时频域紧邻，它们在利用短时傅里叶变换所得到的时频分布中发生了严重混叠。随着线性调频参数 α 的增大，可以发现，利用 chirplet 变换所得到时频分布的分辨率逐渐提升。当线性调频参数 α 与目标信号调频规律的斜率相匹配时，时频分布的分辨率达到最佳，能够准确表征目标信号中两个线性调频分量的调频规律，如图 3.13(c) 所示。随着线性调频参数 α 继续增大，时频分布的分辨率也将下降。

表 3.6 2-分量线性调频信号（例 3.6）chirplet 变换的 MATLAB 程序

```
%% 2-分量线性调频信号参数设定
SampFreq = 200;
t = 0:1/SampFreq:10 - 1/SampFreq;
Sig1 = sin(2*pi*(10*t + 2.5*t.^2/2));
Sig2 = sin(2*pi*(12*t + 2.5*t.^2/2));
Sig  = Sig1 + Sig2;

%% 2-分量线性调频信号 chirplet 变换(线性调频参数为 0)
R1 = 0;
Chirplet(Sig',SampFreq,R1,1024,700);

%% 2-分量线性调频信号 chirplet 变换(线性调频参数为 1.25)
R1 = 1.25; Chirplet(Sig',SampFreq,R1,1024,700);

%% 2-分量线性调频信号 chirplet 变换(线性调频参数为 2.5)
R1 = 2.5;
```

```
Chirplet(Sig',SampFreq,R1,1024,700);
%% 2-分量线性调频信号 chirplet 变换(线性调频参数为 3.75)
R1 = 3.75;
Chirplet(Sig',SampFreq,R1,1024,700);
```

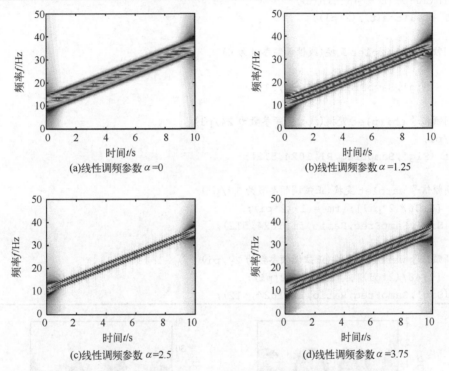

图 3.13　2-分量线性调频信号基于 chirplet 变换的时频分布(窗宽为 3.5s)

【例 3.7】 正弦调频信号

考虑如下具有正弦调频规律的非平稳信号 $s(t)$：

$$s(t) = \sin[20\pi t + 48\sin(t)] \tag{3.69}$$

该正弦调频信号的瞬时频率为 $f(t) = 10 + 24\cos(t)/\pi$。

表 3.7 给出了对该正弦调频信号作短时傅里叶变换、chirplet 变换和 warblet 变换的 MATLAB 程序(在 3.5 节给出了 warblet 变换函数 warblet( ) 的 MATLAB 程序)计算结果如图 3.14 所示。由图 3.14(a)和(b)所示的结果可知，短时傅里叶变换和具有线性变换核的 chirplet 变换所得到的时频分布都难以准确表征目标信号的正弦调频规律。作为比较，利用 warblet 变换所得到的时频分布如图 3.14(c)和(d)所示。由于 warblet 变换采用正弦函数作为变换核，其在表征具有周期调制规律的非平稳信号时具有显著优势。特别是当变换核函数中参数取值与目标信号的调频规律相匹配时，warblet 变换所得到的时频分布能够准确表征目标信号的频率随时间的变化规律，如图 3.14(d)所示。

表 3.7　正弦调频信号(例 3.7)参数化时频变换的 MATLAB 程序

```
%% 正弦调频信号参数设定
SampFreq = 100;
t = 0:1/SampFreq:20 - 1/SampFreq;
Sig = sin(20*pi*t + 48*sin(t));
IF  = 10 + 48*cos(t)/(2*pi);

%% 正弦调频信号 chirplet 变换(线性调频参数为 0)
R1 = 0;
Chirplet (Sig',SampFreq,R1,1024,512);

%% 正弦调频信号 chirplet 变换(线性调频参数为 24/pi)
R1 = 24/pi;
Chirplet (Sig',SampFreq,R1,1024,512);

%% 正弦调频信号 warblet 变换(正弦调频参数为 18/pi)
Ratio = [0;36/(2*pi)]; fm = 1/(2*pi);
Warblet(Sig',SampFreq,Ratio,fm,1024,512);

%% 正弦调频信号 warblet 变换(正弦调频参数为 24/pi)
Ratio = [0;48/(2*pi)]; fm = 1/(2*pi);
Warblet(Sig',SampFreq,Ratio,fm,1024,512);
```

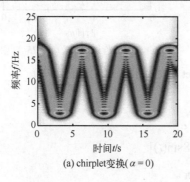

(a) chirplet变换($\alpha = 0$)

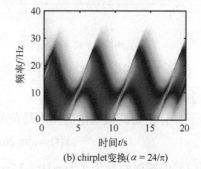

(b) chirplet变换($\alpha = 24/\pi$)

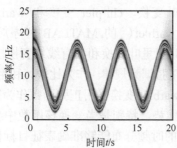

(c) warblet变换($\lambda_m = 18/\pi, f_m=1/(2\pi), \phi_m = 0$)

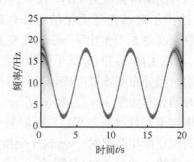

(d) warblet变换($\lambda_m = 24/\pi, f_m=1/(2\pi), \phi_m = 0$)

图 3.14　正弦调频信号的时频分布(窗宽 5.12s)

3.4.4　变换核函数设计与参数估计问题

作为参数化时频变换理论的先行者，chirplet 变换和 warblet 变换能够准确表征具有线性调频规律和正弦调频规律的非平稳信号，但它们在实际应用过程中会遇到两个重要问题。第一个问题为变换核函数的设计。工程实际中的非平稳信号往往具有复杂的非线性频率调制规律，如图 3.15 所示，而 chirplet 变换和 warblet 变换的核函数显然无法表征实际非平稳信号的复杂调频规律。因此，如何设计一般化的变换核函数及与之相对应的解调算子和平移算子，使得参数化时频变换能够准确表征目标信号的非线性调频规律是需要解决的第一个重要问题。第二个问题为变换核函数参数的估计。在对目标信号作参数化时频变换之前，需要先确定变换核函数的参数。由图 3.13 和图 3.14 所示结果可知，即便选择了正确的变换核函数，若变换核函数的参数与目标信号的调频规律不匹配，所得到的时频分布依然难以准确表征目标信号频率随时间的变化规律。因此，解决上述两个问题对参数化时频变换理论的推广与方法的工程化具有重要意义，并将在一定程度上决定参数化时频变换理论的发展方向。第 4 章将对这两个重要问题的解决方案进行介绍。

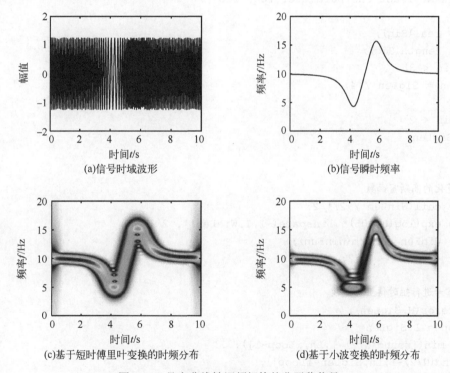

(a)信号时域波形　　　　　　　　　　　　(b)信号瞬时频率

(c)基于短时傅里叶变换的时频分布　　　　　(d)基于小波变换的时频分布

图 3.15　具有非线性调频规律的非平稳信号

3.5　本章主要方法的 MATLAB 程序

本节给出了本章所介绍主要方法的 MATLAB 程序。其中，表 3.8～表 3.11 分别给出了短时傅里叶变换、连续小波变换、chirplet 变换和 warblet 变换的 MATLAB 程序。

表 3.8   短时傅里叶变换的 MATLAB 程序

```
% 短时傅里叶变换的 MATLAB 程序
function [Spec,t,f] = STFT(Sig,N,WinLen,SampFreq)
% 输入变量:
%        Sig: 目标信号
%        N: 频率轴点数
%        WinLen: 窗函数宽度
%        SampFreq: 采样频率
% 输出变量:
%        Spec: 目标信号时频分布
%        t: 目标信号采样时间序列
%        f: 时频分布频率轴序列

% 输入变量初始化
if (nargin < 1)
    error('At least one parameter required!');
end
Sig    = real(Sig);
SigLen = length(Sig);
if (nargin < 3)
    WinLen = SigLen / 4;
end
if (nargin < 2)
    N = SigLen;
end

% 构造规范化的高斯窗函数
WinLen = ceil(WinLen / 2)* 2;
WinFun = exp(log(0.005)* linspace(-1,1,WinLen)'.^2 );
WinFun = WinFun / norm(WinFun);
Lh     = (WinLen - 1)/2;

% 对目标信号进行短时傅里叶变换
Spec = zeros(N,SigLen);
for iLoop = 1:SigLen
tau   = -min([round(N/2)-1,Lh,iLoop-1]):...
min([round(N/2)-1,Lh,SigLen-iLoop]);
    Index = floor(rem(N+tau,N)+1);
    temp  = floor(iLoop + tau);
    temp1 = floor(Lh+1+tau);
    Spec(Index,iLoop)= Sig(temp).* conj(WinFun(temp1));
end
Spec = fft(Spec);
Spec = 2*abs(Spec)/N;
```

```
% 绘制基于短时傅里叶变换的时频分布
t = 0:(SigLen-1); t = t/SampFreq;
f = [0:N/2-1 -N/2:-1]'/N;
f = SampFreq * f;
figure
mesh(t,f,Spec);
set(gcf,'Color','w');
set(gcf,'Position',[20 100 400 280]);
xlabel('Time (s)');
ylabel('Frequency (Hz)');
axis([min(t)max(t)0 max(f)]);

end
```

表 3.9 连续小波变换的 MATLAB 程序

```
% 连续小波变换的 MATLAB 程序
function [Scalo_TF,f] = CWT(Sig,t,N,f0,SampFreq)
% 输入变量:
%         Sig: 目标信号
%         t: 目标信号的采样时间序列
%         N: 频率轴点数
%         f0: 母小波的时间带宽积
%         SampFreq: 采样频率
% 输出变量:
%         Scalo_TF: 基于小波变换的时频分布(尺度谱)
%         f: 时频分布频率轴序列

% 输入变量初始化
if (nargin == 0)
    error('At least 1 parameter required');
end
sigLen = length(Sig);
if (nargin == 1)
    t = 1:sigLen;
    N = sigLen;
    f0 = 2;
elseif (nargin == 2)
    N = sigLen;
    f0 = 2;
elseif (nargin == 3)
    f0 = 2;
end

% 构建Morlet母小波函数
N = round(N/2)* 2;
tLen = length(t);
if (tLen == 1)
    t = 1:sigLen;
```

```matlab
else
    t = linspace(min(t),max(t),sigLen);
end
M = ceil(f0 * N * 8); % 母小波时间长度
dt = 0:M; % 母小波时间序列
dt = dt - M/2;
dt = round(dt);
pi2 = 2.0 * pi;
win_Morl = exp(-(dt/(N*f0)).^2 /2.0).* exp(-j*pi2*dt/N); % Morlet 小波母函数

% 对目标信号进行连续小波变换
nLevel = N/2;
nStar = 1; nEnd = nLevel;
Scalo_TF = zeros(nLevel,sigLen); % 连续小波变换的尺度谱
for m = nStar:nEnd
    scal_a = sqrt(m/(f0*N)); % 小波变换的尺度参数
    iIndex = 0:floor(M/m);
    WaveletFun = win_Morl(1 + iIndex * m);
    iLen = length(WaveletFun);
    iLen = ceil(iLen/2);
    temp = conv(Sig,WaveletFun); % 目标信号与小波函数作内积
    temp = temp(iLen : length(temp)- (length(WaveletFun)- iLen));
    [n,k] = size(temp);
    if(n > k)
        temp = temp';
    end
    Scalo_TF(m,:)= temp;
    Scalo_TF(m,:) = scal_a*Scalo_TF(m,:);
end
Scalo_TF = abs(Scalo_TF).^2;

% 绘制基于连续小波变换的时频分布(尺度谱)
f = linspace(0,0.5,nEnd - nStar +1);
f = f*SampFreq;
figure
mesh(t,f,Scalo_TF(nStar:nEnd,:));
set(gcf,'Color','w');
set(gcf,'Position',[20 100 350 250]);
xlabel('Time / Sec');
ylabel('Frequency / Hz');
axis([min(t)max(t)0 max(f)]);

end
```

表 3.10　chirplet 变换的 MATLAB 程序

```
% 线性调频小波变换(CT)的 MATLAB 程序
function [Spec,f] = Chirplet(Sig,SampFreq,Alpha,N,WinLen)

% 输入变量:
%        Sig: 目标信号
%        SampFreq: 采样频率
%        Alpha: 线性调频参数
%        N: 频率轴点数
%        WinLen: 窗函数长度
% 输出变量:
%        Spec: 目标信号时-频分布
%        f: 时-频分布频率轴序列

% 构造平移算子和解调算子
SigLen = length(Sig);
dt = (0:(SigLen-1))';
dt = dt / SampFreq;
df = zeros(size(dt));
% 平移算子指数
df = df + Alpha * dt;
% 解调算子指数
kernel = zeros(size(dt));
kernel = kernel + Alpha/2 * dt.^2;

% 构造规范化的高斯窗函数
WinLen = ceil(WinLen / 2)* 2;
t = linspace(-1,1,WinLen)';
WinFun = exp(log(0.005)* t.^2 );
WinFun = WinFun / norm(WinFun);
Lh = (WinLen - 1)/2;

% 对目标信号进行线性调频小波变换
Spec = zeros(N,SigLen);
Rt = zeros(N,1); Rdt = zeros(N,1);
for iLoop = 1:SigLen

    tau = -min([round(N/2)-1,Lh,iLoop-1]):min([round(N/2)-1,Lh,SigLen-iLoop]);
    temp = floor(iLoop + tau);
    Rt(1:length(temp))= kernel(temp);
    Rdt(1:length(temp))= dt(temp);
    temp1 = floor(Lh+1+tau);
    rSig = Sig(temp);
    rSig = hilbert(real(rSig));
    rSig = rSig .* conj(WinFun(temp1));
```

```
    Spec(1:length(rSig),iLoop)= rSig;
    Spec(:,iLoop)= Spec(:,iLoop).* exp(-j * 2.0 * pi * (Rt - df(iLoop)* Rdt));

end
Spec = fft(Spec);
Spec = 2*abs(Spec)/N;

% 绘制基于线性调频小波变换的时-频分布
Spec = Spec(1:round(end/2),:);
[nLevel, SigLen] = size(Spec);
f = (0:nLevel-1)/nLevel * SampFreq/2;
t = (0:SigLen-1)/SampFreq;
figure
imagesc(t,f,Spec);
xlabel('Time (s)');
ylabel('Frequency (Hz)');
set(gca,'YDir','normal');
set(gcf,'Color','w');
set(gcf,'Position',[20 100 320 250]);
axis([min(t)max(t)min(f)max(f)]);

end
```

表 3.11　warblet 变换的 MATLAB 程序

```
% 正弦调频小波变换(WT)的 MATLAB 程序
function [Spec,f] = Warblet(Sig,SampFreq,Ratio,fm,N,WinLen)

% 输入变量:
%       Sig: 目标信号
%       SampFreq: 采样频率
%       Ratio: 正弦调制系数
%       fm: 正弦调制频率
%       N: 频率轴点数
%       WinLen: 窗函数长度
% 输出变量:
%       Spec: 目标信号时-频分布
%       f: 时-频分布频率轴序列

% 输入变量初始化
if size(Ratio,1)==1
    Ratio(2,:)= zeros(size(Ratio));
    disp('The coefficients of cosinea are zero')
end
if fm ==0
```

```
      disp('The harmonic frequencies of Fourier series cannot be zero')
      return
end

% 构造平移算子和解调算子
SigLen = length(Sig);
dt = (0:(SigLen-1))';
dt = dt/ SampFreq;
sf = zeros(size(dt));
% 平移算子指数
sf = sf - Ratio(1)* sin(2*pi*fm*dt)+ Ratio(2)*cos(2*pi*fm*dt);
% 解调算子指数
kernel = zeros(size(dt));
kernel = kernel + Ratio(1)/fm * cos(2*pi*fm*dt)+ Ratio(2)/fm * sin(2*pi*fm*dt);

% 构造规范化的高斯窗函数
WinLen = ceil(WinLen / 2)* 2;
t = linspace(-1,1,WinLen)';
WinFun = exp(log(0.005)* t.^2 );
WinFun = WinFun / norm(WinFun);
Lh = (WinLen - 1)/2;

% 对目标信号进行正弦调频小波变换
Spec = zeros(N,SigLen);
rSig = hilbert(real(Sig));
Sig = rSig .* exp(-j*kernel);
for iLoop = 1:SigLen
    tau = -min([round(N/2)-1,Lh,iLoop-1]):min([round(N/2)-1,Lh,SigLen-iLoop]);
    temp = floor(iLoop + tau);
    rSig = Sig .* exp(j*2*pi*sf(iLoop)*dt);
    rSig = rSig(temp);
    temp1 = floor(Lh+1+tau);
    rSig = rSig .* conj(WinFun(temp1));
    Spec(1:length(rSig),iLoop)= rSig;
end
Spec = fft(Spec);
Spec = 2*abs(Spec)/N;

% 绘制基于正弦调频小波变换的时–频分布
Spec = Spec(1:round(end/2),:);
[nLevel, SigLen] = size(Spec);
f = (0:nLevel-1)/nLevel * SampFreq/2;
t = (0:SigLen-1)/SampFreq;
figure
imagesc(t,f,Spec);
```

```
xlabel('Time (s)');
ylabel('Frequency (Hz)');
set(gca,'YDir','normal');
set(gcf,'Color','w');
set(gcf,'Position',[20 100 320 250]);
axis([min(t)max(t)min(f)max(f)]);

end
```

参 考 文 献

[1] GABOR D. Theory of communication. Part 1: the analysis of information[J]. Journal of the institution of electrical engineers – part Ⅲ: radio and communication engineering, 1946, 93(26): 429-441.

[2] DURAK L, ARIKAN O. Short-time Fourier transform: two fundamental properties and an optimal implementation[J]. IEEE transactions on signal processing, 2003, 51(5): 1231-1242.

[3] WIGNER E P. On the quantum correction for thermodynamic equilibrium[J]. Physical review journals archive, 1932, 40(40): 749-759.

[4] VILLE J. Theorie et application dela notion de signal analytique[J]. Câbles et transmissions, 1948, 2(1): 61-74.

[5] MALLAT S. A wavelet tour of signal processing[M]. London: Elsevier, 1999.

[6] MALLAT S G. Multiresolution approximations and wavelet orthonormal bases of L2(R)[J]. Transactions of the American mathematical society, 1989, 315(1): 69-87.

[7] Mallat S G. A theory for multiresolution signal decomposition: The wavelet representation[J]. IEEE transactions on pattern analysis and machine intelligence,1989, 11(7): 674-693.

[8] KATKOVNIK V, STANKOVIC L. Instantaneous frequency estimation using the Wigner distribution with varying and data-driven window length[J]. IEEE transactions on signal processing, 1998, 46(9): 2315-2325.

[9] LERGA J, SUCIC V. Nonlinear IF estimation based on the Pseudo-WVD adapted using the improved sliding pairwise ICI rule[J]. IEEE signal processing letters, 2009, 16(11): 953-956.

[10] O'TOOLE J M, BOASHASH B. Fast and memory-efficient algorithms for computing quadratic time-frequency distributions[J]. Applied and computational harmonic analysis, 2013, 35(2): 350-358.

[11] STANKOVIĆ L, MANDIĆ D, DAKOVIĆ M, et al. Time-frequency decomposition of multivariate multicomponent signals[J]. Signal processing, 2018, 142: 468-479.

[12] YANG Y, PENG Z K, DONG X J, et al. General parameterized time-frequency transform[J]. IEEE transactions on signal processing, 2014, 62(11): 2751-2764.

[13] MANN S, HAYKIN S. 'Chirplets' and 'warblets': novel time–frequency methods[J]. Electronics letters, 1992, 28(2): 114-116.

[14] MANN S, HAYKIN S. The chirplet transform: physical considerations[J]. IEEE transactions on signal processing, 1995, 43(11): 2745-2761.

[15] MIHOVILOVIC D, BRACEWELL R N. Adaptive chirplet representation of signals on time-frequency

plane[J]. Electronics letters, 1991, 27(13): 1159-1161.

[16] ANGRISANI L, D'ARCO M, MORIELLO R S L, et al. On the use of the warblet transform for instantaneous frequency estimation[C]//Proceedings of the 21st IEEE instrumentation and measurement technology conference. Como, 2004: 935-940.

[17] ANGRISANI L, D'ARCO M. A measurement method based on a modified version of the chirplet transform for instantaneous frequency estimation[J]. IEEE transactions on instrumentation and measurement, 2002, 51(4): 704-711.

[18] LI X M, BI G A, STANKOVIC S, et al. Local polynomial Fourier transform: a review on recent developments and applications[J]. Signal processing, 2011, 91(6): 1370-1393.

[19] YANG Y, PENG Z K, MENG G, et al. Characterize highly oscillating frequency modulation using generalized Warblet transform[J]. Mechanical systems and signal processing, 2012, 26: 128-140.

[20] PENG Z K, MENG G, CHU F L, et al. Polynomial chirplet transform with application to instantaneous frequency estimation[J]. IEEE transactions on instrumentation and measurement, 2011, 60(9): 3222-3229.

[21] YANG Y, PENG Z K, MENG G, et al. Spline-kernelled chirplet transform for the analysis of signals with time-varying frequency and its application[J]. IEEE transactions on industrial electronics, 2012, 59(3): 1612-1621.

[22] AUGER F, FLANDRIN P. Improving the readability of time-frequency and time-scale representations by the reassignment method[J]. IEEE transactions on signal processing, 1995, 43(5): 1068-1089.

[23] DAUBECHIES I, LU J F, WU H T. Synchrosqueezed wavelet transforms: an empirical mode decomposition-like tool[J]. Applied and computational harmonic analysis, 2011, 30(2): 243-261.

[24] YANG Y, PENG Z K, ZHANG W M, et al. Frequency-varying group delay estimation using frequency domain polynomial chirplet transform[J]. Mechanical systems and signal processing, 2014, 46(1): 146-162.

[25] BURRIEL-VALENCIA J, PUCHE-PANADERO R, MARTINEZ-ROMAN J, et al. Short-frequency Fourier transform for fault diagnosis of induction machines working in transient regime[J]. IEEE transactions on instrumentation and measurement, 2017, 66(3): 432-440.

[26] NAWAB S, QUATIERI T, LIM J. Signal reconstruction from short-time Fourier transform magnitude[J]. IEEE transactions on acoustics, speech, and signal processing, 1983, 31(4): 986-998.

[27] YANG B. A study of inverse short-time Fourier transform[C]//2008 IEEE international conference on acoustics, speech and signal processing. Las Vegas, 2008: 3541-3544.

[28] OUELHA S, TOUATI S, BOASHASH B. An efficient inverse short-time Fourier transform algorithm for improved signal reconstruction by time-frequency synthesis: optimality and computational issues[J]. Digital signal processing, 2017, 65: 81-93.

[29] COHEN L. The uncertainty principle in signal analysis[C]//Proceedings of IEEE-SP international symposium on time- frequency and time-scale analysis. Philadelphia, 2002: 182-185.

[30] COHEN L. Uncertainty principles of the short-time Fourier transform[C]//Proceedings of SPIE-the international society for optical engineering. San Diega, 1995.

[31] LERNER R. The representation of signals[J]. IRE transactions on information theory, 1959, 5(5): 197-216.

[32] LOUGHLIN P J, COHEN L. The uncertainty principle: global, local, or both?[J]. IEEE transactions on signal processing, 2004, 52(5): 1218-1227.

[33]　COHEN L. Time-frequency analysis[M]. New Jersey: Prentice Hall, 1995.

[34]　GOUPILLAUD P, GROSSMANN A, MORLET J. Cycle-octave and related transforms in seismic signal analysis[J]. Geoexploration, 1984, 23 (1) : 85-102.

[35]　KRONLAND-MARTINET R, MORLET J, GROSSMANN A. Analysis of sound patterns through wavelet transforms[J]. International journal of pattern recognition and artificial intelligence, 1987, 1 (2) : 273-302.

[36]　GROSSMANN A, MORLET J. Decomposition of hardy functions into square integrable wavelets of constant shape[J]. SIAM journal on mathematical analysis, 1984, 15 (4) : 723-736.

[37]　GROSSMANN A, KRONLAND-MARTINET R, MORLET J. Reading and understanding continuous wavelet transforms[C]//COMBES J M, GROSSMANN A, TCHAMITCHIAN P. Wavelets. Berlin: Springer, 1990: 2-20.

[38]　COHEN A, DAUBECHIES I, FEAUVEAU J C. Biorthogonal bases of compactly supported wavelets[J]. Communications on pure and applied mathematics, 1992, 45 (5) : 485-560.

[39]　DAUBECHIES I. Orthonormal bases of compactly supported wavelets[M]//Fundamental papers in wavelet theory. Princeton: Princeton University Press, 2009: 564-652.

[40]　DAUBECHIES I. Ten lectures on wavelets[M]. Philadelphia: SIAM, 1992.

[41]　COIFMAN R R, MEYER Y, WICKERHAUSER V. Wavelet analysis and signal processing[J]. Wavelets and their applications, 1992: 125-150.

[42]　COIFMAN R R, MEYER Y, QUAKE S, et al. Signal processing and compression with wavelet packets[J]. Wavelets and their applications, 1994: 363-379.

[43]　MALLAT S G, ZHANG Z F. Matching pursuits with time-frequency dictionaries[J]. IEEE transactions on signal processing, 1993, 41 (12) : 3397-3415.

[44]　CHEN S S, DONOHO D L, SAUNDERS M A. Atomic decomposition by basis pursuit[J]. SIAM review, 2001, 43 (1) : 129-159.

[45]　GILLES J. Empirical wavelet transform[J]. IEEE transactions on signal processing, 2013, 61 (16) : 3999-4010.

第4章 参数化时频变换原理与方法

3.4 节初步介绍了两种基本的参数化时频变换方法——线性调频小波(chirplet)变换和正弦调频小波(warblet)变换,并引出了利用参数化时频变换表征具有复杂非线性调频规律的非平稳信号时所面临的两个关键问题,即变换核函数的设计与变换核函数参数的估计。为了解决这两个关键问题,4.1 节首先将参数化时频变换的研究对象推广至一般的非平稳信号,给出了非平稳信号参数化时频变换的一般定义,揭示了参数化时频变换的一般原理;在此基础之上,4.2 节通过设计以多项式、样条函数和傅里叶级数为基函数的完备变换核,提出了 3 种参数化时频变换方法,实现了非平稳信号复杂非线性调频规律的准确、高效表征;4.3 节提出了一种基于参数化时频变换的时频脊线迭代提取估计方法,解决了变换核函数的参数估计难题;4.4 节将参数化时频变换方法应用于分析旋转机械振动信号的非平稳时频特性,验证了参数化时频变换广阔的工程应用前景。

4.1 参数化时频变换一般原理

4.1.1 定义与原理

根据 chirplet 变换[1, 2]和 warblet 变换[3, 4]的工作原理,参数化时频变换主要通过对目标信号的时频分布进行解调和平移使其时频集中性达到最佳。类比这两种基本参数化时频变换的统一表达式,即式(3.61)和式(3.66),针对定义在平方可积空间上的实非平稳信号 $s(t) \in L^2(\mathbb{R})$,可给出如下参数化时频变换的一般定义[5]:

$$\text{PTFT}_s(t_0, f; \boldsymbol{P}, \sigma) = \int_{-\infty}^{+\infty} \tilde{z}(t) \cdot h_\sigma(t - t_0) \cdot \mathrm{e}^{-\mathrm{j}2\pi f t} \mathrm{d}t \tag{4.1}$$

其中

$$\begin{cases} \tilde{z}(t) = z(t) \cdot \varPsi_{\boldsymbol{P}}^D(t) \cdot \varPsi_{(t_0, \boldsymbol{P})}^T(t) \\ \varPsi_{\boldsymbol{P}}^D(t) = \exp\left[-\mathrm{j} \cdot 2\pi \int \kappa_{\boldsymbol{P}}(\tau) \mathrm{d}\tau\right] \\ \varPsi_{(t_0, \boldsymbol{P})}^T(t) = \exp[\mathrm{j} \cdot 2\pi t \kappa_{\boldsymbol{P}}(t_0)] \end{cases} \tag{4.2}$$

其中,$z(t)$ 为实信号 $s(t)$ 的解析形式;$\varPsi_{\boldsymbol{P}}^D(t)$ 和 $\varPsi_{(t_0, \boldsymbol{P})}^T(t)$ 分别为解调算子和平移算子;$\kappa_{\boldsymbol{P}}(t)$ 为变换核函数。选定合适的基函数集,变换核函数可用参数集 $\boldsymbol{P} \in \mathbb{R}$ 进行表征。$h_\sigma(t) \in L^2(\mathbb{R})$ 为非负、对称并且经过规范化的实窗函数,一般采用高斯窗,参数 t_0 和 σ 分别表示窗函数中心时间和窗宽。给定变换核函数表征参数集 $\boldsymbol{P}$ 和窗宽 σ,式(4.1)所给出的参数化时频变换一般形式可看作复信号 $\tilde{z}(t)$ 的短时傅里叶变换(STFT)。当变换核函数 $\kappa_{\boldsymbol{P}}(t) \equiv 0$ 时,式(4.1)则退化为原信号 $z(t)$ 的 STFT,而当变换核函数 $\kappa_{\boldsymbol{P}}(t)$ 取线性函数(或正弦函数)时,式(4.1)则为 chirplet 变换(或 warblet 变换)。

下面以式(4.3)所给出具有一般调频规律的实非平稳信号 $s(t)$ 为例,对式(4.1)所定义参数化时频变换的工作原理进行介绍,并以此论证该定义的合理性:

$$s(t) = a \cdot \cos\left[2\pi\int f(\tau)\mathrm{d}\tau\right] \tag{4.3}$$

其中,$f(\tau)$ 为该非平稳信号的瞬时频率。为了方便讨论,这里假设该非平稳信号的幅值为常数 a,初相位为零。将式(4.3)的解析形式 $z(t) = a \cdot \exp\left[\mathrm{j}\cdot 2\pi\int f(\tau)\mathrm{d}\tau\right]$ 代入式(4.1)中,该非平稳复信号经过解调和平移运算后的形式如下:

$$\tilde{z}(t) = z(t)\cdot\varPsi_{\boldsymbol{P}}^{D}(t)\cdot\varPsi_{(t_0,\boldsymbol{P})}^{T}(t) = a\cdot\exp\left\{\mathrm{j}\cdot 2\pi\left[\int(f(\tau)-\kappa_{\boldsymbol{P}}(\tau))\mathrm{d}\tau + t\cdot\kappa_{\boldsymbol{P}}(t_0)\right]\right\} \tag{4.4}$$

其中,$\tilde{z}(t)$ 的瞬时频率 $\tilde{f}(t) = f(t)-\kappa_{\boldsymbol{P}}(t)+\kappa_{\boldsymbol{P}}(t_0)$ 在 t_0 时刻的值为 $f(t_0)$,与原信号 $z(t)$ 相同。图4.1给出了解调算子 $\varPsi_{\boldsymbol{P}}^{D}(t)$ 和平移算子 $\varPsi_{(t_0,\boldsymbol{P})}^{T}(t)$ 在 t_0 时刻附近的时间段 $[t_0-\sigma/2, t_0+\sigma/2]$ 内对该非平稳信号 $z(t)$ 在时频域的作用机制。首先,通过从目标信号瞬时频率 $f(t)$ 中移除解调算子 $\varPsi_{\boldsymbol{P}}^{D}(t)$ 的瞬时频率(即变换核函数)$\kappa_{\boldsymbol{P}}(t)$,即 $f(t)-\kappa_{\boldsymbol{P}}(t)$,实现目标信号在时频域的解调;然后,对解调后的信号进行平移,平移量为平移算子 $\varPsi_{(t_0,\boldsymbol{P})}^{T}(t)$ 的频率 $\kappa_{\boldsymbol{P}}(t_0)$,以补偿 t_0 时刻由于解调所引起的频移 $\kappa_{\boldsymbol{P}}(t_0)$;最后,利用窗函数对经过解调和平移后的信号作STFT得到时频分布。其中,解调算子的作用在于减弱目标信号在截断时间段内的调制程度,从而提升其纵向的频率分辨率,但对目标信号进行解调会在 t_0 时刻产生附加的频移量 $\kappa_{\boldsymbol{P}}(t_0)$,而平移算子的作用就在于抵消由于解调所引起的附加频移量。因此,构造合理的参数化时频变换定义式的关键在于平移算子的频率恰好等于解调操作在 t_0 时刻所引起的频移量,从而在提升时频分辨率的同时,保证时频分布在 t_0 时刻的频率值不发生改变。显然,式(4.1)所给出的定义满足这一条件。此外,由于变换核函数形式的任意性,式(4.1)所给出的参数化时频变换适用于提升一般非平稳信号时频分布的分辨率。

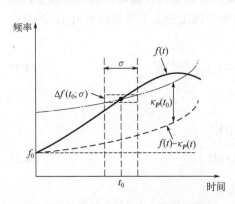

图4.1　参数化时频变换一般原理图解

基于上述针对参数化时频变换一般工作原理的介绍,可对其所得到时频分布的分辨率作如下分析。如图4.1所示,非平稳信号进行参数化时频变换时在截断时间间隔内的有效持续时间和有效带宽分别为 σ 和 $\mathrm{BW} = \Delta f(t_0;\sigma)+1/\sigma$。其中,有效带宽BW由两部分组成:第一部分为信号经过解调后在截断时间段内的频率变化量 $\Delta f(t_0;\sigma)$,第二部分为加窗截断所引起的带宽 $1/\sigma$。当解调算子的瞬时频率(即变换核函数)与目标信号的瞬时频率完全匹配,即 $\kappa_{\boldsymbol{P}}(t) = f(t)$ 时,经过解调后的信号在截断时间段内的频率变化量 $\Delta f(t_0;\sigma) = 0$,有效带宽达到最小值 $\mathrm{BW} = 1/\sigma$。此时,利用参数化时频变换所得到时频分布的纵向频率分辨率和时频集中性达到最高,能够最为准确地表征非平稳信号频率随时间的变化规律。相比STFT等经典时频变换方法,参数化时频变换的结果不仅取决于窗函数的选择,还与表征核函数的基函数及其参数集密切相关。参数化的表征方法使得时频变换在处理非平稳信号时具有更大的参数选择裕度,进而在时频不确定性原理的限制下能够尽可能得到一个高集中度的时频分布,这也是参数化时频变换名称的由来。

4.1.2　变换性质

作为表征非平稳信号的重要图景，本节将介绍参数化时频变换所具备的基本性质[5]，即当时域信号 $z(t)$ 发生时移、尺度变换、频移或线性叠加时，其时频分布 $\mathrm{PTFT}_z(t,f;\boldsymbol{P})$（省略窗宽参数 σ）将会发生的相应变化。为了方便理解下列性质，这里先给出复非平稳信号 $z(t)$ 与其对应参数化时频变换 $\mathrm{PTFT}_z(t,f;\boldsymbol{P})$ 之间的映射关系：

$$z(t)\xrightarrow{\text{参数化时频变换}}\mathrm{PTFT}_z(t,f;\boldsymbol{P})=\int_{-\infty}^{+\infty}z(\tau)\cdot\varPsi_{\boldsymbol{P}}^{D}(\tau)\cdot\varPsi_{(t,\boldsymbol{P})}^{T}(\tau)\cdot h(\tau-t)\cdot\mathrm{e}^{-\mathrm{j}2\pi f\tau}\mathrm{d}\tau \qquad (4.5)$$

基于式 (4.5) 所建立的参数化时频变换具有如下基本性质。

1. 线性可加性

针对两个任意的复非平稳信号 $z_1(t)$ 和 $z_2(t)$，它们的参数化时频变换结果如下：

$$\begin{cases}z_1(t)\xrightarrow{\text{参数化时频变换}}\mathrm{PTFT}_{z_1}(t,f;\boldsymbol{P})\\[2mm]z_2(t)\xrightarrow{\text{参数化时频变换}}\mathrm{PTFT}_{z_2}(t,f;\boldsymbol{P})\end{cases} \qquad (4.6)$$

则它们的线性组合 $m\cdot z_1(t)+n\cdot z_2(t)$ 的参数化时频变换具有如下结果：

$$m\cdot z_1(t)+n\cdot z_2(t)\xrightarrow{\text{参数化时频变换}}m\cdot\mathrm{PTFT}_{z_1}(t,f;\boldsymbol{P})+n\cdot\mathrm{PTFT}_{z_2}(t,f;\boldsymbol{P}) \qquad (4.7)$$

其中，m 和 n 为任意常数。需要指出的是，线性可加性成立的前提是复信号 $z_1(t)$、$z_2(t)$ 及其线性组合的参数化时频变换都选取同一核函数 $\kappa_{\boldsymbol{P}}(t)$。

2. 时移不变性

针对经过时移的复非平稳信号 $z(t-t_s)$（时移量 $t_s\in\mathbb{R}$），若解调算子 $\varPsi_{\boldsymbol{P}}^{D}(\tau)$ 和平移算子 $\varPsi_{(t,\boldsymbol{P})}^{T}(\tau)$ 发生如下同步时移：

$$\begin{cases}\varPsi_{\boldsymbol{P}}^{D}(\tau)\xrightarrow{\text{同步时移}}\varPsi_{\boldsymbol{P}}^{D}(\tau-t_s)\\[2mm]\varPsi_{(t,\boldsymbol{P})}^{T}(\tau)\xrightarrow{\text{同步时移}}\varPsi_{(t-t_s,\boldsymbol{P})}^{T}(\tau-t_s)\end{cases} \qquad (4.8)$$

则时移信号 $z(t-t_s)$ 的参数化时频变换具有如下结果：

$$z(t-t_s)\xrightarrow{\text{参数化时频变换}}\exp(-\mathrm{j}\cdot2\pi ft_s)\cdot\mathrm{PTFT}_z(t-t_s,f;\boldsymbol{P}) \qquad (4.9)$$

由上述变换结果可知，当时域信号及其解调和平移算子发生同步时移时，参数化时频变换结果也会发生相同程度的时移，并且对应频率处的值会发生相位延迟，延迟量为 $2\pi ft_s$，但幅值保持不变。由于时频分布往往展示的是时频变换的取模结果，时移信号参数化时频变换所得到时频分布的唯一变化效果为发生相同程度的时移，即具有时移不变性。

3. 尺度变换性质

针对经过尺度变换的复非平稳信号 $z(\rho\cdot t)$（尺度因子 $\rho>0$），若解调算子 $\varPsi_{\boldsymbol{P}}^{D}(\tau)$、平移算子 $\varPsi_{(t,\boldsymbol{P})}^{T}(\tau)$ 和窗函数 $h(t)$ 发生如下同步尺度变换：

$$\begin{cases}\varPsi_{\boldsymbol{P}}^{D}(\tau)\xrightarrow{\text{同步尺度变换}}\varPsi_{\boldsymbol{P}}^{D}(\rho\cdot\tau)\\[2mm]\varPsi_{(t,\boldsymbol{P})}^{T}(\tau)\xrightarrow{\text{同步尺度变换}}\varPsi_{(\rho\cdot t,\boldsymbol{P})}^{T}(\rho\cdot\tau)\\[2mm]h(\tau-t)\xrightarrow{\text{同步尺度变换}}h[\rho\cdot(\tau-t)]\end{cases} \qquad (4.10)$$

则尺度变换信号 $z(\rho \cdot t)$ 的参数化时频变换结果为

$$z(\rho \cdot t) \xrightarrow{\text{参数化时频变换}} \frac{1}{\rho} \text{PTFT}_z\left(\rho \cdot t, \frac{f}{\rho}; \boldsymbol{P}\right) \tag{4.11}$$

由上述变换结果可知，当时域信号及其解调算子、平移算子和窗函数发生同步尺度变换时，参数化时频变换结果在时间轴方向会发生 ρ 倍的压缩，而在频率轴方向则会发生 ρ 倍的拉伸。该过程可理解为，信号在时间尺度上的压缩必然会导致其振荡周期缩小相同的倍数，即振荡频率发生相同倍数的增加(假设尺度因子 $\rho > 1$)。

4. 频移不变性

针对经过频移运算的复非平稳信号 $z(t) \cdot \exp(2\pi f_0 t)$（频移量 $f_0 \in \mathbb{R}$），其参数化时频变换结果如下：

$$z(t) \cdot \exp(2\pi f_0 t) \xrightarrow{\text{参数化时频变换}} \text{PTFT}_z(t, f - f_0; \boldsymbol{P}) \tag{4.12}$$

由上述变换结果可知，若复非平稳信号在时域乘上频移因子 $\exp(2\pi f_0 t)$，则其参数化时频变换结果将在频率轴方向向上平移 f_0，即具有频移不变性。

参数化时频变换的四个基本性质通过将经过变换的复信号代入式(4.5)中，进行简单的积分变换即可得证。值得注意的是，由于融入了解调算子和平移算子，当对信号进行时移和时间尺度变换时，需要两个算子及窗函数发生同步变换才能使得上述性质成立。

4.2　参数化时频变换通用方法

4.1 节定义了参数化时频变换的统一表达式，并设计了可表征一般调频规律的可积核函数及其对应的解调算子和平移算子，通过选取特定的基函数可基于统一表达式衍生出多种参数化时频变换方法。一组合适的基函数能够用尽量少的参数对目标信号的调频规律进行表征，保证了较高的计算效率和表征准确度。本节将对采用多项式、样条函数和傅里叶级数这 3 种常用完备基函数所衍生的通用参数化时频变换方法进行介绍。

4.2.1　多项式调频小波变换

根据魏尔斯特拉斯近似定理[6]，在有界区间上的连续函数都可以用一个多项式一致逼近至任意程度的精度。因此，对于调频规律为任意连续时间函数的非平稳信号，可选用多项式基对其进行表征。以多项式作为基函数的变换核可表达如下：

$$\kappa_{\boldsymbol{P}}(t) = \sum_{k=1}^{n} c_k \cdot t^k \tag{4.13}$$

其中，参数集 $\boldsymbol{P} = \{c_1, c_2, \cdots, c_n\}$ 为多项式系数。将式(4.13)代入式(4.5)中，参数化时频变换转化为如下形式：

$$\text{PCT}_z(t, f; \boldsymbol{P}) = \int_{-\infty}^{+\infty} z(\tau) \cdot \Psi_{\boldsymbol{P}}^D(\tau) \cdot \Psi_{(t,\boldsymbol{P})}^T(\tau) \cdot h(\tau - t) \cdot e^{-j2\pi f \tau} d\tau \tag{4.14}$$

其中，代入多项式核的解调算子 $\Psi_{\boldsymbol{P}}^D(\tau)$ 和平移算子 $\Psi_{(t,\boldsymbol{P})}^T(\tau)$ 可表达如下：

$$\begin{cases} \varPsi_P^D(\tau) = \exp\left[-\mathrm{j}\cdot2\pi\sum_{k=2}^{n+1}\dfrac{1}{k}c_{k-1}\tau^k\right] \\[4mm] \varPsi_{(t,P)}^T(\tau) = \exp\left[\mathrm{j}\cdot2\pi\tau\sum_{k=1}^{n}c_k t^k\right] \end{cases} \tag{4.15}$$

当参数 $c_1 = c_2 = \cdots = c_n = 0$ 时，式(4.14)退化为 STFT；而当多项式核的阶数 $n=1$ 时，式(4.14)退化为 chirplet 变换。因此，作为 chirplet 变换的直接推广，式(4.15)可称为多项式调频小波变换(polynomial chirplet transform, PCT)[7]。在 4.5 节给出了计算 PCT 的函数 Poly_Chirplet( )的 MATLAB 程序。

【例 4.1】　二次多项式调频信号

下面利用 PCT 分析一个具有二次多项式调频规律的仿真信号 $s(t)$：

$$s(t) = \cos[2\pi(5t + 7.2t^2 - 0.48t^3)] \tag{4.16}$$

该仿真信号的瞬时频率 $f(t) = 5 + 14.4t - 1.44t^2$，采样频率为 100Hz，采样时间为 10s。由于该仿真信号的调频规律为二次函数，可选取具有二阶多项式基的核函数对其进行参数化时频变换。表 4.1 给出了当多项式基的两个系数 c_1 和 c_2 具有不同的取值组合时，对该仿真信号进行多项式调频小波变换的 MATLAB 程序，计算结果如图 4.2 所示。当系数 $c_1 = c_2 = 0$ 时，PCT 退化为 STFT，由于 STFT 具有窗宽恒定属性，其在频率变化较为陡峭的位置分辨率较低，而在频率变化较为平缓的位置分辨率较高，难以准确表征瞬时频率的全局变化规律。当系数 $c_1 = 14.4$，$c_2 = 0$ 时，PCT 退化为 chirplet 变换，具有线性调频核的 chirplet 变换难以准确描述瞬时频率后半段的非线性调频规律。当系数 $c_1 = 14.4$，$c_2 = -1.44$ 时，变换核函数与该仿真信号的调频规律完全匹配，能够在全时段都准确刻画该仿真信号的非线性调频规律。值得注意的是，当窗函数的宽度增加时，利用 PCT 所得到的时频分布的集中性也随之提升。根据 4.1.1 节中针对参数化时频变换一般原理的分析，当核函数与目标信号的调频规律完全匹配时，目标信号时频分布的集中性只取决于窗函数的宽度。因此，对于瞬时频率在采样时间内连续不间断的非平稳信号，选取更大的窗宽有利于得到集中性更好的时频分布。

表 4.1　计算二次多项式调频信号(例 4.1)PCT 的 MATLAB 程序

```
%% 二次多项式调频信号参数设定
SampFreq = 100;
t = 0:1/SampFreq:10 - 1/SampFreq;
Sign = cos(2*pi*(5*t + 7.2*t.^2 - 0.48*t.^3));
IF = 5 + 14.4*t - 1.44*t.^2;
Sigh = hilbert(Sign);
N = 256; WinLen = 128;

%% 多项式调频小波变换(变换参数取值组合1)
R1 = 0;
Poly_Chirplet(Sigh',SampFreq,R1,N,WinLen);

%% 多项式调频小波变换(变换参数取值组合2)
R2 = 14.4;
```

```
Poly_Chirplet(Sigh',SampFreq,R2,N,WinLen);

%% 多项式调频小波变换(变换参数取值组合 3)
R2 = [14.4,-1.44];
Poly_Chirplet(Sigh',SampFreq,R2,N,WinLen);

%% 多项式调频小波变换(变换参数取值组合 4)
R2 = [14.4,-1.44];
N = 512; WinLen = 256;
Poly_Chirplet(Sigh',SampFreq,R2,N,WinLen);
```

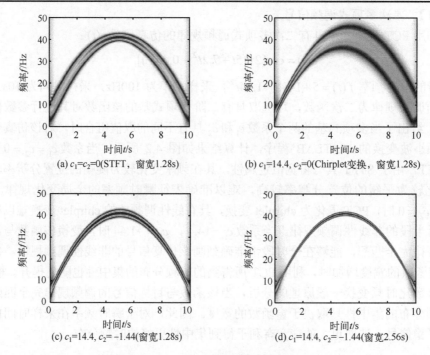

(a) $c_1=c_2=0$(STFT，窗宽1.28s)　　　　　　(b) $c_1=14.4$, $c_2=0$(Chirplet变换，窗宽1.28s)

(c) $c_1=14.4$, $c_2=-1.44$(窗宽1.28s)　　　　　　(d) $c_1=14.4$, $c_2=-1.44$(窗宽2.56s)

图 4.2　基于 PCT 的时频分布

4.2.2　样条调频小波变换

　　虽然多项式可以一致逼近连续函数至任意精度，但当非平稳信号的调频规律较为复杂时，往往需要采用更高阶的多项式对其进行表征。而采用高阶多项式逼近瞬时频率时，除了计算时间会快速上升外，还会出现由于数值误差所引起的"龙格现象"，导致瞬时频率边界处出现振荡效应。为了避免采用高阶多项式所带来的计算效率和拟合精度问题，可通过对瞬时频率进行分段，在每个分段时间区间内采用低阶多项式(即样条函数)对其进行表征。这里采用均匀划分的方式，将整个采样时间段 $[a,b)$ 划分为 l 个时间区间，即 $a=t_1<t_2<\cdots<t_{l+1}=b$，在每个时间区间内采用如下样条函数对变换核进行表征[8]：

$$\kappa_P(t)=S_m(t)=\sum_{k=1}^{n}p_k^m(t-t_m)^{k-1},\quad \text{for}\ t\in[t_m,t_{m+1}) \tag{4.17}$$

其中，$S_m(t)$ 为第 m 段时间区间 $[t_m, t_{m+1})$ 内的样条函数；n 为样条函数的多项式阶数，而参数集 $\boldsymbol{P} = \{p_1^m, p_2^m, \cdots, p_n^m; m = 1, 2, \cdots, l\}$ 为样条函数系数。将式 (4.17) 代入式 (4.5) 中，参数化时频变换转化为如下形式：

$$\mathrm{SCT}_z(t, f; \boldsymbol{P}) = \int_{-\infty}^{\infty} z(\tau) \cdot \boldsymbol{\Psi}_{\boldsymbol{P}}^D(\tau) \cdot \boldsymbol{\Psi}_{(t, \boldsymbol{P})}^T(\tau) \cdot h(\tau - t) \cdot \mathrm{e}^{-\mathrm{j}2\pi f \tau} \mathrm{d}\tau \tag{4.18}$$

其中，代入样条函数核的解调算子 $\boldsymbol{\Psi}_{\boldsymbol{P}}^D(\tau)$ 和平移算子 $\boldsymbol{\Psi}_{(t, \boldsymbol{P})}^T(\tau)$ 可表达如下：

$$\begin{cases} \boldsymbol{\Psi}_{\boldsymbol{P}}^D(\tau) = \exp\left[-\mathrm{j} \cdot 2\pi \left(\sum_{k=1}^n \frac{p_k^m (\tau - t_i)^k}{k} + \gamma_m \right) \right] \\ \boldsymbol{\Psi}_{(t, \boldsymbol{P})}^T(\tau) = \exp\left[\mathrm{j} \cdot 2\pi \tau \sum_{k=1}^n p_k^m (t - t_m)^{k-1} \right] \end{cases} \tag{4.19}$$

其中，γ_m 为积分常数。为了保证相邻的样条函数在分段时间点具有 $0 \sim n-2$ 阶的连续导数，即 $S_{m-1}^{(d)}(t_m) = S_m^{(d)}(t_m)$，$0 \leqslant d \leqslant n-2$，积分常数 γ_m 需满足如下条件：

$$\gamma_m - \gamma_{m+1} = \sum_{k=1}^n \frac{p_k^{m+1}}{k} (t_m - t_{m+1})^k \tag{4.20}$$

其中，$\gamma_1 = 0$。上述式 (4.18) 所定义的具有样条函数核的参数化时频变换称为样条调频小波变换 (spline chirplet transform, SCT)[9]。在 4.5 节给出了计算 SCT 的函数 Spline_Chirplet( ) 的 MATLAB 程序。

【例 4.2】　复杂非线性调频信号

下面利用 SCT 分析一个具有复杂非线性调频规律的仿真信号 $s(t)$：

$$s(t) = 1.25\sin\{20\pi t + 10\pi \arctan[(t - 5)^2]\} \tag{4.21}$$

该仿真信号的瞬时频率 $f(t) = 10 + 10(t-5)/[1 + (t-5)^4]$，采样频率为 100Hz，采样时间为 10s。3.4.4 节已对该仿真信号的调频规律进行了简要说明，并给出了其时域波形、瞬时频率以及基于 STFT 和小波变换的时频分布。其中，基于 STFT 和小波变换的时频分布如图 4.3 (a) 和 (b) 所示，以便与后续基于参数化时频变换所得到的结果进行对比。表 4.2 给出了利用 PCT 和 SCT 对该仿真信号进行时频分析的 MATLAB 程序，计算结果如图 4.3 (c) 和 (d) 所示。可以发现，图 4.3 (c) 所示基于 PCT 的时频分布边界处出现了显著的振荡效应，无法准确表征该信号的调频规律。其中，PCT 所采用多项式核的阶数为 24 阶，在拟合过程中发现第 10 阶后的系数都小于 10^{-3}，而第 20 阶后的系数都小于 10^{-10}，由此可见，数值误差所导致的"龙格现象"对复杂非线性调频规律表征的显著影响。事实上，"龙格现象"使得无法找到一个有限阶的多项式对该仿真信号的瞬时频率进行准确表征。图 4.3 (d) 给出了利用 SCT 所计算得到的时频分布。其中，SCT 将全局时间均匀地划分为 25 段，每段时间间隔内采用 3 次样条对核函数进行表征。由图 4.3 (d) 所示结果可知，利用分段低阶样条函数很好地克服了"龙格现象"，能够准确表征仿真信号的复杂非线性调频规律。

表 4.2　计算复杂非线性调频信号(例 4.2)SCT 的 MATLAB 程序

```
%% 复杂非线性调频信号参数设定
SampFreq = 100;
t = 0:1/SampFreq:10 - 1/SampFreq;
Sig = 1.25*sin(20*pi*t+10*pi*atan((t-5).^2));
IF  = 10*(t-5)./(1+(t-5).^4) + 10;

%% 基于 PCT 的时频分布
[~,z] = polylsqr(t,IF,24);
Poly_Chirplet(Sig',SampFreq,z(2:end),1024,1000);

%% 基于 SCT 的时频分布
p = 25; % 样条的分段数
sp = splinefit(t,IF,p);
pp = ppval(sp,t); Ratio = sp.coefs;
shapepoint = sp.breaks;
Spline_Chirplet(Sig',SampFreq,Ratio,shapepoint,1024,1000);
```

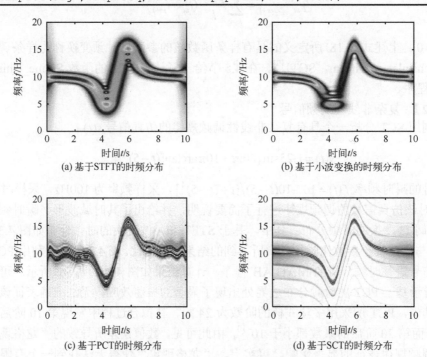

图 4.3　复杂非线性调频信号时频分析

4.2.3　泛谐波调频小波变换

多项式基和样条基适合表征具有多项式调频规律的非平稳信号。当非平稳信号具有周期性振荡的调频规律时，采用傅里叶级数往往能够以较少的阶数对调频规律进行高效、准确的表征。3.4.2 节中所介绍的 warblet 变换核中只有一个正弦函数，难以表征具有一般周期调频规律的非平稳信号。因此,通过将 warblet 变换中的核函数替换为如下多个谐波函数的线性组合,即傅里叶级数,即可实现一般周期调频规律的表征:

$$\kappa_P(t) = \sum_{k=1}^{n} \left[-a_k \sin(2\pi f_k t) + b_k \cos(2\pi f_k t) \right] \tag{4.22}$$

其中,参数集 $P = \{a_1, a_2, \cdots, a_n; b_1, b_2, \cdots, b_n\}$ 为谐波函数的系数。将式(4.22)代入式(4.5)中,参数化时频变换转化为如下形式:

$$\text{GWT}_z(t, f; P) = \int_{-\infty}^{+\infty} z(\tau) \cdot \Psi_P^D(\tau) \cdot \Psi_{(t,P)}^T(\tau) \cdot h(\tau - t) \cdot e^{-j2\pi f\tau} d\tau \tag{4.23}$$

其中,代入傅里叶级数核的解调算子 $\Psi_P^D(\tau)$ 和平移算子 $\Psi_{(t,P)}^T(\tau)$ 可表达如下:

$$\begin{cases} \Psi_P^D(\tau) = \exp\left\{ -j \cdot \sum_{k=1}^{n} \left[\frac{a_k}{f_k} \cos(2\pi f_k \tau) + \frac{b_k}{f_k} \sin(2\pi f_k \tau) \right] \right\} \\ \Psi_{(t,P)}^T(\tau) = \exp\left\{ j \cdot 2\pi\tau \sum_{k=1}^{n} \left[-a_k \sin(2\pi f_k t) + b_k \cos(2\pi f_k t) \right] \right\} \end{cases} \tag{4.24}$$

当参数 $a_1 = a_2 = \cdots = a_n = 0$ 且 $b_1 = b_2 = \cdots = b_n = 0$ 时,式(4.23)退化为 STFT;而当傅里叶级数的阶数 $n = 1$ 时,式(4.23)则退化为 warblet 变换。作为 warblet 变换的推广,式(4.24)称为泛谐波调频小波变换(generalized warblet transform, GWT)[10]。在 4.5 节给出了计算 GWT 的函数 G_Warblet() 的 MATLAB 程序。

【例 4.3】 多谐波周期调频信号

下面利用 GWT 分析一个具有多谐波周期调频规律的仿真信号 $s(t)$:

$$s(t) = 1.25 \sin\left\{ 20\pi t - 48 \left[\cos(t) + \frac{1}{9}\cos(3t) + \frac{1}{25}\cos(5t) + \frac{1}{49}\cos(7t) \right] \right\} \tag{4.25}$$

该仿真信号的瞬时频率 $f(t) = 10 + (24/\pi) \cdot [\sin(t) + \sin(3t)/3 + \sin(5t)/5 + \sin(7t)/7]$,采样频率为 100Hz,采样时间为 15s。表 4.3 给出了对该仿真信号进行时频分析的 MATLAB 程序,计算结果如图 4.4 所示。图 4.4(a)和(b)给出了该仿真信号的时域波形和瞬时频率,其瞬时频率具有复杂的周期调制规律,循环呈现出高频微幅振荡特征。图 4.4(c)和(d)展示了利用 STFT 和小波变换所得到的时频分布,这两种基本的时频变换方法都难以对仿真信号的复杂周期调频规律进行准确表征。然后,利用 SCT 和 GWT 这两种通用参数化时频变换方法对其进行时频分析,所得到的时频分布如图 4.4(e)和(f)所示。虽然 SCT 和 GWT 都能准确表征该非平稳信号具有高频微幅特征的周期调频规律,但在利用 SCT 分析该非平稳信号时,对全局时间进行了 60 段的均匀划分,所涉及需要确定的参数多达 300 个,而利用 GWT 分析该非平稳信号时,只需 21 个参数即可对其进行准确表征,并且所选取的傅里叶基函数与该信号的本征调频规律更为匹配,可直接揭示其中包含的本征物理信息。此外,通过对比图 4.4(e)和(f)所示的结果可知,利用 GWT 所得到的时频分布也更为干净清晰。因此,GWT 在表征具有周期调频规律的非平稳信号时更具优越性。

由于傅里叶级数是一组完备的基函数,因此 GWT 也可以表征具有非周期调频规律的非平稳信号。然而,具有非周期变化规律的连续函数在进行傅里叶级数展开时,基函数系数往往具有稠密性,表征效率和精度不高。此时,可通过将完备的傅里叶级数扩展为一组冗余(或过完备)的傅里叶基实现非周期调频规律的高精度稀疏表征[11],6.2 节将对冗余傅里叶基及其在表征复杂非线性调频规律时的优势进行详细介绍。

表 4.3　分析多谐波周期调频信号(例 4.3)时频特性的 MATLAB 程序

```
%% 多谐波周期调频信号参数设定
SampFreq = 100;
t = 0:1/SampFreq:16 - 1/SampFreq;
Sig = 1.25*sin(20*pi*t - 48*(cos(t) + cos(3*t)/9 + cos(5*t)/25 + cos(7*t)/49));
IF = 10 + (24/pi)*(sin(t) + sin(3*t)/3 + sin(5*t)/5 + sin(7*t)/7);

%% 多谐波周期调频信号时域波形
figure
plot(t,Sig,'b','linewidth',1);
xlabel('\fontname{宋体}时间\fontname{Times New Roman}{\itt} (s)');
ylabel('\fontname{宋体}幅值');
axis([0 15.75 -2 2])

%% 多谐波周期调频信号瞬时频率
figure
plot(t,IF,'b','linewidth',1);
xlabel('\fontname{宋体}时间\fontname{Times New Roman}{\itt} (s)');
ylabel('\fontname{宋体}频率\fontname{Times New Roman}{\itf} (Hz)');
axis([0 15.75 0 20]);

%% 基于短时傅里叶变换的时频分布
STFT(Sig',SampFreq,1024,512);

%% 基于连续小波变换的时频分布
nLevel = 1024;
CWT(Sig,t,nLevel,3,SampFreq);

%% 基于 SCT 的时频分布
p = 60; % 样条分段数
sp = splinefit(t,IF,p);
pp = ppval(sp,t);
Ratio = sp.coefs;
shapepoint = sp.breaks;
Spline_Chirplet(Sig',SampFreq,Ratio,shapepoint,1024,512);

%% 基于 GWT 的时频分布
N = 1024; WinLen = 512;
a_n = [24/pi,0,24/(3*pi),0,24/(5*pi),0,24/(7*pi)];
b_n = [0,0,0,0,0,0,0];
fm  = [1,2,3,4,5,6,7]/(2*pi);
G_Warblet(Sig',SampFreq,[-a_n;b_n],fm,N,WinLen);
```

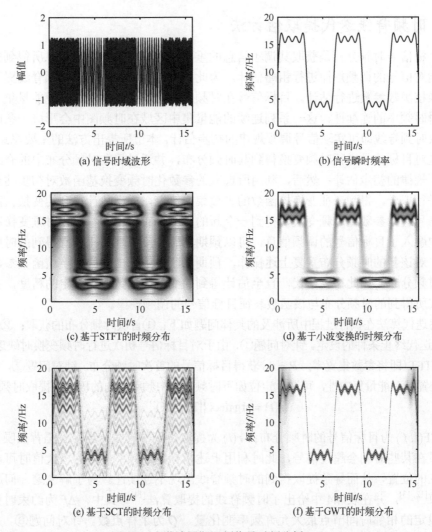

图 4.4　多谐波周期调频信号时频分析

　　本节通过设计 3 种不同的核函数，即多项式核、样条核以及傅里叶级数核，提出了 3 种通用的参数化时频变换方法。由 3 种核函数的性质和仿真算例的分析结果可知，选取合适的核函数对于获得高集中度的时频分布十分重要。在实际操作过程中，可先利用 STFT 获得目标信号的时频分布，通过粗略分析目标信号的调频规律再选取合适的核函数及对应的参数化时频变换方法对其进行细致分析。

4.3　变换核函数参数估计

　　4.2 节通过设计 3 种不同的完备核函数实现了复杂非线性调频规律的表征，并阐明了选择一组合适的基函数对于准确、高效地表征非平稳信号调频规律的重要性。在实际应用过程中，选定基函数后所面临的一个关键问题是基函数系数 (即变换核函数参数) 的估计。4.2 节在利用参数化时频变换分析非平稳信号时都是默认已经提前获得了表征参数集，而本节则将重点介绍一种有效的变换核函数参数估计方法。

4.3.1　时频脊线迭代提取估计法

非平稳信号时频分析是获取其调频信息的重要途径，但缺乏先验信息所得到的时频分布往往只能对信号的调频规律进行粗略估计。为此，本节提出一种基于时频脊线提取的迭代算法对变换核函数参数进行估计。目标信号在时频分布中所处的位置会出现能量集中现象。由于信号瞬时频率的连续性，这一系列连续的能量集中区域在时频图中会形成一条时频脊线，通过提取时频脊线即可实现信号调频规律的初步估计。本节所提出方法的主要思路如下[5]：首先，通过对目标信号进行时频变换得到其时频分布，并通过提取时频分布中的脊线实现目标信号调频规律的初步估计；然后，利用所选取的参数化时频变换基函数对初步估计得到的调频规律进行拟合，得到表征变换核函数的参数集；接着，根据估计得到的变换核函数参数集对目标信号进行参数化时频变换，得到一个新的时频分布。由于参数化时频变换所得到的时频分布中融入了目标信号的调频信息，可以预期其时频集中性相比首次得到的时频分布会有所提升。对该新的时频分布重复上述操作，预期将获得更为准确的变换核函数参数与集中性更好的时频分布，如此往复迭代，直至估计得到的变换核函数达到设定的精度，并利用最后一次迭代所得到的时频分布与核函数表征目标信号的调频规律。

上述迭代算法在执行过程中所涉及的具体问题如下：①首次时频分布的获取；②时频脊线的提取；③迭代终止条件的设定。针对问题①，由于对目标信号初次进行时频变换时缺乏先验信息，可利用 STFT（即将参数集置零，$P=0$）获得目标信号的首次时频分布。针对问题②，由于时频脊线所处位置具有能量集中性，可通过定位如下时频分布中频率方向的极大值提取时频脊线：

$$r(t) = \arg\max_{f}\{|\mathrm{TF}(t,f)|\} \tag{4.26}$$

其中，$\mathrm{TF}(t,f)$ 为目标信号的时频分布；$r(t)$ 为提取得到的脊线。当受到强背景噪声干扰时，噪声能量在某些时刻会超过信号，此时利用上述指标定位频率方向的极大值时可能会定位到噪声处在的位置，从而导致提取得到的时频脊线出现不连续性。为了解决这一问题，加入连续性约束[12, 13]，并在表 4.4 中给出了时频脊线的提取算法[14]。其中，Δf 为约束时频脊线连续性时所设定的相邻时间节点最大允许频率变化量，Q 为采样点数。针对问题③，若 $\tilde{f}_{i-1}(t)$ 和 $\tilde{f}_i(t)$ 为相邻两次迭代所得到脊线的拟合瞬时频率，迭代终止条件可设定如下：

$$\zeta = \int \left|\tilde{f}_i(t) - \tilde{f}_{i-1}(t)\right| / \left|\tilde{f}_i(t)\right| \mathrm{d}t / T_l < \delta \tag{4.27}$$

其中，ζ 为相邻两次迭代所拟合瞬时频率的相对误差；T_l 为信号时间长度；δ 为迭代终止阈值。表 4.5 给出了该变换核函数参数估计方法的算法流程。

表 4.4　时频脊线提取算法

1: 设定相邻时间节点的频率变化最大值为 Δf ；
2: 定位时频分布中最大值所处的位置 $(t_q, f_q) = \arg\max\limits_{t,f}\{|\mathrm{TF}(t,f)|\}$ ；
3: 获得脊线的初始位置 $r(t_q) = f_q$ ，令 $r_L = f_q$ ，$r_R = f_q$ ；
4: **For** $L = q-1, q-2, \cdots, 0$ **and** $R = q+1, q+2, \cdots, Q-1$ **do**
5: 向左提取脊线 $r_L = \arg\max\limits_{f\in[r_{L+1}-\Delta f, r_{L+1}+\Delta f]}\{|\mathrm{TF}(t_L, f)|\}$ ；
6: 向右提取脊线 $r_R = \arg\max\limits_{f\in[r_{R-1}-\Delta f, r_{R-1}+\Delta f]}\{|\mathrm{TF}(t_R, f)|\}$ ；
7: **End for**
8: 输出时频脊线 $r(t) = \{r_0, r_1, \cdots, r_q, \cdots, r_{Q-1}\}$ ；

表 4.5　基于时频脊线迭代提取的变换核函数参数估计算法

1:	输入目标信号 $s(t)$，迭代计数 $i=0$，初始化瞬时频率 $\tilde{f}_i(t)$ 和参数集 $\boldsymbol{P}_i=\boldsymbol{0}$；
2:	初始化相对误差 ζ 和迭代终止阈值 δ；
3:	**While** $\zeta>\delta$ **do**
4:	计算参数化时频变换 $\mathrm{PTFT}_s(t,f;\boldsymbol{P}_i)$；
5:	利用表 4.4 中的算法提取时频脊线 $r_i(t)$；
6:	更新迭代计数 $i=i+1$；
7:	拟合时频脊线 $\tilde{f}_i(t)$，并获得参数集 $\boldsymbol{P}_i=\min\limits_{\boldsymbol{P}_i}\left\|\tilde{f}_i(t)-r_i(t)\right\|$；
8:	计算相邻两次拟合瞬时频率的相对误差 $\zeta=\int\left|\tilde{f}_i(t)-\tilde{f}_{i-1}(t)\right|\Big/\left|\tilde{f}_i(t)\right|\mathrm{d}t\Big/T_l$；
9:	**End while**
10:	输出参数集 $\boldsymbol{P}_i$；

4.3.2　仿真算例

本节通过分析 3 个仿真算例验证时频脊线迭代提取估计方法对估计 PCT、SCT 和 GWT 这 3 种参数化时频变换核函数参数的有效性，并结合仿真算例的变换核函数参数迭代估计过程对该方法的收敛性进行分析讨论。

第 1 个仿真算例为例 4.1 中所给出的二次函数调频信号，为了验证时频脊线迭代提取估计法的鲁棒性，在该二次函数调频信号中加入一定强度的噪声，信噪比为 0dB。表 4.6 给出了估计该仿真算例变换核函数参数的 MATLAB 程序，计算结果如图 4.5 所示。其中，时频分布的脊线提取函数 brevridge( ) 的 MATLAB 程序在 4.5 节给出。图 4.5 给出了利用时频脊线迭代提取估计方法估计信号变换核函数参数的前四次迭代结果。其中，左图为利用 PCT 所得到的时频分布，右图为对时频分布进行脊线提取和拟合的结果，右图中实线为仿真信号的准确瞬时频率，点画线为时频脊线提取结果，虚线为时频脊线的多项式基拟合结果。表 4.7 给出了相邻两次迭代所提取得到时频脊线拟合结果的相对误差，即式(4.27)。可以发现，拟合结果相对误差随着迭代次数的增加而逐渐减小，而第三次迭代和第四次迭代拟合结果的相对误差为零。表 4.8 给出了每次迭代时频脊线的拟合结果和准确瞬时频率之间的相对误差。可以发现，相对误差随着迭代次数的增加也在逐渐减小，最后两次的误差相同，迭代结果收敛。由该仿真算例的分析结果可知，时频脊线迭代提取估计法能够准确估计多项式核函数参数，具有较好的抗噪性，并且收敛速度较快。

表 4.6　估计 PCT 核函数参数的 MATLAB 程序

```
%% 含噪二次多项式调频信号参数设定
SampFreq = 100; t = 0:1/SampFreq:10 - 1/SampFreq;
Sig = cos(2*pi*(5*t + 7.2*t.^2 - 0.48*t.^3));
IF = 5 + 14.4*t - 1.44*t.^2;
Sign = awgn(Sig,0,'measured');
Sigh = hilbert(Sign);
N = 256; WinLen = 128;
```

```
%% 第一次迭代: PCT + 时频脊线提取
R1 = 0; [Spec,f] = Poly_Chirplet(Sigh',SampFreq,R1,N,WinLen);


Tx = Spec; fs = f; lambda = 1e-1;
[c, ~] = brevridge(Tx,fs,lambda);
[p1,z] = polylsqr(t,f(c),3);
E1 = norm(p1 - IF)/norm(IF);
figure
plot(t,IF,'b',t,f(c),'r-.',t,p1,'k--','linewidth',1)
xlabel('\fontname{宋体}时间\fontname{Times New Roman}{\itt} (s)');
ylabel('\fontname{宋体}频率\fontname{Times New Roman}{\itf} (Hz)');
set(gca,'YDir','normal');
axis([0 10 0 67.5]);


%% 第二次迭代: PCT + 时频脊线提取
R2 = z(2:end); [Spec,f] = Poly_Chirplet(Sigh',SampFreq,R2,N,WinLen);


[c, ~] = brevridge(Spec,fs,lambda);
[p2,z] = polylsqr(t,f(c),3);
D21 = norm(p2 - p1)/norm(p2);
E2  = norm(p2 - IF)/norm(IF);
figure
plot(t,IF,'b',t,f(c),'r-.',t,p2,'k--','linewidth',1)
xlabel('\fontname{宋体}时间\fontname{Times New Roman}{\itt} (s)');
ylabel('\fontname{宋体}频率\fontname{Times New Roman}{\itf} (Hz)');
set(gca,'YDir','normal');
axis([0 10 0 67.5]);


%% 第三次迭代: PCT + 时频脊线提取
R3 = z(2:end); [Spec,f] = Poly_Chirplet(Sigh',SampFreq,R3,N,WinLen);


[c,e] = brevridge(Spec,fs,lambda);
[p3,z] = polylsqr(t,f(c),3);
D32 = norm(p3 - p2)/norm(p2);
E3  = norm(p3 - IF)/norm(IF);
figure
plot(t,IF,'b',t,f(c),'r-.',t,p3,'k--','linewidth',1)
xlabel('\fontname{宋体}时间\fontname{Times New Roman}{\itt} (s)');
ylabel('\fontname{宋体}频率\fontname{Times New Roman}{\itf} (Hz)');
set(gca,'YDir','normal');
```

```
axis([0 10 0 67.5]);

%% 第四次迭代: PCT + 时频脊线提取
R4 = z(2:end); [Spec,f] = Poly_Chirplet(Sigh',SampFreq,R4,N,WinLen);

[c,~] = brevridge(Spec,fs,lambda);
[p4,z] = polylsqr(t,f(c),3);
D43 = norm(p4 - p3)/norm(p4);
E4  = norm(p4 - IF)/norm(IF);
figure
plot(t,IF,'b',t,f(c),'r-.',t,p4,'k--','linewidth',1)
xlabel('\fontname{宋体}时间\fontname{Times New Roman}{\itt} (s)');
ylabel('\fontname{宋体}频率\fontname{Times New Roman}{\itf} (Hz)');
set(gca,'YDir','normal');
axis([0 10 0 67.5]);
```

(a) 第一次迭代：基于 PCT(即 STFT) 的时频分布以及时频脊线提取与拟合

(b) 第二次迭代：基于 PCT 的时频分布以及时频脊线提取与拟合

(c) 第三次迭代：基于 PCT 的时频分布以及时频脊线提取与拟合

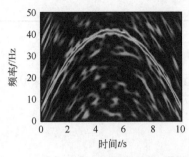
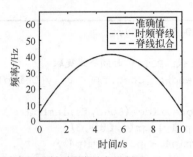

(d) 第四次迭代：基于PCT的时频分布以及时频脊线提取与拟合

图 4.5　基于 PCT 的变换核函数参数迭代估计过程

表 4.7　相邻两次迭代脊线拟合结果之间的相对误差（PCT）

$(i,i+1)$	$(1,2)$	$(2,3)$	$(3,4)$
ζ	1.13%	0.023%	0

表 4.8　脊线拟合结果与准确瞬时频率之间的相对误差（PCT）

迭代次数	$i=1$	$i=2$	$i=3$	$i=4$
相对误差	1.2%	0.082%	0.078%	0.078%

第 2 个仿真算例为例 4.2 中所给出的复杂非线性调频信号，在该调频信号中也加入一定强度的噪声，信噪比为 5dB。表 4.9 给出了估计该仿真算例变换核函数参数的 MATLAB 程序，计算结果如图 4.6 所示。图 4.6 给出了利用时频脊线迭代提取估计法分析该仿真算例的第一次和第四次迭代结果。其中，左图为利用 SCT 所得到的时频分布，右图为对时频分布进行脊线提取和样条基拟合的结果。表 4.10 给出了相邻两次迭代所提取得到脊线拟合结果的相对误差，可以发现，拟合结果相对误差随着迭代次数的增加而逐渐减小。表 4.11 给出了每次迭代时频脊线的拟合结果和准确瞬时频率之间的相对误差，可以发现，该相对误差随着迭代次数的增加逐渐增加，最后收敛到一个稳定的值。这是由于该信号的调频规律较为复杂且时频分布受噪声干扰，导致时频脊线估计的相对误差出现了一定的波动，但最后收敛的结果与准确值之间的相对误差依然很小。由该仿真算例的分析结果可知，时频脊线迭代提取估计法能够准确估计样条核函数参数，具有较好的抗噪性，并且收敛速度较快。

表 4.9　估计 SCT 核函数参数的 MATLAB 程序

```
%% 含噪复杂非线性调频信号参数设定
SampFreq = 100;
t = 0:1/SampFreq:10 - 1/SampFreq;
Sig = 1.25*sin(20*pi*t+10*pi*atan((t-5).^2));
Sig = awgn(Sig,5,'measured');
IF  = 10*(t-5)./(1+(t-5).^4) + 10;

%% 第一次迭代: SCT + 时频脊线提取
Ratio_0 = 0; Shapepoint_0 = 1;
```

```
[Spec,f] = Spline_Chirplet(Sig',SampFreq,Ratio_0,Shapepoint_0,1024,128);


Tx = Spec; fs = f; lambda = 1e-1;
[c,~] = brevridge(Tx,fs,lambda);
p = 25; % 样条分段数
sp = splinefit(t,f(c),p); pp1 = ppval(sp,t);
E1 = norm(pp1 - IF)/norm(IF);
figure
plot(t,IF,'b',t,f(c),'r-.',t,pp1,'k--','linewidth',1)
xlabel('\fontname{宋体}时间\fontname{Times New Roman}{\itt} (s)');
ylabel('\fontname{宋体}频率\fontname{Times New Roman}{\itf} (Hz)');
set(gca,'YDir','normal');
axis([0 10 0 27]);


%% 第二次迭代: SCT + 时频脊线提取
Ratio_1 = sp.coefs; Shapepoint_1 = sp.breaks;
[Spec,f] = Spline_Chirplet(Sig',SampFreq,Ratio_1,Shapepoint_1,1024,1000);


[c,~] = brevridge(Spec,fs,lambda);
sp = splinefit(t,f(c),p); pp2 = ppval(sp,t);
D21 = norm(pp2 - pp1)/norm(pp2);
E2  = norm(pp2 - IF)/norm(IF);
figure
plot(t,IF,'b',t,f(c),'r--',t,pp2,'k-.','linewidth',1)
xlabel('\fontname{宋体}时间\fontname{Times New Roman}{\itt} (s)');
ylabel('\fontname{宋体}频率\fontname{Times New Roman}{\itf} (Hz)');
axis([0 10 0 27]);


%% 第三次迭代: SCT + 时频脊线提取
Ratio_2 = sp.coefs; Shapepoint_2 = sp.breaks;
[Spec,f] = Spline_Chirplet(Sig',SampFreq,Ratio_2,Shapepoint_2,1024,1000);


[c,~] = brevridge(Spec,fs,lambda);
sp = splinefit(t,f(c),p); pp3 = ppval(sp,t);
D32 = norm(pp3 - pp2)/norm(pp2);
E3  = norm(pp3 - IF)/norm(IF);
figure
plot(t,IF,'b',t,f(c),'r--',t,pp3,'k-.','linewidth',1)
xlabel('\fontname{宋体}时间\fontname{Times New Roman}{\itt} (s)');
ylabel('\fontname{宋体}频率\fontname{Times New Roman}{\itf} (Hz)');
axis([0 10 0 27]);


%% 第四次迭代: SCT + 时频脊线提取
Ratio_3 = sp.coefs; shapepoint_3 = sp.breaks;
```

```
[Spec,f] = Spline_Chirplet(Sig',SampFreq,Ratio_3,shapepoint_3,1024,1000);

[c,~] = brevridge(Spec,fs,lambda);
sp = splinefit(t,f(c),p); pp4 = ppval(sp,t);
D43 = norm(pp4 - pp3)/norm(pp3);
E4 = norm(pp4 - IF)/norm(IF);
figure
plot(t,IF,'b',t,f(c),'r--',t,pp4,'k-.','linewidth',1)
xlabel('\fontname{宋体}时间\fontname{Times New Roman}{\itt} (s)');
ylabel('\fontname{宋体}频率\fontname{Times New Roman}{\itf} (Hz)');
axis([0 10 0 27]);
```

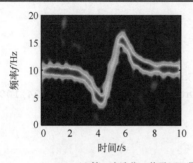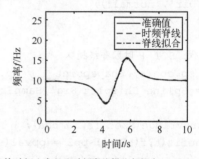

(a) 第一次迭代：基于SCT(即STFT)的时频分布以及时频脊线提取与拟合

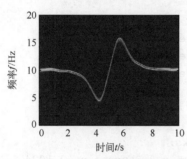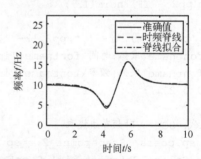

(b) 第四次迭代：基于SCT的时频分布以及时频脊线提取与拟合

图 4.6　基于 SCT 的变换核函数参数迭代估计过程

表 4.10　相邻两次迭代脊线拟合结果之间的相对误差（SCT）

$(i, i+1)$	$(1, 2)$	$(2, 3)$	$(3, 4)$
ζ	1.33%	0.16%	0.085%

表 4.11　脊线拟合结果与准确瞬时频率之间的相对误差（SCT）

迭代次数	$i=1$	$i=2$	$i=3$	$i=4$
相对误差	0.74%	1.41%	1.46%	1.48%

【例 4.4】　多谐波周期调频信号

第 3 个仿真算例为如下具有多谐波周期调频规律的非平稳信号：

$$s(t) = 1.25\sin\left[40\pi t - 200\pi\cos\left(\frac{t}{10}\right) - 6\pi\cos(t)\right] \tag{4.28}$$

该仿真信号的瞬时频率 $f(t)=20+10\sin(t/10)+3\sin(t)$，采样频率为 100Hz，采样时间为 60s。在该多谐波周期调频信号中加入一定强度的噪声，信噪比为 0dB。表 4.12 给出了估计该仿真算例变换核函数参数的 MATLAB 程序，计算结果如图 4.7 所示。图 4.7 给出了利用时频脊线迭代提取估计法分析该调频信号的第一次和第四次迭代结果。其中，左图为利用 GWT 所得到的时频分布，右图为对时频分布进行脊线提取和傅里叶级数拟合的结果。表 4.13 给出了相邻两次迭代所提取得到时频脊线拟合结果的相对误差，可以发现，拟合结果相对误差随着迭代次数的增加而逐渐减小。表 4.14 给出了每次迭代时频脊线的拟合结果和准确瞬时频率之间的相对误差，可以发现，相对误差随着迭代次数的增加也逐渐减小，最后两次的相对误差相同。由该仿真算例的分析结果可知，时频脊线迭代提取估计法能够准确估计泛谐波核函数参数，具有较好的抗噪性，并且收敛速度较快。

表 4.12　估计 GWT 核函数参数的 MATLAB 程序

```
%% 含噪多谐波周期调频信号参数设定
SampFreq = 100;
t = 0:1/SampFreq:60 - 1/SampFreq;
Sig = 1.25*sin(40*pi*t - 200*pi*cos(t/10) - 6*pi*cos(t));
Sig = awgn(Sig,0,'measured');
IF  = 20 + 10*sin(t/10) + 3*sin(t);

%% 第一次迭代: GWT + 时频脊线提取
N = 1024;
WinLen = 128;
[Spec,f] = G_Warblet(Sig',SampFreq,0,1,N,WinLen);

Tx = Spec; fs = f;
lambda = 1e-1;
[c,~] = brevridge(Tx,fs,lambda);
[ff1,a_n,b_n,fm] = get_fscoeff(f(c),length(t),t,SampFreq);
E1  = norm(ff1 - IF)/norm(IF);
figure
plot(t,IF,'b',t,f(c),'r-.',t,ff1,'k--','linewidth',1)
xlabel('\fontname{宋体}时间\fontname{Times New Roman}{\itt} (s)');
ylabel('\fontname{宋体}频率\fontname{Times New Roman}{\itf} (Hz)');
axis([0 60 0 40]);

%% 第二次迭代: GWT + 时频脊线提取
N = 1024;
WinLen = 512;
[Spec,f] = G_Warblet(Sig',SampFreq,[-a_n;b_n],fm(2:end),N,WinLen);

Tx = Spec; fs = f;
```

```
lambda = 1e-1;
[c, ~] = brevridge(Tx,fs,lambda);
[ff2,a_n,b_n,fm] = get_fscoeff(f(c),length(t),t,SampFreq);
D21 = norm(ff2 - ff1)/norm(ff2);
E2  = norm(ff2 - IF)/norm(IF);
figure
plot(t,IF,'b',t,f(c),'r-.',t,ff2,'k--','linewidth',1)
xlabel('\fontname{宋体}时间\fontname{Times New Roman}{\itt} (s)');
ylabel('\fontname{宋体}频率\fontname{Times New Roman}{\itf} (Hz)');
axis([0 60 0 40]);

%% 第三次迭代: GWT + 时频脊线提取
[Spec,f] = G_Warblet(Sig',SampFreq,[-a_n;b_n],fm(2:end),N,WinLen);

Tx = Spec; fs = f;
lambda = 1e-1;
[c, ~] = brevridge(Tx,fs,lambda);
[ff3,a_n,b_n,fm] = get_fscoeff(f(c),length(t),t,SampFreq);
D32 = norm(ff3 - ff2)/norm(ff3);
E3  = norm(ff3 - IF)/norm(IF);
figure
plot(t,IF,'b',t,f(c),'r-.',t,ff3,'k--','linewidth',1)
xlabel('\fontname{宋体}时间\fontname{Times New Roman}{\itt} (s)');
ylabel('\fontname{宋体}频率\fontname{Times New Roman}{\itf} (Hz)');
axis([0 60 0 40]);

%% 第四次迭代: GWT + 时频脊线提取
[Spec,f] = G_Warblet(Sig',SampFreq,[-a_n;b_n],fm(2:end),N,WinLen);

Tx = Spec; fs = f;
lambda = 1e-1;
[c, ~] = brevridge(Tx,fs,lambda);
[ff4,a_n,b_n,fm] = get_fscoeff(f(c),length(t),t,SampFreq);
D43 = norm(ff4 - ff3)/norm(ff4);
E4  = norm(ff4 - IF)/norm(IF);
figure
plot(t,IF,'b',t,f(c),'r-.',t,ff4,'k--','linewidth',1)
xlabel('\fontname{宋体}时间\fontname{Times New Roman}{\itt} (s)');
ylabel('\fontname{宋体}频率\fontname{Times New Roman}{\itf} (Hz)');
axis([0 60 0 40]);
```

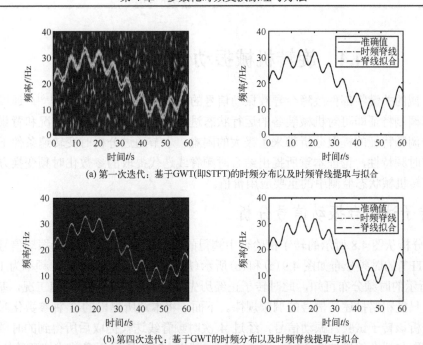

(a) 第一次迭代：基于GWT(即STFT)的时频分布以及时频脊线提取与拟合

(b) 第四次迭代：基于GWT的时频分布以及时频脊线提取与拟合

图 4.7　基于 GWT 的变换核函数参数迭代估计过程

表 4.13　相邻两次迭代脊线拟合结果之间的相对误差（GWT）

$(i, i+1)$	$(1,2)$	$(2,3)$	$(3,4)$
ζ	0.094%	0.068%	0.043%

表 4.14　脊线拟合结果与准确瞬时频率之间的相对误差（GWT）

迭代次数	$i=1$	$i=2$	$i=3$	$i=4$
相对误差	0.57%	0.56%	0.55%	0.55%

　　最后，对时频脊线迭代提取估计法的收敛性进行定性分析与讨论。由上述 3 个仿真算例变换核函数参数的迭代估计过程可知，该方法的收敛速度非常快，基本在 5 次迭代内就能完成收敛，但最后结果不一定收敛到准确的瞬时频率。如图 4.6 所示的迭代估计过程，时频脊线拟合曲线的收敛结果与准确值之间存在 1.45%左右的相对误差。但总体来说，迭代过程总能快速收敛到一个与准确瞬时频率十分接近的结果。通过对大量的仿真算例进行分析研究，发现初始时频脊线提取结果对收敛速度和收敛准确度有着十分关键的影响。一个与准确值较为接近的初始时频脊线提取能让算法快速收敛到一个高精度的结果，反之则收敛结果精度较低，甚至会发散。例如，针对例 4.3 中所给出的多谐波周期调频信号，其调频规律具有高频微幅特性，难以从基于 STFT 的时频分布中提取得到能够刻画高频微幅特性的脊线，从而导致收敛结果不理想。此外，在进行参数化时频变换时采用宽窗有利于获得集中性更好的时频分布，因此可在迭代过程中逐步增加窗宽来加速算法收敛。针对大多数调频规律变化趋势，在基于 STFT 的时频分布中能够较为清晰地显示信号，利用本节所提出的方法都能对其瞬时频率进行十分准确的估计。Wang 等[15]对基于时频脊线迭代提取的瞬时频率估计方法的收敛性进行了详细的理论分析，推导了时频脊线的迭代收敛偏差，有兴趣的读者可以参考阅读。

4.4　旋转机械振动信号时频分析

旋转机械的关键零部件故障会导致振动信号的物理特征频率发生变化[16]，通过提取振动信号的频率调制特征即可对机械装备的运行状态进行解析。然而，时变工况和背景噪声干扰为振动信号调频特征的提取分析带来了极大的困难。本节通过分析时变转速条件下旋转机械振动信号的时频特性，论证本章所提出结合时频脊线迭代提取的参数化时频变换方法的有效性及其在旋转机械状态监测中的重要应用价值。

4.4.1　转子试验台振动信号分析

首先，分析从图 4.8 所示的转子试验台中测得的两段振动信号。第 1 段振动信号的时域波形和基于 STFT 的时频分布如图 4.9(a) 和 (b) 所示(加入 5dB 白噪声)，采样频率为 100Hz。由图 4.9(b) 所示的时频分布可知，此时转子正经历先加速后减速的时变转速工况，基于 STFT 的时频分布只能粗略描述该信号的调频规律。下面，将本章所提出的 3 种参数化时频变换方法应用于分析该转子试验台振动信号，经过 4 次时频脊线迭代提取后所得到的时频分布以及时频脊线提取与拟合结果如图 4.9(c)~(h) 所示。其中，PCT 所采用多项式核函数的阶数为 10 阶，而 SCT 采用 3 次样条作为核函数并将全局时间分为 20 段。相比基于 STFT 的时频分布，利用参数化时频变换所得到的结果具有更好的时频集中性，从而能够估计得到更准确的瞬时频率。其中，SCT 所得到时频分布的集中度最高，并且通过时频脊线提取与拟合所估计得到的瞬时频率曲线也更为光滑。产生这种结果的主要原因为：该振动信号的调频规律较为复杂，采用多项式核函数难以对其进行准确刻画(多项式核的阶数足够，迭代收敛后第 7~10 阶系数接近于零)，而采用完备的傅里叶基则会对背景噪声干扰所引起的时频脊线抖动效应进行过拟合，从而影响时频分布的表征效果和瞬时频率的估计精度。

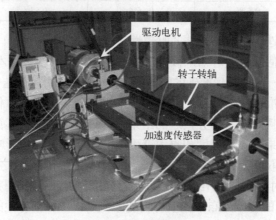

图 4.8　转子试验台

第 2 段振动信号的时域波形和基于 STFT 的时频分布如图 4.10(a) 和 (b) 所示，采样频率为 100Hz，同样加入了 5dB 的白噪声。由图 4.10(b) 所示的时频分布可知，此时转子也在经历先加速后减速的时变转速工况，并且该振动信号的调频规律比第 1 段信号的变化幅度更大、变化规律更为复杂，基于 STFT 的时频分布的表征精度有待提升。类似地，图 4.10(c)~(h)

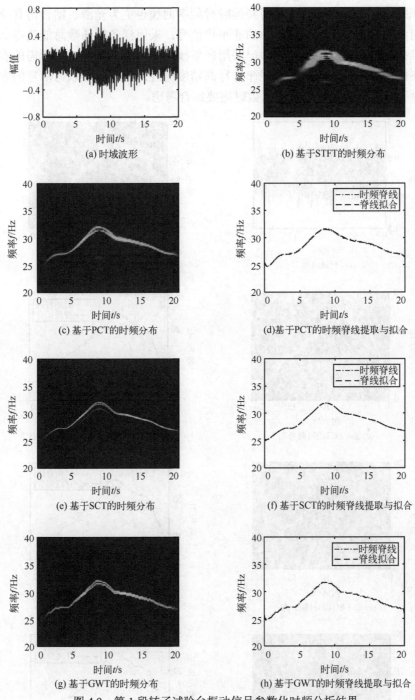

图 4.9　第 1 段转子试验台振动信号参数化时频分析结果

给出了利用 3 种参数化时频变换方法经过 4 次时频脊线迭代提取后所得到的时频分布以及时频脊线提取与拟合结果。其中,3 种参数化时频变换方法所采用的核函数配置与处理第 1 段振动信号时相同。相比基于 STFT 的时频分布,利用参数化时频变换所得到的结果具有更好的时频集中性,能够估计得到更准确的瞬时频率。其中,SCT 所得到时频分布的集中度最高,并且通过时频脊线提取与拟合所估计得到的瞬时频率曲线也更为光滑。结合仿真分析所得出的结论，针对具有复杂非线性调频规律的非平稳信号，采用样条核函数总能获得高集中度的时频分布和准确的瞬时频率估计结果，但采用样条核刻画信号调频规律时所需的参数也会更多。虽然样条核能够在数值上对调频规律进行高精度逼近，但有时难以与信号的本征物理信息产生直接联系，实际应用中选取核函数时需要综合考虑。

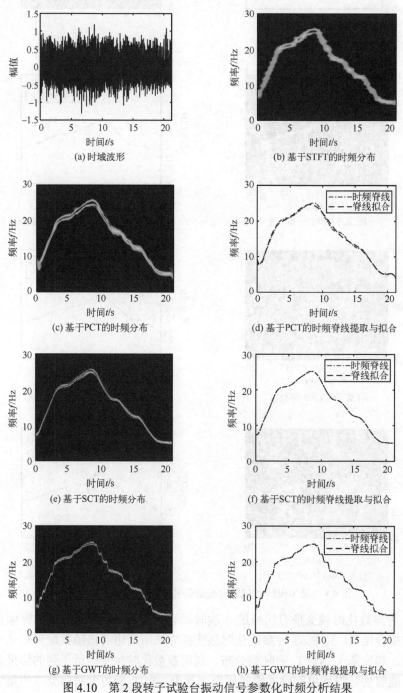

图 4.10　第 2 段转子试验台振动信号参数化时频分析结果

4.4.2　水轮机振动信号分析

最后，将本章所介绍的参数化时频变换方法应用于分析水轮机停机过程中所测得的一段振动信号[17]，其时域波形与基于 STFT 的时频分布如图 4.11(a) 和 (b) 所示，采样频率为 16Hz，采样点数为 1032 个。显然，基于 STFT 的时频分布难以精准表征停机过程振动信号的调频规律。下面，利用本章所提出的 3 种参数化时频变换方法分析该振动信号的时频特性，经过 4 次时频脊线迭代提取后所得到的时频分布如图 4.11(c)～(e) 所示，这 3 种时频分布的脊线拟合结果如图 4.11(f) 所示。其中，PCT 所采用多项式核的阶数为 10 阶，而 SCT 采用 3 次样条作为核函数并将全局时间分为 20 段。相比基于 STFT 的时频分布，利用参数化时频变换所得到的结果具有更好的时频集中性，能够准确表征该信号的调频规律。其中，GWT 所采用的完备傅里叶基对噪声干扰所引起抖动效应的过拟合现象导致瞬时频率拟合结果也发生了一定程度的抖动，其时频分布表征效果和瞬时频率拟合精度比 PCT 和 SCT 稍差。

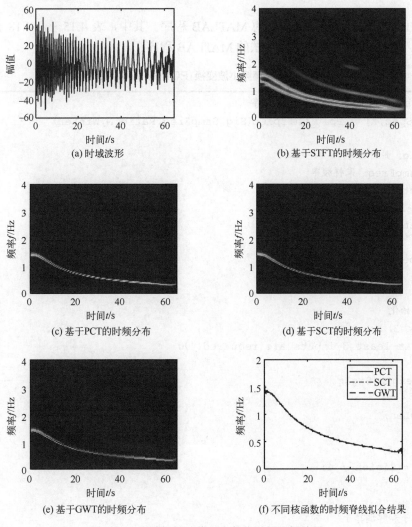

图 4.11　水轮机振动信号参数化时频分析结果

值得注意的是，除了参数化时频变换所提取得到的能量最大分量外，从图 4.11(b) 所示的时频分布中还可以隐约观察到其他位于更高频段的弱调频分量，而且这些分量的调频规律与能量最大分量(基频分量)近似呈倍数关系。当利用与基频分量的调频规律相匹配的核函数对该振动信号的时频分布进行解调和平移操作时，降低了其他具有不同调频规律的高频分量的时频集中性。这是由于参数化时频变换的单核属性使其研究对象局限于单分量信号，因此在利用其分析包含多个具有不同调频规律信号分量的非平稳信号时，只能提升其中某个分量(一般是能量最大分量)的时频集中性，而无法做到准确表征所有分量的调频规律。机械装备的多源耦合特性导致其振动信号多为包含多个调频分量的非平稳信号，准确估计每个信号分量的调频规律是全面解析装备运行状态的关键技术，第 5 章将从该问题出发，发展结合参数化时频变换的多分量非平稳信号分析方法。

4.5　本章主要方法的 MATLAB 程序

本节给出了本章所介绍主要方法的 MATLAB 程序。其中，表 4.15～表 4.18 分别给出了 PCT、SCT、GWT 和时频脊线提取算法的 MATLAB 程序。

表 4.15　多项式调频小波变换(PCT)的 MATLAB 程序

```
% 多项式调频小波变换(PCT)的 MATLAB 程序
function [Spec,f] = Poly_Chirplet(Sig,SampFreq,Ratio,N,WinLen)
% 输入变量:
%         Sig: 目标信号
%         SampFreq: 采样频率
%         Ratio: 核函数系数
%         N: 频率轴点数
%         WinLen: 窗函数长度
% 输出变量:
%         Spec: 目标信号时频分布
%         f: 时频分布频率轴序列

% 输入变量初始化
if(nargin < 3)
    error('At least 3 inputs are required!');
end
SigLen = length(Sig);
if (nargin < 4)
    N = SigLen;
end
if (nargin < 5)
    WinLen = SigLen / 4;
end

% 构造平移算子和解调算子
RatioNum = length(Ratio);
```

```
dt = (0:(SigLen-1))'; dt = dt / SampFreq;
df = zeros(size(dt));
for k = 1:RatioNum
    % 平移算子指数
    df = df + Ratio(k) * dt.^k;
end
kernel = zeros(size(dt));
for k = 1:RatioNum
    % 解调算子指数
    kernel = kernel + Ratio(k)/(k + 1) * dt.^(k + 1);
end

% 构造规范化的高斯窗函数
WinLen = ceil(WinLen / 2) * 2;
t = linspace(-1,1,WinLen)';
WinFun = exp(log(0.005) * t.^2 );
WinFun = WinFun / norm(WinFun);
Lh = (WinLen - 1)/2;

% 对目标信号进行多项式调频小波变换
Spec = zeros(N,SigLen) ;
Rt = zeros(N,1); Rdt = zeros(N,1);
for iLoop = 1:SigLen

    tau = -min([round(N/2)-1,Lh,iLoop-1]):min([round(N/2)-1,Lh,SigLen-iLoop]);
    temp = floor(iLoop + tau);
    Rt(1:length(temp)) = kernel(temp);
    Rdt(1:length(temp)) = dt(temp);
    temp1 = floor(Lh+1+tau);
    rSig = Sig(temp);
    rSig = hilbert(real(rSig));
    rSig = rSig .* conj(WinFun(temp1));
    Spec(1:length(rSig),iLoop) = rSig;
    Spec(:,iLoop) = Spec(:,iLoop) .* exp(-j * 2.0 * pi * (Rt - df(iLoop) * Rdt));

end
Spec = fft(Spec);
Spec = 2*abs(Spec)/N;

% 绘制基于多项式调频小波变换的时频分布
Spec = Spec(1:round(end/2),:);
[nLevel, SigLen] = size(Spec);
f = (0:nLevel-1)/nLevel * SampFreq/2;
t = (0:SigLen-1)/SampFreq;
```

```
figure
imagesc(t,f,Spec);
xlabel('Time (s)');
ylabel('Frequency (Hz)');
set(gca,'YDir','normal');
set(gcf,'Color','w');
set(gcf,'Position',[20 100 320 250]);
axis([min(t) max(t) min(f) max(f)]);

end
```

表 4.16　样条调频小波变换(SCT)的 MATLAB 程序

```
% 样条调频小波变换(SCT)的 MATLAB 程序
function [Spec,f] = Spline_Chirplet(Sig,SampFreq,Ratio,Shapoint,N,WinLen)
% 输入变量:
%          Sig: 目标信号
%          SampFreq: 采样频率
%          Ratio: 分段样条核函数系数
%          Shapoint: 样条间断点时间
%          N: 频率轴点数
%          WinLen: 窗函数长度
% 输出变量:
%          Spec: 目标信号时频分布
%          f: 时频分布频率轴序列

% 输入变量初始化
if(nargin < 4)
    error('At least 4 inputs are required!');
end
SigLen = length(Sig);
if (nargin < 5)
    N = SigLen;
end
if (nargin < 6)
    WinLen = SigLen / 4;
end
if length(Ratio)==1
    Ratio = zeros(1,4);
end

% 构造解调算子和平移算子
RatioNum = size(Ratio,1);
dt = (0:(SigLen-1))'; dt = dt/ SampFreq;
if length(Shapoint)==1
```

```
      Shapoint = [1 dt(end)];
end
sf = zeros(size(dt));
kernel = zeros(size(dt));
toMod = 0;
for k = 1:RatioNum
    xi = Shapoint(k);
    xii = Shapoint(k+1);
    loc = find(dt>=xi & dt<=xii);
    ti = dt(loc)-xi;
    a = Ratio(k,1);
    b = Ratio(k,2);
    c = Ratio(k,3);
    d = Ratio(k,4);
    % 解调算子指数
    kernel(loc) = (a*ti.^4/4 + b*ti.^3/3 + c*ti.^2/2 + d *ti)*2*pi;
    kernel(loc) = kernel(loc)+toMod;
    toMod = kernel(loc(end));
    % 平移算子指数
    sf(loc) = (a*ti.^3 + b*ti.^2 + c*ti + d);
end


% 构造规范化的高斯窗函数
WinLen = ceil(WinLen / 2) * 2;
t = linspace(-1,1,WinLen)';
WinFun = exp(log(0.005) * t.^2 );
WinFun = WinFun / norm(WinFun);
Lh = (WinLen - 1)/2;


% 对目标信号进行样条调频小波变换
Spec = zeros(N,SigLen);
rSig = hilbert(real(Sig));
Sig = rSig .* exp(-j*kernel);
for iLoop = 1:SigLen
    tau = -min([round(N/2)-1,Lh,iLoop-1]):min([round(N/2)-1,Lh,SigLen-iLoop]);
    temp = floor(iLoop + tau);
    rSig = Sig .* exp(j*2*pi*sf(iLoop)*dt);
    rSig = rSig(temp);
    temp1 = floor(Lh+1+tau);
    rSig = rSig .* conj(WinFun(temp1));
    Spec(1:length(rSig),iLoop) = rSig;
end
Spec = fft(Spec);
Spec = 2*abs(Spec)/N;
```

```
% 绘制基于样条调频小波变换的时频分布
Spec = Spec(1:round(end/2),:);
[nLevel, SigLen] = size(Spec);
f = (0:nLevel-1)/nLevel * SampFreq/2;
t = (0:SigLen-1)/SampFreq;
figure
imagesc(t,f,Spec);
xlabel('Time (s)');
ylabel('Frequency (Hz)');
set(gca,'YDir','normal');
set(gcf,'Color','w');
set(gcf,'Position',[20 100 320 250]);
axis([min(t) max(t) min(f) max(f)]);

end
```

表 4.17　泛谐波调频小波变换(GWT)的 MATLAB 程序

```
% 泛谐波调频小波变换(GWT)的 MATLAB 程序
function [Spec,f] = G_Warblet(Sig,SampFreq,Ratio,fm,N,WinLen)
% 输入变量:
%        Sig: 目标信号
%        SampFreq: 采样频率
%        Ratio: 傅里叶级数系数
%        fm: 傅里叶级数频率序列
%        N: 频率轴点数
%        WinLen: 窗函数长度
% 输出变量:
%        Spec: 目标信号时频分布
%        f: 时频分布频率轴序列

% 输入变量初始化
if(nargin < 4)
    error('At least 4 inputs are required!');
end
SigLen = length(Sig);
if (nargin < 5)
    N = SigLen;
end
if (nargin < 6)
    WinLen = SigLen / 4;
end
if size(Ratio,1)==1
    Ratio(2,:) = zeros(size(Ratio));
    disp('The coefficients of cosinea are zero')
```

```
end
if fm ==0
    disp('The harmonic frequencies of Fourier series cannot be zero')
    return
end

% 构造平移算子和解调算子
RatioNum = size(Ratio,2);
dt = (0:(SigLen-1))';
dt = dt/ SampFreq;
sf = zeros(size(dt));
for k = 1:RatioNum
    % 平移算子指数
    sf = sf - Ratio(1,k) * sin(2*pi*fm(k)*dt) + Ratio(2,k)*cos(2*pi*fm(k)*dt);
end
kernel = zeros(size(dt));
for k = 1:RatioNum
    % 解调算子指数
    kernel = kernel + Ratio(1,k)/fm(k) * cos(2*pi*fm(k)*dt)+ Ratio(2,k)/fm(k) *
            sin(2*pi*fm(k)*dt);
end

% 构造规范化的高斯窗函数
WinLen = ceil(WinLen / 2) * 2;
t = linspace(-1,1,WinLen)';
WinFun = exp(log(0.005) * t.^2 );
WinFun = WinFun / norm(WinFun);
Lh = (WinLen - 1)/2;

% 对目标信号进行泛谐波调频小波变换
Spec = zeros(N,SigLen);
rSig = hilbert(real(Sig));
Sig = rSig .* exp(-j*kernel);
for iLoop = 1:SigLen
    tau = -min([round(N/2)-1,Lh,iLoop-1]):min([round(N/2)-1,Lh,SigLen-iLoop]);
    temp = floor(iLoop + tau);
    rSig = Sig .* exp(j*2*pi*sf(iLoop)*dt);
    rSig = rSig(temp);
    temp1 = floor(Lh+1+tau);
    rSig = rSig .* conj(WinFun(temp1));
    Spec(1:length(rSig),iLoop) = rSig;
end
Spec = fft(Spec);
Spec = 2*abs(Spec)/N;
```

续表

```
% 绘制基于泛谐波调频小波变换的时频分布
Spec = Spec(1:round(end/2),:);
[nLevel, SigLen] = size(Spec);
f = (0:nLevel-1)/nLevel * SampFreq/2;
t = (0:SigLen-1)/SampFreq;
figure
imagesc(t,f,Spec);
xlabel('Time (s)');
ylabel('Frequency (Hz)');
set(gca,'YDir','normal');
set(gcf,'Color','w');
set(gcf,'Position',[20 100 320 250]);
axis([min(t) max(t) min(f) max(f)]);

end
```

表 4.18　提取时频脊线的 MATLAB 程序

```
% 时频脊线提取的 MATLAB 程序
function [c, e] = brevridge(Tx, fs, lambda)
% 输入变量:
%         Tx: 时频分布
%         fs: 频率轴序列
%         lambda: 脊线连续性约束参数
% 输出变量:
%         c: 脊线对应的频率轴序号
%         e: 脊线对应时频区域的能量

%% 初始参数设定
Et = log(abs(Tx)+eps^0.25);
domega = fs(2)-fs(1);
[na, N] = size(Tx);
da = 10; ng = 40;
aux = lambda*domega.^2*0.5;
ccur = zeros(1,N);
c = ccur; e = -Inf;

%% 时频脊线提取
%% c'2
if 0
for k = floor(linspace(N/(ng+1),N-N/(ng+1),ng))
    [ecur idx] = max(Et(:,k));
    ccur(k) = idx;
    ccur(k-1) = idx;
    % 向前提取脊线
```

```
for b=k+1:N
    etmp = -Inf;
    for a=max(1,idx-da):min(na,idx+da)
        if Et(a,b)-aux*(a-ccur(b-1))^2>etmp
            etmp = Et(a,b)-aux*(a-ccur(b-1))^2;
            idx = a;
        end
    end
    ccur(b)=idx;
    ecur = ecur + etmp;
end
% 向后提取脊线
idx = ccur(k);
for b=k-1:-1:1
    etmp = -Inf;
    for a=max(1,idx-da):min(na,idx+da)
        if Et(a,b)-aux*(a-ccur(b+1))^2>etmp
            etmp = Et(a,b)-aux*(a-ccur(b+1))^2;
            idx = a;
        end
    end
    ccur(b)=idx;
    ecur = ecur + etmp;
end
if ecur>e
    e = ecur;
    c = ccur;
end
end

else

%% c''2
for k = floor(linspace(N/(ng+1),N-N/(ng+1),ng))
    [ecur idx] = max(Et(:,k));
    ccur(k) = idx;
    [ecur idx] = max(Et(:,k-1));
    ccur(k-1) = idx;
    % 向前提取脊线
    for b=k+1:N
        etmp = -Inf;
        for a=max(1,idx-da):min(na,idx+da)
            if Et(a,b)-aux*(a-2*ccur(b-1)+ccur(b-2))^2>etmp
                etmp = Et(a,b)-aux*(a-2*ccur(b-1)+ccur(b-2))^2;
```

```
            idx = a;
        end
    end
    ccur(b)=idx;
    ecur = ecur + etmp;
end
% 向后提取脊线
idx = ccur(k);
for b=k-1:-1:1
    etmp = -Inf;
    for a=max(1,idx-da):min(na,idx+da)
        if Et(a,b)-aux*(a-2*ccur(b+1)+ccur(b+2))^2>etmp
            etmp = Et(a,b)-aux*(a-2*ccur(b+1)+ccur(b+2))^2;
            idx = a;
        end
    end
    ccur(b)=idx;
    ecur = ecur + etmp;
end
if ecur>e
    e = ecur;
    c = ccur;
end
end
end
```

参 考 文 献

[1]　MIHOVILOVIC D, BRACEWELL R N. Adaptive chirplet representation of signals on time-frequency plane[J]. Electronics letters, 1991, 27(13): 1159-1161.

[2]　MANN S, HAYKIN S. The chirplet transform: physical considerations[J]. IEEE transactions on signal processing, 1995, 43(11): 2745-2761.

[3]　MANN S, HAYKIN S. 'Chirplets' and 'warblets': novel time–frequency methods[J]. Electronics letters, 1992, 28(2): 114-116.

[4]　ANGRISANI L, ARCO M D, MORIELLO R S L, et al. On the use of the warblet transform for instantaneous frequency estimation[C]//Proceedings of the 21st IEEE instrumentation and measurement technology conference. Como, 2004: 935-940.

[5]　YANG Y, PENG Z K, DONG X J, et al. General parameterized time-frequency transform[J]. IEEE transactions on signal processing, 2014, 62(11): 2751-2764.

[6]　JEFFREYS H, JEFFREYS B S. "Weierstrass's theorem on approximation by polynomials" and "Extension of Weierstrass's approximation theory"[J]. Methods of mathematical physics, 1988: 446-448.

[7]　PENG Z K, MENG G, CHU F L, et al. Polynomial chirplet transform with application to instantaneous frequency estimation[J]. IEEE transactions on instrumentation and measurement, 2011, 60(9): 3222-3229.

[8]　AHLBERG J H, NILSON E N, WALSH J L. The theory of splines and their applications[M]. New York: Academic Press, 1967.

[9]　YANG Y, PENG Z K, MENG G, et al. Spline-kernelled chirplet transform for the analysis of signals with time-varying frequency and its application[J]. IEEE transactions on industrial electronics, 2012, 59(3): 1612-1621.

[10]　YANG Y, PENG Z K, MENG G, et al. Characterize highly oscillating frequency modulation using generalized Warblet transform[J]. Mechanical systems and signal processing, 2012, 26: 128-140.

[11]　CHEN S Q, PENG Z K, YANG Y, et al. Intrinsic chirp component decomposition by using Fourier series representation[J]. Signal processing, 2017, 137: 319-327.

[12]　BARKAT B, ABED-MERAIM K. Algorithms for blind components separation and extraction from the time-frequency distribution of their mixture[J]. EURASIP journal on advances in signal processing, 2004, 2004(13): 978487.

[13]　KHAN N A, BOASHASH B. Instantaneous frequency estimation of multicomponent nonstationary signals using multiview time-frequency distributions based on the adaptive fractional spectrogram[J]. IEEE signal processing letters, 2013, 20(2): 157-160.

[14]　CHEN S Q, DONG X J, XING G P, et al. Separation of overlapped non-stationary signals by ridge path regrouping and intrinsic chirp component decomposition[J]. IEEE sensors journal, 2017, 17(18): 5994-6005.

[15]　WANG S B, CHEN X F, CAI G G, et al. Matching demodulation transform and synchrosqueezing in time-frequency analysis[J]. IEEE transactions on signal processing, 2014, 62(1): 69-84.

[16]　ZHOU P, YANG Y, WANG H, et al. The relationship between fault-induced impulses and harmonic-cluster with applications to rotating machinery fault diagnosis[J]. Mechanical systems and signal processing, 2020, 144: 106896.

[17]　ZHOU P, PENG Z K, CHEN S Q, et al. Non-stationary signal analysis based on general parameterized time-frequency transform and its application in the feature extraction of a rotary machine[J]. Frontiers of mechanical engineering, 2018, 13(2): 292-300.

第 5 章 基于参数化解调的多分量信号分析

第 4 章介绍了参数化时频变换的一般原理与通用方法，实现了具有复杂非线性调频规律的非平稳信号高集中度时频表征及其瞬时频率精准估计。然而，参数化时频变换的单核属性使其研究对象仅限于单分量信号。面对包含多个具有不同调频规律信号分量的非平稳信号，参数化时频变换只能提升其中某一分量的时频集中性，而无法同时准确表征所有信号分量。为了打破这一局限性，本章以多分量非平稳信号为研究对象，发展信号分量参数化解调理论与迭代分解算法，形成了基于参数化解调的多分量信号分析方法。其中，5.1 节提出了一种参数化频谱集中性指标，发展了一种基于参数化解调的多分量信号瞬时频率迭代估计与分解算法框架；5.2 节和 5.3 节分别利用时频滤波与奇异值分解技术实现解调信号分量的分离，解决了瞬时频率互相交叉信号分量分解的挑战性难题，并实现了低信噪比条件下多分量信号瞬时频率的精准估计；5.4 节将多分量信号分析方法应用于分析实际多分量非平稳信号，验证了上述方法的有效性及其重要的应用价值。

5.1 基于参数化解调的分解算法框架

由于参数化时频变换的单核属性，运用该方法分析多分量信号的重点和难点在于如何将其分解为单分量信号。若采用参数化模型表征多分量信号，在对其进行分解之前需要先解决信号模型的参数估计问题。因此，有效的多分量信号分解过程可简述如下：首先估计各信号分量的模型参数，然后基于模型参数寻找一个可分离各信号分量的可逆变换域，在该变换域内分解各信号分量，最后进行逆变换恢复各信号分量。本节将介绍一种频谱集中性指标来解决多分量信号的模型参数估计问题，并运用解调运算将信号分量转换到一个可逆变换域进行分离，进而发展迭代算法实现多分量信号分解。

5.1.1 参数化解调运算

根据 4.1 节中的定义，非平稳信号解析形式 $z(t)$ 的参数化时频变换如下[1]：

$$\text{PTFT}_z(t,f;\boldsymbol{P},\sigma) = \int_{-\infty}^{+\infty} z(\tau) \cdot \boldsymbol{\Psi}_{\boldsymbol{P}}^D(\tau) \cdot \boldsymbol{\Psi}_{(t,\boldsymbol{P})}^T(\tau) \cdot h_\sigma(\tau - t) \cdot \text{e}^{-\text{j}2\pi f\tau} \text{d}\tau \tag{5.1}$$

若忽略平移算子 $\boldsymbol{\Psi}_{(t,\boldsymbol{P})}^T(\tau)$ 的影响，则式 (5.1) 转化为如下形式：

$$\begin{aligned}
\text{PDTFT}_z(t_0, f;\boldsymbol{P},\sigma) &= \int_{-\infty}^{+\infty} z(t) \cdot \boldsymbol{\Psi}_{\boldsymbol{P}}^D(t) \cdot h_\sigma(t - t_0) \cdot \text{e}^{-\text{j}2\pi ft} \text{d}t \\
&= \int_{-\infty}^{+\infty} z(t) \cdot \exp\left[-\text{j} \cdot 2\pi \int_0^t \kappa_{\boldsymbol{P}}(\tau) \text{d}\tau\right] \cdot h_\sigma(t - t_0) \cdot \text{e}^{-\text{j}2\pi ft} \text{d}t
\end{aligned} \tag{5.2}$$

式 (5.2) 可称为参数化解调时频变换 (parameterized demodulation T-F transform, PDTFT)。若

$z(t)$ 为 2.3.1 节中定义的单分量信号：

$$z(t) = a(t)\exp\left\{ j\cdot\left[2\pi\int_0^t f(\tau)d\tau + \varphi \right] \right\} \tag{5.3}$$

将式(5.3)代入式(5.2)中可得

$$\mathrm{PDTFT}_z(t_0, f; \boldsymbol{P}, \sigma) = \int_{-\infty}^{+\infty} a(t)\exp\left\{ j\cdot 2\pi\int_0^t [f(\tau) - \kappa_P(\tau)]d\tau + j\cdot\varphi \right\}\cdot h_\sigma(t - t_0)\cdot e^{-j2\pi f t}dt \tag{5.4}$$

当解调算子的核函数 $\kappa_p(t)$ 与该信号的瞬时频率 $f(t)$ 相匹配时，该信号在时频域会被解调为一条与时间轴平行的直线，如图 5.1(a)所示。由于时频集中性的度量较为复杂，进一步忽略窗函数 $h_\sigma(t - t_0)$ 的影响，式(5.4)转化为如下形式：

$$\begin{aligned}\mathrm{PDFT}_z(f; \boldsymbol{P}) &= \int_{-\infty}^{+\infty} z(t)\cdot\Psi_P^D(t)\cdot e^{-j2\pi f t}dt \\ &= \int_{-\infty}^{+\infty} a(t)\exp\left\{ j\cdot 2\pi\int_0^t [f(\tau) - \kappa_P(\tau)]d\tau + j\cdot\varphi \right\}\cdot e^{-j2\pi f t}dt \end{aligned} \tag{5.5}$$

式(5.5)可称为参数化解调傅里叶变换(parameterized demodulation Fourier transform, PDFT)。当解调算子的核函数与目标信号的调频规律相匹配时，目标信号 $z(t)$ 在时频域将被解调为一条直线，而其在频域则表现为由宽带信号收缩为窄带信号，能量集中于载波频率附近(解调运算不改变信号总能量)，如图 5.1 所示。

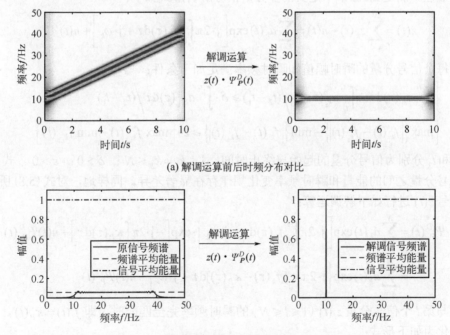

(a) 解调运算前后时频分布对比

(b) 解调运算前后频谱分布对比

图 5.1　单分量调频信号解调运算前后对比

5.1.2　频谱集中性度量

目标信号解调后的频谱集中性意味着所选取的参数集与目标信号调频规律的匹配程度。定义如下被解调信号的平均能量指标度量其频谱集中性:

$$\text{SCI} = E\left[\left|\text{PDFT}_z(f; \boldsymbol{P})\right|^4\right] \tag{5.6}$$

该指标称为频谱集中性指标(spectrum concentration index, SCI)[2, 3]。当解调算子的参数集与目标信号的调频规律不完全匹配时,解调后的信号依然具有一定的带宽,频谱分布的平均能量总是小于信号总能量。当解调算子的参数集与目标信号的调频规律完全匹配时,目标信号被解调至最小带宽,此时被解调信号的频谱分布集中度达到最大,平均能量近似等于信号总能量。此外,SCI 采用 4 次方运算放大频谱集中效果。对于单分量调频信号,可通过优化 SCI 估计其瞬时频率的表征参数:

$$\{p_1, p_2, \cdots, p_n\} = \arg\max_{\boldsymbol{P}} \text{SCI} = \arg\max_{\boldsymbol{P}}\left\{E\left[\left|\text{PDFT}_z(f; \boldsymbol{P})\right|^4\right]\right\} \tag{5.7}$$

即当选定基函数的参数集 $\boldsymbol{P}$ 能够准确表征目标信号的瞬时频率时,SCI 达到全局最大值。相比 4.3 节中所介绍的时频脊线迭代提取方法,基于 SCI 优化的核函数参数估计方法不依赖时频脊线的提取,对目标信号的调频规律与信噪比具有更强的适应性。

下面对多分量调频信号进行 PDFT 的情形进行讨论,论证 SCI 在估计多分量信号瞬时频率时的有效性。满足 2.3.2 节中定义的多分量信号解析形式如下:

$$z(t) = \sum_{k=1}^{N} z_k(t) + n(t) = \sum_{k=1}^{N} a_k(t)\exp\left[\text{j} \cdot 2\pi \int_0^t f_k(\tau)\text{d}\tau + \text{j} \cdot \varphi_k\right] + n(t) \tag{5.8}$$

首先假设每个信号分量的瞬时幅值和瞬时频率满足如下条件:

$$\begin{cases} \left|\int_{t_1}^{t_2} a_{k_1}(\tau)\text{d}\tau - \int_{t_1}^{t_2} a_{k_2}(\tau)\text{d}\tau\right| \middle/ (t_2 - t_1) \geqslant \delta \cdot \int_{t_1}^{t_2} a_{k_{1,2}}(\tau)\text{d}\tau \middle/ (t_2 - t_1) \\ \max\left\{\left|f_{k_1}(t) - f_{k_2}(t)\right|\right\} - \min\left\{\left|f_{k_1}(t) - f_{k_2}(t)\right|\right\} \geqslant \varepsilon \cdot \left[\max f_{k_{1,2}}(t) - \min f_{k_{1,2}}(t)\right] \end{cases} \tag{5.9}$$

其中, t_1 和 t_2 分别为信号分量的起始与终止时间; $1 \leqslant k_1 \neq k_2 \leqslant N$; $\delta > 0$; $\varepsilon > 0$ 。式(5.9)表明每个信号分量之间的能量和瞬时频率变化规律存在显著差异。同样地,对式(5.8)所给出的多分量信号 $z(t)$ 进行如下解调运算:

$$\begin{aligned} z(t) \cdot \Psi_{\boldsymbol{P}}^D(t) &= \sum_{k=1}^{N} a_k(t)\exp\left[\text{j} \cdot 2\pi \int_0^t f_k(\tau)\text{d}\tau + \text{j} \cdot \varphi_k\right] \cdot \exp\left[-\text{j} \cdot 2\pi \int \kappa_{\boldsymbol{P}}(\tau)\text{d}\tau\right] + n(t)\Psi_{\boldsymbol{P}}^D(t) \\ &= \sum_{k=1}^{N} a_k(t)\exp\left\{\text{j} \cdot 2\pi \int_0^t \left[f_k(\tau) - \kappa_{\boldsymbol{P}}(\tau)\right]\text{d}\tau + \text{j} \cdot \varphi_k\right\} + n(t)\Psi_{\boldsymbol{P}}^D(t) \end{aligned} \tag{5.10}$$

当核函数与第 l 个信号分量 $z_l(t)$ $(1 \leqslant l \leqslant N)$ 的瞬时频率完全匹配时,即 $f_l(t) = \kappa_{\boldsymbol{P}}(t)$,被解调信号可转化为如下形式:

$$z(t) \cdot \Psi_{\boldsymbol{P}}^D(t) = \sum_{k \neq l} a_k(t)\text{e}^{\text{j}\left\{2\pi\int_0^t\left[f_k(\tau) - \kappa_{\boldsymbol{P}}(\tau)\right]\text{d}\tau + \varphi_k\right\}} + a_l(t)\exp(\text{j} \cdot \varphi_l) + n(t)\Psi_{\boldsymbol{P}}^D(t) \tag{5.11}$$

由于每个信号分量的瞬时频率之间存在显著差异,此时除第 l 个分量被解调为窄带信号并出现频谱集中现象外,其他被解调分量依然是宽带信号并且能量分散于某一段频带,如图 5.2 所示。因此,相较于单分量信号的唯一全局最优点,选取与某一信号分量瞬时频率相匹配的参数集转化为 SCI 参数域内的一个局部极值点。若给定一组任意的参数集初值,SCI 倾向于先收敛到能量较大信号分量瞬时频率的表征参数集。

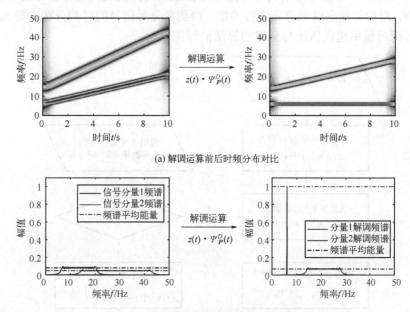

(a) 解调运算前后时频分布对比

(b) 解调运算前后频谱分布对比

图 5.2　2-分量调频信号解调运算前后对比

在实际操作时,可选取第 4 章中采用的多项式、样条函数和傅里叶级数等常用基函数对 SCI 中解调算子的核函数进行参数化表征。只要所选取的基函数能够表征信号分量的瞬时频率,基于 SCI 的参数优化方法就能准确估计多分量信号的瞬时频率。在估计得到某信号分量的瞬时频率并对其进行分解后,还可选取相应的参数化时频变换方法作进一步的分析。5.2 节将对采用多项式核的 SCI 参数优化方法进行详细介绍与应用。

5.1.3　多分量信号迭代分解算法

本节将介绍一种基于 SCI 优化的多分量信号瞬时频率迭代估计与分解算法[4],该算法中所包含的主要步骤如下:

(1) 估计信号分量瞬时频率的表征参数集。针对可用式 (5.8) 表征的多分量信号,构造解调算子对多分量信号进行式 (5.10) 所示的解调运算,通过求解式 (5.7) 所示的优化问题,估计得到一组瞬时频率表征参数集 $\boldsymbol{P} = \{p_1, p_2, \cdots, p_n\}$。

(2) 对多分量信号进行解调运算。根据估计得到的表征参数集 $\boldsymbol{P}$,构造解调算子并对多分量信号进行解调,解调结果如式 (5.11) 所示。其中,目标信号分量将被解调为一准平稳分量,在时频域或频域与其他分量之间都具有可分性。

(3) 分离被解调的目标信号分量。由于目标信号分量被解调为一准平稳分量,解调过程中该目标分量时频分布与频谱分布的变化与图 5.2 中的信号分量 1 类似,利用现有信号分离技术对解调后的准平稳分量进行分离。

(4)恢复目标信号分量并将其移除。利用解调算子对分离得到的准平稳分量进行反解调，恢复目标信号分量的调频规律，并从原多分量信号中移除恢复后的目标信号分量。

通过迭代执行以上 4 个步骤，直至所有信号分量都完成分离与恢复。迭代结束后，利用估计得到的瞬时频率参数集对每个信号分量进行参数化时频变换，获得多个具有高时频集中性的时频分布，最后将这些时频分布进行叠加，得到多分量信号的时频分布。图 5.3 给出了上述多分量信号瞬时频率迭代估计与分解的算法流程图。

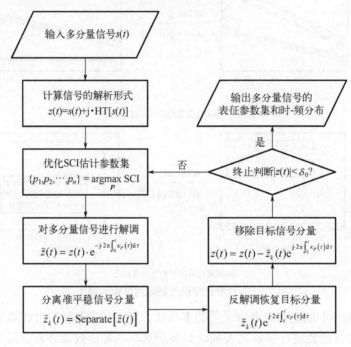

图 5.3　多分量信号瞬时频率迭代估计与分解算法流程图

5.2　解调分量分离方法 I：时频滤波

基于 5.1 节所提出的多分量信号分解算法框架，本节选取多项式基对解调算子的核函数进行参数化，形成多项式核频谱集中性指标(SCI)，并利用时频滤波技术分离解调后的准平稳信号分量，实现具有多项式调频规律的多分量信号瞬时频率迭代估计与分解。

5.2.1　多项式核频谱集中性指标

当信号分量具有多项式调频规律时，式(5.8)所给出的多分量信号模型可表征为如下形式：

$$
\begin{aligned}
z(t) &= \sum_{k=1}^{N} z_k(t) + n(t) = \sum_{k=1}^{N} a_k(t) \exp\left[\mathrm{j} \cdot 2\pi \int_0^t f_k(\tau)\mathrm{d}\tau + \mathrm{j} \cdot \varphi_k \right] + n(t) \\
&= \sum_{k=1}^{N} a_k(t) \exp\left[\mathrm{j} \cdot 2\pi \left(f_0^{(k)} t + \sum_{q=2}^{n+1} \frac{c_{q-1}^{(k)}}{q} \cdot t^q \right) + \mathrm{j} \cdot \varphi_k \right] + n(t)
\end{aligned}
\tag{5.12}
$$

其中，第 k 个信号分量的瞬时频率 $f_k(t) = f_0^{(k)} + \sum_{q=1}^{n} c_q^{(k)} t^q$。类似地，选取多项式基对解调算子的核函数进行参数化，解调算子可表征为如下形式：

$$\Psi_P^D(t) = \exp\left[-\mathrm{j} \cdot 2\pi \int_0^t \kappa_P(\tau) \mathrm{d}\tau\right] = \exp\left[-\mathrm{j} \cdot 2\pi \sum_{q=2}^{n+1} \frac{\tilde{c}_{q-1}}{q} \cdot t^q\right] \tag{5.13}$$

对式 (5.12) 所给出的多分量信号进行如下解调运算：

$$z(t) \cdot \Psi_P^D(t) = \sum_{k=1}^{N} a_k(t) \exp\left[\mathrm{j} \cdot 2\pi \cdot \left(f_0^{(k)} t + \sum_{q=2}^{n+1} \frac{c_{q-1}^{(k)} - \tilde{c}_{q-1}}{q} \cdot t^q\right) + \mathrm{j} \cdot \varphi_k\right] + n(t) \cdot \Psi_P^D(t) \tag{5.14}$$

当核函数参数集与第 l 个信号分量的瞬时频率完全匹配，即 $c_{q-1}^{(l)} = \tilde{c}_{q-1}, q = 2, \cdots, n+1$ 时，该分量将被解调为一准平稳信号，式 (5.14) 可改写为如下形式：

$$z(t) \cdot \Psi_P^D(t) = \sum_{k \neq l} a_k(t) \exp\left[\mathrm{j} \cdot 2\pi \cdot \left(f_0^{(k)} t + \sum_{q=2}^{n+1} \frac{c_{q-1}^{(k)} - \tilde{c}_{q-1}}{q} \cdot t^q\right) + \mathrm{j} \cdot \varphi_k\right]$$
$$+ a_l(t) \exp\left[\mathrm{j} \cdot 2\pi f_0^{(l)} t + \mathrm{j} \cdot \varphi_l\right] + n(t) \cdot \Psi_P^D(t) \tag{5.15}$$

此时，在第 l 个信号分量的载波频率 $f_0^{(l)}$ 附近将出现频谱集中现象，即多分量信号的 SCI 达到参数域中的局部极值点。因此，通过对解调后的多分量信号进行傅里叶变换构造具有多项式核的 SCI，并通过求解如下优化问题实现信号分量瞬时频率多项式系数的估计：

$$\{\tilde{c}_1, \tilde{c}_2, \cdots, \tilde{c}_n\} = \arg\max_P \mathrm{SCI} = \arg\max_P \left\{E\left[\left|\mathrm{PDFT}_z(f; P)\right|^4\right]\right\} \tag{5.16}$$

其中，$\mathrm{PDFT}_z(f; P)$ 为式 (5.5) 所给出的参数化解调傅里叶变换。

在求解式 (5.16) 所给出的优化问题时涉及的两个关键步骤为多项式系数初值和最优参数搜索算法的选取。针对第一个问题，在缺少先验信息的前提下可选取尽可能高的多项式阶数，若表征信号分量瞬时频率所需的有效阶数较低，高阶系数的优化结果会接近于零，而多项式系数的初值可根据信号分量的时频分布(未作特殊说明，均指短时傅里叶变换)大致确定。

针对第二个问题，可利用现有智能算法搜索关于 SCI 最大化的参数集，如遗传算法(genetic algorithm，GA)[5]、神经网络(neural network，NN)[6] 以及粒子群优化(particle swarm optimization，PSO)[7]等。由于 PSO 算法中所需调整的参数较少，本章将选取 PSO 算法求解基于 SCI 最大化的多项式核参数搜索问题。其中，PSO 算法中主要参数的取值如表 5.1 所示。

表 5.1　PSO 算法中主要参数的取值

学习因子 1	学习因子 2	最大迭代次数	种群规模	权重系数 1	权重系数 2	粒子最大速度
1.49554	1.49554	600	100	0.9	0.4	2

5.2.2　基于参数化解调的时频滤波

根据图 5.3 所给出的多分量信号瞬时频率迭代估计与分解算法框架，在利用 PSO 算法估计得到信号分量的瞬时频率表征参数后，可通过解调运算将其解调为一准平稳分量，进而采用现有信号分离技术对准平稳分量进行分离。本节采用经典的 FIR-Ⅰ型带通滤波器[4]执行这一步骤，并在 5.5 节给出了基于参数化解调的时频滤波方法的 MATLAB 程序。下面，通过分析两个多分量仿真信号展示该方法的有效性。

【例 5.1】 2-分量线性调频信号

考虑如下包含两个线性调频分量的仿真信号：

$$z(t) = z_1(t) + z_2(t) = \exp[\mathrm{j} \cdot 2\pi(6t + 0.75t^2)] + 0.85\exp[\mathrm{j} \cdot 2\pi(13.5t + 1.5t^2)] \tag{5.17}$$

其中，两个信号分量的瞬时频率分别为 $f_1(t) = 6 + 1.5t$ 和 $f_2(t) = 13.5 + 3t$，采样频率为 100Hz，采样时间为 10s。该 2-分量线性调频信号的时频分布如图 5.2(a) 中的左图所示，为了验证基于时频滤波的信号分解方法的鲁棒性，在该信号中加入信噪比为 0dB 的高斯白噪声，含噪信号的时频分布如图 5.4(a) 所示。基于图 5.3 所示算法的主要步骤，首先求解基于 SCI 最大化的参数搜索问题，从而确定信号分量瞬时频率的表征参数。其中，选取多项式基的阶数为 2 阶，设定两个多项式系数的搜索范围皆为[−10,10]，利用 PSO 算法搜索得到的最优参数如表 5.2 所示。由于低频分量的能量比高频分量高，因此 SCI 先收敛于低频分量瞬时频率的表征参数集。利用式(5.18)计算瞬时频率的估计误差 f_e 为 0.0070%。

$$f_e = \left\| \tilde{f}(t) - f(t) \right\|_2 \Big/ \left\| f(t) \right\|_2 \tag{5.18}$$

其中，$f(t)$ 为准确的瞬时频率；$\tilde{f}(t)$ 为估计得到的瞬时频率；$\|\cdot\|_2$ 为 l_2 范数。然后，根据搜索得到的多项式系数构造解调算子，对该 2-分量信号进行解调运算，解调结果如图 5.4(b) 所示。接着，利用 FIR-Ⅰ型滤波器分离解调后的低频分量(滤波器带宽取 2Hz，下同)，分离结果如图 5.4(c) 所示。最后，对分离得到的准平稳分量进行反解调运算，恢复其调频规律，恢复结果如图 5.4(d) 所示，并在原信号中将恢复后的低频分量移除，得到如图 5.4(e) 所示的残余信号。对残余信号重复上述操作，估计第二个目标信号分量的瞬时频率表征参数并对其进行分离。其中，该目标信号分量的瞬时频率表征参数搜索结果已在表 5.2 中列出(估计误差为 0.0014%)，经过滤波分离与反解调恢复后的目标信号分量时频分布如图 5.4(f) 所示。图 5.4(g) 给出了两个目标信号分量移除后，残余噪声的时频分布。基于估计得到的瞬时频率表征参数可对两个分解得到的目标信号分量分别进行多项式调频小波变换[8]，并将两个目标信号分量基于 PCT 的时频分布进行叠加，叠加结果如图 5.4(h) 所示。由此可知，基于时频滤波的多分量信号分解方法能够准确估计多分量信号的瞬时频率并可利用 PCT 对其时频分布进行高集中度表征。表 5.3 给出了上述多分量调频信号分析过程的 MATLAB 计算程序。其中，粒子群优化算法的适应度函数 fitness( )和带通滤波函数 band_filter_new( )的 MATLAB 程序在 5.5 节给出。

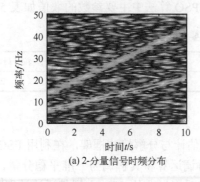

(a) 2-分量信号时频分布

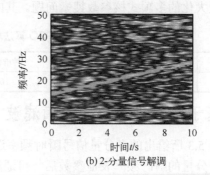

(b) 2-分量信号解调

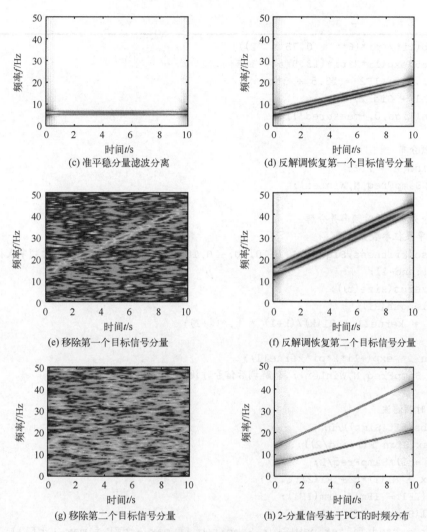

(c) 准平稳分量滤波分离　　(d) 反解调恢复第一个目标信号分量

(e) 移除第一个目标信号分量　　(f) 反解调恢复第二个目标信号分量

(g) 移除第二个目标信号分量　　(h) 2-分量信号基于 PCT 的时频分布

图 5.4　2-分量线性调频信号分解与时频分析

表 5.2　2-分量线性调频信号瞬时频率的表征参数估计结果

分量分解顺序 k	参数类型	$f_0^{(k)}$	$c_1^{(k)}$	$c_2^{(k)}$	瞬时频率估计误差
$k=1$	估计值	6	1.5004	-0.68×10^{-4}	0.0070%
	准确值	6	1.5	0	
$k=2$	估计值	13.5	2.9998	0.31×10^{-4}	0.0014%
	准确值	13.5	3	0	

表 5.3　分解并估计 2-分量线性调频信号 (例 5.1) 瞬时频率的 MATLAB 程序

```
%% 2-分量线性调频信号参数设定
SampFreq = 100;
t = 0:1/SampFreq:10 - 1/SampFreq;
L = length(t);
```

```
Sigh1 = exp(1i*2*pi*(6*t + 0.75*t.^2));
Sigh2 = 0.85*exp(1i*2*pi*(13.5*t + 1.5*t.^2));
IF1 = 6 + 1.5*t; IF2 = 13.5 + 3*t;
Sigh = Sigh1 + Sigh2;
Sign = awgn(Sigh,0,'measured');

%% 原信号时频分布
N = 512; WinLen = 256;
STFT(Sign',SampFreq,N,WinLen);

%% 估计第一个分量的瞬时频率并分解
% 估计瞬时频率表征参数并解调
rate = mgpso(@fitness,Sign,t,1,[-10,10;-10,10]);    % 粒子群优化估计瞬时频率表征参数
R1 = rate(1:end-1);
kernel1 = zeros(size(t));
for k = 1:length(R1)
    kernel1 = kernel1 + R1(k)/(k+1) * t.^(k+1);
end
Sign = Sign .* exp(-1i*2*pi*kernel1);
STFT(Sign',SampFreq,N,WinLen);    % 解调后信号时频分布

% 被解调信号时频滤波
Sign_F = abs(fft(Sign))/L;
[~,v] = max(Sign_F(1:end/2));
f_max = (v - 1)*SampFreq/L;
IFm = f_max + R1(1)*t + R1(2)*t.^2;
Er1 = norm(IF1 - IFm)/norm(IF1);
Sigr = real(Sign); df1 = 0.15;
Sigr_filter = band_filter_new(Sigr,SampFreq,[f_max - df1,f_max + df1]);
Sign_filter = hilbert(Sigr_filter);
STFT(Sign_filter',SampFreq,N,WinLen);    % 准平稳分离分量时频分布

% 反解调恢复
Sig1 = Sign_filter .* exp(1i*2*pi*kernel1);
STFT(Sig1',SampFreq,N,WinLen);    % 反解调恢复分量时频分布
Sign = Sign - Sign_filter;
Sign = Sign .* exp(1i*2*pi*kernel1);
STFT(Sign',SampFreq,N,WinLen);    % 残余信号时频分布

%% 估计第二个分量的瞬时频率并分解
% 估计瞬时频率表征参数并解调
rate = mgpso(@fitness,Sign,t,1,[-10,10;-10,10]);
R2 = rate(1:end-1);
kernel2 = zeros(size(t));
```

续表

```
for k = 1:length(R2)
    kernel2 = kernel2 + R2(k)/(k+1) * t.^(k+1);
end
Sign = Sign .* exp(-1i*2*pi*kernel2);

% 被解调信号时频滤波
Sign_F = abs(fft(Sign))/L;
[~,v] = max(Sign_F(1:end/2));
f_max = (v - 1)*SampFreq/L;
IFm = f_max + R2(1)*t + R2(2)*t.^2;
Er2 = norm(IF2 - IFm)/norm(IF2);
Sigr = real(Sign); df2 = 0.15;
Sigr_filter = band_filter_new(Sigr,SampFreq,[f_max - df2,f_max + df2]);
Sign_filter = hilbert(Sigr_filter);

% 反解调恢复
Sig2 = Sign_filter .* exp(1i*2*pi*kernel2);
STFT(Sig2',SampFreq,N,WinLen); % 反解调恢复分量时频分布
Sign = Sign - Sign_filter;
Sign = Sign .* exp(1i*2*pi*kernel2);
STFT(Sign',SampFreq,N,WinLen); % 残余信号时频分布

%% 分解分量复合参数化时频变换
N = 1024; WinLen = 512;
[Spec1,~] = Polychirplet(Sig1',SampFreq,R1,N,WinLen);
[Spec2,f] = Polychirplet(Sig2',SampFreq,R2,N,WinLen);
figure
imagesc(t,f,Spec1+Spec2);
xlabel('\fontname{宋体}时间\fontname{Times New Roman}{\itt} (s)');
ylabel('\fontname{宋体}频率\fontname{Times New Roman}{\itf} (Hz)');
set(gca,'YDir','normal')
axis([0 10 0 50]);
```

【例5.2】　3-分量多项式调频信号

下面，通过分析一个包含 3 个多项式调频分量的仿真信号进一步验证基于时频滤波的多分量信号分解方法的有效性与优越性：

$$z(t) = z_1(t) + z_2(t) + z_3(t) + n(t) \tag{5.19}$$

其中，$n(t)$ 为高斯白噪声。3 个信号分量的表达式如下：

$$
\begin{cases}
z_1(t) = \exp\left[\mathrm{j} \cdot 2\pi\left(40t - \dfrac{7}{6}t^2 \right) \right] \\[4mm]
z_2(t) = \exp(-0.05t)\exp\left[\mathrm{j} \cdot 2\pi\left(20t - \dfrac{2}{3}t^2 + \dfrac{2}{45}t^3 \right) \right] \\[4mm]
z_3(t) = 0.8\exp(-0.05t)\exp\left[\mathrm{j} \cdot 2\pi\left(5t + \dfrac{1}{3}t^2 \right) \right]
\end{cases}
\tag{5.20}
$$

这 3 个信号分量的瞬时频率分别为 $f_1(t) = 40 - \frac{7}{3}t$、$f_2(t) = 20 - \frac{4}{3}t + \frac{2}{15}t^2$ 和 $f_3(t) = 5 + \frac{2}{3}t$，其中第 1 个和第 3 个分量为线性调频信号，第 2 个分量为二次函数调频信号。此外，该仿真信号的采样频率为 100Hz，采样时间为 15s，信噪比为 0dB。表 5.4 给出了对该仿真信号进行时频分析与分解的 MATLAB 程序，计算结果如图 5.5 所示。其中，基于参数化解调的带通滤波方法被封装为函数 PD_BPF( )，并在 5.5 节给出。图 5.5(a)～(c)分别给出了利用短时傅里叶变换、小波变换和 Wigner-Ville 分布所得到该仿真信号的时频分布。由此可知，3 个信号分量的瞬时频率之间存在复杂的交叉现象，并且受背景噪声干扰严重，这 3 种经典的时频变换方法都难以准确表征其调频规律。下面，利用基于时频滤波的多分量信号分解方法估计这 3 个信号分量的瞬时频率表征参数并对其进行分解。其中，选取多项式基的阶数为 2 阶，两个多项式系数的搜索范围都为[−10,10]。表 5.5 给出了利用 PSO 算法所搜索得到 3 个分量瞬时频率的最优表征参数，3 个分量瞬时频率的估计误差均小于 0.05%。基于估计得到的表征参数对每个信号分量分别进行 PCT，并对变换结果进行叠加，叠加结果如图 5.5(d)所示。图 5.5(d)所示的时频分布有效去除了强背景噪声的干扰，并且能够清晰、准确地表征 3 个信号分量的调频规律，从而验证了基于时频滤波的信号分解方法的有效性和优越性。

表 5.4　分解并估计 3-分量多项式调频信号(例 5.2)瞬时频率的 MATLAB 程序

```
%% 3-分量多项式调频信号参数设定
SampFreq = 100;
t = 0:1/SampFreq:15 - 1/SampFreq;
L = length(t);
Sigh1 = exp(1i*2*pi*(40*t - 7/6*t.^2));
Sigh2 = exp(-0.05*t) .* exp(1i*2*pi*(20*t - 2/3*t.^2 + 2/45*t.^3));
Sigh3 = 0.8*exp(-0.05*t) .* exp(1i*2*pi*(5*t + 1/3*t.^2));
IF1 = 40 - 7/3*t;
IF2 = 20 - 4/3*t + 2/15*t.^2;
IF3 = 5 + 2/3*t;
Sigh = Sigh1 + Sigh2 + Sigh3;
Sign = awgn(Sigh,0,'measured');

%% 基于短时傅里叶变换的时频分布
N = 512; WinLen = 256;
STFT(Sign',SampFreq,N,WinLen);

%% 基于连续小波变换的时频分布
N = 1024; f0 = 3;
CWT(Sign',t,N,f0,SampFreq);

%% 基于 Wigner-Ville 分布的时频分布
FreqBins = 1024;
WignerVille(Sign',SampFreq,FreqBins);

%% 调频分量瞬时频率估计与分解
```

续表

```
Pm_ini = [-10,10;-10,10];
Thr = norm(Sign - Sigh);
[Comp_M,Ratio_M] = PD_BPF(Sig,SampFreq,Pm_ini,Thr);

%% 分解分量参数化时频变换
N = 1024; WinLen = 512;
num = size(Comp_M,1);
Spec = zeros(N/2,L);
for i = 1:num
    [Speci,f] = Polychirplet(Comp_M(i,:)',SampFreq,Ratio_M(i,2:end),N,WinLen);
    Spec = Spec + Speci;
end
figure
imagesc(t,f,Spec);
xlabel('\fontname{宋体}时间\fontname{Times New Roman}{\itt} (s)');
ylabel('\fontname{宋体}频率\fontname{Times New Roman}{\itf} (Hz)');
set(gca,'YDir','normal');
axis([0 15 0 50]);
```

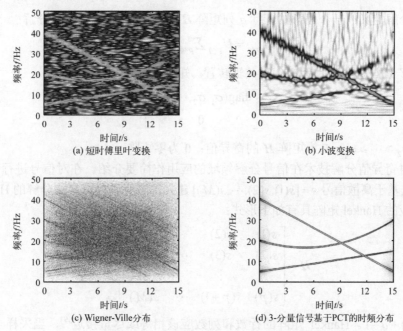

图 5.5　3-分量多项式调频信号时频分析

表 5.5　3-分量多项式调频信号瞬时频率的表征参数估计结果

分量分解顺序 k	参数类型	$f_0^{(k)}$	$c_1^{(k)}$	$c_2^{(k)}$	瞬时频率估计误差
$k=1$	估计值	40	−2.3343	1.00×10^4	0.0116%
	准确值	40	−2.3333	0	

续表

分量分解顺序 k	参数类型	$f_0^{(k)}$	$c_1^{(k)}$	$c_2^{(k)}$	瞬时频率估计误差
$k=2$	估计值	20	−1.3336	0.1334	0.0222%
	准确值	20	−1.3333	0.1333	
$k=3$	估计值	5	0.6667	0.08×10^4	0.0100%
	准确值	5	0.6666	0	

5.3　解调分量分离方法 Ⅱ：奇异值分解

5.2 节采用经典的 FIR-Ⅰ型带通滤波器执行准平稳信号分离这一步骤，形成了基于参数化解调的时频滤波方法，实现了多分量信号的瞬时频率迭代估计与分解。然而，经典的带通滤波器在分离准平稳分量时将不可避免地混入带内噪声并受到时频交叉成分的干扰。本节采用奇异值分解(singular value decomposition, SVD)技术替代带通滤波器分离准平稳信号分量，发展基于参数化解调的奇异值分解方法，改善准平稳信号分量分离时的时延和失真现象，提升分解得到信号分量的信噪比。

5.3.1　调频信号奇异值分解

奇异值分解定义：一个任意的 p 行 q 列矩阵 $\boldsymbol{H}$（假设 $p>q$）可作如下分解：

$$\boldsymbol{H}_{p\times q}=\boldsymbol{U}_{p\times q}\boldsymbol{\Sigma}_{p\times q}\boldsymbol{V}_{p\times q}^{\mathrm{H}} \tag{5.21}$$

其中，$\boldsymbol{U}$ 和 $\boldsymbol{V}$ 为酉矩阵；上标 H 代表共轭转置。矩阵 $\boldsymbol{\Sigma}$ 具有如下形式：

$$\boldsymbol{\Sigma}=\begin{bmatrix}\mathrm{diag}(\sigma_1,\sigma_2,\cdots,\sigma_q)\\\boldsymbol{0}\end{bmatrix} \tag{5.22}$$

其中，$\sigma_1\geq\sigma_2\geq\cdots\geq\sigma_q\geq0$ 为矩阵 $\boldsymbol{H}$ 的奇异值；$\boldsymbol{0}$ 为零矩阵。

下面，对奇异值分解技术在信号分解领域的应用作简要介绍。在对信号进行奇异值分解之前，需要先基于离散信号 $\boldsymbol{s}=[s(1),s(2),\cdots,s(M)]$ 建立一个可进行奇异值分解的 Hankel 矩阵。离散信号对应的 Hankel 矩阵具有如下形式：

$$\boldsymbol{H}=\begin{bmatrix}s(1)&s(2)&\cdots&s(q)\\s(2)&s(3)&\cdots&s(q+1)\\\vdots&\vdots&&\vdots\\s(p)&s(p+1)&\cdots&s(M)\end{bmatrix} \tag{5.23}$$

其中，$M=p+q-1$。Hankel 矩阵的行数和列数应该相等或尽量接近[9]，当采样点数 M 为偶数时，取 $p=M/2+1$；当采样点数 M 为奇数时，取 $p=(M+1)/2$。Hankel 矩阵经常被应用于信号去噪。对于不含噪声的纯净信号，其所对应的 Hankel 矩阵的秩往往较小，即大多数奇异值都为零，信号能量只集中在少数非零奇异值上。对于受噪声干扰的信号，其所对应的 Hankel 矩阵一般为满秩矩阵，奇异值均不为零。而含噪信号所对应 Hankel 矩阵的奇异值序列通常存在一个突变点[10]。将突变点的奇异值作为阈值，可实现信号子空间与噪声子空间的分离，即将小于阈值的奇异值设为零，并基于式(5.21)重构 Hankel 矩阵和去噪后的信号。

利用奇异值分解从噪声中提取目标信号的关键在于信号高度自相关并且与噪声不相关。在这种情况下，信号能量只集中在少数奇异值上，将不相关的奇异值置零后，即可有效去除噪声。然而，对于具有一定带宽的复杂调频信号，信号能量往往广泛地分布在多个奇异值上，并与噪声子空间互相混叠，直接对 Hankel 矩阵进行奇异值分解无法将目标信号从噪声中提取出来。为了展示这一现象，利用奇异值分解分析如下调频信号。

【例 5.3】 单分量多项式调频信号

考虑如下具有 3 次多项式调频规律的单分量信号：

$$s(t) = \cos\left[2\pi\left(0.2 + 10t + \frac{5}{6}t^2 - \frac{1}{6}t^3 + \frac{1}{160}t^4\right)\right] \tag{5.24}$$

其中，该信号的瞬时频率 $f(t) = 10 + \frac{5}{3}t - \frac{1}{2}t^2 + \frac{1}{40}t^3$；采样频率为 100Hz；采样时间为 15s。表 5.6 给出了利用奇异值分解分析该仿真信号的 MATLAB 程序，分析结果如图 5.6 所示。其中，对目标信号进行奇异值分解与重构的函数 svddifspec( ) 和 rcSig( ) 的 MATLAB 程序在 5.5 节给出。图 5.6(a) 给出了该信号的时频分布，由此可知，其具有较强的调频特性。基于该信号的离散时间序列构造 Hankel 矩阵，并对 Hankel 矩阵进行奇异值分解获得奇异值。图 5.6(b) 展示了 Hankel 矩阵的前 150 个奇异值。其中，近 140 个奇异值非零，数目远大于平稳信号情形[10]。此外，第 20~110 个奇异值近似均匀地分布也反映了调频信号与宽带噪声在奇异值特征上的相似性。接着，往该调频信号中加入高斯白噪声(信噪比为 0dB)，对含噪信号对应的 Hankel 矩阵进行奇异值分解，前 150 个奇异值如图 5.6(c) 所示。其中，第 20~150 个奇异值较为连续地缓慢衰减，没有出现明显的突变点。这意味着属于信号子空间的奇异值和噪声子空间的奇异值互相混叠，通过奇异值分解无法将该调频信号从噪声中提取出来。通过实验可知，在第 98 阶奇异值处作截断时所重构得到的信噪比最高(信噪比为 4.98dB)，此时重构得到信号的时域波形及其与原调频信号的误差如图 5.6(d) 所示。因此，当利用奇异值分解从噪声中提取调频信号时，即使可以获得最优的信号重构奇异值阶数，提取得到的信号信噪比也难以显著提高。

表 5.6　利用奇异值分解分析单分量调频信号(例 5.3)的 MATLAB 程序

```
%% 单分量多项式调频信号参数设定
format long
SampFreq = 100; % 采样频率100Hz
t = 0 : 1/SampFreq : 15;
t = t(1:end-1);
c1 = 2 * pi * 10;
c2 = 2 * pi * 5/3;
c3 = 2 * pi * 1/2;
c4 = 2 * pi * 1/40;
Sig = cos((c1 * t + c2 * t.^2 / 2 - c3 * t.^3 /3 + c4 * t.^4 /4+0.2*2*pi));
IF = (c1 + c2*t - c3*t.^2 + c4*t.^3)/2/pi;
Sign = awgn(Sig,0,'measured');

%% 基于短时傅里叶变换的时频分布
N = 512; WinLen = 256;
```

```
STFT(Sig',SampFreq,N,WinLen);

%% 构建 Hankel 矩阵并对其进行 SVD
N = length(Sig);
if rem(N,2)==1
    p = (N+1)/2;
    q = p;
else
    p = N/2+1;
    q = N/2;
end
% 无噪信号奇异值分解
[~,Sinv,~,~] = svddifspec(p,q,Sig);
figure
plot(Sinv(1:150),'k','LineWidth',1,'Marker','+','MarkerEdgeColor','r',...
    'MarkerSize',2)
xlabel('\fontname{宋体}索引序号');
ylabel('\fontname{宋体}奇异值');
axis([0 150 0 120]);
% 含噪信号奇异值分解
[~,Sinv,U,V] = svddifspec(p,q,Sign);
figure
plot(Sinv(1:150),'k','LineWidth',1,'Marker','+','MarkerEdgeColor','r',...
    'MarkerSize',2)
xlabel('\fontname{宋体}索引序号');
ylabel('\fontname{宋体}奇异值');
axis([0 150 0 150]);

%% 基于奇异值分解的含噪信号重构
rcsM = zeros(p,q);
num = 98;
for k = 1:num
    subM = Sinv(k) * U(:,k)*(V(:,k))';
    rcsM = rcsM +subM;
end
rSig = rcSig(rcsM);
xx1 = SNR(Sig,rSig);    %计算重构信噪比
er  = Sig - rSig;       %重构误差
figure
plot(t,Sig,'b',t(1:20:end),er(1:20:end),'r-o','linewidth',1)
xlabel('\fontname{宋体}时间\fontname{Times New Roman}{\itt} (s)');
ylabel('\fontname{宋体}幅值');
axis([0 15 -2.5 4]);
```

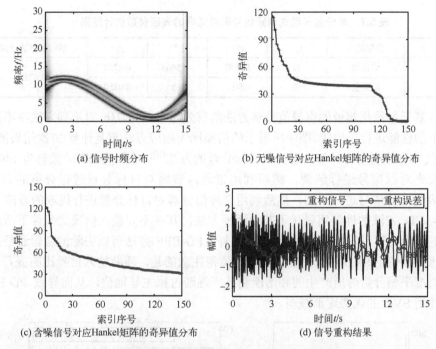

(a) 信号时频分布　　　　　　　　　(b) 无噪信号对应Hankel矩阵的奇异值分布

(c) 含噪信号对应Hankel矩阵的奇异值分布　　　　(d) 信号重构结果

图 5.6　基于奇异值分解的调频信号提取

5.3.2　基于参数化解调的奇异值分解

　　上述分析结果表明，由于调频信号的自相关性较差并且与宽带噪声具有一定的重叠带宽，奇异值分解难以将其与背景噪声完全分离。图 5.3 所给出基于参数化解调的信号分解算法框架为这一问题的解决提供有效方案[11]，即可先对调频信号进行解调，将其转化为高度自相关的窄带准平稳信号，然后利用奇异值分解对准平稳信号进行分离，通过对分离信号进行反解调实现调频信号的恢复与提取。基于该方法的执行流程，先利用多项式核 SCI 估计式(5.24) 所给出信号在噪声干扰条件下的瞬时频率表征参数。其中，选取多项式基的阶数为 3 阶，每个多项式系数的搜索范围皆为[-10,10]。利用 PSO 算法所搜索得到的表征参数估计已在表 5.7 中列出，瞬时频率的估计误差仅为 0.0256%。然后，利用估计得到的表征参数构造解调算子对含噪信号进行解调，进而构造被解调信号的 Hankel 矩阵，并对其进行奇异值分解以获得奇异值。其中，被解调信号所对应 Hankel 矩阵的前 50 个奇异值如图 5.7(a) 所示。可以发现，前两个奇异值之间存在明显的突变，因此可选取第 2 个奇异值作为阈值，将大于此阈值的奇异值作为信号提取的有效奇异值。在实际操作中，可先计算任意两个相邻奇异值的差值形成差分谱[10]，并通过找出差分谱最大峰值对应的奇异值来自动确定阈值。在本例中，解调后含噪信号的有效奇异值只有 1 个，这表明信号与噪声子空间之间完全分离，而原信号的有效奇异值多达 140 个，与噪声子空间混叠严重。图 5.7(b) 给出了被解调信号经过奇异值分解和反解调恢复后的重构结果及其与原调频信号的重构误差。由此可知，原含噪信号中的噪声得到了有效去除，所提取得到调频信号的信噪比提升至 22.53dB。表 5.8 给出了上述基于参数化解调的奇异值分解过程的 MATLAB 程序。

表 5.7　单分量多项式调频信号瞬时频率的表征参数估计结果

分量提取顺序 k	参数类型	$f_0^{(k)}$	$c_1^{(k)}$	$c_2^{(k)}$	$c_3^{(k)}$	瞬时频率估计误差
$k=1$	估计值	10	1.6683	−0.5003	0.0250	0.0256%
	准确值	10	5/3	0.5	0.0250	

　　为了评估基于参数化解调的奇异值分解方法的有效性，图 5.7(c) 对不同方法在不同输入信噪比条件下的性能进行了比较。图中所展示的信噪比为相应方法重复计算 20 次结果的平均。其中，SVD 代表直接利用奇异值分解提取目标分量的方法[10]（奇异值截断阶数都为 140 阶）；PD-BPF 代表先对原信号进行解调，然后利用带通滤波器对目标分量进行分离的方法[4]；PD-SVD 代表先对原信号进行解调，然后利用奇异值分解对目标分量进行提取的方法[11]。结果表明，PD-SVD 方法的性能明显优于其他两种方法，其在不同输入信噪比条件下所提取得到目标分量的信噪比提升平均值高达 25dB。此外，PD-BPF 方法可以去除滤波器通带外的大部分噪声，比直接使用 SVD 具有更好的性能。值得注意的是，随着输入信噪比的提升，利用带通滤波分离准平稳分量时所产生的频谱泄漏效应逐渐占据主导地位，从而导致 PD-BPF 方法相对直接使用 SVD 的优势逐渐减弱。

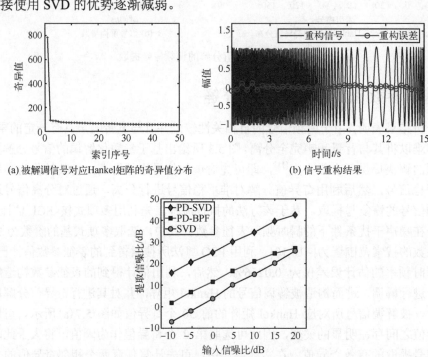

(a) 被解调信号对应Hankel矩阵的奇异值分布　　　　(b) 信号重构结果

(c) 不同方法之间的性能对比

图 5.7　基于参数化解调的调频信号奇异值分解

表 5.8　基于参数化解调的单分量调频信号 (例 5.3) 奇异值分解的 MATLAB 程序

```
%% 单分量多项式调频信号参数设定
format long
SampFreq = 100; % 采样频率100Hz
t = 0 : 1/SampFreq : 15-1/SampFreq;
```

```
L = length(t);
c1 = 2 * pi * 10;
c2 = 2 * pi * 5/3;
c3 = 2 * pi * 1/2;
c4 = 2 * pi * 1/40;
Sig = cos((c1 * t + c2 * t.^2 / 2 - c3 * t.^3 /3 + c4 * t.^4 /4+0.2*2*pi));
IF = (c1 + c2*t - c3*t.^2 + c4*t.^3)/2/pi;
Sign = awgn(Sig,0,'measured');
Sigh = hilbert(Sign);

%% 估计调频信号的瞬时频率并对其解调
rate = mgpso(@fitness,Sigh,t,1,[-10,10;-10,10;-10,10]);
                                        %粒子群优化估计瞬时频率表征参数
R1 = rate(1:end-1);
df1 = norm(IF - (10 + R1(1)*t + R1(2)*t.^2 + R1(3)*t.^3))/norm(IF);
kernel1 = zeros(size(t));
for k = 1:length(R1)
    kernel1 = kernel1 + R1(k)/(k+1) * t.^(k+1);
end
Sigh_D = Sigh .* exp(-1i*2*pi*kernel1);

%% 构建解调信号的 Hankel 矩阵并进行 SVD
N = length(Sigh_D);
if rem(N,2)==1
    p = (N+1)/2;
    q = p;
else
    p = N/2+1;
    q = N/2;
end
[Dspe,Sinv,U,V] = svddifspec(p,q,Sigh_D);
figure
plot(Sinv(1:50),'k','LineWidth',1,'Marker','+','MarkerEdgeColor','r',...
    'MarkerSize',2)
xlabel('\fontname{宋体}索引序号');
ylabel('\fontname{宋体}奇异值');
axis([0 50 0 900]);

%% 基于奇异值分解的调频信号重构
rcsM = zeros(p,q);
num = 1;
for k = 1:num
    subM = Sinv(k) * U(:,k)*(V(:,k))';
    rcsM = rcsM +subM;
end
```

```
rSig = rcSig(rcsM);
rSig = rSig .* exp(1i*2*pi*kernel1);
rSig = real(rSig);
xx1 = SNR(Sig,rSig);    %计算信噪比
er  = Sig - rSig;       %重构误差
figure
plot(t,Sig,'b',t(1:20:end),er(1:20:end),'r-o','linewidth',1)
xlabel('\fontname{宋体}时间\fontname{Times New Roman}{\itt} (s)');
ylabel('\fontname{宋体}幅值');
axis([0 15 -1.2 2]);
```

最后，将上述基于参数化解调的奇异值分解方法应用于分析一个瞬时频率互相交叉的 2-分量多项式调频信号，验证该方法在提取多分量信号时的有效性与优越性。

【例 5.4】 瞬时频率互相交叉的 2-分量多项式调频信号：

$$s(t) = s_1(t) + s_2(t) \tag{5.25}$$

其中，两个信号分量的表达式为

$$\begin{cases} s_1(t) = 4\cos\left[2\pi\left(4 + 5t + 2.5t^2 - \dfrac{1}{15}t^3\right)\right] \\ s_2(t) = 4\exp(-0.05t)\cos\left[2\pi\left(0.8 + 35t - 0.6t^2 + \dfrac{1}{30}t^3\right)\right] \end{cases} \tag{5.26}$$

该 2-分量信号的采样频率为 100Hz，采样时间为 15s。其中，两个信号分量的瞬时频率分别为 $f_1(t) = 5 + 5t - 0.2t^2$ 和 $f_2(t) = 35 - 1.2t + 0.1t^2$。在该 2-分量信号中加入信噪比为 −5dB 的高斯白噪声，含噪信号的时域波形与时频分布如图 5.8(a) 和(b) 所示。由此可知，两个调频分量的瞬时频率在 7～15s 出现了复杂的交叉现象，并且受背景噪声干扰严重。下面，利用基于参数化解调的奇异值分解方法提取这两个调频分量并估计它们的瞬时频率，相关 MATLAB 计算程序在 5.5 节给出。其中，基于参数化解调的奇异值分解方法被封装为函数 PD_SVD( )，并在表 5.9 中给出。选取表征调频分量瞬时频率的多项式阶数为 2 阶，两个系数搜索范围均为 [−10,10]。表 5.10 给出了利用 PSO 算法搜索得到两个信号分量瞬时频率的表征参数以及估计误差。图 5.9(a) 和(b) 则分别给出了在信号分量提取过程中，第 1 次和第 2 次解调运算后信号

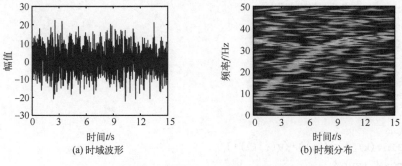

(a) 时域波形　　　　　　　　　　　　　(b) 时频分布

图 5.8　信噪比为 **−5dB** 的 2-分量多项式调频信号

所对应 Hankel 矩阵的前 50 个奇异值分布。由此可知，两次解调运算对应 Hankel 矩阵的前两个奇异值之间都存在明显突变，这表明两次解调运算都成功实现了目标分量子空间与其他无关成分(包括无关分量与背景噪声)子空间的分离，两个信号分量的奇异值重构阶数均为 1 阶。图 5.9(c) 和 (e) 分别给出了利用基于参数化解调的奇异值分解方法所提取得到两个信号分量的时域波形，而图 5.9(d) 和 (f) 则分别给出了提取得到两个信号分量基于 PCT 的时频分布。该分析结果表明，基于参数化解调的奇异值分解方法能够克服调频信号多个分量的复杂交叉效应，成功实现了信号分量的高信噪比提取及其瞬时频率的精准估计。

表 5.9　基于参数化解调的 2-分量调频信号(例 5.4)奇异值分解的 MATLAB 程序

```
%% 2-分量多项式调频信号参数设定
format long
SampFreq = 100;
t = 0:1/SampFreq:15 - 1/SampFreq;
% 分量 1 参数
c11 = 2 * pi * 4;    c12 = 2 * pi * 5;
c13 = 2 * pi * 2.5;  c14 = 2 * pi * (-1/15);
Sig1 = 4*cos( c11 + c12*t + c13*t.^2 + c14*t.^3 );
IF1 = (c12 + 2 * c13 * t + 3 * c14*t.^2)/2/pi;
% 分量 2 参数
c21 = 2 * pi * 0.8;  c22 = 2 * pi * 35;
c23 = 2 * pi * -0.6; c24 = 2 * pi * 0.1/3;
Sig2 = 4*exp(-0.05*t).* cos( c21 + c22*t + c23*t.^2 + c24*t.^3 );
IF2 = (c22 + 2 * c23 * t + 3 * c24*t.^2)/2/pi;
% 2-分量信号时-频信息图
Sig = Sig1 + Sig2;
Sign = awgn(Sig,5,'measured');
Sigh = hilbert(Sign);


%% 时域波形与时频分布
% 时域波形
figure
plot(t,Sign,'b','linewidth',1)
xlabel('\fontname{宋体}时间\fontname{Times New Roman}{\itt} (s)');
ylabel('\fontname{宋体}幅值');
axis([0 15 -30 30])
% 时频分布
N = 512; WinLen = 400;
STFT(Sign',SampFreq,N,WinLen);


%% 基于参数化解调的奇异值分解
Pm_ini = [-10,10;-10,10]; Ord = 1; Thr = norm(Sigh - hilbert(Sig));
[Comp_M,Ratio_M] = PD_SVD(Sig,SampFreq,Pm_ini,Ord,Thr);


%% 分析结果展示
```

```
% 分量 1 重构时域波形与参数化时频变换
er1 = Sig1 - Comp_M(1,:);
figure
plot(t,Sig1,'b',t(1:40:end),er1(1:40:end),'r-o','LineWidth',1)
xlabel('\fontname{宋体}时间\fontname{Times New Roman}{\itt} (s)');
ylabel('\fontname{宋体}幅值');
axis([0 15 -5 8]);
R1 = Ratio_M(1,2:end); N = 512; WinLen = 400;
[Specr1, ~] = Polychirplet(Comp_M(1,:)',SampFreq,R1,N,WinLen);
% 分量 2 重构时域波形与参数化时频变换
er2 = Sig2 - Comp_M(2,:);
figure
plot(t,Sig2,'b',t(1:40:end),er2(1:40:end),'r-o','LineWidth',1)
xlabel('\fontname{宋体}时间\fontname{Times New Roman}{\itt} (s)');
ylabel('\fontname{宋体}幅值');
axis([0 15 -5 8])
R2 = Ratio_M(2,2:end); N = 512; WinLen = 400;
[Specr2, f] = Polychirplet(rSig2',SampFreq,R2,N,WinLen);
% 时频分布融合
figure
imagesc(t,f,Specr1+Specr2);
xlabel('\fontname{宋体}时间\fontname{Times New Roman}{\itt} (s)');
ylabel('\fontname{宋体}频率\fontname{Times New Roman}{\itf} (Hz)');
set(gca,'YDir','normal')
axis([0 15 0 50]);


%% 基于参数化解调的带通滤波方法
Pm_ini = [-10,10;-10,10]; Thr = norm(Sigh - hilbert(Sig));
[Comp_M,Ratio_M] = PD_BPF(Sig,SampFreq,Pm_ini,Thr);


%% 时频分布融合结果展示
R1 = Ratio_M(1,2:end); R2 = Ratio_M(2,2:end);
N = 512; WinLen = 400;
[Specr1, ~] = Polychirplet(Comp_M(1,:)',SampFreq,R1,N,WinLen);
[Specr2, f] = Polychirplet(rSig2',SampFreq,R2,N,WinLen);
figure
imagesc(t,f,Specr1+Specr2);
xlabel('\fontname{宋体}时间\fontname{Times New Roman}{\itt} (s)');
ylabel('\fontname{宋体}频率\fontname{Times New Roman}{\itf} (Hz)');
set(gca,'YDir','normal');
axis([0 15 0 50]);
```

表 5.10　2-分量多项式调频信号瞬时频率的表征参数估计结果

分量提取顺序 k	参数类型	$f_0^{(k)}$	$c_1^{(k)}$	$c_2^{(k)}$	瞬时频率估计误差
$k=1$	估计值	5	5.0006	−0.2000	0.0046%
	准确值	5	5	−0.2	
$k=2$	估计值	35	−1.1966	0.0997	0.0222%
	准确值	35	−1.2	0.1	

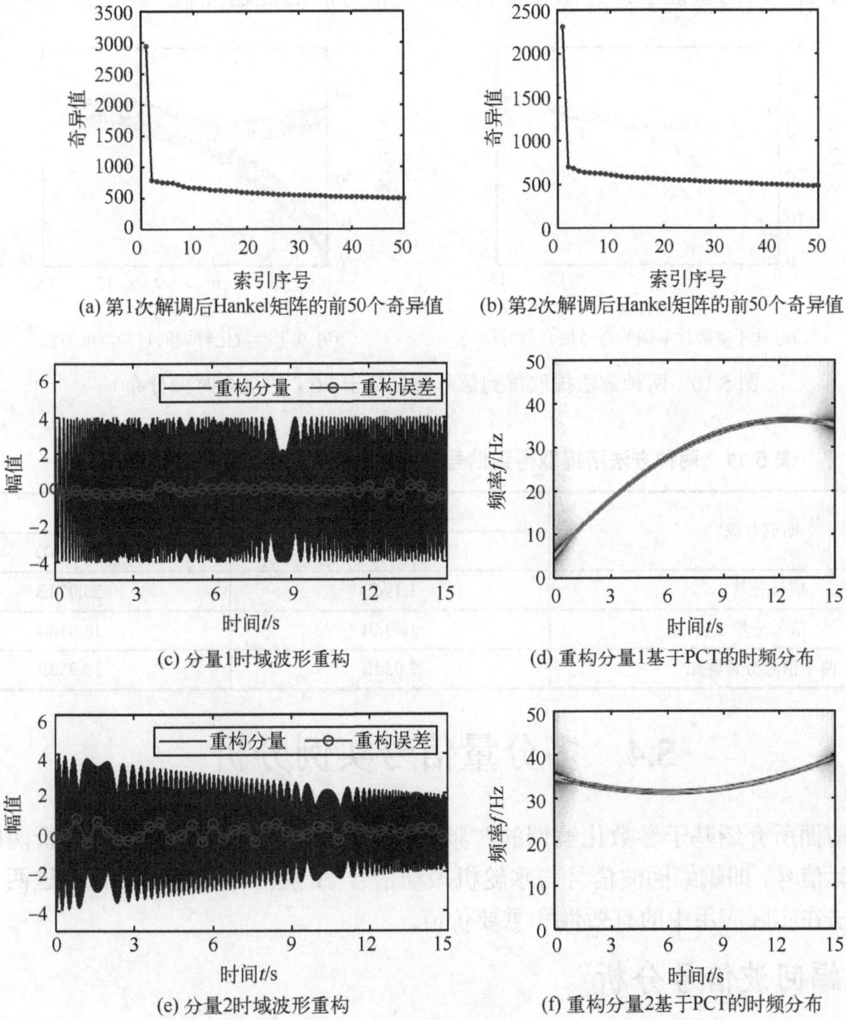

(a) 第1次解调后Hankel矩阵的前50个奇异值

(b) 第2次解调后Hankel矩阵的前50个奇异值

(c) 分量1时域波形重构

(d) 重构分量1基于PCT的时频分布

(e) 分量2时域波形重构

(f) 重构分量2基于PCT的时频分布

图 5.9　基于参数化解调的 2-分量信号奇异值分解

　　为了与基于参数化解调的时频滤波方法进行比较，图 5.10 还给出了两种方法所提取得到两个信号分量基于 PCT 的复合时频分布。由于两个信号分量在交叉区域的频率变化轨迹十分相似，因此基于参数化解调的时频滤波方法无法有效去除通带内其他分量与噪声的干扰，严重影响信号分量的提取信噪比。特别是对于信号能量在 7～15s 较为微弱的调频分量 2，其在这一时间段内调频规律的识别十分模糊。而基于参数化解调的奇异值分解方法则解决了这一难题，在有效去除噪声的同时应将两个信号分量之间的干扰降至最低，所得到的时频分布清晰地展示两个信号分量的调频规律。这两种方法所提取得到信号分量的信噪比已在表 5.11 中列出(输入信噪比为−5dB)。其中，利用时频滤波方法(PD-BPF)[4]所提取得到的两个信号分量叠加后的信噪比要高于两个信号分量的信噪比，这进一步论证了该方法难以对瞬时频率交叉时间段内的信号进行有效分离，从而导致两个分量的能量分配失调。而奇异值分解方法(PD-SVD)[11]的提取结果则没有这一现象，并且该方法所提取得到信号分量的信噪比都大幅高于时频滤波方法，从而验证了该方法在分析多分量信号时的优越性。

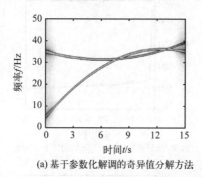
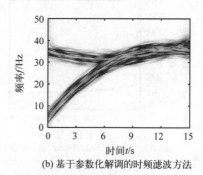

(a) 基于参数化解调的奇异值分解方法　　　　(b) 基于参数化解调的时频滤波方法

图 5.10　两种方法提取得到信号分量基于 PCT 的复合时频分布

表 5.11　两种方法所提取得到信号分量的信噪比(输入信噪比为−5dB)

研究对象	两种方法的提取信噪比	
	PD-BPF	PD-SVD
信号分量 1	1.19dB	23.07dB
信号分量 2	1.42dB	16.01dB
两个信号分量叠加	3.05dB	18.95dB

5.4　多分量信号实例分析

　　本节将前面所介绍基于参数化解调的时频滤波与奇异值分解方法应用于分析两段包含多个分量的实际信号，即蝙蝠回波信号与水轮机振动信号[4]，从而论证本章所介绍这两种多分量信号分析方法在实际应用中的有效性和重要价值。

5.4.1　蝙蝠回波信号分析

　　第 1 段信号为蝙蝠回波信号，该信号的采样频率为 60kHz，采样点数为 400 个，其时域波形与基于短时傅里叶变换的时频分布如图 5.11(a) 和(b)所示。由图 5.11(b)可知，该信号中包含 4 个能量较大的主调频分量。图 5.11(c)和(d)进一步给出了该信号基于小波变换的时频分布和 Wigner-Ville 分布，但这 3 种经典的时频变换方法都难以准确表征各信号分量的调频规律。下面，利用基于参数化解调的时频滤波方法迭代估计 4 个信号分量瞬时频率的表征参数并对它们进行分解。由于该蝙蝠回波信号中高频分量在初始时刻的频率已经超过采样频率的1/2，因此它们被解调之后所处的频带也会超过采样频率的 1/2，从而导致基于带通滤波的准平稳分量分离难以操作。为此，可先对原信号的时域波形进行反转，并对反转信号中各分量的瞬时频率进行估计和分解。其中，选取表征反转信号分量瞬时频率多项式基的阶数为 3 阶，3 个多项式系数的搜索范围分别为[0,10]、[-1,1]和[-1,1]。在估计得到反转信号各分量瞬时频率的表征参数后，再对分解结果进行反转恢复。表 5.12 列出了经反转恢复后 4 个信号分量瞬时频率的表征参数估计结果，这 4 个信号分量瞬时频率的变化规律如图 5.11(e)所示(按分量分解顺序排列)。最后，利用估计得到的瞬时频率表征参数分别对这 4 个信号分量进行 PCT，并将变换得到的时频分布进行叠加，叠加结果如图 5.11(f)所示。通过对比可知，基于参数化解调的时频滤波方法能够准确估计各信号分量瞬时频率的表征参数，进而获得高集中度的多分量信号时频分布，实现蝙蝠回波信号调频规律的准确表征。需要指出的是，利用基于参数化解调的奇异值分解方法也能够实现该蝙蝠回波信号各分量瞬时频率的准确估计与分量分解。由于该多分量信号中所包含的 4 个分量在时频分布中所处的位置互相分离，并且每个信号分量的局部信噪比较高，利用这两种方法所得到的结果并无显著差异。

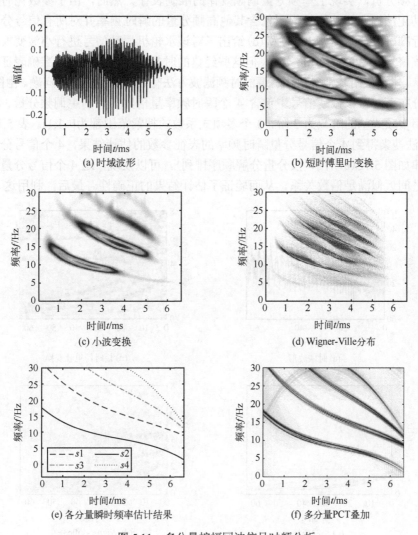

(a) 时域波形　　　(b) 短时傅里叶变换

(c) 小波变换　　　(d) Wigner-Ville分布

(e) 各分量瞬时频率估计结果　　　(f) 多分量PCT叠加

图 5.11　多分量蝙蝠回波信号时频分析

表 5.12 蝙蝠回波信号各分量瞬时频率表征参数的估计结果

分量分解顺序 k	$f_0^{(k)}$	$c_1^{(k)}$	$c_2^{(k)}$	$c_3^{(k)}$
$k = 1$	31.8118	−7.4577	1.1349	−0.0801
$k = 2$	17.6297	−5.5083	1.1691	−0.1066
$k = 3$	44.9811	−9.6853	1.4989	−0.1216
$k = 4$	16.3235	11.8505	−2.4986	0.0951

5.4.2 水轮机振动信号分析

第 2 段信号为某水轮机停机过程中所测得的振动信号,采样频率为 16Hz,采样点数为 1032个。4.2 节已对该信号作过介绍并对其进行了初步分析,其时域波形和基于短时傅里叶变换的时频分布如图 5.12(a)和(b)所示。4.4.2 节中分别利用 3 种参数化时频变换方法对该水轮机振动信号进行时频分析,实现了基频分量调频规律的准确表征。然而,由于参数化时频变换的单核属性,其无法提取振动信号中所包含其他高频分量的瞬时频率并对所有信号分量的调频规律同时进行准确表征。图 5.12(c)和(d)给出了对该水轮机振动信号进行小波变换所得到的时频分布及该信号的 Wigner-Ville 分布,但这些经典的时频变换方法都难以准确表征各信号分量的调频规律。本节应用基于参数化解调的时频滤波方法有效地解决了这一问题。由图 5.12(b)所示的时频分布可知,该振动信号中包含 4 个瞬时频率呈倍数关系的主调频分量。选取信号分量瞬时频率多项式基的阶数为 3 阶,3 个多项式系数的搜索范围都为[−1,1]。表 5.13 列出了利用 PSO 算法搜索得到 4 个信号分量瞬时频率的表征参数的估计结果,4 个信号分量瞬时频率的变化规律如图 5.12(e)所示(按分量分解顺序排列)。可以发现,这 4 个信号分量瞬时频率的表征参数之间近似满足倍数关系,从而验证了估计结果的正确性。最后,利用这 4 组表征

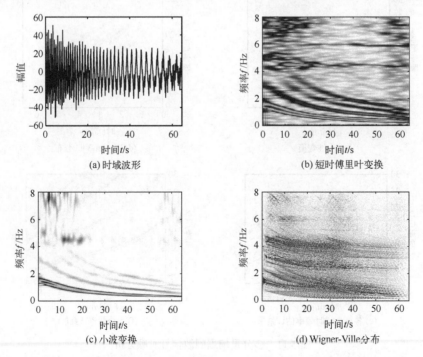

(a) 时域波形

(b) 短时傅里叶变换

(c) 小波变换

(d) Wigner-Ville分布

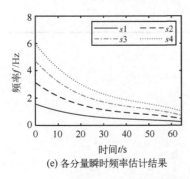
(e) 各分量瞬时频率估计结果

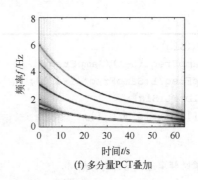
(f) 多分量PCT叠加

图 5.12　多分量水轮机振动信号时频分析

参数分别对每个信号分量进行 PCT，并将变换得到的时频分布进行叠加，叠加结果如图 5.12（f）所示。通过对比可知，基于参数化解调的时频滤波方法能够准确估计各信号分量瞬时频率的表征参数，进而获得高集中度的多分量信号时频分布，实现水轮机振动信号调频规律的准确表征。同样地，由于该水轮机振动信号中 4 个信号分量在时频分布中所处的位置互相分离，并且每个信号分量的局部信噪比较高，利用基于参数化解调的奇异值分解方法所提取得到的结果与上述结果之间并无显著差异。

表 5.13　水轮机振动信号各分量瞬时频率表征参数的估计结果

分量分解顺序 k	$f_0^{(k)}$	$c_1^{(k)}$	$c_2^{(k)}$	$c_3^{(k)}$
$k=1$	1.6045	-0.0618	0.0011	-7.8561×10^{-6}
$k=2$	3.1383	-0.1215	0.0023	-1.6728×10^{-5}
$k=3$	4.7132	-0.1840	0.0036	-2.5872×10^{-5}
$k=4$	6.2118	-0.2367	0.0045	-3.2075×10^{-5}

5.5　本章主要方法的 MATLAB 程序

本节给出了本章所介绍主要方法的 MATLAB 程序。其中，表 5.14 和表 5.15 分别给出了基于参数化解调的时频滤波方法和奇异值分解方法的 MATLAB 程序。

表 5.14　基于参数化解调的时频滤波方法的 MATLAB 程序

```
% 基于参数化解调的时频滤波方法(主函数)
function [Comp_M,Ratio_M] = PD_BPF(Sig,SampFreq,Pm_ini,Thr)
% 输入变量:
%        Sig: 待分析信号
%        SampFreq: 采样频率
%        Pm_ini: 多项式基系数初值矩阵
%        Thr: 迭代分解终止阈值
% 输出变量:
%        Comp_M: 信号分量矩阵
%        Ratio_M: 多项式基系数矩阵


% 算法初始化
```

```
L = length(Sig);
t = 0:1/SampFreq:(L-1)/SampFreq;
f = 0:SampFreq/L:SampFreq*(1-1/L);
Sigh = hilbert(Sig);
Comp_M = []; Ratio_M = [];
En = -1;

% 信号分量瞬时频率迭代估计与分解
while En < Thr
    % 瞬时频率表征参数搜索
    rate = mgpso(@fitness,Sigh,t,1,Pm_ini); % 粒子群优化算法函数
    Ratio = rate(1:end-1);
    % 构建解调算子核函数
    kernel = zeros(size(t));
    for k = 1:length(Ratio)
        kernel = kernel + Ratio(k)/(k+1) * t.^(k+1);
    end
    % 解调运算
    Sigh = Sigh .* exp(-1i*2*pi*kernel);
    % 信号分量载波频率估计
    Sigh_F = abs(fft(Sigh))/(L/2);
    [~,num] = max(Sigh_F(1:end/2));
    f_max = f(num);
    Ratio = [f_max Ratio];
    % 被解调的准平稳信号分量分离
    Sigr = real(Sigh);
    Sigr_filter = band_filter_new(Sigr,SampFreq,[f_max - 1,f_max + 1]);
    Sigh_filter = hilbert(Sigr_filter);
    Sigh = Sigh - Sigh_filter;
    % 目标信号分量与残余信号反解调恢复
    Sigh_Comp = Sigh_filter .* exp(1i*2*pi*kernel);
    Sigh = Sigh .* exp(1i*2*pi*kernel1);
    % 更新输出矩阵
    Ratio_M = [Ratio_M;Ratio];
    Comp_M = [Comp_M;real(Sigh_Comp)];
    % 残余信号能量计算
    En = norm(Sigh);
end
end


% 粒子群优化算法的适应度函数(子函数)
function Eval = fitness(Sol,Sig,t)
% 输入变量:
%       Sig: 待滤波信号
```

```
%          SampFreq: 采样频率
%          Band: 滤波频带
% 输出变量:
%          Out_Sig: 滤出信号

% 初始化
numv = length(Sol);
R    = Sol(1:numv);
Sig  = Sig(:);
t    = t(:);
% 构建解调算子核函数
kernel = zeros(size(t));
for k = 1:numv
    kernel = kernel + R(k)/(k + 1) * t.^(k + 1);
end
% 评估被解调信号的频谱集中性
y = Sig .* exp(-1i*2*pi*kernel);
Eval = mean((abs(fft(y)).^4));
end

% FIR- I 型带通滤波器(子函数)
function Out_Sig = band_filter_new(Sig,SampFreq,band)
% 输入变量:
%          Sig: 待滤波信号
%          SampFreq: 采样频率
%          Band: 滤波频带
% 输出变量:
%          Out_Sig: 滤出信号

% 滤波器参数初始化
dt = 1/SampFreq;    % 采样时间
w1 = 2*pi*band(1);  % 下截止频率
w2 = 2*pi*band(2);  % 上截止频率
w1 = w1*dt/pi;      % 频率归一化
w2 = w2*dt/pi;
w_n = [w1 w2];

% 信号带通滤波
L0 = length(Sig);   % 确定滤波器长度
n = floor(L0*0.8);
if mod(n,2) == 0
   L = n;
else
   L = n + 1;
```

```
end
b = fir1(L,w_n,'bandpass');   % FIR-Ⅰ型带通滤波器
Sig1 = conv(b,Sig);
Out_Sig = Sig1(L/2+1:L/2+L0); % 延迟校正
end
```

表 5.15　基于参数化解调的奇异值分解方法的 MATLAB 程序

```
% 基于参数化解调的奇异值分解方法(主函数)
function [Comp_M,Ratio_M] = PD_SVD(Sig,SampFreq,Pm_ini,Ord,Thr)
% 输入变量:
%         Sig: 待分析信号
%         SampFreq: 采样频率
%         Pm_ini: 多项式基系数初值矩阵
%         Ord: 奇异值截断阶数
%         Thr: 迭代分解终止阈值
% 输出变量:
%         Comp_M: 信号分量矩阵
%         Ratio_M: 多项式基系数矩阵

% 算法初始化
L = length(Sig);
t = 0:1/SampFreq:(L-1)/SampFreq;
f = 0:SampFreq/L:SampFreq*(1-1/L);
Sigh = hilbert(Sig);
Comp_M = []; Ratio_M = [];
En = -1;
% 确定 Hankel 矩阵的维数
N = length(Sig);
if rem(N,2)==1
    p = (N+1)/2;
    q = p;
else
    p = N/2+1;
    q = N/2;
end

% 信号分量瞬时频率迭代估计与分解
while En < Thr
    % 瞬时频率表征参数搜索
    rate  = mgpso(@fitness,Sigh,t,1,Pm_ini);
    Ratio = rate(1:end-1);
    % 构建解调算子核函数
    kernel = zeros(size(t));
    for k = 1:length(Ratio)
```

```
        kernel = kernel + Ratio(k)/(k+1) * t.^(k+1);
    end
    % 解调运算
    Sigh = Sigh .* exp(-1i*2*pi*kernel);
    % 信号分量载波频率估计
    Sigh_F = abs(fft(Sigh))/(L/2);
    [~,num] = max(Sigh_F(1:end/2));
    f_max = f(num);
    Ratio = [f_max Ratio];
    % 被解调的准平稳信号分量分离
    [~,Sinv,U,V] = svddifspec(p,q,Sigh);
    rcsM = zeros(p,q);
    for k = 1:Ord
        subM = Sinv(k) * U(:,k)*(V(:,k))';
        rcsM = rcsM +subM;
    end
    rSig = rcSig(rcsM);
    Sigh = Sigh - rSig;
    % 目标信号分量与残余信号反解调恢复
    rSig = rSig .* exp(1i*2*pi*kernel);
    Sigh = Sigh .* exp(1i*2*pi*kernel);
    % 更新输出矩阵
    Ratio_M = [Ratio_M;Ratio];
    Comp_M  = [Comp_M;real(rSig)];
    % 残余信号能量计算
    En = norm(Sigh);
end

end

% 粒子群优化算法的适应度函数(子函数)
function Eval = fitness(Sol,Sig,t)
% 输入变量:
%           Sig: 待滤波信号
%           SampFreq: 采样频率
%           Band: 滤波频带
% 输出变量:
%           Out_Sig: 滤出信号

% 初始化
numv = length(Sol);
R    = Sol(1:numv);
Sig = Sig(:);
t   = t(:);
```

```
% 构建解调算子核函数
kernel = zeros(size(t));
for k = 1:numv
    kernel = kernel + R(k)/(k + 1) * t.^(k + 1);
end
% 评估被解调信号的频谱集中性
y = Sig .* exp(-1i*2*pi*kernel);
Eval = mean((abs(fft(y)).^4));


end


% 构造信号的 Hankel 矩阵并进行奇异值分解(子函数)
function [Dspe,Sinv,U,V] = svddifspec(p,q,Sigh)
% 输入变量:
%          p: Hankel 矩阵的行数
%          q: Hankel 矩阵的列数
%          Sigh: 待分解信号
% 输出变量:
%          Dspe: 奇异值差分谱序列
%          Sinv: 奇异值序列
%          U, V: 特征向量构成的酉矩阵


% 初始化
if p < q
    error('矩阵输入行必须大于列')
end
if length(Sigh) ~= p+q-1
    error('信号长度必须等于矩阵行列之后减一')
end
M = zeros(p,q); % 构建 Hankel 矩阵
for i = 1:p
    for j = 1:q
        M(i,j) = Sigh(i+j-1);
    end
end


% Hankel 矩阵奇异值分解
[U,S,V] = svd(M,0); % 产生 q 个奇异值
Sinv = diag(S);
Sinv = Sinv';
Dspe = zeros(1,q-1);% Sinv 为奇异值差分谱序列组成的行向量
for k = 1:q-1
    Dspe(1,k)=Sinv(k) - Sinv(k+1);
end
```

```
end

% 基于 Hankel 矩阵重构信号(子函数)
function Sig = rcSig(H)
% 输入变量:
%      H: Hankel 矩阵的行数
% 输出变量:
%      Sig: 重构信号

% 初始化
[p,q] = size(H);
len = p + q -1; % len 为信号长度
Sig = zeros(1,len);

% 利用 Hankel 矩阵反对角线元素的平均值重构信号
for k = 1:len
    m = max([1 k-p+1]);
    n = min([q k]);
    i = 0;
    Hs = zeros(1,m-n+1);
    for j = m:n
        i = i + 1;
        Hs(i) = H(k-j+1,j);
    end
    Sig(k) = sum(Hs)/(n-m+1);
end

end
```

参 考 文 献

[1] YANG Y, PENG Z K, DONG X J, et al. General parameterized time-frequency transform[J]. IEEE transactions on signal processing, 2014, 62(11): 2751-2764.

[2] YANG Y, PENG Z K, DONG X J, et al. Application of parameterized time-frequency analysis on multicomponent frequency modulated signals[J]. IEEE transactions on instrumentation and measurement, 2014, 63(12): 3169-3180.

[3] YANG Y, DONG X J, PENG Z K, et al. Component extraction for non-stationary multi-component signal using parameterized de-chirping and band-pass filter[J]. IEEE signal processing letters, 2015, 22(9): 1373-1377.

[4] ZHOU P, PENG Z K, CHEN S Q, et al. Non-stationary signal analysis based on general parameterized time-frequency transform and its application in the feature extraction of a rotary machine[J]. Frontiers of mechanical engineering, 2018, 13(2): 292-300.

[5]   JANEIRO F M, RAMOS P M. Impedance measurements using genetic algorithms and multiharmonic signals[J]. IEEE transactions on instrumentation and measurement, 2009, 58(2): 383-388.

[6]   KRABICKA J, LU G, YAN Y. Profiling and characterization of flame radicals by combining spectroscopic imaging and neural network techniques[J]. IEEE transactions on instrumentation and measurement, 2011, 60(5): 1854-1860.

[7]   NGUYEN H A, GUO H, LOW K S. Real-time estimation of sensor node's position using particle swarm optimization with log-barrier constraint[J]. IEEE transactions on instrumentation and measurement, 2011, 60(11): 3619-3628.

[8]   PENG Z K, MENG G, CHU F L, et al. Polynomial chirplet transform with application to instantaneous frequency estimation[J]. IEEE transactions on instrumentation and measurement, 2011, 60(9): 3222-3229.

[9]   HASSANPOUR H, ZEHTABIAN A, SADATI S J. Time domain signal enhancement based on an optimized singular vector denoising algorithm[J]. Digital signal processing, 2012, 22(5): 786-794.

[10] ZHAO X Z, YE B Y. Selection of effective singular values using difference spectrum and its application to fault diagnosis of headstock[J]. Mechanical systems and signal processing, 2011, 25(5): 1617-1631.

[11] CHEN S Q, YANG Y, WEI K X, et al. Time-varying frequency-modulated component extraction based on parameterized demodulation and singular value decomposition[J]. IEEE transactions on instrumentation and measurement, 2016, 65(2): 276-285.

第 6 章 非线性调频分量参数化分解

前两章所介绍参数化时频分析方法的研究目标为调频分量的瞬时频率估计。为了获得物理过程的完整信息，除了频率调制特征外，在实现多分量信号分解的同时还需要估计信号分量的瞬时幅值和初相位，从而完成信号分量全部信息重构。本章以具有一般非线性调频规律的信号分量[1,2]为研究对象，构造了一组冗余的傅里叶级数基对非线性调频分量的瞬时幅值和瞬时频率分别进行参数化，建立了通用的非线性调频分量参数化分解(parameterized nonlinear frequency modulated component decomposition，PNFMCD)模型，多分量信号分解问题就此转化为调频分量的表征参数估计问题。在利用基于参数化时频变换的时频脊线迭代提取法估计得到瞬时频率后，通过求解一个线性优化问题即可实现调频分量瞬时幅值与初相位的提取，进而重构信号分量的全部信息。该方法在时频域表现为一种具有时变带宽的带通滤波器，能够同时适应不同类型的频率调制模式，分解在时频域互相交叉的信号分量。作为参数化时频变换方法的重要拓展，本章所提出的参数化分解方法[3]实现了多分量信号的分解及调频分量全部信息重构，补充并完整地完成了参数化时频分析的研究目标。此外，该方法还被成功应用于非线性调频源信号盲分离与变转速轴承故障诊断。

6.1 非线性调频分量定义

该方法将复杂的非平稳信号分解为一系列非线性调频分量，这些分量能够准确刻画信号内部复杂的调频特征。这里"非线性调频"的含义是指信号频率随时间非线性变化，符合大多数非平稳振动信号的调频规律。首先，在第 2 章非平稳信号定义的基础上给出非线性调频函数的数学定义。

定义 6.1 设一连续函数 $s: \mathbb{R} \to \mathbb{R}$，$s \in L^{\infty}(\mathbb{R})$，如果 s 可以表示为

$$s(t) = a(t)\cos\left[2\pi \int_0^t f(t)\,\mathrm{d}t + \theta_0 \right] \tag{6.1}$$

并且 $a(t)$ 和 $f(t)$ 满足条件：

$$a \in C^1(\mathbb{R}) \bigcap L^{\infty}(\mathbb{R}), \quad f \in C^{\infty}(\mathbb{R})$$

$$\inf_{t \in \mathbb{R}} a(t) > 0, \quad \inf_{t \in \mathbb{R}} f(t) > 0$$

$$\sup_{t \in \mathbb{R}} a(t) < \infty, \quad \sup_{t \in \mathbb{R}} f(t) < \infty, \quad \sup_{t \in \mathbb{R}} |f'(t)| < \infty$$

$$|f'(t)|, |a'(t)| \leq \gamma, \quad \forall t \in \mathbb{R}$$

则称 $s(t)$ 为非线性调频函数。

定义 6.1 中，$a(t)$ 代表瞬时幅值，$f(t)$ 代表瞬时频率，$\theta_0 \in [0, 2\pi)$ 代表初始相位，常数 $\gamma > 0$ 控制 $s(t)$ 的幅值和频率调制程度。如果瞬时频率随时间线性变化，即 $f'(t)$ 恒为常数，则 $s(t)$ 退

化为线性调频函数。定义 6.1 表明，非线性调频函数具有明确定义的瞬时频率和瞬时幅值。值得注意的是，传统信号模型大多假设信号瞬时频率和瞬时幅值是缓变函数（如 Daubechies 所定义的模型[4]），即定义 6.1 中的 γ 足够小。与之不同，非线性调频分量分解方法可以通过调整模型参数，适应不同调制程度的信号（即不同 γ 值）。

实际非平稳信号通常包含多个子信号分量，其中每一个信号分量可以用定义 6.1 中的非线性调频函数来表示，称为非线性调频分量。因此，本章的信号分解问题可以描述为，给定一个信号 $s(t)$，提取信号中所有非线性调频分量 $s_i(t)$，即

$$s(t) = \sum_{i=1}^{K} s_i(t) + r(t) = \sum_{i=1}^{K} a_i(t)\cos\left[2\pi\int_0^t f_i(\tau)\mathrm{d}\tau + \theta_{i0}\right] + r(t) \tag{6.2}$$

其中，K 为信号分量个数；$r(t)$ 代表剩余信号，包括信号分解误差以及环境噪声等成分。值得注意的是，在经验模式分解（EMD）方法中，$r(t)$ 是一个缓变的信号趋势分量。在本章中，趋势分量同样可以用定义 6.1 中的非线性调频函数来表示，其中趋势分量的瞬时频率满足：$f_i(t) < \xi$，其中 $\xi \to 0_+$。需要指出的是，大多数信号分解方法都假定 $f_{i+1}(t) - f_i(t) \geqslant d$，$i = 1, \cdots, K$，其中距离 $d > 0$ 足够大，也就是说，信号分量在时频面上间隔充分。而本章的非线性调频分量分解方法能够处理分量紧邻甚至相交的情况。

综上所述，本章方法将信号分解为一系列具有明确物理含义的非线性调频分量，这些分量的瞬时幅值和瞬时频率能够有效刻画信号的强时变非平稳调制特征。非线性调频分量分解的基本思想是利用先进的数学优化方法估计每一个分量的瞬时幅值和瞬时频率，从而重构信号分量，实现信号分解。其中，最为直观的方法是构造恰当的参数模型来逼近分量的瞬时幅值和瞬时频率，继而将信号分解问题转换为模型参数估计问题。6.2 节将介绍具体的参数模型以及模型参数估计方法。

6.2　非线性调频分量参数化模型

信号模型对信号分解至关重要。一个理想的信号模型不仅能够准确刻画信号特征，还能简化分解计算过程。针对一些特定的应用领域，国内外学者提出了许多有效的信号模型。例如，语言信号处理中的准谐波模型[5]，ECG 信号处理中的多项式模型[6]，无损检测中的高斯回波模型[7]等。但是这些信号模型都是在特定假设条件下提出的（如语言信号的准平稳假设），因此很难应用到复杂的非平稳信号分析中。如何构造能够匹配振动信号强时变非平稳特性的通用信号模型以及高效的模型参数估计方法，是提升信号分解方法对强时变非平稳信号分析性能的关键问题之一。

受 ECG 多项式信号模型[6]启发，针对实际非平稳信号分析需求，上海交通大学的彭志科等提出了一种通用的非线性调频分量参数化模型，解决了强时变调频信号表征难题。上述 ECG 信号模型利用三阶多项式函数逼近信号的瞬时幅值，而假定信号频率为常数。该信号模型只适合分析准平稳信号。考虑到信号的瞬时幅值反映了信号在时频域的瞬时带宽，彭志科等提出利用傅里叶级数模型刻画非线性调频分量的瞬时幅值。该模型的一个重要优点是可以通过调整傅里叶级数的阶数来准确控制信号分量的瞬时带宽，因此所提出的非线性调频分量分解方法与时频带通滤波有着相似的性质。此外，根据信号不同的频率调制规律，可以使用多项式或者傅里叶级数刻画非线性调频分量的瞬时频率。

具体而言，首先，为了消除初始相位的非线性影响，将式(6.2)重新改写为

$$s(t) = \sum_{i=1}^{K} \left\{ u_i(t) \cos\left[2\pi \int_0^t f_i(\tau) d\tau \right] + v_i(t) \sin\left[2\pi \int_0^t f_i(\tau) d\tau \right] \right\} + r(t), \quad t = t_0, \cdots, t_{N-1} \tag{6.3}$$

其中，$u_i(t) = a_i(t)\cos\theta_{i0}$ 和 $v_i(t) = -a_i(t)\sin\theta_{i0}$ 是两个新定义的信号分量幅值函数；$t = t_0, \cdots, t_{N-1}$ 表示信号采样时刻；N 为采样点数。非平稳信号的瞬时幅值与信号在时频域的瞬时带宽直接相关。为了准确描述信号的带宽性质，利用傅里叶级数模型刻画信号的幅值函数，表达式为

$$u_i(t) = u_0^{(i)} + \sum_{l=1}^{L} \left[u_l^{(i)} \cos(2\pi l F_0 t) + \bar{u}_l^{(i)} \sin(2\pi l F_0 t) \right] \tag{6.4}$$

$$v_i(t) = v_0^{(i)} + \sum_{l=1}^{L} \left[v_l^{(i)} \cos(2\pi l F_0 t) + \bar{v}_l^{(i)} \sin(2\pi l F_0 t) \right] \tag{6.5}$$

其中，L 代表傅里叶模型阶数；$\{u_0^{(i)}, \cdots, u_L^{(i)}, \bar{u}_1^{(i)}, \cdots, \bar{u}_L^{(i)}\}$ 和 $\{v_0^{(i)}, \cdots, v_L^{(i)}, \bar{v}_1^{(i)}, \cdots, \bar{v}_L^{(i)}\}$ 代表待估计的傅里叶系数；傅里叶模型的频率分辨率为 $F_0 = f_s/(QN)$，其中，$Q \in \mathbb{N}^*$，f_s 为信号采样频率，本章令 $Q=2$。注意：当 $Q=1$ 时，式 (6.4) 和式 (6.5) 为标准傅里叶模型，只能刻画周期函数[8]；当 $Q>1$ 时，得到冗余的傅里叶模型，能够刻画更复杂的函数[9, 10]。需要指出的是，冗余傅里叶模型本质上是将现有的 N 点信号延拓为 QN 点的周期信号，因此延拓之前的 N 点信号可以是非周期信号。傅里叶模型阶数 L 控制幅值变化的快慢程度，即幅值调制程度，同时也决定了信号模型的瞬时带宽。因此，可以通过调整傅里叶模型阶数 L，分析不同调制程度的振动信号。

信号分量的瞬时频率通常也是随时间连续变化的函数，同样可以采用恰当的参数模型逼近信号分量的瞬时频率，表示为

$$f_i(t) = f_c^{(i)} + \kappa(t; \boldsymbol{P}_i) \tag{6.6}$$

其中，$f_c^{(i)}$ 代表信号分量的载波频率；$\kappa(t; \boldsymbol{P}_i)$ 代表频率调制项的参数模型；$\boldsymbol{P}_i$ 代表频率调制参数集。载波频率 $f_c^{(i)}$ 可以通过计算频率解调之后的信号的傅里叶变换来得到，因此这里重点估计频率调制参数 $\boldsymbol{P}_i$。$\kappa(t; \boldsymbol{P}_i)$ 可以根据实际瞬时频率的变化规律来构造。这里介绍多项式和傅里叶级数两种常见的频率调制参数模型，即

$$\kappa(t; \boldsymbol{P}_i) = b_1^{(i)} t + b_2^{(i)} t^2 + \cdots + b_M^{(i)} t^M \tag{6.7}$$

$$\kappa(t; \boldsymbol{P}_i) = \sum_{m=1}^{M} \left[b_m^{(i)} \cos(2\pi m F_0 t) + \bar{b}_m^{(i)} \sin(2\pi m F_0 t) \right] \tag{6.8}$$

其中，M 代表频率调制多项式模型或者傅里叶模型的阶数；$\{b_1^{(i)}, \cdots, b_M^{(i)}\}$ 和 $\{b_1^{(i)}, \cdots, b_M^{(i)}, \bar{b}_1^{(i)}, \cdots, \bar{b}_M^{(i)}\}$ 分别代表多项式和傅里叶模型的参数集合；令 $F_0 = f_s/(2N)$，得到冗余傅里叶级数模型[与式 (6.4) 和式 (6.5) 一致]。多项式能够刻画变化相对简单的瞬时频率，例如，旋转机械设备启、停机阶段振动信号的瞬时频率。但是，采用高阶多项式逼近复杂瞬时频率时会出现"龙格"现象，大大降低了逼近精度。傅里叶模型适合描述具有往复变化规律的瞬时频率，该模型对复杂瞬时频率的表征能力更强，但是需要的模型参数更多，计算量更大。

式 (6.3)～式 (6.8) 构成了本章的非线性调频分量参数化模型。通过改变其中瞬时幅值和瞬时频率的模型阶数，该非线性调频分量模型能够有效刻画具有不同调幅-调频程度的非平稳信号分量，通用性强，有效解决了强时变调频信号表征难题。此外，模型中的幅值函数项 $u_i(t)$、

$v_i(t)$ 和瞬时频率相关项 $\cos\left[2\pi\int_0^t f_i(\tau)\mathrm{d}\tau\right]$、$\sin\left[2\pi\int_0^t f_i(\tau)\mathrm{d}\tau\right]$ 之间呈线性关系，如式 (6.3) 所示。因此，如果已知或者可以通过现有方法估计模型的瞬时频率，模型的幅值函数就可以通过求解线性系统得到，大大简化了幅值估计过程。6.3 节将详细介绍模型参数估计方法。

6.3 模型参数估计方法

本节将介绍非线性调频分量模型参数估计方法。由 6.2 节的分析可知，在非线性调频分量模型中，幅值函数和瞬时频率相关项之间呈线性关系。因此，可以首先估计瞬时频率参数，然后通过求解线性系统估计幅值参数，最终重构非线性调频分量。本节将利用参数化时频分析方法估计瞬时频率参数。该方法可以构造核函数与瞬时频率模型匹配的参数化时频变换，因此能够得到满意的参数估计结果。幅值参数估计过程可以分为两步：①通过迭代方法初步估计每一个非线性调频分量的幅值并确定分量个数；②利用联合优化方法提升幅值估计精度。

6.3.1 瞬时频率参数估计

为方便说明，以其中一个信号分量 $s_i(t)$ 的瞬时频率估计为例，首先考虑信号分量的解析形式：

$$z_i(t) = a_i(t)\exp\left\{\mathrm{j}\left[2\pi f_c^{(i)}t + 2\pi\int_0^t \kappa(\tau;\boldsymbol{P}_i)\,\mathrm{d}\tau + \theta_{i0}\right]\right\} \tag{6.9}$$

其中，解析信号采用式 (6.7) 中的瞬时频率模型。上述解析信号可以通过对实数信号 $s_i(t)$ 进行 Hilbert 变换得到。根据前面章节介绍的参数化时频分析原理，可以构造一个核函数与信号模型 (6.9) 匹配的参数化时频变换，即

$$\mathrm{TF}(t,f,\overline{\boldsymbol{P}}_i;\sigma) = \int_{\mathbb{R}} z_i(\upsilon)\,\Phi_{\overline{P}_i}^D(\upsilon)\Phi_{t,\overline{P}_i}^C(\upsilon)g_\sigma(\upsilon-t)\exp(-\mathrm{j}2\pi f\upsilon)\mathrm{d}\upsilon \tag{6.10}$$

其中

$$\Phi_{\overline{P}_i}^D(\upsilon) = \exp\left[-\mathrm{j}2\pi\int_0^\upsilon \kappa(\tau;\overline{\boldsymbol{P}}_i)\,\mathrm{d}\tau\right] \tag{6.11}$$

$$\Phi_{t,\overline{P}_i}^C(\upsilon) = \exp\left[\mathrm{j}2\pi\upsilon\kappa(t;\overline{\boldsymbol{P}}_i)\right] \tag{6.12}$$

其中，$\kappa(\tau;\overline{\boldsymbol{P}}_i)$ 为变换核函数；$\overline{\boldsymbol{P}}_i$ 代表变换核参数；$g_\sigma(\upsilon)$ 代表窗宽为 σ 的高斯窗函数；$\Phi_{\overline{P}_i}^D(\upsilon)$ 为频率旋转算子；$\Phi_{t,\overline{P}_i}^C(\upsilon)$ 为频率平移算子。上述参数化时频变换的核函数模型 $\kappa(\tau;\overline{\boldsymbol{P}}_i)$ 与式 (6.9) 的瞬时频率模型一致。参数化时频变换的基本原理已在前面章节中进行了详细讨论，这里不再赘述。

由前面可知，参数化时频变换提供了两种变换核参数估计方法：①脊线迭代拟合方法；②基于频谱集中性指标的核参数优化方法。脊线迭代拟合方法需要从短时傅里叶变换得到的时频分布上提取初始脊线，当信号分量的瞬时频率在时频面上相交时，传统时频脊线提取方法难以得到理想结果。脊线路径重组方法[1]可以有效解决多分量交叉的脊线提取问题。基于频谱集中性指标的核参数优化方法的主要优点是其在强噪声背景下的鲁棒性更好，适用于低信噪比条件下的信号瞬时频率参数估计。为了说明核参数优化方法的有效性，现考虑一个受强

噪声污染的非线性调频信号，表示为

$$s_n(t) = \cos[2\pi(100t^3 - 300t^2 + 450t)] + n(t) \tag{6.13}$$

其中，信号的瞬时频率为 $f(t) = 450 - 600t + 300t^2$；$n(t)$ 表示均值为 0、标准偏差为 1.75 的高斯白噪声；信号采样频率为 1000Hz。按照从低阶参数到高阶参数的顺序，可以将该信号的多项式瞬时频率参数记为 {450, –600, 300}。图 6.1 给出了该信号的时域波形和时频分布。从图中可以看出，在强噪声干扰下，很难准确获取信号的时频特征。图 6.2 给出了分别利用前面章节介绍的脊线迭代拟合以及核参数优化方法得到的信号参数化时频分析结果。脊线拟合方法经过三次迭代满足终止条件，但是由于在强噪声条件下无法准确提取时频脊线，该方法无法收敛到正确结果，如图 6.2(a)、(b) 所示。脊线拟合方法估计的瞬时频率多项式参数为 {185.45, 73.67, –121.91}，与真实参数相差甚远。即使在强噪声条件下，基于核参数优化的参数化时频分析方法也能得到信号集中的时频表示，并且准确估计信号瞬时频率，如图 6.2(c)、(d) 所示。核参数优化方法估计的瞬时频率参数为 {450.55, –602.52, 302.54}，与真实参数十分接近。

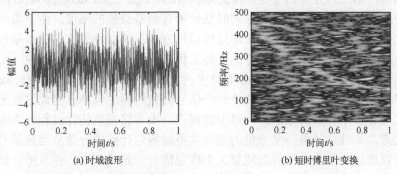

(a) 时域波形　　　　　　　　　　　　(b) 短时傅里叶变换

图 6.1　仿真信号 (6.13)

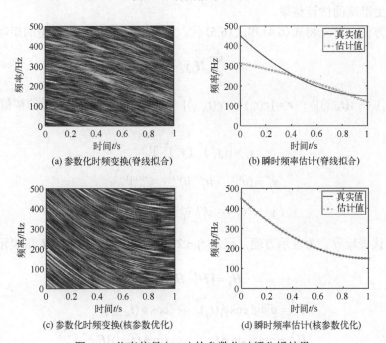

(a) 参数化时频变换 (脊线拟合)　　　　　　　(b) 瞬时频率估计 (脊线拟合)

(c) 参数化时频变换 (核参数优化)　　　　　　(d) 瞬时频率估计 (核参数优化)

图 6.2　仿真信号 (6.13) 的参数化时频分析结果

需要指出的是，虽然核参数优化方法的抗干扰能力强，但是参数优化过程涉及多维参数搜索，方法计算量大，只适合模型参数较少的估计问题。例如，对于图 6.2 中的仿真算例，脊线拟合方法计算耗时 1s，而核参数优化方法耗时 10s。当模型参数较多或者数据量较大时，核参数优化方法的计算速度无法满足实际需求。因此，建议只将核参数优化方法用于估计低阶（三阶及以下）多项式的模型参数。对于复杂的瞬时频率模型，优先考虑基于脊线拟合的参数估计方法。

6.3.2　幅值参数估计

在估计到瞬时频率参数之后，需要估计式(6.4)和式(6.5)中幅值函数的模型参数，从而实现信号分量重构。如前面所述，在信号模型(6.3)中幅值函数和瞬时频率相关项之间呈线性关系，因此在瞬时频率已知的情况下可以通过求解线性系统估计幅值函数。在设计幅值估计算法时，有两种具体实现方式：第一种方式与 EMD 的算法流程类似，即通过迭代方法逐一估计信号分量的幅值；第二种方式则与变分模式分解(variational mode decomposition，VMD)方法的实现方式一致，即利用联合优化方法同时估计所有信号分量的幅值。由于第一种方式实现简单，适应性强，大多数信号分解方法都采用该种方式。第二种方式的优点是信号提取精度高，并且在处理紧邻、相交信号分量方面有显著优势。在本章的分解问题中，实现幅值联合估计需要事先知道信号分量的个数[即式(6.3)中的 K 值]以及每一个分量的瞬时频率。6.3.1 节中介绍的瞬时频率估计方法每次只能估计一个信号分量的瞬时频率，因此这里无法直接采用联合优化方式估计多个分量的幅值。针对上述问题，本节将幅值估计过程分为两步完成：第一步采用迭代方式单独估计每一个分量的幅值并不断将估计到的分量从当前信号中剔除，在这一步中还可以通过判断剩余信号的能量大小确定信号分量的个数，并且可以估计所有分量的瞬时频率；第二步可以利用前一步得到的信号分量瞬时频率对所有分量的幅值函数进行联合优化，得到更准确的估计结果。

为了说明方便，首先将式(6.4)和式(6.5)代入式(6.3)，得到信号模型的矩阵形式：

$$s = \sum_{i=1}^{K} H_i y_i + r \tag{6.14}$$

其中，$s = [s(t_0) \cdots s(t_{N-1})]^T$；$r = [r(t_0) \cdots r(t_{N-1})]^T$；$y_i$ 为第 i 个信号分量的幅值参数列向量，具体形式为

$$y_i = [(y_i^u)^T (y_i^v)^T]^T \tag{6.15}$$

$$y_i^u = [u_0^{(i)} \cdots u_L^{(i)} \bar{u}_1^{(i)} \cdots \bar{u}_L^{(i)}]^T \tag{6.16}$$

$$y_i^v = [v_0^{(i)} \cdots v_L^{(i)} \bar{v}_1^{(i)} \cdots \bar{v}_L^{(i)}]^T \tag{6.17}$$

其中，上标 T 代表转置。为表示方便，记 $\phi_i(t) = 2\pi \int_0^t f_i(\tau) d\tau$，则矩阵 H_i 可表示为

$$H_i = [H_i^C \ H_i^S] \tag{6.18}$$

$$H_i^C = \text{diag}[\cos\phi_i(t_0), \cdots, \cos\phi_i(t_{N-1})]F \tag{6.19}$$

$$H_i^S - \text{diag}[\sin\phi_i(t_0), \cdots, \sin\phi_i(t_{N-1})]F \tag{6.20}$$

其中，diag[·] 代表对角矩阵；F 是一个 $N \times (2L+1)$ 的傅里叶模型矩阵：

$$F = \begin{bmatrix} 1 & \cos(2\pi F_0 t_0) & \cdots & \cos(2\pi L F_0 t_0) & \sin(2\pi F_0 t_0) & \cdots & \sin(2\pi L F_0 t_0) \\ \vdots & \vdots & & \vdots & \vdots & & \vdots \\ 1 & \cos(2\pi F_0 t_{N-1}) & \cdots & \cos(2\pi L F_0 t_{N-1}) & \sin(2\pi F_0 t_{N-1}) & \cdots & \sin(2\pi L F_0 t_{N-1}) \end{bmatrix} \tag{6.21}$$

式 (6.14) 表明，第 i 个分量的幅值参数向量 y_i 与矩阵 H_i 呈线性关系，而矩阵 H_i 由瞬时频率 $f_i(t)$ 确定。因此，在 H_i 已知的条件下，可以通过求解线性系统估计幅值参数 y_i。然而，这类数学逆问题通常是不适定的。对此，可以利用 Tikhonov 正则化方法求解该问题[11]。具体而言，幅值参数向量可以估计为

$$\tilde{y}_i^1 = \underset{y_i}{\arg\min} \left\{ \left\| s - H_i y_i \right\|_2^2 + \lambda_1 \left\| y_i \right\|_2^2 \right\} \tag{6.22}$$

其中，$\|\cdot\|_2$ 代表 l_2 范数；$\lambda_1 > 0$ 代表正则化参数，其目的是改善不适定问题求解的数值稳定性。注意：$\tilde{y}_i^1$ 中的上标 "1" 代表前面所述的幅值估计过程的第一步，即 $\tilde{y}_i^1$ 是只单独针对第 i 个分量估计的幅值参数。式 (6.22) 的解析解可以表示为

$$\tilde{y}_i^1 = (H_i^{\mathrm{T}} H_i + \lambda_1 I_1)^{-1} H_i^{\mathrm{T}} s \tag{6.23}$$

其中，I_1 代表单位矩阵。利用得到的幅值参数可以重构相应的信号分量：

$$\tilde{s}_i^1 = H_i \tilde{y}_i^1 \tag{6.24}$$

如前面所述，6.3.1 节中介绍的瞬时频率估计方法只能得到当前信号中能量最大的信号分量的瞬时频率。为此，利用式 (6.23) 和式 (6.24) 重构该信号分量，并将其从当前信号中减去，以消除该信号分量对其他分量瞬时频率估计的影响。然后对剩余信号重复执行上述步骤，可以估计其他能量较小的信号分量的瞬时频率以及重构相应的信号分量。上述方法可以初步提取所有信号分量，但是这种针对单个信号分量的幅值估计方法[即式 (6.22)]在处理紧邻、相交的信号分量时会出现较大误差。对此，需要进一步对提取的信号分量进行联合优化，从而提升幅值估计精度。具体而言，在第一步估计中能够得到所有信号分量的瞬时频率并且可以利用式 (6.18)～式 (6.20) 得到矩阵 H_i，其中 $i = 1, \cdots, K$，然后将式 (6.14) 改写为

$$s = Hy + r \tag{6.25}$$

其中

$$H = [H_1 \cdots H_K] \tag{6.26}$$

$$y = [y_1^{\mathrm{T}} \cdots y_K^{\mathrm{T}}]^{\mathrm{T}} \tag{6.27}$$

y_i 已在式 (6.15) 中给出。通过式 (6.28) 对所有信号分量的幅值参数进行联合优化：

$$\tilde{y} = \underset{y}{\arg\min} \left\{ \left\| s - Hy \right\|_2^2 + \lambda_2 \left\| y \right\|_2^2 \right\} \tag{6.28}$$

同理，式 (6.28) 的解析解可以表示为

$$\tilde{y} = (H^{\mathrm{T}} H + \lambda_2 I_2)^{-1} H^{\mathrm{T}} s \tag{6.29}$$

其中，I_2 是与 $H^{\mathrm{T}} H$ 同样尺度的单位矩阵。利用式 (6.29) 中的幅值联合优化结果可以重构每一个信号分量为

$$\tilde{s}_i = H_i \tilde{y}_i \tag{6.30}$$

其中，$\tilde{y}_i$ 代表 $\tilde{y}$ 的子向量。式(6.3)中的幅值函数 $u_i(t)$ 和 $v_i(t)$ 可以分别估计为

$$\tilde{u}_i = F\tilde{y}_i^u \tag{6.31}$$

$$\tilde{v}_i = F\tilde{y}_i^v \tag{6.32}$$

其中，$\tilde{u}_i = [\tilde{u}_i(t_0) \cdots \tilde{u}_i(t_{N-1})]^T$；$\tilde{v}_i = [\tilde{v}_i(t_0) \cdots \tilde{v}_i(t_{N-1})]^T$；$\tilde{u}_i(t)$ 和 $\tilde{v}_i(t)$ 分别代表 $u_i(t)$ 和 $v_i(t)$ 的估计值；F 代表傅里叶模型矩阵[式(6.21)]；$\tilde{y}_i^u$ 和 $\tilde{y}_i^v$ 为 $\tilde{y}_i$ 的两个子向量。最后，式(6.2)中的瞬时幅值 $a_i(t)$ 可以估计为

$$\tilde{a}_i(t) = \sqrt{\tilde{u}_i^2(t) + \tilde{v}_i^2(t)} \tag{6.33}$$

表 6.1 给出了非线性调频分量参数化分解的完整算法。其中，步骤 2~步骤 8 为信号分量单独估计过程，其目的是利用迭代方法逐个提取信号分量的瞬时频率，并根据剩余信号的能量大小(即 $\|r_{i+1}\|_2^2$)确定分量个数 K；步骤 9~步骤 15 为信号分量联合估计过程，其目的是得到高精度的信号分量估计结果。算法中的剩余信号能量阈值 δ 需要根据实际信号的信噪比选定。考虑到分解误差，选定的 δ 值需要保证分解结束之后的剩余信号的能量比背景噪声能量稍大。因此，噪声较弱时，通常选择较小的 δ 值。

表 6.1　非线性调频分量参数化分解算法

1:　初始化：$r_1 \leftarrow s$、δ、λ_1、λ_2、L、$0 \leftarrow i$
2:　while $\|r_{i+1}\|_2^2 > \delta\|s\|_2^2$　do
3:　　　$i \leftarrow i+1$
4:　　　$\overline{\mathrm{IF}}_i(t) \leftarrow$ 通过参数化时频分析方法估计瞬时频率
5:　　　$H_i \leftarrow$ 由瞬时频率 $\overline{\mathrm{IF}}_i(t)$ 构建分析矩阵[式(6.18)]
6:　　　$\tilde{s}_i^1 \leftarrow H_i(H_i^T H_i + \lambda_1 I_1)^{-1} H_i^T r_i$
7:　　　$r_{i+1} \leftarrow r_i - \tilde{s}_i^1$
8:　　end while
9:　　$K \leftarrow i$
10:　$H \leftarrow [H_1 \cdots H_K]$
11:　$\tilde{y} \leftarrow (H^T H + \lambda_2 I_2)^{-1} H^T s$
12:　for $i \leftarrow 1$ to K
13:　　　$\tilde{y}_i \leftarrow$ 提取 $\tilde{y}$ 的子向量[式(6.27)]
14:　　　$\tilde{s}_i = H_i \tilde{y}_i$
15:　end for

值得注意的是，噪声和其他信号分量会干扰式(6.22)的估计结果，而式(6.28)通常只受噪声干扰。在干扰较强的情况下应该使用较大的正则化参数，因此通常令 $0 < \lambda_2 \leq \lambda_1$。最优正则化参数可以通过广义交叉验证法确定[12]，以式(6.28)为例，其最优参数可估计为

$$\lambda_2^{\text{opt}} = \underset{\lambda_2}{\arg\min} \frac{\left\| I_2 - H(\lambda_2 I_2 + H^T H)^{-1} H^T s \right\|_2^2}{\{\mathrm{tr}[I_2 - H(\lambda_2 I_2 + H^T H)^{-1} H^T]\}^2} \tag{6.34}$$

其中，tr[·] 代表矩阵的迹。

如前面所述，非平稳信号的瞬时幅值可以反映信号在时频域的瞬时带宽。本章将信号幅值函数表示成傅里叶级数，而傅里叶级数的阶数 L 直接决定了幅值带宽，也决定了信号的瞬时带宽。因此，非线性调频分量参数化分解方法与时频域带通滤波有着相似的性质，该方法可以提取时频面上特定频率范围的信号分量。为了说明这一性质，将式 (6.4) 和式 (6.5) 代入式 (6.3)，经过整理可得

$$
\begin{aligned}
s(t) = \sum_{i=1}^{K} & \left\{ A_{i0}^{uv} \sin[\phi_i(t) + \varphi_{i0}^{uv}] + \sum_{l=1}^{L} \frac{A_{il}^{u\bar{u}}}{2} \{ \sin[\phi_i(t) + 2\pi l F_0 t + \varphi_{il}^{u\bar{u}} - \sin[\phi_i(t) - 2\pi l F_0 t - \varphi_{il}^{u\bar{u}}]] \} \right. \\
& \left. + \sum_{l=1}^{L} \frac{A_{il}^{v\bar{v}}}{2} \{ \cos[\phi_i(t) - 2\pi l F_0 t - \varphi_{il}^{v\bar{v}}] - \cos[\phi_i(t) + 2\pi l F_0 t + \varphi_{il}^{v\bar{v}}] \} \right\} + r(t)
\end{aligned}
\tag{6.35}
$$

其中，$\phi_i(t) = 2\pi \int_0^t f_i(\tau) \mathrm{d}\tau$；$A_{il}^{cd} = \sqrt{(c_l^{(i)})^2 + (d_l^{(i)})^2}$；$\varphi_{il}^{cd} = \arctan \dfrac{c_l^{(i)}}{d_l^{(i)}}$；$i = 1, \cdots, K$；$l = 0, \cdots, L$；$cd$ 代表 uv、$u\bar{u}$ 或者 $v\bar{v}$。式 (6.35) 表明，每一个信号分量由一系列的谐波成分构成，这些谐波成分的瞬时频率范围为 $[f_i(t) - LF_0, f_i(t) + LF_0]$。因此，该分解方法可以看作中心频率为 $f_i(t)$（即信号瞬时频率，由 6.3.1 节的参数化时频分析方法估计）的时频带通滤波器，其带宽为

$$
\mathrm{BW} = 2LF_0 = \frac{Lf_s}{N} \tag{6.36}
$$

图 6.3 给出了时频带通滤波的示意图以及一个高斯白噪声经过时频滤波之后得到的信号的时频分布。式 (6.36) 中的带宽 BW 可以根据具体的应用需求来确定。例如，在变转速机械的阶次分析中，一般令 $\mathrm{BW} \leqslant D_{\min}$，其中 $D_{\min}$ 表示两个相邻谐波分量在时频面上的最小距离。增大滤波带宽有助于补偿瞬时频率估计误差。也就是说，即使瞬时频率估计误差较大，只要使用足够大的滤波带宽，也能成功提取目标信号分量。但是，如果带宽过大，该方法可能提取到更多的噪声成分或者其他无关的信号分量。

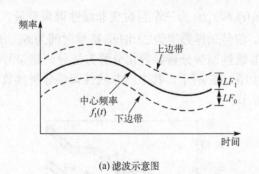

(a) 滤波示意图

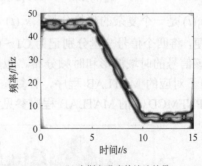

(b) 高斯白噪声的滤波结果

图 6.3　时频带通滤波

最后，对非线性调频分量参数化分解方法的计算复杂度进行分析。综上所述，该分解方法包括三个关键环节：①瞬时频率估计；②幅值函数单独估计[式 (6.22)]；③幅值函数联合估计[式 (6.28)]。这里以式 (6.6) 和式 (6.8) 中的傅里叶瞬时频率模型以及基于脊线拟合的瞬时频率估计方法为例，令 $\bar{M} = 2M + 1$，$\bar{L} = 4L + 2$（通常 $\bar{M}, \bar{L} \ll N$），将参数化时频变换的窗函数长度记为 J。那么，估计 K 个信号分量的瞬时频率的计算复杂度为

$O\left[\left(\sum_{i=1}^{K}I_i\right)(NJ\log_2 J + N\bar{M}^2)\right]$，其中，$I_i$ 表示脊线迭代拟合算法估计第 i 个分量的瞬时频率所需要的迭代次数（通常 $I_i \leqslant 4$）；单独估计 K 个分量幅值函数的计算复杂度为 $O(NK\bar{L}^2)$；幅值函数联合估计的计算复杂度为 $O(NK^2\bar{L}^2)$。因此，参数化分解方法的总计算复杂度为

$$O\left[\left(\sum_{i=1}^{K}I_i\right)(NJ\log_2 J + N\bar{M}^2) + NK\bar{L}^2 + NK^2\bar{L}^2\right]$$

$$\approx O[KN(J\log_2 J + \bar{M}^2 + K\bar{L}^2)]$$

(6.37)

6.3.3　仿真算例

本节将以仿真信号为例，验证非线性调频分量参数化分解方法的有效性。在后面的计算中，如无特殊说明，令带宽 $\mathrm{BW} = f_s/80$ [式 (6.36)]，其中 f_s 为采样频率，正则化参数 λ_1 和 λ_2 分别置为 5 和 0.005。

【例 6.1】　多分量强时变非线性调频信号

首先，第一个仿真信号包含四个信号分量，表达式为

$$s(t) = s_1(t) + s_2(t) + s_3(t) + s_4(t)$$

(6.38)

其中

$$s_1(t) = \frac{1}{1.2 + \cos(0.33\pi t)} + 0.5$$

$$s_2(t) = \mathrm{e}^{0.2t} \times \cos\{2\pi[1.3 + 10t + 1.65t^2 + 1.2\sin(\pi t)]\}$$

$$s_3(t) = \mathrm{e}^{0.15t} \times \cos\{2\pi[2.6 + 20t + 3.3t^2 + 1.2\sin(\pi t)]\}$$

$$s_4(t) = \mathrm{e}^{0.1t} \times \cos\{2\pi[3.9 + 30t + 5t^2 + 1.2\sin(\pi t)]\}$$

其中，$s_1(t)$ 是一个复杂的趋势分量；$s_2(t)$、$s_3(t)$ 和 $s_4(t)$ 为三个强时变非线性调频分量。为了说明方便，将四个信号分量分别记为 C1~C4。信号采样频率为 250Hz，持续时间为 6s。图 6.4 给出了该信号的时域波形和时频分布。应用非线性调频分量参数化分解方法分解该信号，表 6.2 给出了对应的 MATLAB 程序，计算结果如图 6.5 所示。其中，非线性调频分量参数化分解函数 PNFMCD( ) 的 MATLAB 程序参见 6.6 节。

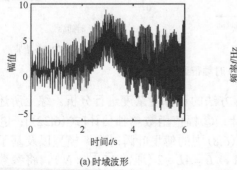

(a) 时域波形

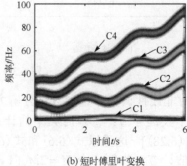

(b) 短时傅里叶变换

图 6.4　仿真信号 (6.38)

表 6.2　分解多分量强时变非线性调频信号(例 6.1)的 MATLAB 程序

```
clc;clear;
close all
SampFreq = 250;
t = 0:1/SampFreq:6;
L = length(t);
amp1 = exp(0.2*t);amp2 = exp(0.15*t);amp3 = exp(0.1*t);
Sig1 = amp1.*cos(2*pi*(1.3+10*t + 1.65*t.^2 + 1.2*sin(pi*t)));
IF1 = 10 + 3.3*t + 1.2*pi*cos(pi*t);
Sig2 = amp2.*cos(2*pi*(2.6+20*t + 3.3*t.^2 + 1.2*sin(pi*t)));
IF2 = 20 + 6.6*t + 1.2*pi*cos(pi*t);
Sig3 = amp3.*cos(2*pi*(3.9+30*t + 5*t.^2 + 1.2*sin(pi*t)));
IF3 = 30 + 10*t + 1.2*pi*cos(pi*t);
Sig4 = 1./(1.2+cos(2*pi*0.165*t))+0.5;
Sig = Sig1 + Sig2 + Sig3 + Sig4;
noise = addnoise(length(t),0,0);              %噪声
Sign = Sig + noise;
%%%%%%%%%%%%时域信号%%%%%%%%%%%%
figure
plot(t,Sign,'b-','linewidth',2);
xlabel('\fontname{宋体}时间\fontname{Times New Roman}{\itt} (s)');
ylabel('\fontname{宋体}幅值');
%%%%%%%%%%%%短时傅里叶变换时频分布%%%%%%%%%%%%
figure
[Spec,f] = Mo_GWarblet(Sign',SampFreq,zeros(1,L),zeros(1,L),512,128);
imagesc(t,f,Spec);
set(gca,'YDir','normal')
xlabel('\fontname{宋体}时间\fontname{Times New Roman}{\itt} (s)');
ylabel('\fontname{宋体}频率\fontname{Times New Roman}{\itf} (Hz)');
%%%%%%%%%%%%非线性调频分量参数化分解%%%%%%%%%%%%
orderIF = 6;                               %瞬时频率傅里叶级数阶次
bw = SampFreq/80;%双边带宽
orderamp = round(bw*length(Sign)/SampFreq); %瞬时幅值傅里叶级数阶次
thr = 0.05;
[Sigmatrix,ampmatrix,Sig_seper,amp_seper,IFmatrix,residual] = PNFMCD(Sig, …
    SampFreq,orderIF,orderamp,thr);
[num, ~ ] = size(Sigmatrix);
figure
for i = 1:num
    subplot(4,1,i)
    plot(t,Sigmatrix(i,:),'b-','linewidth',2);
end
xlabel('\fontname{宋体}时间\fontname{Times New Roman}{\itt} (s)');
```

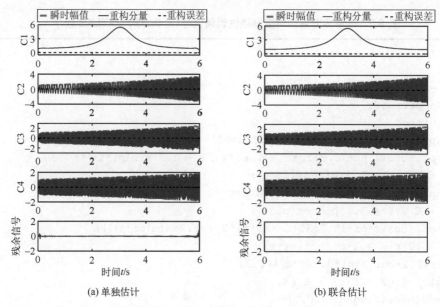

(a) 单独估计　　　　　　　　　　　　　(b) 联合估计

图 6.5　信号 (6.38) 的 PNFMCD 结果

　　考虑到瞬时频率的复杂性，这里采用式 (6.8) 中的傅里叶级数瞬时频率模型，将模型阶数 M 置为 6。图 6.5 给出了非线性调频分量参数化分解方法重构得到的信号分量以及最终的剩余信号，其中，图 6.5(a) 和 (b) 分别给出了单独估计 [式 (6.22)] 和联合估计 [式 (6.28)] 的结果。由于受其他无关信号分量的干扰，单独估计方法得到的信号分量存在轻微的边界误差。但是，通过进一步的联合优化，能够得到高精度的分量重构结果，如图 6.5(b) 所示。该算例表明，该方法能够准确分析强时变调频信号。

【例 6.2】　多分量交叉非线性调频信号

　　第二个仿真信号包含三个信号分量，这些分量的瞬时频率在时频面上相交，表示为

$$s(t) = s_1(t) + s_2(t) + s_3(t) \tag{6.39}$$

其中

$$s_1(t) = \cos[2\pi(0.23 + 15t + 0.2t^2)]$$

$$s_2(t) = \cos[2\pi(0.35 + 35t - 0.8t^2)]$$

$$s_3(t) = [1 + 0.5\cos(0.6\pi t)] \times \cos\{2\pi[5t + 1.2t^2 + 5\sin(0.25\pi t)]\}$$

其中，信号采样频率为 100Hz，持续时间为 15s。将上述三个信号分量分别记为 C1~C3。图 6.6 给出了信号的时域波形和时频分布，可以看出，三个分量的瞬时频率在时频面上相交，大多数分解方法都无法处理这类信号。利用本章介绍的 PNFMCD 方法对上述相交信号分量进行分解，对应的 MATLAB 计算程序如表 6.3 所示。此处仍采用傅里叶瞬时频率模型，设置模型阶数为 4。图 6.7 给出了上述相交信号分量的分解结果。由于单独估计方法无法识别信号分量在交点附近的能量分布，首先估计到的信号分量会带走交点处的所有信号能量，从而造成其他信号分量的能量损失。因此采用单独估计方法得到的信号分量在交点处存在较大误差，如图 6.7(a) 所示。联合优化方法同时考虑了所有信号分量的能量信息，因而能够平衡分量之间的能量分布，实现相交信号分量的精确重构，如图 6.7(b) 所示。

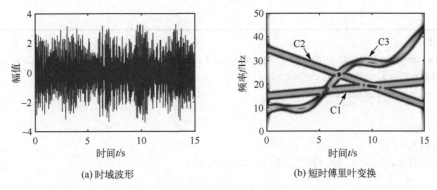

图 6.6　仿真信号 (6.39)

表 6.3　分解多分量交叉非线性调频信号 (例 6.2) 的 MATLAB 程序

```
clc;clear;close all
SampFreq = 100;
t = 0:1/SampFreq:15;
L = length(t);
Sig1 = cos(2*pi*(0.23+15*t + 0.2*t.^2));
IF1 = 15 + 0.4*t;
Sig2 = cos(2*pi*(0.35+35*t - 0.8*t.^2));
IF2 = 35 - 1.6*t;
amp3 = 0.5*cos(2*pi*0.3*t)+1;
Sig3 = amp3.*cos(2*pi*(5*sin(pi/4*t) +5*t + 1.2*t.^2 ));
IF3 = 5*pi/4*cos(pi*t/4) + 2.4*t + 5;
Sig = Sig1 + Sig2 + Sig3;
noise = addnoise(length(t),0,0);            %噪声
Sign = Sig + noise;
%%%%%%%%%%%%时域信号%%%%%%%%%%%%%
figure
set(gcf,'Position',[20 100 640 500]);
set(gcf,'Color','w');
plot(t,Sign,'b-','linewidth',2);
xlabel('\fontname{宋体}时间\fontname{Times New Roman}{\itt} (s)');
ylabel('\fontname{宋体}幅值');
%%%%%%%%%%%%短时傅里叶变换时频分布%%%%%%%%%%%%%
figure
[Spec,f] = Mo_GWarblet(Sign',SampFreq,zeros(1,L),zeros(1,L),512,128);
imagesc(t,f,Spec);
xlabel('\fontname{宋体}时间\fontname{Times New Roman}{\itt} (s)');
ylabel('\fontname{宋体}频率\fontname{Times New Roman}{\itf} (Hz)');
set(gca,'YDir','normal')
%%%%%%%%%%%%非线性调频分量分解%%%%%%%%%%%%%
orderIF = 4;%瞬时频率多项式阶次
bw = SampFreq/80;%双边带宽
orderamp = round(bw*length(Sign)/SampFreq);%瞬时幅值傅里叶级数阶次
```

```
thr = 0.05;
[Sigmatrix,ampmatrix,Sig_seper,amp_seper,IFmatrix,residual] = PNFMCD( ...
    Sig, SampFreq,orderIF,orderamp,thr);
[num, ~ ] = size(Sigmatrix);
figure
for i = 1:num
    subplot(3,1,i)
    plot(t,Sigmatrix(i,:),'b-','linewidth',2);
end
xlabel('\fontname{宋体}时间\fontname{Times New Roman}{\itt} (s)');
```

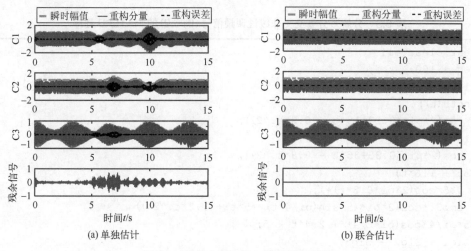

(a) 单独估计　　　　　　　　　　　　(b) 联合估计

图 6.7　信号 (6.39) 的 PNFMCD 结果

在上述仿真中，为了说明算法的重构精度，并未考虑噪声的影响。值得注意的是，本章介绍的非线性调频分量参数化分解方法能够在噪声条件下提取信号中的有效成分，从而提升信号的信噪比，实现信号去噪。为了验证该方法对多分量非平稳信号的去噪性能，首先在信号 (6.39) 中加入不同强度的高斯白噪声，再利用该方法在噪声中提取信号分量，然后将得到的信号分量相加并计算其总体信噪比来评估去噪性能。与此同时，为了研究正则化参数 λ_2 对去噪结果的影响，在仿真过程中使用了不同的参数值（即 0、0.005、0.5 和 40）。为对比分析，给出了一种常用的非平稳信号去噪方法——时频变换分块阈值 (block thresholding, BT) 方法的去噪结果[13]，如图 6.8 所示。

从图 6.8 中可以看出，本章介绍的 PNFMCD 方法在不同噪声条件下的去噪性能都优于 BT 方法。这是因为 BT 方法没有充分利用信号内部的多分量结构，导致去噪不充分。对于 PNFMCD 方法，当信噪比较低时，增大正则化参数 λ_2 可以降低算法对噪声的敏感性，因此可以得到更好的去噪结果。但是，当信噪比较高时，增大正则化参数反而会增加信号的重构误差。例如，当信噪比为 15dB 时，$\lambda_2=40$ 的去噪结果反而不如 $\lambda_2=0.005$ 和 0.5 的结果，如图 6.8 所示。需要注意的是，在噪声条件下，如果舍弃正则化参数（即令 $\lambda_2=0$），会导致式 (6.29) 中的矩阵求逆过程的数值稳定性变差，影响信号去噪性能。图 6.8 中的结果表明，PNFMCD 方法在噪声情况下也能得到满意的信号分解结果。

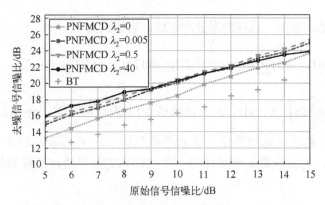

图 6.8　信号(6.39)在不同噪声水平下的去噪结果

6.4　变转速轴承故障诊断应用

　　轴承是旋转机械设备的关键部件，由轴承失效引起的设备故障是旋转机械设备最典型的故障类型，因此轴承故障诊断一直是设备健康监测与诊断领域的研究热点。如果轴承表面出现局部缺陷，缺陷与配合面接触时会产生瞬态冲击，因此轴承振动信号中会出现瞬态脉冲。当主轴转速恒定时，瞬态脉冲会周期性重复出现。脉冲重复频率称为轴承故障特征频率。根据故障特征频率，可以诊断不同类型的轴承故障[14-16]。由于故障轴承的振动信号包含一系列周期性出现的瞬态脉冲，其本质是一个调幅信号。振动信号的快变调幅特征会在轴承共振频率周围产生许多复杂边带，因此很难从振动信号频谱中提取故障特征频率。为了消除频谱中的边带现象，包络解调是一种常用手段[17]。具体而言，幅值调制频率直接反映了故障特征频率，因此可以提取振动信号包络，并通过包络谱分析识别故障特征频率。在变转速工况下，包络信号具有非平稳特性，需要借助时频分析方法提取信号特征。短时傅里叶变换、连续小波变换等传统时频分析方法的时频集中性差，难以得到满意的分析结果。对此，本节利用非线性调频分量参数化分解方法准确提取时变故障特征频率，从而实现变转速轴承故障诊断[18]。

6.4.1　轴承故障信号模型

　　滚动轴承外圈和内圈的故障特征频率可以分别通过以下两式计算：

$$f_{\text{outer}} = \frac{N_b}{2}\left(1 - \frac{d}{D}\cos\psi\right)f_r = \text{FC}_\text{O}f_r \tag{6.40}$$

$$f_{\text{inner}} = \frac{N_b}{2}\left(1 + \frac{d}{D}\cos\psi\right)f_r = \text{FC}_\text{I}f_r \tag{6.41}$$

其中，N_b 代表轴承滚动体的数量；d 和 D 分别代表滚动体和节圆的直径；ψ 代表接触角；f_r 代表主轴转频；FC_O 和 FC_I 分别代表轴承外圈和内圈的故障特征系数。从式(6.40)和式(6.41)中可以看出，轴承故障特征频率与转频呈正比例关系。在变转速工况下，故障特征频率会随转速的变化而改变，因此是一个时变函数。

故障轴承的振动信号由一系列瞬态脉冲组成，表达式为

$$s(t) = A(t)\sum_{i=1}^{K}\exp[-\beta(t-T_i)]\times\sin[2\pi f_{\text{reson}}(t-T_i)]u(t-T_i) \tag{6.42}$$

其中，$A(t)=1+\nu\cos\left[2\pi\int_0^t f_r(\tau)\mathrm{d}\tau\right]$ 表示调幅函数（ν 为调幅系数：外圈故障时，$\nu=0$；内圈故障时，$\nu>0$）；K 表示脉冲数量；β 表示阻尼因子；f_{reson} 表示轴承共振频率；$u(t)$ 为一个单位阶跃函数；T_i 表示第 i 个脉冲的产生时间。T_i 可以通过故障特征频率确定，表达式如下：

$$\begin{cases} T_1=0 \\ \phi_{\text{FC}}(T_i)-\phi_{\text{FC}}(T_{i-1})=2\pi \end{cases} \tag{6.43}$$

其中，$\phi_{\text{FC}}(t)=2\pi\int_0^t f_{\text{FC}}(\tau)\mathrm{d}\tau$，$f_{\text{FC}}(t)$ 代表故障特征频率[如式(6.40)和式(6.41)所示]。本节假定第一个脉冲在零时刻产生，即 $T_1=0$。

为了消除由振动信号(6.42)的快速调幅特征引起的边带现象，需要对该信号进行包络解调。也就是说，首先提取振动信号的包络，继而通过分析包络信号提取故障特征频率。如果振动信号中包含许多干扰成分，在提取包络信号之前可以利用谱峭度方法对原始振动信号进行滤波处理[19]。包络信号可以通过 Hilbert 变换得到，表达式为

$$E(t)=\sqrt{s^2(t)+\mathcal{H}^2[s(t)]} \tag{6.44}$$

其中，$\mathcal{H}[\cdot]$ 代表 Hilbert 变换。式(6.44)本质上是在计算 $s(t)$ 的解析信号的模。需要指出的是，$E(t)\geq 0$ 表明包络信号中包含低频趋势分量。为了消除趋势分量的干扰，可以对包络信号进行高通滤波。另外，故障特征频率通常远远小于轴承共振频率，因此在得到包络信号之后，可以对其降采样，提升计算效率。

6.4.2　仿真验证

以一个轴承内圈故障的仿真信号为例，假定故障特征频率为 $f_{\text{inner}}(t)=3.5f_r(t)$，其中转频 $f_r(t)=30+15\sin(\pi t)$。其他仿真参数设置如下：调幅系数 $\nu=0.9$、阻尼因子 $\beta=2000$、轴承共振频率 $f_{\text{reson}}=2000$ Hz。信号受强噪声污染，其信噪比为 0dB。图 6.9 给出了该仿真振动信号及其包络信号。从原始振动信号的时频表示中只能观察到共振频率 2000Hz 附近的脉冲能量带，无法获取故障特征频率信息，如图 6.9(b)所示。经过包络解调得到包络信号，其时频分布能够反映时变的故障特征频率，如图 6.9(d)所示。然而，上述时频分布的分辨率有限，难以准确刻画故障特征频率。

对此，利用非线性调频分量参数化分解方法提取轴承故障特征频率，其中以傅里叶模型逼近特征频率，模型阶数为 3。图 6.10(a)给出了故障特征频率的估计结果，其中只考虑包络信号的前 7 个特征分量（即转频 f_r，内圈故障特征频率 f_{inner} 及其二倍频 $2f_{\text{inner}}$，以及调幅现象引起的特征频率的上、下边带）。从图中可以看出，该参数化方法能够精确估计轴承故障特征频率。

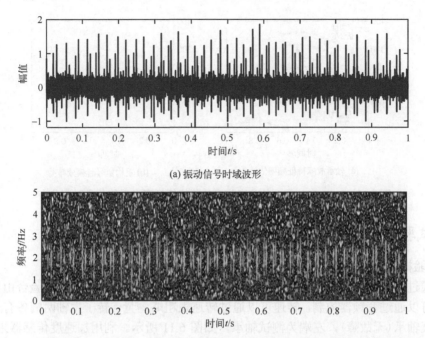

(a) 振动信号时域波形

(b) 振动信号短时傅里叶变换

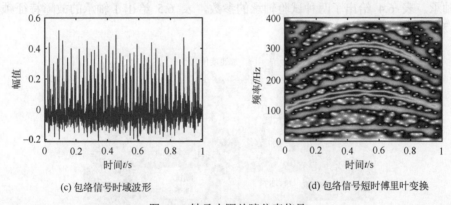

(c) 包络信号时域波形　　　　　　　　　　　　　(d) 包络信号短时傅里叶变换

图 6.9　轴承内圈故障仿真信号

　　需要指出的是，非线性调频分量分解方法通过估计信号分量的瞬时频率和瞬时幅值从而重构信号分量。因此，利用估计的瞬时幅值和瞬时频率可以构造信号高分辨率的时频分布，表达式为

$$W(t,\eta) = \sum_{i=1}^{K} \tilde{a}_i(t)\delta[\eta - \tilde{f}_i(t)] \tag{6.45}$$

其中，K 为信号分量个数；t 和 η 分别代表时间和频率变量；$\tilde{a}_i(t)$ 和 $\tilde{f}_i(t)$ 分别代表估计的瞬时幅值和瞬时频率；$\delta(t)$ 代表狄拉克函数。图 6.10(b) 给出了非线性调频分量分解方法重构的信号时频分布，从图中可以看出，该重构信号时频分布的分辨率高，能够准确描述时变的故障特征频率及其边带频率，并且清楚地反映了各个信号分量的能量变化情况。相比于传统时频分析方法，非线性调频分量分解在变转速轴承故障诊断中具有明显优势。

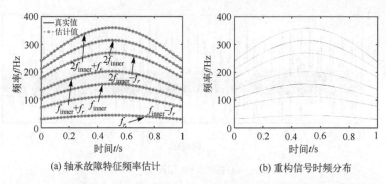

(a) 轴承故障特征频率估计　　　　　(b) 重构信号时频分布

图 6.10　PNFMCD 得到的仿真信号故障特征频率及重构信号时频分布

6.4.3　试验验证

1. 试验概述

本节通过滚动轴承试验台验证所提方法在轴承故障诊断中的有效性。试验台由电机驱动，电机转速可以通过变频器控制，转速可以通过转速表粗略测量。转子主轴两端各有一个轴承：右端为健康轴承(无故障)，左端为测试轴承，如图 6.11 所示。利用加速度传感器采集轴承振动信号。分别使用不同的测试轴承进行了两组实验：外圈故障的 ER10K 轴承和内圈故障的 ER16K 轴承。表 6.4 给出了两种试验轴承的参数，表 6.5 给出了轴承的故障特征频率[通过式 (6.40)和式(6.41)计算得到]。

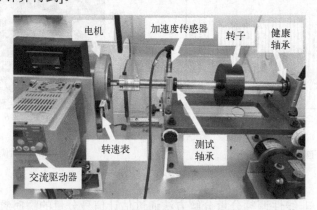

图 6.11　滚动轴承故障诊断试验台

表 6.4　试验轴承参数

轴承型号	节圆直径/mm	滚动体直径/mm	滚动体数目/个
ER10K	33.50	7.94	8
ER16K	38.52	7.94	9

表 6.5　试验轴承故障特征频率

试验设置	轴承型号	故障特征频率
外圈故障	ER10K	$3.05f_r$
内圈故障	ER16K	$5.13f_r$

2. 轴承外圈故障

在第一个试验中，测试轴承的外圈存在局部缺陷，试验台主轴转速随时间线性增加。信号采样频率为 24kHz，采样时间长度为 2.5s。图 6.12 给出了轴承外圈故障时的实验振动信号，与 6.4.2 节的仿真结果类似，无法直接从振动信号的时频分布中获取故障特征信息，如图 6.12(c)所示。对此，利用包络解调方法获取振动包络信号，如图 6.13(a)和(b)所示。从包络信号的时频分布中可以模糊观察到一些随时间线性增加的特征频率。

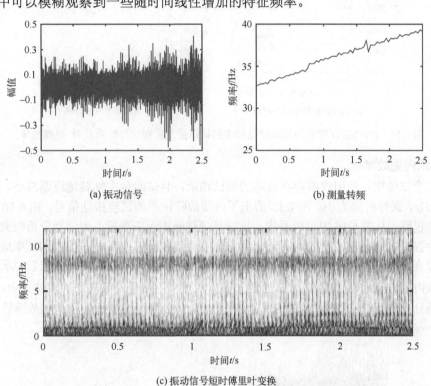

(a) 振动信号　　　　　　　　　　　　　(b) 测量转频

(c) 振动信号短时傅里叶变换

图 6.12　轴承外圈故障情况下的试验振动信号

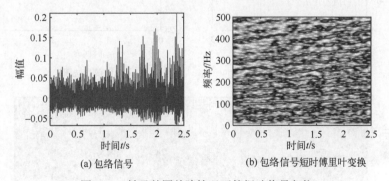

(a) 包络信号　　　　　　　　　　　(b) 包络信号短时傅里叶变换

图 6.13　轴承外圈故障情况下的振动信号包络

为了准确提取信号特征，利用非线性调频分量参数化分解方法处理该包络信号，估计的特征频率如图 6.14(a)所示。从图中可以看出，本节所提方法成功提取了转频 f_r、外圈故障特征频率 f_{outer} 及其 2~4 倍频，该结果表明轴承存在外圈故障。需要说明的是，该方法能够从振动信号中估计转频,因此可以实现转速未知条件下的轴承故障诊断(即无须通过硬件设备测量转速)。图6.14(b)给出了非线性调频分量分解方法重构的信号时频分布。从结果中可以看出,该方法不仅能够清楚地表征变转速轴承的故障特征,还能有效去除环境噪声。

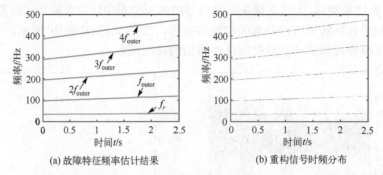

(a) 故障特征频率估计结果　　　　　　　　(b) 重构信号时频分布

图 6.14　PNFMCD 得到的故障特征频率估计结果及重构信号时频分布(外圈故障)

3. 轴承内圈故障

在第二个试验中,使用内圈存在故障的测试轴承,且试验台主轴转速逐渐减小。信号采样频率为12kHz,采样时间为3s。图6.15给出了内圈故障轴承的试验振动信号,图6.16给出了该振动信号的包络。从图6.16中可以看出,该信号受强噪声污染严重,为信号分析带来了巨大挑战。在这种强干扰情况下,非线性调频分量分解方法仍成功提取了一些重要的频率成分,即转频 f_r 及其 2 倍频、轴承内圈故障特征频率 f_{inner} 及其 2 倍频和 3 倍频,如图6.17(a)所示。该结果表明轴承内圈出现故障。图6.17(b)给出了该方法重构的信号时频分布。从结果中可以看出,非线性调频分量分解方法能够有效抑制强噪声干扰,从而清楚地描述轴承微弱故障特征。

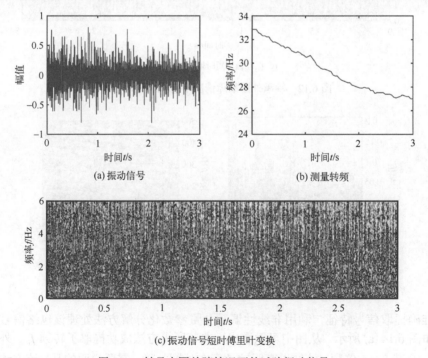

(a) 振动信号　　　　　　　　　　　(b) 测量转频

(c) 振动信号短时傅里叶变换

图 6.15　轴承内圈故障情况下的试验振动信号

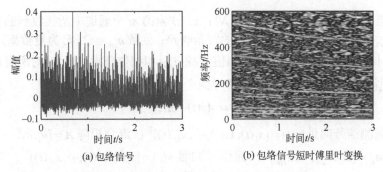

(a) 包络信号　　　　　　　　　　　(b) 包络信号短时傅里叶变换

图 6.16　轴承内圈故障情况下的振动信号包络

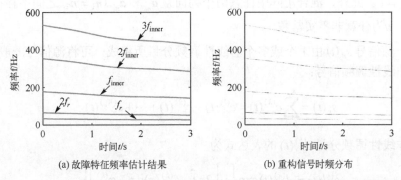

(a) 故障特征频率估计结果　　　　　　　(b) 重构信号时频分布

图 6.17　PNFMCD 得到的故障特征频率估计结果及重构信号时频分布(内圈故障)

6.5　多通道信号盲分离应用

多分量信号分解问题的研究对象为单个传感器所接收到的单通道信号,研究目标是将单通道信号分解为满足一定条件(参考 2.3.1 节)的多个单分量信号。在工程实际中,这些信号分量往往来自应用场景中的多个信号源,有些信号源只发出一个信号分量,而有些则发出多个信号分量。多分量信号分解方法可以将单通道信号分解为多个信号分量,但无法指出哪些分量来自同一信号源。为了解决这一难题,需要配置多个传感器感知多个信号源所发出的多分量信号,并通过分析多个通道的多分量信号实现信号分量溯源及源信号重构,即非线性调频源信号的盲分离。本节将基于非线性调频分量参数化分解理论发展非线性调频源信号的盲分离方法。由于多源信号盲分离问题的普遍性,该方法在语音信号处理[20, 21]、雷达信号处理[22, 23]以及机械故障诊断[24]等领域都具有良好的应用前景。

6.5.1　非线性调频源盲分离问题

描述多源信号盲混合与多通道传输的数学模型主要有瞬时混合模型、无回声混合模型以及回声混合模型[24]。根据非线性调频源信号应用场景的需求,本节选取瞬时混合模型描述多个非线性调频源信号的盲混合与多通道传输。其中,在第 m 个通道(传感器)中所观测到多源信号(复数形式)的瞬时混合模型可表达为

$$x_m(t) = \sum_{n=1}^{N} a_{mn} s_n(t) + n_m(t) \tag{6.46}$$

其中，$s_n(t)$ 为第 n 个源信号 ($n = 1, 2, \cdots, N$)；$x_m(t)$ 为第 m 个通道中所接收到的观测信号 ($m = 1, 2, \cdots, M$)；$n_m(t)$ 为第 m 个通道中混入的背景噪声；复数 $a_{mn} \in \mathbb{C}$ ($\mathbb{C}$ 为复数集) 则包含了第 n 个源信号 $s_n(t)$ 传输到第 m 个通道时的幅值衰减 $|a_{mn}|$ 和相位延迟 $\angle a_{mn}$。对所有通道观测信号的瞬时混合模型进行集总，可得到如下瞬时混合模型的矩阵形式：

$$\boldsymbol{x}(t) = \boldsymbol{A}\boldsymbol{s}(t) + \boldsymbol{n}(t) \tag{6.47}$$

其中，多通道观测信号向量 $\boldsymbol{x}(t) = [x_1(t), x_2(t), \cdots, x_M(t)]^T$；混合矩阵 $\boldsymbol{A} = [\boldsymbol{a}_1, \boldsymbol{a}_2, \cdots, \boldsymbol{a}_N]$，混合矩阵中的列向量 $\boldsymbol{a}_n = [a_{1n}, a_{2n}, \cdots, a_{Mn}]^T$；源信号向量 $\boldsymbol{s}(t) = [s_1(t), s_2(t), \cdots, s_N(t)]^T$；背景噪声向量 $\boldsymbol{n}(t) = [n_1(t), n_2(t), \cdots, n_N(t)]^T$。为了去除混合矩阵 $\boldsymbol{A}$ 的尺度模糊性，规定混合矩阵列向量的模为 1，即 $\|\boldsymbol{a}_n\|_2 = 1$。此外，混合矩阵中任意两个列向量 $\boldsymbol{a}_{n_1}$ 和 $\boldsymbol{a}_{n_2}$ ($n_1 \neq n_2$) 之间不存在比例关系，即 $\boldsymbol{a}_{n_1} \neq \mu \boldsymbol{a}_{n_2}$，$\mu$ 为任意非零实常数。

假定每个源信号 $s_n(t)$ 由 1 个或多个非线性调频分量所组成，可将源信号一般化地建模为如下多分量非线性调频信号：

$$s_n(t) = \sum_{k=1}^{K_n} c_n^{(k)}(t) = c_n^{(1)}(t) + c_n^{(2)}(t) + \cdots + c_n^{(K_n)}(t) \tag{6.48}$$

其中，每个非线性调频分量 $c_n^{(k)}(t)$ 的表达式为

$$c_n^{(k)}(t) = A_n^{(k)}(t) \exp\left\{ \mathrm{j} \cdot \left[2\pi \int_0^t f_n^{(k)}(\tau)\mathrm{d}\tau + \varphi_n^{(k)} \right] \right\} \tag{6.49}$$

其中，$A_n^{(k)}(t)$、$f_n^{(k)}(t)$ 和 $\varphi_n^{(k)}$ 分别为非线性调频分量的瞬时幅值、瞬时频率和初相位；K_n 为源信号中所包含的分量个数。式(6.48)所定义的源信号 $s_n(t)$ 可称为非线性调频源[25]。

多源信号盲分离的两个主要任务是源信号重构和混合矩阵估计。针对非线性调频源信号的盲分离问题，源信号重构任务可转化为非线性调频分量的重构和聚类，即通过将属于同一源信号的非线性调频分量叠加进而重构源信号。

6.5.2　参数化盲分离方法

本节将介绍一种参数化盲分离方法，以实现非线性调频源信号重构和混合矩阵估计。该盲分离方法主要包含两个步骤：首先，利用非线性调频分量参数化分解方法将各通道的观测信号分解为一系列单分量信号；然后，对分解得到的非线性调频分量进行聚类，并将属于同一源信号的分量叠加，重构源信号并估计混合矩阵。这两个步骤的具体实现过程如下。

1. 观测信号参数化分解

由于每个通道的观测信号由多个非线性调频源所组成，而每个非线性调频源又由多个非线性调频分量所组成，因此观测信号也为多分量非线性调频信号。对每个信号分量的瞬时幅值和瞬时频率分别进行参数化，进而利用本章所提出的参数化分解方法对第 m 个通道的观测信号进行分解，得到如下结果：

$$x_m(t) = a_{m1} \sum_{k=1}^{K_1} c_1^{(k)}(t) + a_{m2} \sum_{k=1}^{K_2} c_2^{(k)}(t) + \cdots + a_{mN} \sum_{k=1}^{K_N} c_N^{(k)}(t) + n_m(t) \tag{6.50}$$

所有通道观测信号的分解结果如图 6.18 所示。其中，属于同一非线性调频源的信号分量都用

同一颜色的矩形虚线框标出。由图 6.18 可知，混合矩阵 $\boldsymbol{A}$ 中的列向量元素 a_{mn} 在分解得到信号分量 $a_{mn}c_n^{(k)}(t)$ 的瞬时幅值中，并且属于同一源信号的非线性调频分量在盲混合时共享混合矩阵中的同一列向量[26]。这两个性质是实现非线性调频分量聚类和混合矩阵估计的关键依据，即可根据所有通道中具有相同调频规律信号分量的瞬时幅值估计混合矩阵的列向量，由于属于同一非线性调频源的信号分量共享同一列向量，因此可通过计算估计得到列向量之间的距离实现信号分量的聚类，并将属于同一源的信号分量叠加，实现非线性调频源重构以及混合矩阵中所有列向量的估计。

$$x_1(t) \xrightarrow{\text{分解}} a_{11}c_1^{(1)}(t),\cdots,a_{11}c_1^{(K_1)}(t),\cdots,a_{1n}c_n^{(1)}(t),\cdots,a_{1n}c_1^{(K_n)}(t),\cdots,a_{1N}c_N^{(1)}(t),\cdots,a_{1N}c_1^{(K_N)}(t),$$
$$\vdots$$
$$x_m(t) \xrightarrow{\text{分解}} a_{m1}c_1^{(1)}(t),\cdots,a_{m1}c_1^{(K_1)}(t),\cdots,a_{mn}c_n^{(1)}(t),\cdots,a_{mn}c_n^{(K_n)}(t),\cdots,a_{mN}c_N^{(1)}(t),\cdots,a_{mN}c_N^{(K_N)}(t),$$
$$\vdots$$
$$x_M(t) \xrightarrow{\text{分解}} a_{M1}c_1^{(1)}(t),\cdots,a_{M1}c_1^{(K_1)}(t),\cdots,a_{Mn}c_n^{(1)}(t),\cdots,a_{Mn}c_n^{(K_n)}(t),\cdots,a_{MN}c_N^{(1)}(t),\cdots,a_{MN}c_N^{(K_N)}(t).$$

图 6.18　所有通道观测信号的参数化分解结果

2. 非线性调频分量聚类

下面，通过估计分解得到信号分量所对应的混合矩阵列向量实现非线性调频分量的聚类，进而实现非线性调频源重构和混合矩阵估计。首先，根据分解结果确定所有通道中具有相同调频规律的信号分量 $a_{mn}c_n^{(k)}(t)$ $(m=1,2,\cdots,M)$，构建如下瞬时幅值矩阵 $\boldsymbol{G}_n^{(k)}$，并对该瞬时幅值矩阵进行主成分分析（principal component analysis, PCA）：

$$\boldsymbol{G}_n^{(k)} = \begin{bmatrix} a_{1n}A_n^{(k)}(t_0) & a_{1n}A_n^{(k)}(t_1) & \cdots & a_{1n}A_n^{(k)}(t_{I-1}) \\ a_{2n}A_n^{(k)}(t_0) & a_{2n}A_n^{(k)}(t_1) & \cdots & a_{2n}A_n^{(k)}(t_{I-1}) \\ \vdots & \vdots & & \vdots \\ a_{Mn}A_n^{(k)}(t_0) & a_{Mn}A_n^{(k)}(t_1) & \cdots & a_{Mn}A_n^{(k)}(t_{I-1}) \end{bmatrix} = \begin{bmatrix} a_{1n} \\ a_{2n} \\ \vdots \\ a_{Mn} \end{bmatrix} [A_n^{(k)}(t_0) \quad \cdots \quad A_n^{(k)}(t_{I-1})] \tag{6.51}$$

构建该瞬时幅值矩阵 $\boldsymbol{G}_n^{(k)}$ 的协方差矩阵：

$$\boldsymbol{R}_n^{(k)} = \frac{\boldsymbol{G}_n^{(k)}[\boldsymbol{G}_n^{(k)}]^{\mathrm{H}}}{I} \tag{6.52}$$

其中，上标 H 表示对矩阵进行共轭转置运算。通过对上述协方差矩阵 $\boldsymbol{R}_n^{(k)}$ 进行特征值分解，辨识瞬时幅值矩阵 $\boldsymbol{G}_n^{(k)}$ 列向量的主成分：

$$\boldsymbol{R}_n^{(k)} = [\boldsymbol{v}_{n,1}^{(k)},\boldsymbol{v}_{n,2}^{(k)},\cdots,\boldsymbol{v}_{n,M}^{(k)}]\mathrm{diag}(\lambda_{n,1}^{(k)},\lambda_{n,2}^{(k)},\cdots,\lambda_{n,M}^{(k)})[\boldsymbol{v}_{n,1}^{(k)},\boldsymbol{v}_{n,2}^{(k)},\cdots,\boldsymbol{v}_{n,M}^{(k)}]^{\mathrm{H}}$$
$$= \boldsymbol{v}_{n,1}^{(k)}\lambda_{n,1}^{(k)}(\boldsymbol{v}_{n,1}^{(k)})^{\mathrm{H}} + \boldsymbol{v}_{n,2}^{(k)}\lambda_{n,2}^{(k)}(\boldsymbol{v}_{n,2}^{(k)})^{\mathrm{H}} + \cdots + \boldsymbol{v}_{n,M}^{(k)}\lambda_{n,M}^{(k)}(\boldsymbol{v}_{n,M}^{(k)})^{\mathrm{H}} \tag{6.53}$$

其中，特征值 $\lambda_{n,1}^{(k)},\lambda_{n,2}^{(k)},\cdots,\lambda_{n,M}^{(k)}$ 和特征向量 $\boldsymbol{v}_{n,1}^{(k)},\boldsymbol{v}_{n,2}^{(k)},\cdots,\boldsymbol{v}_{n,M}^{(k)}$ 满足如下条件：

$$\begin{cases} \left\|\boldsymbol{v}_{n,1}^{(k)}\right\|_2 = \left\|\boldsymbol{v}_{n,2}^{(k)}\right\|_2 = \cdots = \left\|\boldsymbol{v}_{n,M}^{(k)}\right\|_2 = 1 \\ \left|\lambda_{n,1}^{(k)}\right| \geq \left|\lambda_{n,2}^{(k)}\right| \geq \cdots \geq \left|\lambda_{n,M}^{(k)}\right| \end{cases} \tag{6.54}$$

令 $\boldsymbol{u} = [A_n^{(k)}(t_0) \quad \cdots \quad A_n^{(k)}(t_{I-1})]^{\mathrm{H}}$，并将式 (6.51) 代入式 (6.52) 中，可得到如下结果：

$$R_n^{(k)} = \frac{G_n^{(k)} (G_n^{(k)})^H}{I} = \frac{a_n (u_n^{(k)})^H u_n^{(k)} (a_n)^H}{I} = a_n [(u_n^{(k)})^H u_n^{(k)} / I](a_n)^H \qquad (6.55)$$

其中，a_n 为混合矩阵 A 的列向量；$(u_n^{(k)})^H u_n^{(k)} / I$ 为一常数。因此，在无噪声干扰的理想情况下，协方差矩阵 $R_n^{(k)}$ 的特征值分解结果中只有一个非零特征值 $\lambda_{n,1}^{(k)}$，而主特征向量 $v_{n,1}^{(k)} = a_n$。在实际应用中，虽然每个通道的观测信号都会受到噪声干扰，但如果分解得到的信号分量具有较高的信噪比，每个通道中调频规律相同的信号分量瞬时幅值之间的比例关系依然近似为混合矩阵的列向量 a_n。此时，式 (6.53) 右侧第 1 个特征值的模将远大于其他特征值并且其他特征值的模接近于零，即 $\left| \lambda_{n,1}^{(k)} \right| \gg \left| \lambda_{n,m=2,\cdots,M}^{(k)} \right| \approx 0$。协方差矩阵 $R_n^{(k)}$ 可作如下近似：

$$R_n^{(k)} \approx v_{n,1}^{(k)} \lambda_{n,1}^{(k)} \left(v_{n,1}^{(k)} \right)^H \qquad (6.56)$$

对比式 (6.55) 中的理想结果，依然可利用主特征向量近似混合矩阵列向量：

$$v_{n,1}^{(k)} = \tilde{a}_n^{(k)} \approx a_n = [a_{1n}, a_{2n}, \cdots, a_{Mn}]^T \qquad (6.57)$$

利用式 (6.58) 计算各信号分量瞬时幅值矩阵的主特征向量之间的距离[27]：

$$d\left(\tilde{a}_{n_1}^{(k_1)}, \tilde{a}_{n_2}^{(k_2)} \right) = \lim_{|z|=1, z \in \mathbb{C}} \left\| \tilde{a}_{n_1}^{(k_1)} - z \tilde{a}_{n_2}^{(k_2)} \right\|_2 = \sqrt{2 \left(1 - \left| \left\langle \tilde{a}_{n_1}^{(k_1)}, \tilde{a}_{n_2}^{(k_2)} \right\rangle \right| \right)} \qquad (6.58)$$

其中，模为 1 的复数 z 用于消除复向量之间的相位不确定性，$\langle \cdot, \cdot \rangle$ 代表复向量之间的内积，并且 $n_1, n_2 \in \{1, 2, \cdots, N\}$，$k_1 \in \{1, 2, \cdots, K_{n_1}\}$，$k_2 \in \{1, 2, \cdots, K_{n_2}\}$。由于属于同一非线性调频源的信号分量对应于混合矩阵中的同一列向量，可利用式 (6.59) 判断两个信号分量 $c_{n_1}^{(k_1)}(t)$ 和 $c_{n_2}^{(k_2)}(t)$ 是否属于同一非线性调频源：

$$d(\tilde{a}_{n_1}^{(k_1)}, \tilde{a}_{n_2}^{(k_2)}) \leqslant \delta \qquad (6.59)$$

其中，阈值 δ 取决于噪声水平和混合矩阵各列向量之间的差异。因此，自适应地确定一个合理的阈值是十分困难的[27, 28]。通过仿真分析可得出如下结论：当每个通道的信噪比都高于 5dB 时，阈值 $\delta = 0.05$ 是一个较为恰当的选择。

基于分解得到的非线性调频分量和完成聚类的主特征向量，利用下列两式估计混合矩阵的第 n 个列向量并重构第 n 个源信号：

$$\begin{cases} a_n = \sum_{k=1}^{K_n} \Gamma_n^{(k)} \tilde{a}_n^{(k)} \bigg/ \sum_{k=1}^{K_n} \Gamma_n^{(k)} \\ s_n(t) = \sum_{k=1}^{K_n} A_n^{(k)}(t) \exp \left\{ j \cdot \left[2\pi \int_0^t f_n^{(k)}(\tau) d\tau + \varphi_n^{(k)} \right] \right\} \end{cases} \qquad (6.60)$$

其中，权重系数 $\Gamma_n^{(k)} = (M-1) \lambda_{n,1}^{(k)} \bigg/ \sum_{m=2}^M \lambda_{n,m}^{(k)}$，该权重系数可视为分解得到信号分量瞬时幅值的信噪比度量[27]。

根据上述观测信号参数化分解和非线性调频分量聚类的实现方案，图 6.19 总结了本节所介绍非线性调频源信号参数化盲分离方法的流程。

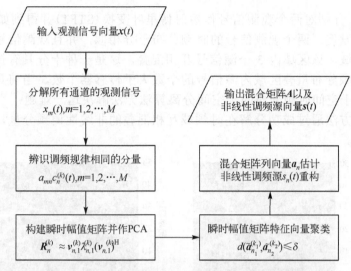

图 6.19　非线性调频源信号参数化盲分离方法流程图

6.5.3　仿真算例

为了验证非线性调频源参数化盲分离方法的有效性，本节将该方法应用于分析两个典型的欠定（传感器个数小于源信号个数）盲分离仿真算例。

【例 6.3】　均匀线性阵列欠定盲分离场景

第 1 个仿真算例模拟多源信号盲分离的一种重要应用场景，即雷达阵列信号处理[29]。当感知雷达波信号的多个传感器按照特定的阵列布置时，式（6.47）中的混合矩阵具有如下形式：

$$A = A(\boldsymbol{\Theta}) = [a_1(\Theta_1), a_2(\Theta_2), \cdots, a_N(\Theta_N)] \tag{6.61}$$

其中，$a_n(\Theta_n)$ 被称为阵列导向矢量。当多传感器感知阵列的布置模式确定后，阵列导向矢量只取决于雷达信号的波达方向（direction of arrival, DOA）Θ_n。本节所采用的多传感器布置模式为具有半波间隔的均匀线性阵列，并利用两个传感器 $\boldsymbol{x}(t) = [x_1(t), x_2(t)]^{\mathrm{T}}$ 感知 3 个非线性调频源 $\boldsymbol{s}(t) = [s_1(t), s_2(t), s_3(t)]^{\mathrm{T}}$。在两个传感器通道加入高斯白噪声 $\boldsymbol{n}(t) = [n_1(t), n_2(t)]^{\mathrm{T}}$，两个通道的信噪比皆为 10dB。3 个非线性调频源信号的表达式为

$$\begin{cases} s_1(t) = c_1^{(1)}(t) = \sqrt{2}\exp[\mathrm{j}\cdot 2\pi(0.52 + 40.7t - 1.6t^2)] \\ s_2(t) = c_2^{(1)}(t) = \sqrt{2}\exp(-0.036t)\cdot\exp[\mathrm{j}\cdot 2\pi(1.23 + 24.1t - 0.55t^2 + 0.08t^3)] \\ s_3(t) = c_3^{(1)}(t) = \sqrt{2}\exp(0.048t)\cdot\exp[\mathrm{j}\cdot 2\pi(0.67 + 13.9t + 1.5t^2 - 0.06t^3)] \end{cases} \tag{6.62}$$

该均匀线性传感器阵列对应的盲混合矩阵为

$$A = \frac{1}{\sqrt{2}}\begin{bmatrix} 1 & 1 & 1 \\ \exp(-\mathrm{j}\cdot\pi\sin\Theta_1) & \exp(-\mathrm{j}\cdot\pi\sin\Theta_2) & \exp(-\mathrm{j}\cdot\pi\sin\Theta_3) \end{bmatrix} \tag{6.63}$$

其中，3 个源信号的波达方向角分别为 $\Theta_1 = 16.5°$、$\Theta_2 = 20°$ 和 $\Theta_3 = 23°$。由此可知，该仿真算例中 3 个源信号均为单分量调频信号，并且 3 个源信号之间的波达方向角十分接近。此外，观测信号的采样频率为 100Hz，采样时间为 10s。为了初步了解两个通道观测

信号的时频特性,分别对两个观测信号作短时傅里叶变换(STFT)并得到如图 6.20 所示的时频分布。可以发现,两个观测信号的时频分布十分相似,并且观测信号的时频分布中存在一个重叠区域,该区域内 3 个源信号互相混叠。这是一种十分具有挑战性的欠定盲分离场景,即时频分布重叠区域内源信号的个数大于传感器个数,当前具有代表性的盲分离方法——基于空间时频分布的子空间分离算法无法解决这一难题[30, 31]。本节所介绍的参数化盲分离方法通过成功分解在时频域互相混叠的非线性调频分量,顺利地解决了这一棘手的难题。

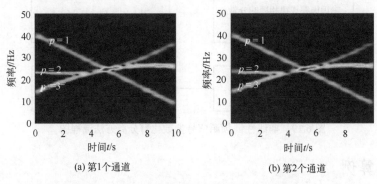

(a) 第1个通道　　　　　　　　　　　　　　(b) 第2个通道

图 6.20　例 6.3 的观测信号的时频分布(STFT)

　　根据图 6.19 所示的参数化盲分离方法流程图,首先,利用参数化分解方法对两个通道的观测信号进行分解,每个通道都分解得到 3 个调频分量,分量的分解顺序已在图 6.20 中标注;然后,辨识两个通道中调频规律相同的信号分量,构建每个信号分量对应的瞬时幅值矩阵,并对其进行主成分分析(PCA)得到主特征向量;接着,对每个信号分量对应的主特征向量进行聚类,根据式(6.58)计算得到 3 个主特征向量之间的距离均大于阈值 0.05(详见表 6.6),因此可认为每个信号分量各自构成一个源信号;最后,根据信号分量聚类结果估计均匀线性阵列的混合矩阵参数并重构源信号。其中,第 1 个通道中 3 个源信号的重构结果如图 6.21 所示,实线表示重构源信号波形,带圆圈的实线表示重构误差。表 6.7 给出了两个通道中源信号和观测信号的重构信噪比,可以发现两个通道观测信号的重构信噪比都得到了超过 10dB 的提升。此外,表 6.8 还给出了混合矩阵中波达方向角的估计结果,与准确值十分接近。由该仿真算例的参数配置和时频特性可知,对其进行盲分离的两大难点为:①时频重叠区域源信号个数大于传感器个数,对现有的盲分离算法提出了挑战;②3 个源信号之间的波达方向角十分接近,极易引起调频分量的错误分类。而本节提出的参数化盲分离算法克服了这两大难点,成功实现了 3 个调频分量的正确分类,并且获得了较高的源信号重构信噪比与波达方向角估计精度,验证了参数化盲分离方法的有效性和优越性。此外,表 6.9 给出了实现上述参数化盲分离过程的 MATLAB 程序。

表 6.6　信号分量对应主特征向量之间的距离(阈值为 $\delta = 0.05$)

信号分量分解顺序	$p = 1$	$p = 2$	$p = 3$
$p = 1$	0	0.0972	0.1815
$p = 2$	—	0	0.0863
$p = 3$	—	—	0

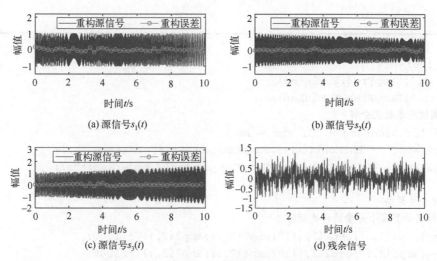

(a) 源信号 $s_1(t)$　　　　　　　　　　(b) 源信号 $s_2(t)$

(c) 源信号 $s_3(t)$　　　　　　　　　　(d) 残余信号

图 6.21　例 6.3 的第 1 个通道中的 3 个源信号重构

表 6.7　源信号与观测信号的重构信噪比　　　　　　　　　　（单位：dB）

观测通道	$s_1(t)$	$s_2(t)$	$s_3(t)$	$x_m(t)$
$m=1$	21.38	21.36	24.01	22.55
$m=2$	24.00	19.75	24.82	24.23

表 6.8　雷达信号波达方向角估计结果

源信号	$n=1$	$n=2$	$n=3$
估计值	16.14°	19.83°	23.18°
准确值	16.5°	20°	23°

表 6.9　均匀线性阵列多源信号参数化盲分离（例 6.3）的 MATLAB 程序

```
%% 盲分离问题初始化
SampFreq = 100;
t = 0:(1/SampFreq):(10 - 1/SampFreq);
Comp1 = sqrt(2)*exp(1i * 2 * pi * (0.52 + 40.7 * t - 1.6 * t.^2));
Comp2 = sqrt(2)*exp(-0.036*t).*...
        exp(1i * 2 * pi * (1.23 + 24.1 * t - 0.55*t.^2 + 0.08*t.^3));
Comp3 = sqrt(2)*exp(0.048*t).*...
        exp(1i * 2 * pi * (0.67 + 13.9 * t + 1.5 * t.^2 - 0.06 * t.^3));
S1 = Comp1; S2 = Comp2; S3 = Comp3;
S = [S1;S2;S3];
A = [1 1 1;exp(-1i*pi*sin(16.5*pi/180)) exp(-1i*pi*sin(20*pi/180)) ...
    exp(-1i*pi*sin(23*pi/180))]/sqrt(2);
X = A*S;
X(1,:) = awgn(X(1,:),10,'measured');
X(2,:) = awgn(X(2,:),10,'measured');

%% 两个通道信号源的时频图
```

```
N = 320;
WinLen = 160;
STFT(X(1,:).',SampFreq,N,WinLen);
STFT(X(2,:).',SampFreq,N,WinLen);
%% 非线性调频源参数化分解
orderIF = 10; orderamp = 10; thr = 1e-1;
[extr_Sig1,amp1] = PNFMCD(X(1,:),SampFreq,orderIF,orderamp,thr);
[extr_Sig2,amp2] = PNFMCD(X(2,:),SampFreq,orderIF,orderamp,thr);


%% 分解信号分量聚类
% 利用瞬时幅值计算每个分量的相关矩阵
Comp1_c = [amp1(1,:);amp2(1,:)]*[amp1(1,:);amp2(1,:)]'/1000;
Comp2_c = [amp1(2,:);amp2(2,:)]*[amp1(2,:);amp2(2,:)]'/1000;
Comp3_c = [amp1(3,:);amp2(3,:)]*[amp1(3,:);amp2(3,:)]'/1000;
% 对相关矩阵进行特征值分解
[U1,D1] = eig(Comp1_c);
[U2,D2] = eig(Comp2_c);
[U3,D3] = eig(Comp3_c);
% 确定主特征向量
d1 = diag(D1); d2 = diag(D2); d3 = diag(D3);
[v1,num1] = max(d1); [v2,num2] = max(d2); [v3,num3] = max(d3);
u1 = U1(:,num1); u2 = U2(:,num2); u3 = U3(:,num3);
% 每个主特征向量之间的距离计算
d_c12 = sqrt(2*(1 - abs(u1'*u2)));
d_c13 = sqrt(2*(1 - abs(u1'*u3)));
d_c23 = sqrt(2*(1 - abs(u2'*u3)));


%% 分离得到信号源与原信号源对比(通道1)
% 第一个源信号
er1 = A(1,1)*real(Comp1) - real(extr_Sig1(1,:));
figure
plot(t,A(1,1)*real(Comp1),'b',t(1:25:end),er1(1:25:end),'r-o','linewidth',1)
legend('重构源信号','重构误差','FontName','宋体')
xlabel('\fontname{宋体}时间\fontname{Times New Roman}{\itt} (s)');
ylabel('\fontname{宋体}幅值');
axis([0 10 -1.5 1.5])
% 第二个源信号
er2 = A(1,2)*real(Comp2) - real(extr_Sig1(2,:));
figure
plot(t,A(1,2)*real(Comp2),'b',t(1:25:end),er2(1:25:end),'r-o','linewidth',1)
legend('重构源信号','重构误差','FontName','宋体')
xlabel('\fontname{宋体}时间\fontname{Times New Roman}{\itt} (s)');
ylabel('\fontname{宋体}幅值');
axis([0 10 -1.5 1.5])
% 第三个源信号
```

续表

```
er3 = A(1,3)*real(Comp3) - real(extr_Sig1(3,:));
figure
plot(t,A(1,3)*real(Comp3),'b',t(1:25:end),er3(1:25:end),'r-o','linewidth',1)
legend('重构源信号','重构误差','FontName','宋体')
xlabel('\fontname{宋体}时间\fontname{Times New Roman}{\itt} (s)');
ylabel('\fontname{宋体}幅值');
axis([0 10 -2 2])
% 第一个通道的分离残差
figure
plot(t,real(X(1,:))-real(extr_Sig1(1,:))-real(extr_Sig1(2,:))-...
    real(extr_Sig1(3,:)),'b','linewidth',1)
xlabel('\fontname{宋体}时间\fontname{Times New Roman}{\itt} (s)');
ylabel('\fontname{宋体}幅值');
axis([0 10 -1.5 1.5])

%% 计算信号源的重构信噪比
SNR11 = SNR(real(A(1,1)*Comp1),real(extr_Sig1(1,:)));
SNR12 = SNR(real(A(1,2)*Comp2),real(extr_Sig1(2,:)));
SNR13 = SNR(real(A(1,3)*Comp3),real(extr_Sig1(3,:)));
SNR21 = SNR(real(A(2,1)*Comp1),real(extr_Sig2(1,:)));
SNR22 = SNR(real(A(2,2)*Comp2),real(extr_Sig2(2,:)));
SNR23 = SNR(real(A(2,3)*Comp3),real(extr_Sig2(3,:)));

%% 盲混合矩阵列向量(振幅变化系数及相位延迟)估计
d1 = sort(d1,'descend'); T1 = abs(d1(1)/d1(2));
d2 = sort(d2,'descend'); T2 = abs(d2(1)/d2(2));
d3 = sort(d3,'descend'); T3 = abs(d3(1)/d3(2));
a1 = T1*u1/T1; a2 = T2*u2/T2; a3 = T3*u3/T3;
a1 = a1/a1(1); a2 = a2/a2(1); a3 = a3/a3(1);
ratio1 = abs(a1(2)); ratio2 = abs(a2(2)); ratio3 = abs(a3(2));
phi1 = asin(angle(a1(2))/(-pi))*180/pi;
phi2 = asin(angle(a2(2))/(-pi))*180/pi;
phi3 = asin(angle(a3(2))/(-pi))*180/pi;
```

【例 6.4】　一般欠定盲分离场景

第 2 个仿真算例模拟一个更一般化的盲分离场景，即利用两个传感器 $x(t)=[x_1(t),x_2(t)]^T$ 感知 3 个源信号 $s(t)=[s_1(t),s_2(t),s_3(t)]^T$，第 1 个源信号 $s_1(t)$ 中包含两个非线性调频分量。3 个非线性调频源信号的表达式为

$$\begin{cases} s_1(t)=c_1^{(1)}(t)+c_1^{(2)}(t) \\ c_1^{(1)}(t)=1.589\exp(0.076t)\cdot\exp[\mathrm{j}\cdot2\pi(1.33+44.5t-4.005t^2+0.267t^3)] \\ c_1^{(2)}(t)=3.814\exp(-0.069t)\cdot\exp[\mathrm{j}\cdot2\pi(0.76+14.6t-0.03t^2)] \\ s_2(t)=c_2^{(1)}(t)=[3.29+0.715\cos(0.8\pi t)]\cdot\exp[\mathrm{j}\cdot2\pi(0.45+22.6t+4.005t^2-0.267t^3)] \\ s_3(t)=c_3^{(1)}(t)=1.439\exp(0.083t)\cdot\exp[\mathrm{j}\cdot2\pi(0.26+4.2t+0.51t^2)] \end{cases} \tag{6.64}$$

这 3 个源信号的盲混合矩阵 $\boldsymbol{A}=[\boldsymbol{a}_1,\boldsymbol{a}_2,\boldsymbol{a}_3]$ 的列向量如下:

$$\begin{cases} \boldsymbol{a}_1 = \boldsymbol{\rho}_1/\|\boldsymbol{\rho}_1\|, \ \boldsymbol{a}_2 = \boldsymbol{\rho}_2/\|\boldsymbol{\rho}_2\|, \ \boldsymbol{a}_3 = \boldsymbol{\rho}_3/\|\boldsymbol{\rho}_3\| \\ \boldsymbol{\rho}_1 = \begin{bmatrix} 1 \\ 1.235\exp(-\mathrm{j}\cdot 43°) \end{bmatrix}, \ \boldsymbol{\rho}_2 = \begin{bmatrix} 1 \\ 1.023\exp(-\mathrm{j}\cdot 45°) \end{bmatrix}, \ \boldsymbol{\rho}_3 = \begin{bmatrix} 1 \\ 0.843\exp(-\mathrm{j}\cdot 48°) \end{bmatrix} \end{cases} \quad (6.65)$$

其中,盲混合矩阵第 2 行元素幅值和相位的含义分别为源信号到达第 2 个通道时相对第 1 个通道的相对幅值变化系数以及相位延迟。幅值变化系数和相位延迟越接近,源信号的分离也就越困难。在两个通道中加入高斯白噪声,两个通道的信噪比皆为 10dB。此外,两个传感器所测得信号的采样频率为 100Hz,采样时间为 10s。图 6.22 给出了两个通道观测信号的时频分布(STFT),4 个调频分量在时频域中出现了 3 个重叠区域,这一场景对于现有非线性调频分量分解方法以及多源信号盲分离方法都十分具有挑战性。下面,将图 6.19 所示的参数化盲分离方法流程应用于分析该仿真算例。首先,利用参数化分解方法对两个通道的观测信号进行分解,每个通道都分解得到 4 个调频分量,分量的分解顺序已在图 6.22 中标注;然后,辨识两个通道中调频规律相同的信号分量,构建每个信号分量对应的瞬时幅值矩阵,并对其进行主成分分析得到主特征向量;接着,对每个信号分量对应的主特征向量进行聚类,根据式(6.58)计算得到 4 个主特征向量之间的距离在表 6.10 中列出,其中,第 1 和第 3 个主特征向量之间的距离小于阈值 0.05,因而它们归属为同一源,而第 2 和第 4 个主特征向量各自归属一个源;最后,根据信号分量聚类结果估计混合矩阵参数并重构源信号。图 6.23 给出了第 1 个通道中 3 个源信号的重构结果,其中实线表示重构源信号波形,带圆圈的实线表示重构误差。表 6.11 给出了两个通道中每个源信号和观测信号的重构信噪比,可以发现两个通道观测信号的重构信噪比都获得了近 10dB 的提升。根据 4 个信号分量的聚类结果,表 6.12 给出了混合矩阵的两个关键物理参数的估计值,即幅值系数与相位延迟。由此可知,本节所介绍的方法不仅成功分离了 4 个相对幅值变化和相位延迟效应十分接近的非线性调频源,并且所估计得到的幅值系数与相位延迟都具有较高的精度。此外,表 6.13 给出了实现上述参数化盲分离过程的 MATLAB 程序。

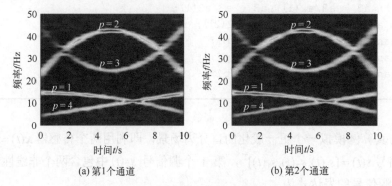

(a) 第1个通道   (b) 第2个通道

图 6.22 例 6.4 的观测信号的时频分布(STFT)

表 6.10 信号分量对应主特征向量之间的距离(阈值为 $\delta = 0.05$)

信号分量分解顺序	$p = 1$	$p = 2$	$p = 3$	$p = 4$
$p = 1$	0	0.1037	0.0159	0.1867
$p = 2$	—	0	0.0878	0.0832
$p = 3$	—	—	0	0.1709
$p = 4$	—	—	—	0

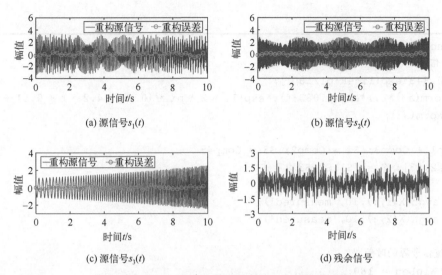

(a) 源信号 $s_1(t)$　　　　　　　　　　　(b) 源信号 $s_2(t)$

(c) 源信号 $s_3(t)$　　　　　　　　　　　(d) 残余信号

图 6.23　例 6.4 的第 1 个通道中的 3 个源信号重构

表 6.11　源信号与观测信号的重构信噪比　　　　　　　　（单位：dB）

观测通道	$s_1(t)$	$s_2(t)$	$s_3(t)$	$x_m(t)$
$m=1$	17.75	21.73	17.85	19.31
$m=2$	18.83	20.51	18.48	19.57

表 6.12　混合矩阵幅值变化系数与相位延迟估计结果

源信号		$n=1$	$n=2$	$n=3$
估计值	幅值系数	1.222	1.012	0.860
	相位延迟	43.16°	45.67°	47.77°
准确值	幅值系数	1.235	1.023	0.843
	相位延迟	43°	45°	48°

表 6.13　欠定多源信号参数化盲分离（例 6.4）的 MATLAB 程序

```
%% 盲分离问题初始化(四个信号分量;第一和第三个分量属一个源)
SampFreq = 100;
t = 0:(1/SampFreq):(10 - 1/SampFreq);
% 第一个源信号
a1 = [1;1.235*exp(1i*43*pi/180)];
Comp1 = norm(a1)*exp(0.076*t).*exp(1i * 2 * pi * (1.33 + 44.5 * t - ...
    4.005 * t.^2 + 0.267 * t.^3));
Comp3 = norm(a1)*2.4*exp(-0.069*t).*exp(1i * 2 * pi * (0.76 + 14.6 * t - ...
    0.03 * t.^2));
a1 = a1/norm(a1);
% 第二个源信号
a2 = [1;1.023*exp(1i*pi/4)];
Comp2 = norm(a2)*(2.3 + 0.5*cos(2*pi*0.4*t)).*exp(1i * 2 * pi * (0.45 + ...
    22.6 * t + 4.005 * t.^2 - 0.267 * t.^3));
```

```
a2 = a2/norm(a2);
% 第三个源信号
a3 = [1;0.843*exp(1i*48*pi/180)];
Comp4 = norm(a3)*1.1*exp(0.083*t).*exp(1i * 2 * pi * (0.26 + 4.2 * t + 0.51 * t.^2));
a3 = a3/norm(a3);
% 盲混合
S1 = Comp1 + Comp3; S2 = Comp2; S3 = Comp4;
A = [a1,a2,a3]; S = [S1;S2;S3];
X = A*S;
X(1,:) = awgn(X(1,:),10,'measured');
X(2,:) = awgn(X(2,:),10,'measured');

%% 两个通道信号源的时频图
N = 320; WinLen = 180;
STFT(X(1,:).',SampFreq,N,WinLen);
STFT(X(2,:).',SampFreq,N,WinLen);

%% 非线性调频源参数化分解
orderIF = 10; orderamp = 10; thr = 1e-1;
[extr_Sig1,amp1] = PNFMCD(X(1,:),SampFreq,orderIF,orderamp,thr);
[extr_Sig2,amp2] = PNFMCD(X(2,:),SampFreq,orderIF,orderamp,thr);

%% 分解信号分量聚类
% 利用瞬时幅值计算每个分量的相关矩阵
Comp1_c = [amp1(1,:);amp2(1,:)]*[amp1(1,:);amp2(1,:)]'/1000;
Comp2_c = [amp1(2,:);amp2(2,:)]*[amp1(2,:);amp2(2,:)]'/1000;
Comp3_c = [amp1(3,:);amp2(3,:)]*[amp1(3,:);amp2(3,:)]'/1000;
Comp4_c = [amp1(4,:);amp2(4,:)]*[amp1(4,:);amp2(4,:)]'/1000;
% 对相关矩阵进行特征值分解
[U1,D1] = eig(Comp1_c); [U2,D2] = eig(Comp2_c);
[U3,D3] = eig(Comp3_c); [U4,D4] = eig(Comp4_c);
% 确定主特征向量
d1 = diag(D1); d2 = diag(D2);
d3 = diag(D3); d4 = diag(D4);
[v1,num1] = max(d1); [v2,num2] = max(d2);
[v3,num3] = max(d3); [v4,num4] = max(d4);
u1 = U1(:,num1); u2 = U2(:,num2);
u3 = U3(:,num3); u4 = U4(:,num4);
% 每个主特征向量之间的距离计算
d_c12 = sqrt(2*(1 - abs(u1'*u2))); d_c13 = sqrt(2*(1 - abs(u1'*u3)));
d_c14 = sqrt(2*(1 - abs(u1'*u4))); d_c23 = sqrt(2*(1 - abs(u2'*u3)));
d_c24 = sqrt(2*(1 - abs(u2'*u4))); d_c34 = sqrt(2*(1 - abs(u3'*u4)));

%% 分离得到信号源与原信号源对比(通道1)
% 第一个源信号
```

```
er1 = real(A(1,1)*(Comp1+Comp3)) - real(extr_Sig1(1,:)+extr_Sig1(3,:));
figure
plot(t,real(A(1,1)*(Comp1+Comp3)),'b',t(1:25:end),er1(1:25:end),...
    'r-o','linewidth',1)
legend('重构源信号','重构误差','FontName','宋体')
xlabel('\fontname{宋体}时间\fontname{Times New Roman}{\itt} (s)');
ylabel('\fontname{宋体}幅值');
axis([0 10 -4.5 4.5])
% 第二个源信号
er2 = real(A(1,2)*Comp2) - real(extr_Sig1(2,:));
figure
plot(t,real(A(1,2)*Comp2),'b',t(1:25:end),er2(1:25:end),'r-o','linewidth',1)
legend('重构源信号','重构误差','FontName','宋体')
xlabel('\fontname{宋体}时间\fontname{Times New Roman}{\itt} (s)');
ylabel('\fontname{宋体}幅值');
axis([0 10 -4 4])
% 第三个源信号
er3 = real(A(1,3)*Comp4) - real(extr_Sig1(4,:));
figure
plot(t,real(A(1,3)*Comp4),'b',t(1:25:end),er3(1:25:end),'r-o','linewidth',1)
legend('重构源信号','重构误差','FontName','宋体')
xlabel('\fontname{宋体}时间\fontname{Times New Roman}{\itt} (s)');
ylabel('\fontname{宋体}幅值');
axis([0 10 -3 3])
% 第一个通道的分离残差
figure
plot(t,real(X(1,:) - extr_Sig1(1,:) - extr_Sig1(2,:) - ...
    extr_Sig1(3,:) - extr_Sig1(4,:)),'b','linewidth',1)
xlabel('\fontname{宋体}时间\fontname{Times New Roman}{\itt} (s)');
ylabel('\fontname{宋体}幅值');
axis([0 10 -3 3])


%% 重构源信噪比的计算
SNR11 = SNR(real(A(1,1)*(Comp1+Comp3)),real(extr_Sig1(1,:)+extr_Sig1(3,:)));
SNR12 = SNR(real(A(1,2)*Comp2),real(extr_Sig1(2,:)));
SNR13 = SNR(real(A(1,3)*Comp4),real(extr_Sig1(4,:)));
SNR21 = SNR(real(A(2,1)*(Comp1+Comp3)),real(extr_Sig2(1,:)+extr_Sig2(3,:)));
SNR22 = SNR(real(A(2,2)*Comp2),real(extr_Sig2(2,:)));
SNR23 = SNR(real(A(2,3)*Comp4),real(extr_Sig2(4,:)));


%% 每个主特征向量的噪声方差估计
d1 = sort(d1,'descend'); T1 = abs(d1(1)/d1(2));
d2 = sort(d2,'descend'); T2 = abs(d2(1)/d2(2));
```

```
d3 = sort(d3,'descend'); T3 = abs(d3(1)/d3(2));
d4 = sort(d4,'descend'); T4 = abs(d4(1)/d4(2));
a1 = (T1*u1 + T3*u3)/(T1+T3); a2 = T2*u2/T2; a3 = T4*u4/T4;
a1 = a1/a1(1); a2 = a2/a2(1); a3 = a3/a3(1);
ratio1 = abs(a1(2)); ratio2 = abs(a2(2)); ratio3 = abs(a3(2));
phi1 = angle(a1(2))*180/pi;
phi2 = angle(a2(2))*180/pi;
phi3 = angle(a3(2))*180/pi;
```

为了展示本节所介绍参数化盲分离方法的鲁棒性，图 6.24 给出了上述两个仿真算例在不同输入信噪比下利用该方法所分离得到源信号的重构信噪比变化规律。其中，通道 1 的输入信噪比从 5dB 增加至 15dB，每次增幅为 1dB。由此可知，利用参数化盲分离方法所分离得到源信号的重构信噪比随输入信噪比近似线性增加，并且重构信噪比相对输入信噪比的增幅一直维持在 10dB 左右，具有较好的鲁棒性。此外，图 6.25 还给出了利用参数化盲分离方法与基于空间时频分布的盲分离方法[32]处理同一算例的结果比较。其中，分析算例为文献[32]中的Example1。通过对比可知，当输入信噪比高于 5dB 时，基于空间时频分布的盲分离方法所分离得到源信号的均方差（即信噪比的相反数）维持在–10dB 左右（图 6.25 中星号），而参数化盲分离方法所分离得到源信号的均方差（图 6.25 中加号）不仅一直低于基于空间时频分布的盲分离方法所处理得到的结果，而且随着输入信噪比的增加稳步下降，从而验证了参数化盲分离方法在分析非线性调频源盲分离问题时的优越性。

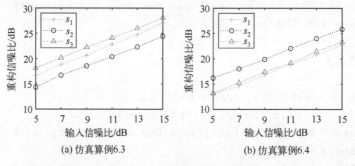

图 6.24　源信号的重构信噪比随输入信噪比的变化规律（以通道 1 为研究对象）

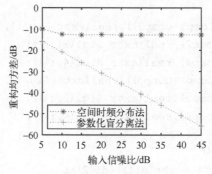

图 6.25　两种方法分离得到源信号的重构均方差对比

6.6　本章主要方法的 MATLAB 程序

本节给出了本章所介绍主要方法的 MATLAB 程序。表 6.14 为实现非线性调频分量参数化分解方法的 MATLAB 函数。

表 6.14　非线性调频分量参数化分解方法的 MATLAB 程序

```matlab
function [Sig_join,amp_join,Sig_seper,amp_seper,IFmatrix,residual] = …
    PNFMCD(Sig,SampFreq,orderIF,orderamp,thr)
% 输入参数:
%         Sig:  原信号
%         SampFreq:  采样频率
%         orderIF:  瞬时频率傅里叶级数阶次
%         orderamp:  瞬时幅值傅里叶级数阶次
%         thr:  剩余信号能量阈值，一般取 0.1 到 0.05，根据噪声情况来定
% 输出参数:
%         Sig_join:  联合估计的信号分量
%         amp_join:  联合估计的瞬时幅值
%         Sig_seper:  单独估计的信号分量
%         amp_seper:  单独估计的瞬时幅值
%         IFmatrix:  估计的瞬时频率
%         residual:  残余信号


Sig1 = Sig;
N = length(Sig);
l = 4*orderamp+2;                        %核矩阵列数
maxnum = 10;                             %设置最多允许的分量个数
IFmatrix = zeros(maxnum,N);             %存放瞬时频率
kmatrix = zeros(N,maxnum*l);           %存储核函数
extr_all = zeros(maxnum,N);            %存放信号分量
amp_all = zeros(maxnum,N);             %存放信号幅值
tmatrix = t_cons(N,SampFreq,orderamp);            %构造时间矩阵
for i = 1 : maxnum
    [phase,IF, ~] = GWT_eIF(Sig,SampFreq,orderIF);     %参数化时频变换估计的瞬时频率
    kernelmatrix = kern_cons(phase,tmatrix);
    [extr_Sig,amp] = seper_LS(Sig,kernelmatrix,tmatrix);      %分量单独估计
    kmatrix(:,((i-1)*l+1):i*l) = kernelmatrix;        %多个分量的核函数矩阵组装
    IFmatrix(i,:) = IF;                               %存放瞬时频率估计值
    extr_all(i,:) = extr_Sig';
    amp_all(i,:) = amp;
    Sig = Sig - extr_Sig';
    if (norm(Sig)/norm(Sig1))^2 < thr          %这里 Sig1 是原信号，Sig 是剩余信号
        break
    end
end
end
```

```
residual = Sig;                                        %剩余信号
kernel = kmatrix(:,1:i*l);
IFmatrix = IFmatrix(1:i,:);
Sig_seper = extr_all(1:i,:);
amp_seper = amp_all(1:i,:);
[Sig_join,amp_join] = join_LS(Sig1,kernel,tmatrix,orderamp);     %联合估计

%% 子函数 1
    function tmatrix = t_cons(N,SampFreq,orderamp)
        % N：数据长度
        % 构造傅里叶矩阵 tmatrix
        dt = [0:N-1]/SampFreq;    %time
        f0 = SampFreq/2/N;       %基础频率,除以 2 变为冗余傅里叶基,可以刻画不是周期的信号
        orderamp = 2*orderamp + 1;              %傅里叶系数个数为 2*阶次+1
        tmatrix = zeros(N,orderamp);
        tmatrix(:,1) = ones(N,1);               %第一列为常数
        for j = 2:orderamp
            tmatrix(:,j) = cos(2*pi*f0*(j-1)*dt);
            if j >(orderamp+1)/2
                tmatrix(:,j) = sin(2*pi*f0*(j-((orderamp+1)/2))*dt);
            end
        end
    end

%% 子函数 2
    function kernelmatrix = kern_cons(phase,tmatrix)
        %   N： 数据长度
        %   phase： 通过参数化时频分析估计的瞬时相位函数
        %   orderamp： 幅值傅里叶级数的阶次
        %   tmatrix： 傅里叶矩阵
        C = cos(2*pi*phase);
        Cmatrix = diag(C)*tmatrix;
        S = sin(2*pi*phase);
        Smatrix = diag(S)*tmatrix;
        kernelmatrix = [Cmatrix Smatrix];
    end

%% 子函数 3
    function [extr_Sig,amp] = seper_LS(Sig,kernelmatrix,tmatrix)
        Sig = Sig(:);
        N = length(Sig);
        alpha = 5;                              %相当于正则化参数 lamuda1
        Imatrix = speye(size(kernelmatrix,2));   %单位矩阵
        theta =(alpha*Imatrix + kernelmatrix'*kernelmatrix)\...
                (kernelmatrix'*Sig);            %theta 为列向量
```

续表

```
    thetacos = theta(1:length(theta)/2);
    thetasin = theta(length(theta)/2+1:end);
    extr_Sig = kernelmatrix*theta;              %分量提取
    ampcos = tmatrix*thetacos;
    ampsin = tmatrix*thetasin;
    amp = sqrt(ampcos.^2 + ampsin.^2);
end

%% 子函数 4
    function [extr_Sig,amp] = join_LS(Sig,kernel,tmatrix,orderamp)
        orderamp = 2*orderamp + 1;              %傅里叶系数个数为 2*阶次+1
        multin = size(kernel,2)/2/orderamp;     %信号分量个数
        Sig = Sig(:);
        N = length(Sig);
        alpha = 0.005;                          %相当于正则化参数 lamuda2
        Imatrix = speye(size(kernel,2));        %单位矩阵
        theta =(alpha*Imatrix + kernel'*kernel)\(kernel'*Sig);
        extr_Sig = zeros(multin,N);
        index = 1;
        for i = 1 : 2 : 2*multin
          extr_Sig(index,:) = kernel(:,(i-1)*orderamp+1:(i+1)*orderamp)*...
                          theta((i-1)*orderamp+1:(i+1)*orderamp);
            index = index + 1;
        end
        ampcos = zeros(multin,N);
        ampsin = zeros(multin,N);
        index = 1;
        for i = 1 : 2 : 2*multin
          ampcos(index,:) = tmatrix*theta(((i-1)*orderamp+1):(i*orderamp));
          ampsin(index,:)=tmatrix*theta(((i*orderamp)+1):((i+1)*orderamp));
            index = index + 1;
        end
        amp = sqrt(ampcos.^2 + ampsin.^2);
end
```

参 考 文 献

[1]　CHEN S Q, DONG X J, XING G P, et al. Separation of overlapped non-stationary signals by ridge path regrouping and intrinsic chirp component decomposition[J]. IEEE sensors journal, 2017, 17(18): 5994-6005.

[2]　DONG X J, CHEN S Q, XING G P, et al. Doppler frequency estimation by parameterized time-frequency transform and phase compensation technique[J]. IEEE sensors journal, 2018, 18(9): 3734-3744.

[3]　CHEN S Q, PENG Z K, YANG Y, et al. Intrinsic chirp component decomposition by using Fourier series representation[J]. Signal processing, 2017, 137: 319-327.

[4]　DAUBECHIES I, LU J F, WU H T. Synchrosqueezed wavelet transforms: an empirical mode decomposition-like tool[J]. Applied and computational harmonic analysis, 2011, 30(2): 243-261.

[5]　PANTAZIS Y, ROSEC O, STYLIANOU Y. Adaptive AM-FM signal decomposition with application to speech analysis[J]. IEEE transactions on audio, speech, and language processing, 2011, 19(2): 290-300.

[6]　ZIVANOVIC M, GONZÁLEZ-IZAL M. Nonstationary harmonic modeling for ECG removal in surface EMG signals[J]. IEEE transactions on biomedical engineering, 2012, 59(6): 1633-1640.

[7]　DEMIRLI R, SANIIE J. Model-based estimation of ultrasonic echoes. Part I: analysis and algorithms[J]. IEEE transactions on ultrasonics, ferroelectrics, and frequency control, 2001, 48(3): 787-802.

[8]　YANG Y, PENG Z K, MENG G, et al. Characterize highly oscillating frequency modulation using generalized Warblet transform[J]. Mechanical systems and signal processing, 2012, 26: 128-140.

[9]　CHEN S S, DONOHO D L, SAUNDERS M A. Atomic decomposition by basis pursuit[J]. SIAM review, 2001, 43(1): 129-159.

[10]　HOU T Y, SHI Z Q. Data-driven time-frequency analysis[J]. Applied and computational harmonic analysis, 2013, 35(2): 284-308.

[11]　GOLUB G H, HANSEN P C, O'LEARY D P. Tikhonov regularization and total least squares[J]. SIAM journal on matrix analysis and applications, 1999, 21(1): 185-194.

[12]　GOLUB G H, HEATH M, WAHBA G. Generalized cross-validation as a method for choosing a good ridge parameter[J]. Technometrics, 1979, 21(2):215-223.

[13]　YU G S, MALLAT S, BACRY E. Audio denoising by time-frequency block thresholding[J]. IEEE transactions on signal processing, 2008, 56(5): 1830-1839.

[14]　RANDALL R B, ANTONI J. Rolling element bearing diagnostics—a tutorial[J]. Mechanical systems and signal processing, 2011, 25(2): 485-520.

[15]　BO L, PENG C. Fault diagnosis of rolling element bearing using more robust spectral kurtosis and intrinsic time-scale decomposition[J]. Journal of vibration and control, 2016, 22(12): 2921-2937.

[16]　AN X L, ZENG H T, LI C S. Demodulation analysis based on adaptive local iterative filtering for bearing fault diagnosis[J]. Measurement, 2016, 94: 554-560.

[17]　FENG Z P, CHEN X W, WANG T Y. Time-varying demodulation analysis for rolling bearing fault diagnosis under variable speed conditions[J]. Journal of sound and vibration, 2017, 400: 71-85.

[18]　CHEN S Q, DU M G, PENG Z K, et al. High-accuracy fault feature extraction for rolling bearings under time-varying speed conditions using an iterative envelope-tracking filter[J]. Journal of sound and vibration, 2019, 448: 211-229.

[19]　ANTONI J. Fast computation of the kurtogram for the detection of transient faults[J]. Mechanical systems and signal processing, 2007, 21(1): 108-124.

[20]　NIKUNEN J, VIRTANEN T. Direction of arrival based spatial covariance model for blind sound source separation[J]. IEEE/ACM transactions on audio, speech, and language processing, 2014, 22(3): 727-739.

[21]　WANG L. Multi-band multi-centroid clustering based permutation alignment for frequency-domain blind speech separation[J]. Digital signal processing, 2014, 31: 79-92.

[22]　AMAR A, LESHEM A, VAN DER VEEN A J. A low complexity blind estimator of narrowband polynomial phase signals[J]. IEEE transactions on signal processing, 2010, 58(9): 4674-4683.

[23]　BELOUCHRANI A, AMIN M G, THIRION-MOREAU N, et al. Source separation and localization using

time-frequency distributions: An overview [J]. IEEE signal processing magazine, 2013, 30(6): 97-107.

[24]　SADHU A, NARASIMHAN S, ANTONI J. A review of output-only structural mode identification literature employing blind source separation methods[J]. Mechanical systems and signal processing, 2017, 94: 415-431.

[25]　ZHOU P, YANG Y, CHEN S Q, et al. Parameterized model based blind intrinsic chirp source separation[J]. Digital signal processing, 2018, 83: 73-82.

[26]　ALI S, KHAN N A, HANEEF M, et al. Blind source separation schemes for mono-sensor and multi-sensor systems with application to signal detection[J]. Circuits, systems, and signal processing, 2017, 36(11): 4615-4636.

[27]　ARBERET S, GRIBONVAL R, BIMBOT F. A robust method to count and locate audio sources in a multichannel underdetermined mixture[J]. IEEE transactions on signal processing, 2010, 58(1): 121-133.

[28]　ANDERSON T W. An introduction to multivariate statistical analysis[M]. 2nd ed. New York: Wiley, 1984.

[29]　ZHANG Y D, AMIN M G, HIMED B. Direction-of-arrival estimation of nonstationary signals exploiting signal characteristics[C]//2012 11th international conference on information science, signal processing and their applications (ISSPA). Montreal, 2012: 1223-1228.

[30]　AISSA-EL-BEY A, LINH-TRUNG N, ABED-MERAIM K, et al. Underdetermined blind separation of nondisjoint sources in the time-frequency domain[J]. IEEE transactions on signal processing, 2007, 55(3): 897-907.

[31]　PENG D Z, XIANG Y. Underdetermined blind source separation based on relaxed sparsity condition of sources[J]. IEEE transactions on signal processing, 2009, 57(2): 809-814.

[32]　PENG D Z, XIANG Y. Underdetermined blind separation of non-sparse sources using spatial time-frequency distributions[J]. Digital signal processing, 2010, 20(2): 581-596.

...ciassociation on processing[1]. IEEE signal processing magazine, 2013. **PADH...**
[5] SABINE Z, KAPTSONDIS S, ANTON I. A review of contempora..., ...actural noise density..., ...trending...
...spectral... ...phy (V)... ...y... ...resistances and ...sity ...rese... ...es ...xy S... S...
[6] PROL... ...S... ...ory... ...on for... ...cc... ...ical ...point... ...emblem...
...logy ...s ...20...19, 8...3...8...9...
[7] ...AVIS P A, DAVIS P, et al. Blind source separation applied to time-scale and multichannel...

第 7 章　同步压缩变换

参数化时频变换是第 4~6 章中所介绍参数化时频分析方法的重要基石,其在应用过程中需要提前获悉目标信号调频规律的先验知识,从而选取合适的基函数对其进行刻画。另外,有学者致力于研究无需先验知识的非参数化时频变换方法来提取多分量信号的调频特征,其中,时频重排方法[1]最具代表性。时频重排方法通过对初始时频分布中的时频系数按照一定的规则进行重排,获得具有更高时频集中度的时频分布,从而提取目标信号的调频特征。该方法基于初始时频分布对时频系数进行重排,无须获悉调频规律的先验信息,并对初始时频分布的参数选择具有较强的适应性。早在 1995 年,法国学者 Auger 和 Flandrin[2]就首先通过对时频分布系数沿时间轴和频率轴方向进行重新排列来提高初始时频分布的集中度。然而,这种时频重排方法虽然无需先验知识就能得出高集中度的时频分布,但重排过程破坏了原时频分布的可逆性,导致该方法难以重构原信号中的调频分量,阻碍了该方法在多个领域的应用。因此,时频重排方法的发展在这之后经历了一段时间的沉寂。直到 2011 年,美国普林斯顿大学的 Daubechies 等[3]基于严格数学推导提出了一种新的时频重排方法并将其成功应用于多分量信号的调频特征提取与重构,时频重排方法才重新引起时频分析领域学者的重视并逐步进入相关应用领域学者的视野,这种新的时频重排方法被命名为同步压缩变换(synchro-squeezing transform, SST)。相较于传统的时频重排方法,同步压缩变换只对初始时频分布系数沿频率轴进行重排压缩,保留了时频变换的可逆性,从而使得该方法在提升信号分量时频集中度的同时还能实现信号分量的时域波形重构。同步压缩变换自提出之后就引起了人们广泛的关注并被成功应用于诸多不同的领域,如生物医学、地震信号分析处理和旋转机械故障诊断[4]等。

7.1 节从经典的时频重排技术出发引出了同步压缩变换。由于时频重排技术需要依附一种基本的时频变换,7.2 节和 7.3 节分别介绍了基于小波变换和短时傅里叶变换的两种常用同步压缩变换方法:同步压缩小波变换[3]和同步压缩短时傅里叶变换[5]。作为线性时频变换方法,小波变换和短时傅里叶变换所产生的时频分布理论上只是对信号调频规律的"零阶逼近",因此上述两种同步压缩变换方法在处理具有强非线性调频规律的信号时,依然会出现时频能量集中度不高的现象。为了突破"零阶逼近"这一理论限制,Oberlin 等[6]和 Pham 等[7]将同步压缩变换中的"零阶算子"拓展到高阶,从而有效地提升了同步压缩变换对非线性调频信号的适应能力。7.4 节将对高阶同步压缩变换方法的核心思想与实现方法进行介绍。7.5 节则将同步压缩方法应用于分析实际信号。作为一种具有代表性的非参数化时频变换方法,同步压缩变换在近十年得到了广泛的关注与研究[8-10],本章主要介绍同步压缩变换的核心思想和主要方法,对该方法感兴趣的读者可以参考相关文献了解同步压缩变换的最新进展。

7.1　时频重排原理

时频重排最早应用于谱图的重新分配[1],随后,Auger 和 Flandrin 将其推广至处理时频分布[2]。下面以 Wigner-Ville 分布(Wigner-Ville distribution, WVD)为例说明时频重排原理。对于

任意有限能量信号 $s(t)$，Wigner-Ville 分布[11]定义为

$$\mathrm{WVD}_s(t,\omega) = \frac{1}{2\pi}\int_{-\infty}^{+\infty} s\left(t+\frac{1}{2}\tau\right)s^*\left(t-\frac{1}{2}\tau\right)\mathrm{e}^{-\mathrm{j}\omega\tau}\mathrm{d}\tau \tag{7.1}$$

其中，* 表示复数共轭；$s(t+\tau/2)s^*(t-\tau/2)$ 称为信号的瞬时相关函数，因此 Wigner-Ville 分布本质上是对信号瞬时相关函数的傅里叶变换，其结果能够反映信号的时频特征[11]。然而，实际应用中，信号分量之间的相互作用会产生不可忽略的交叉项，这些交叉项有可能导致错误的时频表示，也会阻碍信号分量识别。通常采用 WVD 的二维低通滤波减小交叉项对时频分布的影响，同时保留时移和频移不变性等主要性质。经过滤波后得到的 WVD 即为 Cohen 类时频分布[12]，表示为

$$\mathrm{TFR}_s(t,\omega) = \int_{-\infty}^{+\infty}\int_{-\infty}^{+\infty} \phi(\tau,\theta)\mathrm{WVD}_s(t-\tau,\omega-\theta)\,\mathrm{d}\tau\mathrm{d}\theta \tag{7.2}$$

由式 (7.2) 可知，时频面任意一点 (t,ω) 的时频值是所有项 $\phi(\tau,\theta)\mathrm{WVD}_s(t-\tau,\omega-\theta)$ 之和，其可以视为 Wigner-Ville 值在相邻点 $(t-\tau,\omega-\theta)$ 的加权分布。$\mathrm{TFR}_s(t,\omega)$ 是以 (t,ω) 为中心、以 $\phi(\tau,\theta)$ 为边界的区域的平均能量。这种加权平均能够有效抑制交叉项，但也使得信号频带扩散，从而导致二维时频面变得模糊，如图 7.1 所示。如果 (t,ω) 周围存在一些非零的 WVD 值，即使对 WVD 而言，点 (t,ω) 处没有能量，点 (t,ω) 的时频表示 $\mathrm{TFR}_s(t,\omega)$ 也是非零的。避免这种情况的一种方法是改变该平均值的归属点，将其分配到区域能量的中心，其坐标为

$$\hat{t}_s(t,\omega) = t - \frac{\displaystyle\int_{-\infty}^{+\infty}\int_{-\infty}^{+\infty}\tau\cdot\phi(\tau,\theta)\mathrm{WVD}_s(t-\tau,\omega-\theta)\,\mathrm{d}\tau\mathrm{d}\theta}{\displaystyle\int_{-\infty}^{+\infty}\int_{-\infty}^{+\infty}\phi(\tau,\theta)\mathrm{WVD}_s(t-\tau,\omega-\theta)\,\mathrm{d}\tau\mathrm{d}\theta} \tag{7.3}$$

$$\hat{\omega}_s(t,\omega) = \omega - \frac{\displaystyle\int_{-\infty}^{+\infty}\int_{-\infty}^{+\infty}\theta\cdot\phi(\tau,\theta)\mathrm{WVD}_s(t-\tau,\omega-\theta)\,\mathrm{d}\tau\mathrm{d}\theta}{\displaystyle\int_{-\infty}^{+\infty}\int_{-\infty}^{+\infty}\phi(\tau,\theta)\mathrm{WVD}_s(t-\tau,\omega-\theta)\,\mathrm{d}\tau\mathrm{d}\theta} \tag{7.4}$$

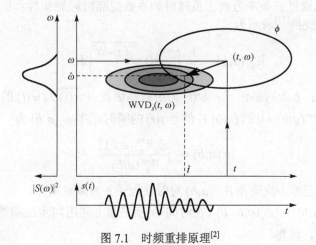

图 7.1 时频重排原理[2]

上述时频面的重新分配构建了改进的时频谱，其任意点 (t',ω') 的时频值是分配至该点的时频值的总和，即

$$\text{MTFR}_s(t',\omega') = \int_{-\infty}^{+\infty} \text{TFR}_s(t,\omega)\delta[t'-\hat{t}_s(t,\omega)] \cdot \delta[\omega'-\hat{\omega}_s(t,\omega)]\mathrm{d}t\mathrm{d}\omega \tag{7.5}$$

其中，$\delta(t)$ 表示狄拉克函数。

　　时频重排通过重新分配信号的能量分布有效抑制了交叉项并提高了时频集中性。需要说明的是，时频重排沿着时间轴和频率轴同时压缩信号能量，且忽略了相位信息，因此无法实现信号重构。下面将要介绍的同步压缩变换系列方法通过将信号在时频面上的能量沿着频率轴方向压缩，提升时频分布的能量集中性。该系列方法保留了原始线性时频变换的可逆性，能够通过时频逆变换重构信号分量。同步压缩和时频重排原理的对比示意图如图 7.2 所示，可以看出，时频重排沿着两个方向对时频分布进行压缩，而同步压缩只沿频率方向进行压缩，因此时频重排的能量集中性优于同步压缩。

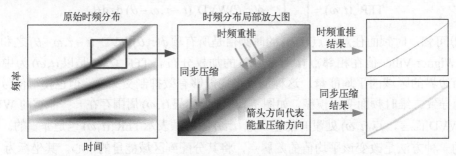

图 7.2　同步压缩和时频重排对比[13]

7.2　同步压缩小波变换

7.2.1　基本原理

　　2011 年，Daubechies 等[3]最早提出基于连续小波变换的同步压缩变换方法，称为同步压缩小波变换。该方法通过在频率方向上重排时频系数提高时频聚集性和能量集中性[14]。首先信号 $s(t)$ 的连续小波变换[11]表示为

$$W_s^{\psi}(a,b) = \frac{1}{\sqrt{a}}\int_{-\infty}^{+\infty} s(t)\overline{\psi\left(\frac{t-b}{a}\right)}\mathrm{d}t \tag{7.6}$$

其中，a 为尺度因子；b 为时移因子；$\psi(t)$ 为小波基函数；$\overline{\psi(t)}$ 为 $\psi(t)$ 的共轭函数。

　　对于任意符合 $W_s^{\psi}(a,b)\neq 0$ 的 (a,b)，信号 $s(t)$ 的瞬时频率 $\omega_s(a,b)$ 为

$$\omega_s(a,b) = -\mathrm{j}\frac{\partial_b W_s^{\psi}(a,b)}{W_s^{\psi}(a,b)} \tag{7.7}$$

其中，$\partial_b W_s^{\psi}(a,b)$ 是连续小波变换 $W_s^{\psi}(a,b)$ 对时移因子 b 的偏导数。

　　根据映射关系 $(a,b)\rightarrow(\omega_s(a,b),b)$，在时间-尺度平面上利用同步压缩算子重新排列连续小波变换系数 $W_s^{\psi}(a,b)$，可得

$$T_s(\omega,b) = \int_{-\infty}^{+\infty} W_s^{\psi}(a,b)a^{-3/2}\delta[\omega_s(a,b)-\omega]\mathrm{d}a \tag{7.8}$$

其中，$\delta(t)$ 表示狄拉克函数。

需要说明的是，尽管同步压缩小波变换是根据单分量信号进行推导的，但该方法同样适用于满足一定条件的多分量调幅调频信号[3,14]。满足相应条件的集合，称为 $\mathcal{A}_{\varepsilon,d}$ 函数集。首先给出多分量调幅调频信号的定义：

$$s(t) = \sum_{i=1}^{K} s_i(t) = \sum_{i=1}^{K} A_i(t) \mathrm{e}^{\mathrm{j}\phi_i(t)} \tag{7.9}$$

其中，$A_i(t)$ 为幅值函数；$\phi_i(t)$ 为相位函数；K 为分量个数。

定义 7.1 函数集 $\mathcal{A}_{\varepsilon,d}$ 是一个叠加函数集合，集合中的元素彼此分离，精度为 $\varepsilon > 0$，距离为 $d > 0$，其中每个集合元素 $s(t)$ 都满足如下条件：

$$\begin{cases} A_i \in L^\infty(\mathbb{R}) \cap C^1(\mathbb{R}), \ \phi_i \in C^2(\mathbb{R}), \ \phi_i', \phi_i'' \in L^\infty(\mathbb{R}), \ \forall i \in \{1,2,\cdots,K\} \\ A_i(t) > 0, \ \inf_{t\in\mathbb{R}}\phi_i'(t) > 0, \ \sup_{t\in\mathbb{R}}\phi_i'(t) < \infty, \ \forall i \in \{1,2,\cdots,K\} \\ \left|A_i'(t)\right| < \varepsilon\left|\phi_i'(t)\right|, \ \left|\phi_i''(t)\right| < \varepsilon\left|\phi_i'(t)\right|, \ \forall t \in \mathbb{R} \\ \phi_i'(t) > \phi_{i-1}'(t), \ \left|\phi_i'(t) - \phi_{i-1}'(t)\right| \geq d\left|\phi_i'(t) + \phi_{i-1}'(t)\right|, \ \forall t \in \mathbb{R} \end{cases}$$

其中，$\phi_i'(t)$ 为瞬时频率函数。

定义 7.1 表明，$\mathcal{A}_{\varepsilon,d}$ 中的元素分量函数由于 $\left|\phi_i''(t)\right| < \varepsilon\left|\phi_i'(t)\right|$ 的限制，其瞬时频率变化较慢。$\mathcal{A}_{\varepsilon,d}$ 中元素的各个分量函数的分离距离至少为 d，函数集 $\mathcal{A}_{\varepsilon,d}$ 中分离的多分量叠加函数有如下性质。

性质 7.1 设 $s(t)$ 是函数集 $\mathcal{A}_{\varepsilon,d}$ 中分离的多分量叠加函数，并令 $\tilde{\varepsilon} = \varepsilon^{1/3}$。设函数 $h \in \mathbb{C}^\infty$ 满足 $\int_{-\infty}^{+\infty} h(t)\mathrm{d}t$，小波基函数是一个 Schwartz 函数且其傅里叶变换 $\hat{\Psi}$ 紧支撑于区间 $[1-\Delta, 1+\Delta]$，满足 $\Delta < d/(d+1)$。令 $S_\Psi = \sqrt{2\pi}\int_{|\omega-1|<\Delta}\overline{\hat{\Psi}_\phi(\omega)}\,\omega^{-1}\mathrm{d}\omega$。$W_s^\psi(a,b)$ 是 $s(t)$ 的连续小波变换结果，则其同步压缩后的重排结果为

$$T_{s,\tilde{\varepsilon},\delta}(\omega,b) = \int_{A_{s,\tilde{\varepsilon}}(b)} W_s^\psi(a,b)\frac{1}{\delta}h\left[\frac{\omega-\omega_s(a,b)}{\delta}\right]a^{-3/2}\mathrm{d}a \tag{7.10}$$

其中，$A_{s,\tilde{\varepsilon}}(b) := \{a \in \mathbb{R}_+; \left|W_s^\psi(a,b)\right| > \tilde{\varepsilon}\}$，如果 ε 足够小，则有：

(1) $\left|W_s^\psi(a,b)\right| > \tilde{\varepsilon}$ 当且仅当 $(a,b) \in Z_i := \{(a,b); \left|a\phi_i'(b)-1\right| < \Delta\}$ 时成立，其中 $i \in \{1,2,\cdots,K\}$。

(2) 对于 $i \in \{1,2,\cdots,K\}$ 和任意 $(a,b) \in Z_i$，当 $\left|W_s^\psi(a,b)\right| > \tilde{\varepsilon}$ 时，估计的瞬时频率为

$$\left|\omega_f(a,b) - \phi_i'(b)\right| \leq \tilde{\varepsilon} \tag{7.11}$$

(3) 对于 $i \in \{1,2,\cdots,K\}$，存在常数 C，使得

$$\left\|\left(\lim_{\delta\to 0} S_\Psi^{-1}\int_{|\omega-\phi_i'(b)|<\tilde{\varepsilon}} T_{s,\tilde{\varepsilon},\delta}(\omega,b)\mathrm{d}\omega\right) - A_i(b)\mathrm{e}^{\mathrm{j}\phi_i(b)}\right\| \leq C\tilde{\varepsilon} \tag{7.12}$$

性质 7.1 表明，当信号 $s(t) \in \mathcal{A}_{\varepsilon,d}$ 时，同步压缩小波变换可以有效提高其时频集中性。第一部分表明，当信号 $s(t) \in \mathcal{A}_{\varepsilon,d}$ 时，该信号的不同成分在时频面上是彼此分离的，相邻区域之间的连续小波变换值很小。第二部分表明，当信号 $s(t) \in \mathcal{A}_{\varepsilon,d}$ 时，同步压缩小波变换估计的瞬时频率精度高，估计误差小于 $\tilde{\varepsilon}$；也就是说，同步压缩后，时频能量会压缩在曲线的窄带区域内，该区域最大宽度为 $\tilde{\varepsilon}$。第三部分表明，当信号 $s(t) \in \mathcal{A}_{\varepsilon,d}$ 时，同步压缩小波变换的逆变换能够重构其时域信号，重构误差不超过 $C\tilde{\varepsilon}$[14]。

7.2.2　仿真算例

本节将应用同步压缩小波变换分析两个不同的仿真信号,以展示该方法的特点。这里以第一个仿真信号(例 7.1)为例,给出对其进行同步压缩小波变换的 MATLAB 程序,如表 7.1 所示。其中,同步压缩小波变换函数 wsst( )的程序请参见 7.6 节。

【例 7.1】 分段信号

首先给出一个分段信号:

$$s(t)=\begin{cases}\cos(100\pi t), & 0\,\mathrm{s}\leqslant t<1\,\mathrm{s}\\ \cos[100\pi t-35\cos(2\pi t)], & 1\,\mathrm{s}\leqslant t<2\,\mathrm{s}\end{cases} \tag{7.13}$$

该信号的瞬时频率为

$$f(t)=\begin{cases}50, & 0\,\mathrm{s}\leqslant t<1\,\mathrm{s}\\ 50+35\sin(2\pi t), & 1\,\mathrm{s}\leqslant t<2\,\mathrm{s}\end{cases} \tag{7.14}$$

由式(7.14)可知,该信号由 0~1s 的平稳信号和 1~2s 的正弦频率调制信号组成。图 7.3 给出了信号(7.13)的时域波形和连续小波变换获得的时频分布。图 7.4 给出了时频重排和同步压缩小波变换获得的时频分布。由图 7.3 可以看出,连续小波变换得到的时频分布能量集中性差,分辨率较低。经过沿着时间轴和频率轴同时压缩信号能量,平稳区段和线性调频区段的能量集中性显著提高,然而,正弦调制区段的波峰和波谷处由于沿时间轴压缩出现了严重干涉,如图 7.4(a)所示。经过沿频率轴同步压缩信号能量,平稳信号区段的能量集中程度与时频重排相当,但正弦调制区段略低于时频重排,特别是低频部分,如图 7.4(b)所示。

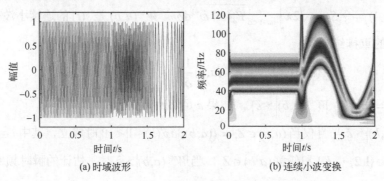

图 7.3　仿真信号(7.13)

(a) 时域波形　　　　(b) 连续小波变换

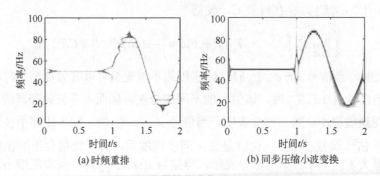

(a) 时频重排　　　　(b) 同步压缩小波变换

图 7.4　不同方法获得的仿真信号(7.13)的时频分布

表 7.1　对分段信号(例 7.1)作同步压缩小波变换的 MATLAB 程序

```
clc;clear;
close all
SampFreq = 300;
t1 = 0:1/SampFreq:1-1/SampFreq;
t2 = 1:1/SampFreq:2-1/SampFreq;
t = [t1,t2];
Sig1 = cos(2*pi*(50*t1))+addnoise(length(t1),0,0);
Sig2 = cos(100*pi*t2 - 35*cos(2*pi*t2));
Sig = [Sig1,Sig2];
%%%%%%%%%%%时域信号%%%%%%%%%%%
figure
plot(t,Sig,'b','linewidth',1);
xlabel('\fontname{宋体}时间\fontname{Times New Roman}{\itt} (s)');
ylabel('\fontname{宋体}幅值');
%%%%%%%%%%%连续小波变换时频分布%%%%%%%%%%%
[wt,f] = cwt(Sig,'Morse',300);
figure
pcolor(t,f,abs(wt));shading interp
xlabel('\fontname{宋体}时间\fontname{Times New Roman}{\itt} (s)');
ylabel('\fontname{宋体}频率\fontname{Times New Roman}{\itf} (Hz)');
%%%%%%%%%%%重排谱图%%%%%%%%%%%
[tfr rtfr hat] = tfrrsp(Sig',1:length(t));
Fs = linspace(0,SampFreq/2,floor(length(t)/2));
figure
imagesc(t,Fs,rtfr(1:floor(length(t)/2),:));
set(gca,'YDir','normal');
xlabel('\fontname{宋体}时间\fontname{Times New Roman}{\itt} (s)');
ylabel('\fontname{宋体}频率\fontname{Times New Roman}{\itf} (Hz)');
%%%%%%%%%%%同步压缩小波变换时频分布%%%%%%%%%%%
[Ts F]= wsst(Sig,300);
figure
hp = pcolor(t,F,abs(Ts));
hp.EdgeColor = 'none';
set(gca,'YDir','normal');
xlabel('\fontname{宋体}时间\fontname{Times New Roman}{\itt} (s)');
ylabel('\fontname{宋体}频率\fontname{Times New Roman}{\itf} (Hz)');
```

【例 7.2】　多分量线性调频信号

第二个信号由两个逐渐靠近的线性调频信号构成，即

$$s(t) = \cos[2\pi(20t^2 + 40t)] + \cos[2\pi(30t^2 + 17t)] \tag{7.15}$$

该信号的瞬时频率为 $f_1(t) = 40t + 40$，$f_2(t) = 60t + 17$，信号持续时间为 $0\text{s} < t < 1\text{s}$，采样频率为 400Hz。图 7.5 给出了信号(7.15)的时域波形和连续小波变换获得的时频分布，由时频分布可以看出，随着两个分量的瞬时频率逐渐靠近，连续小波变换的时频分布出现了严重的能量

分散现象。图 7.6 给出了时频重排和同步压缩小波变换获得的该信号的时频分布。由图 7.6 可知，尽管相比连续小波变换，两种重排方法对时频分布的能量集中性都有一定的改善，但当两个分量的瞬时频率靠近到一定程度时，还是会出现较为严重的干涉现象。由此可见，同步压缩变换不适用于分析分量瞬时频率紧邻的信号。

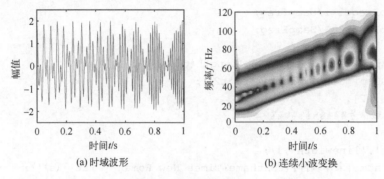

(a) 时域波形　　　　　　　　　　　(b) 连续小波变换

图 7.5　仿真信号 (7.15)

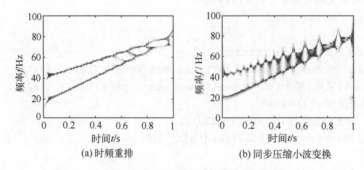

(a) 时频重排　　　　　　　　　　　(b) 同步压缩小波变换

图 7.6　不同方法获得的仿真信号 (7.15) 的时频分布

7.3　同步压缩短时傅里叶变换

7.3.1　基本原理

同样是 2011 年，Thakur 和 Wu[5] 将同步压缩推广至短时傅里叶变换，提出同步压缩短时傅里叶变换。

首先，定义信号 $s(t)$ 的短时傅里叶变换为

$$V_s(t,\eta) = \int_{-\infty}^{+\infty} s(\tau)g(\tau-t)\exp[-\mathrm{j}2\pi\eta(\tau-t)]\,\mathrm{d}\tau \tag{7.16}$$

其中，$g(t)$ 代表高斯窗函数。短时傅里叶变换为线性可逆变换，因此可以通过以下任意一式重构原信号。

$$s(t) = \int_{-\infty}^{+\infty}\int_{-\infty}^{+\infty} V_s(\tau,\eta)g(t-\tau)\exp[\mathrm{j}2\pi\eta(t-\tau)]\,\mathrm{d}\tau\mathrm{d}\eta \tag{7.17}$$

$$s(t) = \frac{1}{g(0)}\int_{-\infty}^{+\infty} V_s(t,\eta)\,\mathrm{d}\eta \tag{7.18}$$

为了提升信号时频分布的能量集中性，同步压缩短时傅里叶变换定义了基于短时傅里叶变换的瞬时频率估计算子：

$$\hat{\omega}_s(t,\eta) = \frac{1}{2\pi}\partial_t\{\text{phase}[V_s(t,\eta)]\} = \text{Re}\left\{\frac{\partial_t V_s(t,\eta)}{j2\pi V_s(t,\eta)}\right\} \tag{7.19}$$

其中，phase[·]代表相位函数；Re{·}代表实部。式(7.19)表明，短时傅里叶变换$V_s(t,\eta)$对时间的偏导数与$V_s(t,\eta)$本身的比值可以反映时刻t、频率η处的瞬时频率情况。对此，同步压缩短时傅里叶变换的基本思想是将时频变换系数$V_s(t,\eta)$从原始时频点(t,η)处沿频率方向搬移到$(t,\hat{\omega}_s(t,\eta))$处，这样可以有效抑制时频分布上瞬时频率附近的能量旁瓣，提高能量集中性，如式(7.20)所示：

$$T_s(t,\omega) = \frac{1}{g(0)}\int_{-\infty}^{+\infty} V_s(t,\eta)\delta[\omega - \hat{\omega}_s(t,\eta)]\,\text{d}\eta \tag{7.20}$$

其中，$\delta(t)$代表狄拉克函数。同步压缩短时傅里叶变换还可以通过时频逆变换重构信号，如式(7.21)所示：

$$s(t) = \int_{-\infty}^{+\infty} T_s(t,\omega)\,\text{d}\omega \tag{7.21}$$

对于多分量信号，可以事先通过检测信号时频分布的能量脊线来估计信号分量的瞬时频率$f_i(t)$，然后将式(7.18)的积分区间限制在$f_i(t)$附近，从而重构目标信号分量，如式(7.22)所示：

$$s_i(t) = \int_{\{\omega:\,|\omega - f_i(t)|<B\}} T_s(t,\omega)\,\text{d}\omega \tag{7.22}$$

其中，B代表信号重构带宽。通过式(7.22)，同步压缩短时傅里叶变换可以实现多分量信号分解。

值得注意的是，式(7.19)只能刻画恒定的信号频率。对于非平稳信号，随着信号频率调制程度增加，$\hat{\omega}_s(t,\eta)$与真实瞬时频率之间的偏差将增大，同步压缩短时傅里叶变换的时频集中性以及信号重构精度也会随之变差。此外，本质上，式(7.22)可以视为时频域的带通滤波。因此，当不同分量的瞬时频率距离较近或者相交时，这些分量的滤波频段将出现重叠，导致重构的信号分量之间存在严重干涉。

7.3.2 仿真算例

本节将应用同步压缩短时傅里叶变换分别分析例 7.1 和例 7.2 所给出的仿真信号。类似地，表 7.2 给出了对例 7.1 中的分段信号进行同步压缩短时傅里叶变换的 MATLAB 程序。其中，同步压缩短时傅里叶变换函数 synsq_stft_fw( ) 的 MATLAB 程序请参见 7.6 节。

表 7.2 对分段信号(例 7.1)作同步压缩短时傅里叶变换的 MATLAB 程序

```
clc;clear;close all
SampFreq = 300;
t1 = 0:1/SampFreq:1-1/SampFreq;
t2 = 1:1/SampFreq:2-1/SampFreq;
t = [t1,t2];
```

```
Sig1 = cos(2*pi*(50*t1))+addnoise(length(t1),0,0);
Sig2 = cos(100*pi*t2 - 35*cos(2*pi*t2));
Sig = [Sig1,Sig2];
IF1 = 50*ones(1,length(t1));
IF2 = 50 + 35*sin(2*pi*t2);
IF = [IF1,IF2];
%%%%%%%%%%%%原始信号绘图%%%%%%%%%%%%
figure
plot(t,Sig,'b','linewidth',1);
xlabel('\fontname{宋体}时间\fontname{Times New Roman}{\itt} (s)');
ylabel('\fontname{宋体}幅值');
%%%%%%%%%%%%短时傅里叶变换%%%%%%%%%%%%
STFTopt = struct('gamma',eps,'type','gauss','mu',0,'s',0.05,'om',0, …
        'winlen',500);
[Spec,fs,dSx] = stft_fw(Sig, 1/SampFreq, STFTopt,t);
figure
imagesc(t,fs,abs(Spec));
set(gca,'YDir','normal');
%%%%%%%%%%%%同步压缩短时傅里叶变换时频分布%%%%%%%%%%%%
[Specsst, fs1, ~, ~, ~, ~] = synsq_stft_fw(t,Sig);
figure
imagesc(t,fs1,abs(Specsst));
set(gca,'YDir','normal');
xlabel('\fontname{宋体}时间\fontname{Times New Roman}{\itt} (s)');
ylabel('\fontname{宋体}频率\fontname{Times New Roman}{\itf} (Hz)');
```

图 7.7 给出了信号 (7.13) 的短时傅里叶变换和同步压缩短时傅里叶变换的时频分布。图 7.8 给出了信号 (7.13) 的短时傅里叶变换和同步压缩短时傅里叶变换的重构信号。由图 7.7 可以看出, 受海森伯不确定性原理的限制, 短时傅里叶变换的时频分布分辨率在整个时频域相同, 因此难以获得高能量集中度的时频分布; 同步压缩短时傅里叶变换显著提高了平稳区段的能量集中性, 但对于正弦调制的非平稳信号, 频率调制程度越强, 时频分布的能量集中性越差。由图 7.8 可以看出, 尽管相比短时傅里叶变换, 同步压缩短时傅里叶变换在一定程度上提高了

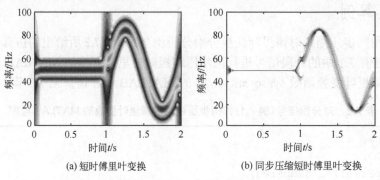

(a) 短时傅里叶变换　　　　　　　　　(b) 同步压缩短时傅里叶变换

图 7.7　不同方法获得的仿真信号 (7.13) 的时频分布

重构精度,但仍然在频率突变位置和强调制区段存在显著的重构误差。图7.9给出了信号(7.15)的短时傅里叶变换和同步压缩短时傅里叶变换的时频分布。图 7.10 给出了信号(7.15)的短时傅里叶变换和同步压缩短时傅里叶变换的重构信号。由图 7.9 可以看出,相比短时傅里叶变换,同步压缩短时傅里叶变换提高了两个信号分量时频分布的能量集中性,但随着两个分量的瞬时频率逐渐靠近,其间的干涉越来越严重,因此难以在 0.6~0.8s 获得正确脊线并重构信号,如图 7.10 所示。

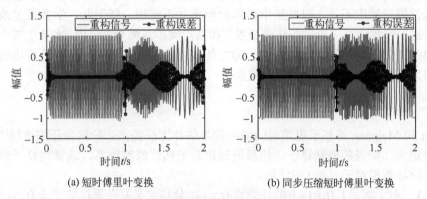

(a) 短时傅里叶变换　　　　　　　　　　　　(b) 同步压缩短时傅里叶变换

图 7.8　不同方法获得的仿真信号(7.13)的重构结果

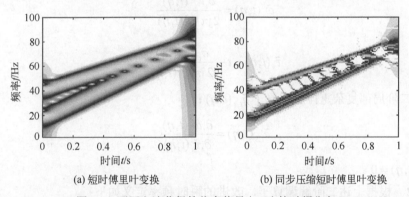

(a) 短时傅里叶变换　　　　　　　　　　　　(b) 同步压缩短时傅里叶变换

图 7.9　不同方法获得的仿真信号(7.15)的时频分布

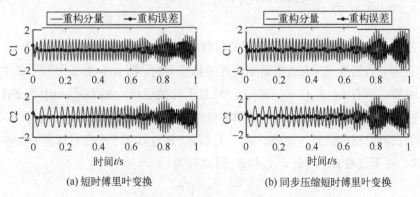

(a) 短时傅里叶变换　　　　　　　　　　　　(b) 同步压缩短时傅里叶变换

图 7.10　不同方法获得的仿真信号(7.15)的重构结果

7.4　高阶同步压缩变换

由前面可知，同步压缩小波变换和同步压缩短时傅里叶变换都显著提高了时频分布的能量集中程度，增强了时频表示的可读性。然而，作为线性时频变换方法，小波变换和短时傅里叶变换所产生的时频分布理论上只是对信号调频规律的"零阶逼近"。对于强时变信号，上述方法线性逼近精度不足，时频集中性和分辨率并不理想。基于此，学者通过改进瞬时频率估计算子进一步提出了二阶同步压缩变换[6]和高阶同步压缩变换[7, 14]。本节主要介绍以短时傅里叶变换为基础的高阶同步压缩变换，为方便叙述，未特殊说明时，下面所述的高阶同步压缩变换即为高阶同步压缩短时傅里叶变换。

7.4.1　二阶同步压缩变换

Oberlin 和 Meignen 等基于更精确的瞬时频率估计方法提出二阶同步压缩变换[6]。更准确地说，首先定义二阶局部调制算子，然后通过该算子估计瞬时频率。该调制算子对应于重排运算符的一阶导数相对于时间 t 的比值。

命题 7.1　对于满足 $V_s(t,\eta)=0$ 的任意点 (t,η)，分别定义复杂重排算子 $\tilde{\omega}_s(t,\eta)$ 和 $\tilde{\tau}_s(t,\eta)$：

$$\tilde{\omega}_s(t,\eta) = \frac{\partial_t V_s^g(t,\eta)}{2\mathrm{j}\pi V_s^g(t,\eta)} \tag{7.23}$$

$$\tilde{\tau}_s(t,\eta) = t - \frac{\partial_t V_s^g(t,\eta)}{2\mathrm{j}\pi V_s^g(t,\eta)} \tag{7.24}$$

然后，定义二阶局部复杂重排解调算子 $\tilde{q}_{t,s}(t,\eta)$：

$$\tilde{q}_{t,s}(t,\eta) = \frac{\partial_t \tilde{\omega}_s(t,\eta)}{\partial_t \tilde{\tau}_s(t,\eta)} \tag{7.25}$$

其中，$\partial_t \tilde{\tau}_s(t,\eta) \neq 0$。

定义 7.2　根据上述二阶解调算子，改进的瞬时频率定义如下：

$$\tilde{\omega}_{t,s}^{[2]}(t,\eta) = \begin{cases} \tilde{\omega}_s(t,\eta) + \tilde{q}_{t,s}(t,\eta)[t - \tilde{\tau}_s(t,\eta)], & \partial_t \tilde{\tau}_s(t,\eta) \neq 0 \\ \tilde{\omega}_s(t,\eta), & \text{其他} \end{cases} \tag{7.26}$$

其中，实部 $\hat{\omega}_{t,s}^{[2]}(t,\eta) = \mathrm{Re}\{\tilde{\omega}_{t,s}^{[2]}(t,\eta)\}$ 为期望的瞬时频率。

文献[6]证明，当信号 $s(t)$ 为高斯调制线性调频信号时，即 $s(t)=A(t)\mathrm{e}^{\mathrm{j}2\pi\phi(t)}$，其中 $\ln[A(t)]$ 和 $\phi(t)$ 为二次函数，则有 $\mathrm{Re}\{\tilde{q}_{t,s}(t,\eta)\}=\phi''(t)$，且对于此类信号，$\mathrm{Re}\{\tilde{\omega}_{t,s}^{[2]}(t,\eta)\}$ 为 $\phi'(t)$ 的精确估计。对于具有高斯幅值的更一般信号，其瞬时频率可以通过 $\mathrm{Re}\{\tilde{\omega}_{t,s}^{[2]}(t,\eta)\}$ 估计，其中，估计误差只涉及高于三阶的相位误差。此外，$\tilde{\omega}_s$、$\tilde{\tau}_s$ 和 $\tilde{q}_{t,s}$ 通过以下 5 个短时傅里叶变换计算。

命题 7.2　对于信号 $s(t)$，$\tilde{\omega}_s$、$\tilde{\tau}_s$ 和 $\tilde{q}_{t,s}$ 可以写为

$$\tilde{\omega}_s = \eta - \frac{1}{\mathrm{j}2\pi}\frac{V_s^{g'}}{V_s^g} \tag{7.27}$$

$$\tilde{\tau}_s = t + \frac{V_s^{tg}}{V_s^g} \tag{7.28}$$

$$\tilde{q}_{t,s} = \frac{1}{j2\pi} \frac{V_s^{g''} V_s^g - (V_s^{g'})^2}{V_s^{tg} V_s^{g'} - V_s^{tg'} V_s^g} \tag{7.29}$$

其中，V_s^g 表示 $V_s^g(t,\eta)$；$V_s^{g'}$、V_s^{tg}、$V_s^{g''}$ 和 $V_s^{tg'}$ 分别表示信号 $s(t)$ 的时间窗为 $g'(t)$、$tg(t)$、$g''(t)$ 和 $tg'(t)$ 的短时傅里叶变换。

然后，将 $\hat{\omega}_s(t,\eta)$ 替换为 $\hat{\omega}_{t,s}^{[2]}(t,\eta)$，获得二阶同步压缩变换：

$$T_{2,s}(t,\omega) = \frac{1}{g^*(0)} \int_{-\infty}^{+\infty} V_s(t,\eta)\delta[\omega - \hat{\omega}_{t,s}^{[2]}(t,\eta)]\,\mathrm{d}\eta \tag{7.30}$$

基于此，信号分量 $s_i(t)$ 通过将式（7.22）中的 $T_s(t,\omega)$ 替换为 $T_{2,s}(t,\omega)$ 获得

$$s_i(t) = \int_{\{\omega:\,|\omega - f_i(t)| < B\}} T_{2,s}(t,\omega)\,\mathrm{d}\omega \tag{7.31}$$

7.4.2　更高阶同步压缩变换

尽管二阶同步压缩变换一定程度上提高了时频表示的精度，但该方法仅适用于具有高斯调制幅值的线性调频信号。为了处理包含更一般类型的调幅调频分量的信号，文献基于幅值和相位都高于三阶的近似阶重新定义了同步压缩算子[7]。新的瞬时频率估计算子基于信号分量幅值和相位的高阶泰勒展开。首先重新定义信号。

定义 7.3　$s(\tau) = A(\tau)\mathrm{e}^{j2\pi\phi(\tau)}$，其幅值函数 $A(\tau)$ 和相位函数 $\phi(\tau)$ 等于 τ 接近 t 时的 L 阶和 N 阶泰勒展开式：

$$\ln[A(\tau)] = \sum_{k=0}^{L} \frac{\{\ln[A(\tau)]\}^{(k)}(t)}{k!}(\tau - t)^k \tag{7.32}$$

$$\phi(\tau) = \sum_{k=0}^{N} \frac{\phi^{(k)}(t)}{k!}(\tau - t)^k \tag{7.33}$$

其中，$Z^{(k)}(t)$ 表示在 t 时刻 Z 的第 k 阶导数。

如上定义，当 $L \leqslant N$ 时，$s(\tau)$ 可写为

$$s(\tau) = \exp\left(\sum_{k=0}^{N} \frac{1}{k!}\{[\ln(A)]^{(k)}(t) + j2\pi\phi^{(k)}(t)\}(\tau - t)^k\right) \tag{7.34}$$

当 $L+1 \leqslant k \leqslant N$ 时，$[\ln(A)]^{(k)}(t) = 0$，因此，该信号关于时间和频率的短时傅里叶变换可写为

$$V_s^g(t,\eta) = \int_{-\infty}^{+\infty} \exp\left(\sum_{k=0}^{N} \frac{1}{k!}\{[\ln(A)]^{(k)}(t) + j2\pi\phi^{(k)}(t)\}\tau^k\right) \times g(t)\mathrm{e}^{-j2\pi\eta\tau}\,\mathrm{d}\tau \tag{7.35}$$

取 $V(t,\eta)$ 对 t 的偏导数并除以 $j2\pi V(t,\eta)$，当 $V(t,\eta) \neq 0$ 时，将局部瞬时频率 $\tilde{\omega}_s(t,\eta)$ 重新写为

$$\tilde{\omega}_s(t,\eta)=\sum_{k=1}^{N}r_k(t)\frac{V_s^{t^{k-1}g}(t,\eta)}{V_s^g(t,\eta)}=\frac{1}{\mathrm{j}2\pi}[\ln(A)]'(t)+\phi'(t)+\sum_{k=2}^{N}r_k(t)\frac{V_s^{t^{k-1}g}(t,\eta)}{V_s^g(t,\eta)} \tag{7.36}$$

其中，$r_k(t)$ 为时间的函数，$k=1,2,\cdots,N$，有

$$r_k(t)=\frac{1}{(k-1)!}\left\{\frac{1}{\mathrm{j}2\pi}[\ln(A)]^{(k)}(t)+\phi^{(k)}(t)\right\} \tag{7.37}$$

从式 (7.36) 中可以清晰地看出，由于 $A(t)$ 和 $\phi(t)$ 为实函数，当等号右侧的和具有非零实部时，$\mathrm{Re}\{\tilde{\omega}_s(t,\eta)\}=\phi'(t)$ 不成立。与之前引入的高斯调制线性调频信号一样，要获得分析信号的精确瞬时频率估计，需要从 $\mathrm{Re}\left\{\sum_{k=2}^{N}r_k(t)\frac{V_s^{t^{k-1}g}(t,\eta)}{V(t,\eta)}\right\}$ 减去 $\mathrm{Re}\{\tilde{\omega}_s(t,\eta)\}$，其中对于所有 $k=2,3,\cdots,N$，需要估计 $r_k(t)$。

为此，受高斯调制线性调频信号启发，通过对不同短时傅里叶变换关于 η 求导得到一个调频算子 $\tilde{q}_{\eta,s}^{[k,N]}$，使得当 $s(t)$ 满足定义 7.3 时，该算子等于 $r_k(t)$，如下面所述。注意，选择关于 η 而不是 t 的导数会得到更简洁的表达式，即

$$\begin{cases}\partial_t V_s^g(t,\eta)=\mathrm{j}2\pi\eta V_s^g(t,\eta)-V_s^{g'}(t,\eta)\\ \partial_\eta V_s^g(t,\eta)=-\mathrm{j}2\pi V_s^{tg}(t,\eta)\end{cases} \tag{7.38}$$

对于 $k=2,3,\cdots,N$，可以递归推导出不同的调制算子 $\tilde{q}_{\eta,s}^{[k,N]}$，如命题 7.3 所述。

命题 7.3 给定一个满足 $L\leqslant N$ 和定义 7.3 的信号分量 $s(t)$，其 $N-1$ 个局部调制算子 $\tilde{q}_{\eta,s}^{[k,N]}$ 如 $\mathrm{Re}\{\tilde{q}_{\eta,s}^{[k,N]}(t,\eta)\}=\dfrac{\phi^{(k)}(t)}{(k-1)!},k=2,3,\cdots,N$ 可以定义为

$$\begin{cases}\tilde{q}_{\eta,s}^{[N,N]}(t,\eta)=y_N(t,\eta)\\ \tilde{q}_{\eta,s}^{[n,N]}(t,\eta)=y_n(t,\eta)-\sum_{k=n+1}^{N}x_{k,n}(t,\eta)\tilde{q}_{\eta,s}^{[k,N]}(t,\eta),\quad n=N-1,N-2,\cdots,2\end{cases} \tag{7.39}$$

其中，$y_n(t,\eta)$ 和 $x_{k,n}(t,\eta)$ 的定义如下。对于符合 $V_s^g(t,\eta)\neq0$ 和 $\partial_\eta x_{n,n-1}(t,\eta)\neq0$ 的 (t,η)，有

$$\begin{cases}y_1(t,\eta)=\tilde{\omega}_s(t,\eta)\\ x_{k,1}(t,\eta)=\dfrac{V_s^{t^{k-1}g}(t,\eta)}{V_s^g(t,\eta)},\quad k=n,\cdots,N\end{cases} \tag{7.40}$$

以及

$$\begin{cases}y_n(t,\eta)=\dfrac{\partial_\eta y_{n-1}(t,\eta)}{\partial_\eta x_{n,n-1}(t,\eta)}\\ x_{k,n}(t,\eta)=\dfrac{\partial_\eta x_{k,n-1}(t,\eta)}{\partial_\eta x_{n,n-1}(t,\eta)},\quad n=2,3,\cdots,N;\quad k=n,\cdots,N\end{cases} \tag{7.41}$$

然后，N 阶瞬时频率估计的定义如下。

定义 7.4 令 $s(t)\in L^2(\mathbb{R})$，时间 t 和频率 η 处的 N 阶局部复杂瞬时频率估计 $\tilde{\omega}_{\eta,s}^N(t,\eta)$ 定

义为

$$\tilde{\omega}_{\eta,s}^{[N]}(t,\eta)=\begin{cases}\tilde{\omega}_s(t,\eta)+\displaystyle\sum_{k=2}^{N}\tilde{q}_{\eta,s}^{[k,N]}(t,\eta)[-x_{k,1}(t,\eta)], & \begin{cases}V_s^g(t,\eta)\neq0,\\ \partial_\eta x_{n,n-1}(t,\eta)\neq0,\end{cases}\quad n=2,3,\cdots,N\\ \tilde{\omega}_s(t,\eta), & \text{其他}\end{cases}\quad(7.42)$$

其实部为期望的瞬时频率 $\hat{\omega}_{\eta,s}^{[N]}(t,\eta)=\mathrm{Re}\{\tilde{\omega}_{\eta,s}^{[N]}(t,\eta)\}$。

对于该估计,给出以下近似结果。

命题 7.4　给定一个满足 $L\leqslant N$ 和定义 7.3 的信号分量 $s(t)$,有 $\phi'(t)=\mathrm{Re}\{\tilde{\omega}_{\eta,s}^{[N]}(t,\eta)\}$。

类似于二阶同步压缩短时傅里叶变换,通过将 $\hat{\omega}_s(t,\eta)$ 替换为 $\hat{\omega}_{\eta,s}^{[N]}(t,\eta)$ 定义 N 阶同步压缩短时傅里叶变换。

定义 7.5　给定一个信号 $s(t)$ 和一个实数 $\gamma>0$,定义阈值为 γ 的 N 阶同步压缩短时傅里叶变换算子:

$$T_{N,z}^{g,\gamma}(t,\omega)=\frac{1}{g^*(0)}\int_{\{\eta,|V_s^g(t,\eta)|>\gamma\}}V_s^g(t,\eta)\delta[\omega-\hat{\omega}_{\eta,s}^{[N]}(t,\eta)]\,\mathrm{d}\eta\quad(7.43)$$

最终,多分量调频信号的分量通过将式(7.31)中的 $T_{2,s}(t,\omega)$ 替换为 $T_{N,z}^{g,\gamma}(t,\omega)$ 获得。

7.4.3　仿真算例

本节将应用高阶同步压缩变换分析一多分量非线性调频信号(例 7.3),表 7.3 给出了对应的 MATLAB 程序。其中,高阶同步压缩变换函数 sstn( )的 MATLAB 程序请参见 7.6 节。

【例 7.3】　多分量非线性调频信号

为说明高阶同步压缩变换的时频分析性能,考虑一个非线性调频信号,该信号由两个调幅调频分量组成,即

$$s(t)=s_1(t)+s_2(t)=A_1(t)\cos[2\pi\phi_1(t)]+A_2(t)\cos[2\pi\phi_2(t)]\quad(7.44)$$

其中

$$\begin{cases}A_1(t)=\mathrm{e}^{2(1-t)^3+t^4}\\ A_2(t)=1+5t^2+7(1-t)^6\\ \phi_1(t)=50t+30t^3-20(1-t)^4\\ \phi_2(t)=340t-2\mathrm{e}^{-2(t-0.2)}\sin[14\pi(t-0.2)]\end{cases}$$

其中,s_1 为满足定义 7.3 的多项式调频信号;s_2 为阻尼正弦函数,其包含强非线性正弦频率调制和高阶多项式幅值调制。本示例信号的时间长度取 1s,采样频率为 1024Hz。图 7.11 给出了信号(7.44)的时域波形和短时傅里叶变换获得的时频分布。从图 7.11(b)可以看出,短时傅里叶变换获得的时频分布的能量集中性较差。图 7.12 给出了标准同步压缩变换和二阶、三阶、四阶同步压缩变换获得的时频分布。从图 7.12 可以看出,同步压缩变换显著提高了时频分布的能量集中性,二阶同步压缩变换主要改善了频率线性调制区段的时频分布,三阶和四阶同步压缩变换锐化了瞬时频率的波峰和波谷。

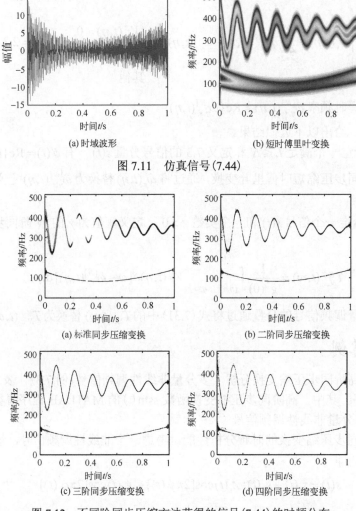

(a) 时域波形　　　　　　　　　　　(b) 短时傅里叶变换

图 7.11　仿真信号 (7.44)

(a) 标准同步压缩变换　　　　　　　　(b) 二阶同步压缩变换

(c) 三阶同步压缩变换　　　　　　　　(d) 四阶同步压缩变换

图 7.12　不同阶同步压缩方法获得的信号 (7.44) 的时频分布

　　图 7.13 给出了标准同步压缩变换和二阶、三阶、四阶同步压缩变换获得的重构信号。可以看出，标准同步压缩变换和二阶同步压缩变换的重构结果出现较大误差，且误差出现区域相似，即 s_1(C2) 的重构误差出现在信号尾部，s_2(C1) 的重构误差主要出现在瞬时频率的波峰和波谷处。这主要是因为上述两种同步压缩变换获得的 s_2 的时频分布中波峰和波谷处能量集中性欠佳，未能正确提到 s_1 尾部的脊线。三阶、四阶同步压缩变换精确重构了两个信号分量。

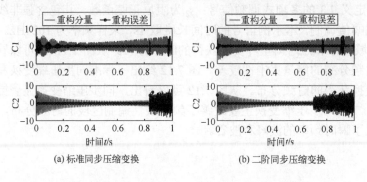

(a) 标准同步压缩变换　　　　　　　　(b) 二阶同步压缩变换

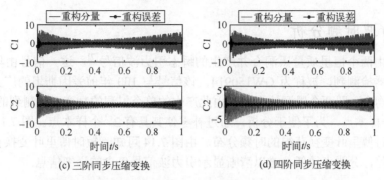

(c) 三阶同步压缩变换　　　　　　　　　　　　(d) 四阶同步压缩变换

图 7.13　不同阶同步压缩方法获得的信号 (7.44) 的重构信号

表 7.3　对多分量非线性调频信号 (例 7.3) 作 N 阶同步压缩变换的 MATLAB 程序

```
clc;clear;
close all
SampFreq = 1024;
t = 0:1/SampFreq:1-1/SampFreq;
a1 = exp(2.*(1-t).^3+t.^4);
a2 = 1+5.*t.^2+7.*(1-t).^6;
phi1 = 50*t+30*t.^3-20*(1-t).^4;
phi2 = 340*t-2*exp(-2*(t-0.2)).*sin(14*pi*(t-0.2));
Sig1 = a1.*cos(2*pi.*phi1);
Sig2 = a2.*cos(2*pi.*phi2);
Sig = Sig1 +Sig2;
%%%%%%%%%%%%%%原始信号绘图%%%%%%%%%%%%%
figure
plot(t,Sig,'b','linewidth',1);
xlabel('\fontname{宋体}时间\fontname{Times New Roman}{\itt} (s)');
ylabel('\fontname{宋体}幅值');
%%%%%%%%%%%%短时傅里叶变换时频分布%%%%%%%%%%%%
gamma = 0;
sigma = 0.02;
[STFT,SST1,SST2,SST3,SST4] = sstn(Sig,gamma,sigma);
figure
imagesc(linspace(0,1,1024),linspace(0,512,512),abs(SST4));%4阶同步压缩变换
set(gca,'YDir','normal');
xlabel('\fontname{宋体}时间\fontname{Times New Roman}{\itt} (s)');
ylabel('\fontname{宋体}频率\fontname{Times New Roman}{\itf} (Hz)');
```

7.5　实　际　应　用

　　本节应用上述多种时频分析方法分析引力波信号和蝙蝠回波信号，以说明同步压缩变换在实际应用中的特点。

7.5.1　引力波时频分析

首先分析由两个恒星质量黑洞合并产生的瞬态引力波信号[7]。这一信号由华盛顿汉福德的 LIGO 探测器检测到，被称为 GW150914。该信号与 100 年前爱因斯坦的广义相对论中预测的波形非常吻合，即两个黑洞的合并和由此产生的单个黑洞的衰变。观测到的信号在 0.21s 内具有 3441 个样本点，为了便于分析，通过补零使其具有 2^{12} 个样本点。图 7.14 给出了待分析信号及其短时傅里叶变换获得的时频分布。由图 7.14 可知，短时傅里叶变换获得的时频分布能量集中性差，分辨率较低，难以清晰显示引力波信号包含的详细信息。

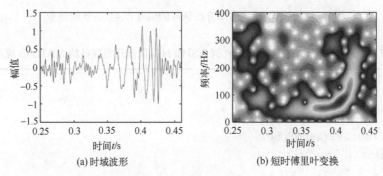

(a) 时域波形　　　　　　　　　　　　　(b) 短时傅里叶变换

图 7.14　引力波信号

应用同步压缩变换系列方法分析该引力波信号。事实上，引力波信号只包含一个急剧向上扫掠的分量。图 7.15 给出了标准同步压缩变换和高阶同步压缩变换获得的时频分布。由图 7.15 可以看出，相比短时傅里叶变换，同步压缩变换整体上显著提高了时频分布的能量集中性，高阶同步压缩变换的主要贡献在于改善了频率快变区段的能量集中程度。

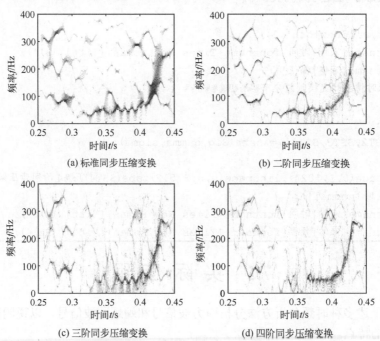

(a) 标准同步压缩变换　　　　　　　　　　(b) 二阶同步压缩变换

(c) 三阶同步压缩变换　　　　　　　　　　(d) 四阶同步压缩变换

图 7.15　不同阶同步压缩方法获得的引力波信号的时频分布

7.5.2　蝙蝠回波时频分析

考虑一个实际的蝙蝠回波定位信号[15]，图 7.16 给出了该信号的时域波形和短时傅里叶变换的时频分布。可以看出，该信号包含四个信号分量，且分量支持时间各不相同，然而由于时频分辨率较低，难以清晰地观察到各分量的详细时频信息。应用同步压缩变换系列方法分析该蝙蝠回波信号，图 7.17 给出了标准同步压缩变换和高阶同步压缩变换获得的时频分布。由图 7.17 可以看出，相比短时傅里叶变换，同步压缩变换显著提高了时频分布的能量集中性和分辨率，但由于信号分量瞬时频率调制较快，时频分布还存在较为明显的能量扩散。高阶同步压缩变换进一步改善了这一现象。

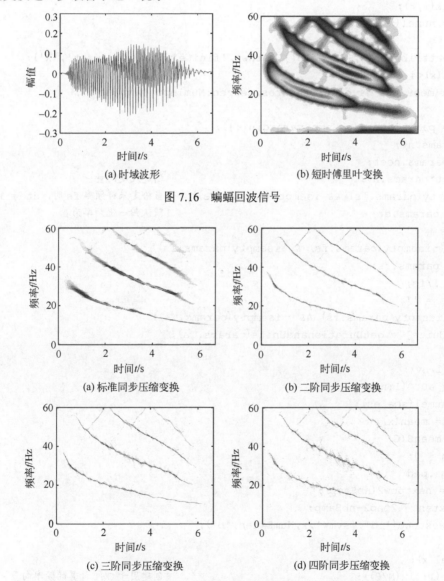

(a) 时域波形　　　　　　　　　　　　　　(b) 短时傅里叶变换

图 7.16　蝙蝠回波信号

(a) 标准同步压缩变换　　　　　　　　　　(b) 二阶同步压缩变换

(c) 三阶同步压缩变换　　　　　　　　　　(d) 四阶同步压缩变换

图 7.17　不同阶同步压缩方法获得的蝙蝠回波定位信号的时频分布

7.6　本章主要方法的 MATLAB 程序

本节给出了本章所介绍主要方法的 MATLAB 程序。其中，表 7.4～表 7.6 分别为同步压缩小波变换、同步压缩短时傅里叶变换和 N 阶同步压缩变换的 MATLAB 程序。

表 7.4　同步压缩小波变换的 MATLAB 程序[3]

```matlab
function [sst,f] = wsst(x,varargin)

narginchk(1,8);
nbSamp = numel(x);
x = x(:)';
validateattributes(x,{'double'},{'row','finite','real'},'wsst','X');
if numel(x)<4
    error(message('Wavelet:synchrosqueezed:NumInputSamples'));
end
params = parseinputs(nbSamp,varargin{:});
nv = params.nv;
noct = params.noct;
na = noct*params.nv;                              %创建尺度向量
if (isempty(params.fs) && isempty(params.Ts))     %当给定采样频率 fs 时, dt = 1/fs
    dt = params.dt;                               %默认归一化频率为 1
    Units = '';
elseif (~isempty(params.fs) && isempty(params.Ts))
    fs = params.fs;
    dt = 1/fs;
    Units = '';
elseif (isempty(params.fs) && ~isempty(params.Ts))
    [dt,Units] = getDurationandUnits(params.Ts);
end
a0 = 2^(1/nv);
scales = a0.^(1:na);
NbSc = numel(scales);
meanSIG = mean(x);
x = x - meanSIG;
NumExten = 0;
if params.pad
    np2 = nextpow2(nbSamp);
    NumExten = 2^np2-nbSamp;
    x = wextend('1d','symw',x,NumExten,'b');
end
N = numel(x);
omega = (1:fix(N/2));                              %创建用于 CWT 计算的频率向量
omega = omega.*((2.*pi)/N);
omega = [0., omega, -omega(fix((N-1)/2):-1:1)];
```

```
xdft = fft(x);
[psift,dpsift] = sstwaveft(params.WAV,omega,scales,params.wavparam);
cwtcfs = ifft(repmat(xdft,NbSc,1).*psift,[],2);
dcwtcfs = ifft(repmat(xdft,NbSc,1).*dpsift,[],2);
cwtcfs = cwtcfs(:,NumExten+1:end-NumExten);
dcwtcfs = dcwtcfs(:,NumExten+1:end-NumExten);
phasetf = imag(dcwtcfs./cwtcfs)./(2*pi);
phasetf(abs(phasetf)<params.thr) = NaN;         %同步压缩阈值
log2Nyquist = log2(1/(2*dt));                   %创建输出的频率向量
log2Fund = log2(1/(nbSamp*dt));
freq = 2.^linspace(log2Fund,log2Nyquist,na);
Tx = 1/nv*sstalgo(cwtcfs,phasetf,params.thr);
if (nargout == 0)
    plotsst(Tx,freq,dt,params.engunitflag,params.normalizedfreq,Units);
else
    sst = Tx;
    f = freq;
end


%% 子程序
function [wft,dwft] = sstwaveft(WAV,omega,scales,wavparam)
NbSc = numel(scales);
NbFrq = numel(omega);
wft = zeros(NbSc,NbFrq);
switch WAV
    case 'amor'
        cf = wavparam;
        for jj = 1:NbSc
            expnt = -(scales(jj).*omega - cf).^2/2.*(omega > 0);
            wft(jj,:) = exp(expnt).*(omega > 0);
        end
    case 'bump'
        mu = wavparam(1);
        sigma = wavparam(2);
        for jj = 1:NbSc
            w = (scales(jj)*omega-mu)./sigma;
            expnt = -1./(1-w.^2);
            daughter = exp(1)*exp(expnt).*(abs(w)<1-eps(1));
            daughter(isnan(daughter)) = 0;
            wft(jj,:) = daughter;
        end
end
omegaMatrix = repmat(omega,NbSc,1);
dwft = 1j*omegaMatrix.*wft;
end
```

注：由于篇幅限制，且 wsst 工具箱已嵌入 MATLAB，这里只给出部分程序。

表 7.5 同步压缩短时傅里叶变换的 MATLAB 程序[5]

```
%% 主程序
function [Tx, fs, Sx, Sfs, w] = synsq_stft_fw(t, x)

% 输入参数:
%          t:  采样时间
%          x:  待分析信号
% 输出参数:
%          Tx: 同步压缩变换的时频系数
%          fs: TX 对应的频率轴
%          Sx: 短时傅里叶变换的时频系数
%          Sfs: SX 对应的频率轴
%          w:  Sx 对应的相位
%--------------------------------------------------------------------
%    同步压缩变换工具箱
%    作者: Eugene Brevdo, Gaurav Thakur
%--------------------------------------------------------------------
if nargin<3, opt = struct(); end
if nargin<2, error('Too few input arguments'); end
if ~isfield(opt, 'type'), opt.type = 'gauss'; end
if ~isfield(opt, 'rpadded'), opt.rpadded = false; end

dt = t(2)-t(1);   %计算采样周期
if any(diff(t,2)/(t(end)-t(1))>1e-5)
    error('time vector t is not uniformly sampled');
end

% 改进的短时傅里叶变换
x = x(:);
opt.stfttype = 'modified';
[Sx,Sfs,dSx] = stft_fw(x, dt, opt, t);
w = phase_stft(Sx, dSx, Sfs, opt, t);
% 计算同步压缩时频分布
opt.transform = 'STFT';
[Tx,fs] = synsq_squeeze(Sx, w, t, [], opt);
end

%% 子程序
function [Tx,fs] = synsq_squeeze(Wx, w, t, nv, opt)
dt = t(2)-t(1);
dT = t(end)-t(1);
% 默认参数
if ~isfield(opt, 'freqscale') && strcmpi(opt.transform,'CWT'), opt.freqscale = 'log';
end
if ~isfield(opt, 'freqscale') && strcmpi(opt.transform,'STFT'),…
    opt.freqscale = 'linear';
```

```
end
if ~isfield(opt, 'findbins'),
    opt.findbins = 'direct';
end
if ~isfield(opt, 'squeezing'),
    opt.squeezing = 'full';
end

fM = 1/(2*dt);          %信号最高频率
fm = 1/dT;              %信号最低频率
[na, N] = size(Wx);

if strcmpi(opt.freqscale,'log')
    lfm = log2(fm); lfM = log2(fM);
%           fs = 2.^linspace(lfm, lfM, na);
%           fs = logspace(log10(fm), log10(fM), na);
    fs = [fm * (fM/fm).^([0:na-2]/(floor(na)-1)), fM];
elseif strcmpi(opt.freqscale,'linear')
    if strcmpi(opt.transform,'CWT')
        fs = linspace(fm, fM, na);
    elseif strcmpi(opt.transform,'STFT')
        fs = linspace(0,1,N)/dt;
        fs = fs(1:floor(N/2));
    end
    dfs = 1/(fs(2)-fs(1));
end

if strcmpi(opt.transform,'CWT')
    as = 2^(1/nv) .^ [1:1:na]';
    scaleterm = as.^(-1/2);
elseif strcmpi(opt.transform,'STFT')
    as = linspace(fm,fM,na);
    scaleterm = ones(size(as));
end

if strcmpi(opt.squeezing,'measure')
    Wx=ones(size(Wx))/size(Wx,1);
end

Wx(isinf(w)) = 0;
Tx = zeros(length(fs),size(Wx,2));

if (strcmpi(opt.findbins,'direct') & strcmpi(opt.freqscale,'linear'))
    for b=1:N
        for ai=1:length(as)
```

```
                k = min(max(round(w(ai,b)*dfs),1),length(fs));
                Tx(k, b) = Tx(k, b) + Wx(ai, b) * scaleterm(ai);
            end
        end
    elseif (strcmpi(opt.findbins,'direct') & strcmpi(opt.freqscale,'log'))
        for b=1:N
            for ai=1:length(as)
                k = min(max(1 + round(na/(lfM-lfm)*(log2(w(ai,b))-lfm)),1),na);
                Tx(k, b) = Tx(k, b) + Wx(ai, b) * scaleterm(ai);
            end
        end
    elseif (strcmpi(opt.findbins,'min'))
        for b=1:N
            for ai=1:length(as)
                [V,k] = min(abs(w(ai,b)-fs));
                Tx(k, b) = Tx(k, b) + Wx(ai, b) * scaleterm(ai);
            end
        end
    end

    if strcmpi(opt.transform,'CWT')
        Tx = 1/nv * Tx;
    elseif strcmpi(opt.transform,'STFT')
        Tx = (fs(2)-fs(1)) * Tx;
    end
end
```

表 7.6　N 阶同步压缩变换的 MATLAB 程序[7]

```
%% 主程序
function [STFT,SST1,SST2,SST3,SST4] = sstn(s,gamma,sigma,ft,bt)

% 输入参数:
%          s: 实数或负数信号, 长度必须为 2^N
%          gamma: 阈值
%          sigma: 窗参数
%          ft: 时间
%          bt: 频率
% 输出参数:
%          STFT: 短时傅里叶变换
%          SST1: 标准同步压缩变换
%          SST2: 二阶同步压缩变换
%          SST3: 三阶同步压缩变换
%          SST4: 四阶同步压缩变换

% 检测信号长度
```

```
n = length(s);
nv = log2(n);
if mod(nv,1) ~=0
    warning('The signal is not a power of two, truncation to the next…
    power');
    s = s(1:2^floor(nv));
end
n = length(s);
s = s(:);

%  参数设置
if nargin<5
    ft = 1:n/2;
    bt = 1:n;
end
nb = length(bt);
neta = length(ft);
sz=zeros(n,1);
sleft = flipud(conj(sz(2:n/2+1)));
sright = flipud(sz(end-n/2:end-1));
x = [sleft; s ; sright];
clear xleft xright;

%  定义窗
t = -0.5:1/n:0.5-1/n;t=t';
g =  1/sigma*exp(-pi/sigma^2*t.^2);
gp = -2*pi/sigma^2*t .* g; % g'
%gpp = (-2*pi/sigma^2+4*pi^2/sigma^4*t.^2) .* g; % g''

%  初始化
STFT = zeros(neta,nb);
SST1 = zeros(neta,nb);
SST2 = zeros(neta,nb);
SST3 = zeros(neta,nb);
SST4 = zeros(neta,nb);
omega = zeros(neta,nb);
tau2 = zeros(neta,nb);
tau3 = zeros(neta,nb);
tau4 = zeros(neta,nb);
omega2 = zeros(neta,nb);
omega3 = zeros(neta,nb);
omega4 = zeros(neta,nb);
phi22p = zeros(neta,nb);
%phi2p = zeros(neta,nb);
phi23p = zeros(neta,nb);
```

```
phi33p = zeros(neta,nb);
%phi3p = zeros(neta,nb);
phi24p = zeros(neta,nb);
phi34p = zeros(neta,nb);
phi44p = zeros(neta,nb);
vg = zeros(neta,7);
vgp = zeros(neta,5);
Y = zeros(neta,4,4);
%% 计算短时傅里叶和重排算子
for b=1:nb
    for i = 0:7
        tmp = (fft(x(bt(b):bt(b)+n-1).*(t.^i).*g))/n;
        vg(:,i+1) = tmp(ft);
    end
    for i = 0:5
        tmp = fft(x(bt(b):bt(b)+n-1).*(t.^i).*gp)/n;
        vgp(:,i+1) = tmp(ft);
    end
    tau2(:,b) = vg(:,2)./vg(:,1);      %二阶算子
    tau3(:,b) = vg(:,3)./vg(:,1);      %三阶算子
    tau4(:,b) = vg(:,4)./vg(:,1);      %四阶算子
    %% Y
    for i = 1:7
        for j = 1:7
            if i>=j
                Y(:,i,j) = vg(:,1).*vg(:,i+1) - vg(:,j).*vg(:,i-j+2);
            end
        end
    end
    %% W
    W2 = 1/2/1i/pi*(vg(:,1).^2+vg(:,1).*vgp(:,2)-vg(:,2).*vgp(:,1));
    W3 = 1/2/1i/pi*(2*vg(:,1).*vg(:,2)+vg(:,1).*vgp(:,3)- …
        vg(:,3).*vgp(:,1));
    W4 = 1/2/1i/pi*(2*vg(:,1).*vg(:,3)+2*vg(:,2).^2+vg(:,1).*vgp(:,4)-…
        vg(:,4).*vgp(:,1)+vg(:,2).*vgp(:,3) - vg(:,3).*vgp(:,2));
    %% omega
    omega(:,b) = (ft-1)'-real(vgp(:,1)/2/1i/pi./vg(:,1));
    %% 调频估计
    %SST2
    phi22p(:,b) = W2./Y(:,2,2);
    omega2(:,b) = omega(:,b) + real(phi22p(:,b).*tau2(:,b));
    %SST3
    phi33p(:,b) = (W3.*Y(:,2,2)-W2.*Y(:,3,3))./(Y(:,4,3).*Y(:,2,2)-…
                Y(:,3,2).*Y(:,3,3));
```

```
        phi23p(:,b) = W2./Y(:,2,2) - phi33p(:,b).*Y(:,3,2)./Y(:,2,2);
        omega3(:,b) = omega(:,b) + real(phi23p(:,b).*tau2(:,b))+ …
                      real(phi33p(:,b).*tau3(:,b));
        %SST4
        phi44p(:,b) = ((Y(:,4,3).*Y(:,2,2)-Y(:,3,2).*Y(:,3,3)).*W4- …
                      (W3.*Y(:,2,2)-W2.*Y(:,3,3)).*(Y(:,5,4)+Y(:,5,3)- …
                      Y(:,5,2))+(W3.*Y(:,3,2)-W2.*Y(:,4,3)).*(Y(:,4,4)+ …
                      Y(:,4,3)-Y(:,4,2)))/((Y(:,4,3).*Y(:,2,2)-Y(:,3,2).* …
                      Y(:,3,3)).*(Y(:,6,4)+Y(:,6,3)-Y(:,6,2))-Y(:,5,3).* …
                      (Y(:,2,2)-Y(:,4,2).*Y(:,3,3)).*(Y(:,5,4)+Y(:,5,3)- …
                      Y(:,5,2))+(Y(:,5,3).*Y(:,3,2)-Y(:,4,2).*Y(:,4,3)).* …
                      (Y(:,4,4)+Y(:,4,3)-Y(:,4,2)));
        phi34p(:,b) = (W3.*Y(:,2,2)-W2.*Y(:,3,3))./(Y(:,4,3).*Y(:,2,2)- …
                      Y(:,3,2).*Y(:,3,3))-phi44p(:,b).*(Y(:,5,3).*Y(:,2,2) …
                      -Y(:,4,2).*Y(:,3,3))./(Y(:,4,3).*Y(:,2,2)-Y(:,3,2).* …
                      Y(:,3,3));
        phi24p(:,b) = W2./Y(:,2,2) - phi34p(:,b).*Y(:,3,2)./Y(:,2,2)- …
                      phi44p(:,b).*Y(:,4,2)./Y(:,2,2);
        omega4(:,b) = omega(:,b) + real(phi24p(:,b).*tau2(:,b))+ …
                      real(phi34p(:,b).*tau3(:,b))+real(phi44p(:,b).* …
                      tau4(:,b));
        STFT(:,b) = vg(:,1).* exp(1i*pi*(ft-1)');
end

%% 重排
for b=1:nb
    for eta=1:neta
        if abs(STFT(eta,b))>gamma
%%%%SST1%%%%
            k = 1+round(omega(eta,b));
            if k>=1 && k<=neta
              SST1(k,b) = SST1(k,b) + STFT(eta,b);
            end
%%%%SST2%%%%
            k = 1+round(omega2(eta,b));
            if k>=1 && k<=neta
              SST2(k,b) = SST2(k,b) + STFT(eta,b);
            end
%%%%SST3%%%%
            k = 1+floor(omega3(eta,b));
            if k>=1 && k<=neta
              SST3(k,b) = SST3(k,b) + STFT(eta,b);
            end
%%%%SST4%%%%%
            k = 1+floor(omega4(eta,b));
            if k>=1 && k<=neta
              SST4(k,b) = SST4(k,b) + STFT(eta,b);
```

```
            end
        end
    end
end
```

注：在使用上述程序时，要求信号采样点为 2^N，当采样点数小于 2^N 时，建议通过补零使之满足要求。

参 考 文 献

[1]　KODERA K, GENDRIN R, VILLEDARY C. Analysis of time-varying signals with small BT values[J]. IEEE transactions on acoustics, speech, and signal processing, 1978, 26(1): 64-76.

[2]　AUGER F, FLANDRIN P. Improving the readability of time-frequency and time-scale representations by the reassignment method[J]. IEEE transactions on signal processing, 1995, 43(5): 1068-1089.

[3]　DAUBECHIES I, LU J F, WU H T. Synchrosqueezed wavelet transforms: an empirical mode decomposition-like tool[J]. Applied and computational harmonic analysis, 2011, 30(2): 243-261.

[4]　YANG Y, PENG Z K, ZHANG W M, et al. Parameterised time-frequency analysis methods and their engineering applications: a review of recent advances[J]. Mechanical systems and signal processing, 2019, 119: 182-221.

[5]　THAKUR G, WU H T. Synchrosqueezing-based recovery of instantaneous frequency from nonuniform samples[J]. SIAM journal on mathematical analysis, 2011, 43(5): 2078-2095.

[6]　OBERLIN T, MEIGNEN S, PERRIER V. Second-order synchrosqueezing transform or invertible reassignment? Towards ideal time-frequency representations[J]. IEEE transactions on signal processing, 2015, 63(5): 1335-1344.

[7]　PHAM D H, MEIGNEN S. High-order synchrosqueezing transform for multicomponent signals analysis-with an application to gravitational-wave signal[J]. IEEE transactions on signal processing, 2017, 65(12): 3168-3178.

[8]　BEHERA R, MEIGNEN S, OBERLIN T. Theoretical analysis of the second-order synchrosqueezing transform[J]. Applied and computational harmonic analysis, 2018, 45(2): 379-404.

[9]　YU G, YU M J, XU C Y. Synchroextracting transform[J]. IEEE transactions on industrial electronics, 2017, 64(10): 8042-8054.

[10]　YU G, WANG Z H, ZHAO P. Multisynchrosqueezing transform[J]. IEEE transactions on industrial electronics, 2019, 66(7): 5441-5455.

[11]　褚福磊, 彭志科, 冯志鹏. 机械故障诊断中的现代信号处理方法[M]. 北京: 科学出版社, 2009.

[12]　荣海娜. 多分量雷达辐射源信号模型和检测估计算法研究[D]. 成都: 西南交通大学, 2010.

[13]　AUGER F, FLANDRIN P, LIN Y T, et al. Time-frequency reassignment and synchrosqueezing: an overview[J]. IEEE signal processing magazine, 2013, 30(6): 32-41.

[14]　胡越. 机械系统健康监测的自适应时-频特征增强方法研究[D]. 上海: 上海交通大学, 2019.

[15]　CHEN S Q, DONG X J, YANG Y, et al. Chirplet path fusion for the analysis of time-varying frequency-modulated signals[J]. IEEE transactions on industrial electronics, 2017, 64(2): 1370-1380.

第 8 章　经验小波变换

小波分析理论对非平稳信号时频分析与分解方法的发展具有深远的影响。自 3.3 节所介绍的连续小波变换方法提出后，不断有学者加入对小波分析理论进行发展与革新的行列。而经验小波变换(empirical wavelet transform, EWT)[1]即为近十年所提出最受关注的小波分析方法。为了改进经验模式分解(empirical mode decomposition, EMD)[2]抗噪性差以及缺乏理论支撑等不足，加利福尼亚大学洛杉矶分校的学者 Gilles 于 2013 年结合经验模式分解的自适应分解思想和小波包变换的理论框架提出了经验小波变换。该方法通过提取信号频域极值点自适应地将傅里叶频谱划分为一系列连续频带，然后在划分的频带上构造小波滤波器，提取具有紧支撑频谱的信号分量。经验小波变换不仅解决了信号时频尺度不连续引起的模式混叠问题，而且具有严格的数学理论支撑，在生物医学信号处理和机械故障诊断等多个应用领域都得到了广泛的应用[3]。然而，当环境噪声较强时，经验小波变换难以正确估计各个信号分量所在的频段范围。为此，许多学者提出了更有效的频段划分方法来提升其性能，基于频谱趋势的经验小波变换(empirical wavelet transform based on spectral trend, EWT-ST)即为其中的代表。该方法不仅在强噪声环境下具有较好的鲁棒性，而且还解决了分解结果的冗余问题。因此，本章将重点介绍经验小波变换和基于频谱趋势的经验小波变换方法，并最终将基于频谱趋势的经验小波变换方法应用于分析全寿命轴承运行数据集。

8.1　基本原理与方法

EWT 方法本质上是一个自适应频域滤波器组[1]。该方法根据信号傅里叶频谱的极值分布情况确定各信号分量的边界频率，从而将信号傅里叶频谱划分为一系列连续频带，然后在每个频带区间上构造小波滤波器，提取对应频带上的信号分量。

8.1.1　基本原理

对于给定信号 $s(t)$，假设该信号由 N 个信号分量构成。对 $s(t)$ 进行傅里叶变换，并依据 Shannon 准则将傅里叶频谱归一化到 $[0,\pi]$。根据频谱极值将其支撑区间分割成 N 个连续的频带，ω_n 表示各频带之间的边界，$\omega_0 = 0$，$\omega_n = \pi$，每个频带表示为 $\Lambda_n = [\omega_{n-1}, \omega_n]$。图 8.1 为傅里叶频谱的频带划分示意图，其中 $\bigcup_{n=1}^{N} \Lambda_n = [0,\pi]$。以每个 ω_n 为中心，定义了宽度为 $2\tau_n$ 的过渡带 T_n。具体的频带划分方法将在 8.1.2 节介绍。

当确定频带区间后，通过在每个频带区间上构造小波滤波器进行带通滤波。经验小波定义为每个频带上的带通滤波器，基于 Littlewood-Paley 和 Meyer 小波[4]分别构建经验尺度函数 $\hat{\phi}_n(\omega)$ 和经验小波函数 $\hat{\psi}_n(\omega)$：

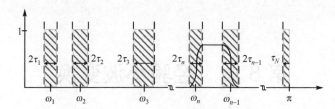

图 8.1 傅里叶频谱的频带划分

$$\hat{\phi}_n(\omega) = \begin{cases} 1, & |\omega| \le \omega_n - \tau_n \\ \cos\left\{\dfrac{\pi}{2}\beta\left[\dfrac{1}{2\tau_n}(|\omega| - \omega_n + \tau_n)\right]\right\}, & \omega_n - \tau_n < |\omega| \le \omega_n + \tau_n \\ 0, & \text{其他} \end{cases} \tag{8.1}$$

$$\hat{\psi}_n(\omega) = \begin{cases} 1, & \omega_n + \tau_n < |\omega| \le \omega_{n+1} - \tau_{n+1} \\ \cos\left\{\dfrac{\pi}{2}\beta\left[\dfrac{1}{2\tau_{n+1}}(|\omega| - \omega_{n+1} + \tau_{n+1})\right]\right\}, & \omega_{n+1} - \tau_{n+1} < |\omega| \le \omega_{n+1} + \tau_{n+1} \\ \sin\left\{\dfrac{\pi}{2}\beta\left[\dfrac{1}{2\tau_n}(|\omega| - \omega_n + \tau_n)\right]\right\}, & \omega_n - \tau_n < |\omega| \le \omega_n + \tau_n \\ 0, & \text{其他} \end{cases} \tag{8.2}$$

其中，函数 $\beta(x)$ 是一个值域为 $[0,1]$ 的任意函数：

$$\beta(x) = \begin{cases} 0, & x \le 0 \text{ 且 } \beta(x) + \beta(1-x) = 1 \\ 1, & x \ge 1 \end{cases} \tag{8.3}$$

很多函数可以满足上述属性，其中最常用的函数[4]是

$$\beta(x) = x^4(35 - 84x + 70x^2 - 20x^3) \tag{8.4}$$

对于 τ_n 的选择，最简单的是使得 τ_n 正比于 ω_n，即 $\tau_n = \gamma \cdot \omega_n$，其中 $0 < \gamma < 1$。因此，式 (8.1) 和式 (8.2) 可以简化为

$$\hat{\phi}_n(\omega) = \begin{cases} 1, & |\omega| \le (1-\gamma)\omega_n \\ \cos\left\{\dfrac{\pi}{2}\beta\left\{\dfrac{1}{2\gamma\omega_n}[|\omega| - (1-\gamma)\omega_n]\right\}\right\}, & (1-\gamma)\omega_n < |\omega| \le (1+\gamma)\omega_n \\ 0, & \text{其他} \end{cases} \tag{8.5}$$

$$\hat{\psi}_n(\omega) = \begin{cases} 1, & (1+\gamma)\omega_n < |\omega| \le (1-\gamma)\omega_{n+1} \\ \cos\left\{\dfrac{\pi}{2}\beta\left\{\dfrac{1}{2\gamma\omega_{n+1}}[|\omega| - (1-\gamma)\omega_{n+1}]\right\}\right\}, & (1-\gamma)\omega_{n+1} < |\omega| \le (1+\gamma)\omega_{n+1} \\ \sin\left\{\dfrac{\pi}{2}\beta\left\{\dfrac{1}{2\gamma\omega_{n+1}}[|\omega| - (1-\gamma)\omega_n]\right\}\right\}, & (1-\gamma)\omega_n < |\omega| \le (1+\gamma)\omega_n \\ 0, & \text{其他} \end{cases} \tag{8.6}$$

根据构造经典小波变换的方式构造经验小波变换，细节系数由经验小波的小波函数和信

号内积产生，近似系数由经验小波的尺度函数和信号内积产生：

$$\begin{cases} W_f^{\varepsilon}(n,t) = \langle s, \psi_n \rangle = \int s(\tau)\overline{\psi_n(\tau-t)}\,d\tau = [\hat{s}(\omega)\overline{\hat{\psi}_n(\omega)}]^{\vee} \\ W_f^{\varepsilon}(0,t) = \langle s, \varphi_1 \rangle = \int s(\tau)\overline{\varphi_1(\tau-t)}\,d\tau = [\hat{s}(\omega)\overline{\hat{\varphi}_1(\omega)}]^{\vee} \end{cases} \tag{8.7}$$

其中，$\hat{\psi}_n(\omega)$ 和 $\hat{\varphi}_1(\omega)$ 分别定义为 ψ_n 和 φ_1 的傅里叶变换；$(\bullet)^{\vee}$ 表示傅里叶逆变换。结合式(8.7)，信号的重构结果为

$$\begin{aligned} f(t) &= W_s^{\varepsilon}(0,t) * \phi_1(t) + \sum_{n=1}^{N} W_s^{\varepsilon}(n,t) * \psi_n(t) \\ &= \left[\hat{W}_s^{\varepsilon}(0,\omega)\hat{\phi}_1(\omega) + \sum_{n=1}^{N} \hat{W}_s^{\varepsilon}(n,\omega)\hat{\psi}_n(\omega) \right]^{\vee} \end{aligned} \tag{8.8}$$

其中，$\phi_1(t)$ 为经验尺度函数；$*$ 表示卷积；$\hat{W}_s^{\varepsilon}(0,\omega)$ 与 $\hat{W}_s^{\varepsilon}(n,\omega)$ 分别为 $W_s^{\varepsilon}(0,t)$ 与 $W_s^{\varepsilon}(n,t)$ 的傅里叶变换。

信号 $s(t)$ 经 EWT 分解得到频率由低到高的信号分量 $f_k(t)$ $(k = 1, 2, 3, \cdots)$：

$$f_0(t) = W_s^{\varepsilon}(0,t) * \phi_1(t) \tag{8.9}$$

$$f_k(t) = W_s^{\varepsilon}(k,t) * \psi_k(t) \tag{8.10}$$

8.1.2　频带划分方法

文献[1]根据频谱极值点划分频带。首先，需要给定频带个数 N，即除端点 0 和 π 外，还需要确定 $N-1$ 个边界点。假设找到 M 个极大值，并按降序进行排列，则分别对应两种情况：

(1)当 $M \geq N$ 时，有足够数量的极大值来定义边界数量，只保留前 $N-1$ 个点；

(2)当 $M < N$ 时，可提取的分量数量少于预期分量个数，保存检测到的最大值，重置频段个数 N。

当提取到一组符合情况(1)的极大值时，结合端点 0 和 π，将每个频带的边界定义为两个连续极大值的中心。对于实际信号，其频谱极值点远多于实际信号分量个数，仅依靠信号频谱极值点划分频带容易将完整信号分割为多个无物理意义的成分。为此，文献[5]提出基于尺度空间表示的自适应频带划分方法。该方法通过尺度空间表示可观察到频谱极小值点的变化特性，进而通过聚类方法确定合适的频带划分阈值，以提高频带划分精度。

假设信号的频谱区间为 $[\omega_{\min}, \omega_{\max}]$，则频谱的尺度空间表示 $L(\omega,s)$ 为

$$L(\omega,s) = g(\omega,s) * F(\omega) \tag{8.11}$$

其中，$*$ 表示卷积；s 表示尺度空间参数；$g(\omega,s) = \dfrac{1}{\sqrt{2\pi s}}e^{-\omega^2/(2s)}$ 为一个高斯函数。

对于尺度空间表示 $L(\omega,s)$，随着尺度空间参数 s 的增加，频谱 $F(\omega)$ 中的极小值点数量逐渐减小并且不会在新的位置出现极小值点。即 $L(\omega,s)$ 随尺度空间参数 s 的增大，频谱越来越光滑。实际信号分析时一般为离散形式，因此尺度空间表示 $L(\omega,s)$ 为

$$L(\omega,s) = \sum_{n=-M}^{+M} F(\omega_k - \omega_n)g(\omega_n,s) \tag{8.12}$$

其中，$M = C\sqrt{s} + 1$，令 $C = 6$ 可确保尺度空间表示结果的误差小于 10^{-9}。相应的高斯核函数为

$$g(\omega_n, s) = \frac{1}{\sqrt{2\pi s}} e^{-\omega_n^2/(2s)} \tag{8.13}$$

尺度空间参数 s 的最优值通过最大类间方差法[6]确定。为了说明尺度空间表示过程，图 8.2 给出一个信号的频谱及其尺度空间表示结果。由图 8.2 可知，尺度空间中频谱极小值点个数随尺度空间参数 s 的增大逐渐减少，当 $s=T$ 时，确定的频带边界可准确划分各信号分量的频谱。

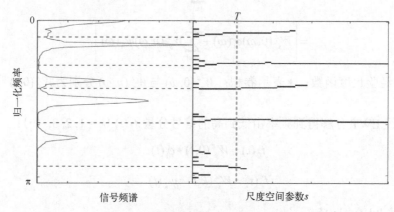

图 8.2　信号频谱和尺度空间表示结果

8.1.3　仿真算例

本节将应用 EWT 分析三个不同的仿真信号，以说明该方法的优势和不足。这里以第一个仿真信号（例 8.1）为例，给出对其进行 EWT 的 MATLAB 程序，如表 8.1 所示。其中，EWT 函数 EWT1D（）的 MATLAB 程序请参见 8.4 节。

【例 8.1】　多分量平稳信号

首先给出一个平稳信号，以分析 EWT 对窄带信号的分解能力。该信号由三个分量构成：

$$\begin{cases} s(t) = s_1(t) + s_2(t) + s_3(t) \\ s_1(t) = 6t \\ s_2(t) = \cos(8\pi t) \\ s_3(t) = 0.5\cos(40\pi t) \end{cases} \tag{8.14}$$

其中，s_1 为趋势分量；s_2 和 s_3 为两个谐波分量。信号持续时间为 $0\text{s} < t < 1\text{s}$，采样频率为 200Hz。图 8.3 给出了信号（8.14）的时域波形和傅里叶频谱。由图 8.3（b）可知，该信号频谱中极值分布明确，三个信号分量具有独立的频谱峰值。

图 8.4 给出了 EWT 方法的频带划分结果和重构信号分量。由图 8.4（a）可知，EWT 将仿真信号（8.14）的频谱划分为 4 个区域，前三个区域对应三个信号分量。由图 8.4（b）可知，EWT 分解得到的三个信号分量（实线）和真实值（"。"）基本重合，只有很微弱的边界效应，未出现模式混叠。这说明 EWT 对窄带信号具有很好的分解能力。

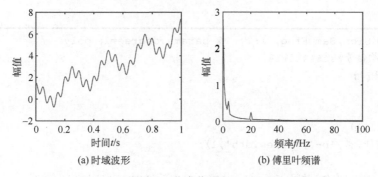

(a) 时域波形　　　　　　　　　　(b) 傅里叶频谱

图 8.3　仿真信号 (8.14)

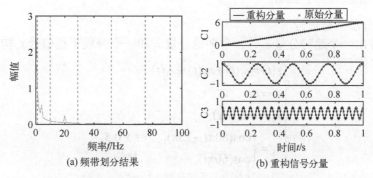

(a) 频带划分结果　　　　　　　　(b) 重构信号分量

图 8.4　EWT 对信号 (8.14) 的分解结果

表 8.1　对多分量平稳信号 (例 8.1) 作 EWT 的 MATLAB 程序[1]

```
clc;clear;close all
SampFreq = 200;
t = 0:1/SampFreq:1-1/SampFreq;
Sig1 = 6*t; Sig2 = cos(8*pi*t);
Sig3 = 0.5*cos(40*pi*t);
Sig = Sig1 + Sig2 + Sig3 ;
noise = addnoise(length(Sig),0,0);          %噪声
Sign = Sig+noise;
%%%%%%%%%%%%%%时域波形%%%%%%%%%%%%
figure
plot(t,Sign,'b-','linewidth',2);
xlabel('\fontname{宋体}时间\fontname{Times New Roman}{\itt} (s)');
ylabel('\fontname{宋体}幅值');
%%%%%%%%%%%%%傅里叶频谱%%%%%%%%%%%%
Spec = abs(fft(Sign)); Spec = Spec(1:end/2)/SampFreq;
Freqbin = linspace(0,SampFreq/2,length(Spec));
figure
plot(Freqbin,Spec,'b-','linewidth',2);
xlabel('\fontname{宋体}频率\fontname{Times New Roman}{\itf} (Hz)');
ylabel('\fontname{宋体}幅值');
%%%%%%%%%%%%%经验小波变换%%%%%%%%%%%%%
```

```
[IMF] = EWT1D(Sign,SampFreq,3);          % params.degree=1; poly
%%%%%%%%%%%%%%重构信号%%%%%%%%%%%%%
[m n]= size(IMF);
figure
for k=1:m
    subplot(m,1,k)
    plot(t,IMF(k,:),'b-','linewidth',1);
end
xlabel('\fontname{宋体}时间\fontname{Times New Roman}{\itt} (s)');
```

注：该程序使用前需安装 EWT 工具箱。

【**例 8.2**】 分段平稳信号

第二个信号由一个趋势分量 s_1、一个平稳分量 s_2 和一个分段平稳信号 s_3 构成：

$$\begin{cases} s(t) = s_1(t) + s_2(t) + s_3(t) \\ s_1 = 6t^2 \\ s_2 = \cos(8\pi t) \\ s_3 = \begin{cases} \cos(80\pi t - 15\pi), & t > 0.5 \\ \cos(60\pi t), & \text{其他} \end{cases} \end{cases} \tag{8.15}$$

其中，采样频率为 500Hz；趋势分量和平稳信号持续时间为 $0\text{s} < t < 1\text{s}$。需要说明的是，分段平稳信号的实质为处于不同时间段的两个不同频率的平稳信号。图 8.5 给出了该信号的时域波形和傅里叶频谱。由图 8.5(b) 可知，该信号频谱中极值分布明确，并且存在四个独立的频谱峰值。

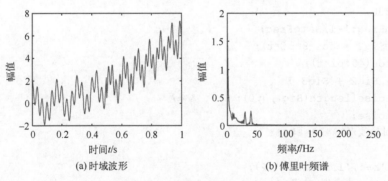

(a) 时域波形   (b) 傅里叶频谱

图 8.5 仿真信号(8.15)

图 8.6 给出了 EWT 的频带划分结果和重构信号分量。由图 8.6(a) 可知，EWT 将仿真信号(8.15)的频谱划分为 5 个区域，前两个区域分别对应趋势分量和平稳分量，由于分段平稳分量 s_3 的两段信号具有明显的独立频段范围，故将其划分为两个频带。由图 8.6(b) 可知，仿真信号(8.15)被分解为四个信号分量，其中 s_3 被分解为持续时间不同的两个信号分量 C3 和 C4。EWT 分解得到的四个信号分量(实线)和真实值("○")重合度较好，说明 EWT 可用于分析分段信号或短持续时间的信号。

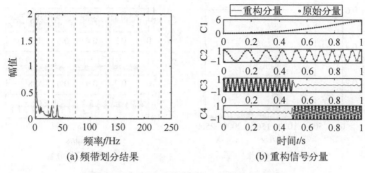

(a) 频带划分结果　　　　　　　　(b) 重构信号分量

图 8.6　EWT 对信号 (8.15) 的分解结果

【例 8.3】 含有周期性重复脉冲的混合信号

第三个信号由周期性重复脉冲信号 s_1、线性调频信号 s_2 和纯谐波信号 s_3 三部分组成：

$$\begin{cases} s(t) = s_1(t) + s_2(t) + s_3(t) \\ s_1 = \sum_{l=1}^{L} A \exp[-\xi(t - \Gamma_l)] \sin[2\pi f_R(t - \Gamma_l)] u(t - \Gamma_l) \\ s_2 = \cos[2\pi(30t^2 + 20t)] \\ s_3 = \cos(1000\pi t) \end{cases} \tag{8.16}$$

其中，$A=1$ 为信号幅值；L 为重复脉冲信号个数；$\xi = 200$ 为阻尼系数；Γ_l 为第 l 个脉冲产生的时间；$f_R = 1200$ 为共振频率；$u(t)$ 为单位阶跃函数。信号采样频率为 5000Hz，持续时间为 $0s < t < 1s$。图 8.7 给出了该仿真信号及其分量的时域波形和傅里叶频谱，由图 8.7(b) 可知，重复脉冲信号频谱的极值分布于整个频域，主要频率成分为 1000～1500Hz，线性调频信号和纯谐波信号频谱的极值分布明确。

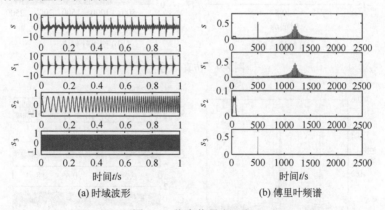

(a) 时域波形　　　　　　　　(b) 傅里叶频谱

图 8.7　仿真信号 (8.16)

图 8.8 给出了 EWT 方法的频带划分结果和重构信号分量。由图 8.8(a) 可知，EWT 将仿真信号 (8.16) 的频谱划分为 7 个区域，这是由于重复脉冲信号频谱的极值分布影响了尺度空间阈值的确定，从而导致冗余的频带划分结果。为了便于分析，根据相关系数提取前三个结果分量。由图 8.8(b) 可知，线性调频分量信号被很好地分离，但纯谐波信号中混入了明显的脉冲信号。

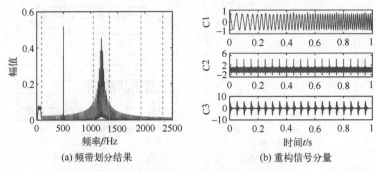

(a) 频带划分结果　　　　　　　　　　　(b) 重构信号分量

图 8.8　EWT 对信号 (8.16) 的分解结果

　　为了分析噪声对 EWT 频带划分和分解结果的影响，在仿真信号 (8.16) 的基础上添加高斯白噪声，信噪比为 5dB，记为 s_{n1}。图 8.9 给出了该信号的时域波形和傅里叶频谱。由图 8.9(b) 可知，由于噪声的影响，整个频谱中极值点非常密集。图 8.10 给出了 EWT 方法的频带划分结果和重构信号分量。由图 8.10(a) 可知，由于噪声的影响，划分的频带数量较多，导致分解结果中出现较多冗余分量。尽管通过相关系数法可以提取到三个分量，但除第一个分量外，其余分量并不能与原信号 [图 8.7(a)] 匹配。另外，从图 8.9(b) 可以看出，当噪声强度不足以完全淹没原信号的主要频率成分时，依然可以从频谱中观察信号分量的频率分布情况。

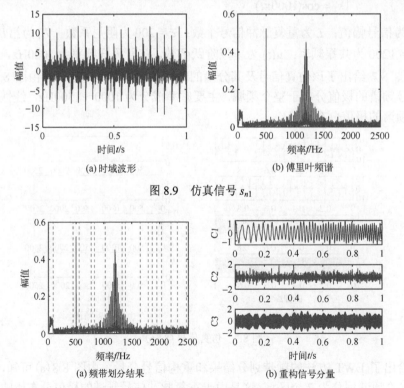

(a) 时域波形　　　　　　　　　　　　　(b) 傅里叶频谱

图 8.9　仿真信号 s_{n1}

(a) 频带划分结果　　　　　　　　　　　(b) 重构信号分量

图 8.10　EWT 对信号 s_{n1} 的分解结果

　　综上所述，尽管基于尺度空间表示的频带划分方法相比直接利用频谱极值点信息具有更准确的频带划分结果，但在低信噪比条件下该方法不能得到预期结果。为了提高 EWT 的分解性能，需要对频带划分方法进行相应的改进。

8.2　基于频谱趋势的经验小波变换

频谱趋势可以反映信号频谱的整体波动，并且具有良好的噪声鲁棒性，因此可以提取信号的频谱趋势，依据其局部极小值确定每个分量的边界频率[7, 8]。基于此，有学者提出基于频谱趋势的经验小波变换，该方法通过一种低通滤波方法提取频谱趋势，然后以频谱趋势的局部极小值为边界划分频带，从而提取信号分量。

8.2.1　基于频谱趋势的频带划分方法

将信号的傅里叶频谱视为随频率变化的信号，通过低通滤波实现频谱趋势的提取。本节介绍一种基于信号光滑程度评估的低通滤波方法。文献[9]和文献[10]指出信号二阶导数的能量可用于评估信号的光滑程度，其能量越小，信号越光滑。

对给定信号 $s(t)$，进行傅里叶变换得到 $S(f)$。为了满足频带划分需求，信号的频谱趋势除了需要足够光滑之外，必须保证频谱趋势能够反映主要分量引起的频谱波动。因此，在信号二阶导数能量的基础上增加惩罚项，构造如下优化模型：

$$\min\left\{\left\|S_t''(f)\right\|_2^2 + \frac{\beta}{2}\left\|S(f) - S_t(f)\right\|_2^2\right\} \tag{8.17}$$

其中，信号二阶导数的能量 $\left\|S_t''(f)\right\|_2^2$ 用于限制光滑性；β 为惩罚参数；$S_t(f)$ 为连续频谱趋势。假设频谱离散为 $f = f_0, f_1, \cdots, f_{N-1}$，则离散傅里叶频谱表示为 $\boldsymbol{S} = [S(f_1), S(f_2), \cdots, S(f_{N-1})]^T$，其中，$N$ 为频谱样本个数。该优化模型的离散形式表示为

$$\min\left\{\left\|\boldsymbol{\Omega}\boldsymbol{S}_t\right\|_2^2 + \frac{\beta}{2}\left\|\boldsymbol{S} - \boldsymbol{S}_t\right\|_2^2\right\} \tag{8.18}$$

其中，$\boldsymbol{S}_t$ 为离散频谱趋势；$\boldsymbol{\Omega}$ 为二阶差分矩阵：

$$\boldsymbol{\Omega} = \begin{bmatrix} -1 & 1 & 0 & \cdots & 0 \\ 1 & -2 & 1 & \cdots & 0 \\ \vdots & \ddots & \ddots & \ddots & \vdots \\ 0 & \cdots & 1 & -2 & 1 \\ 0 & \cdots & 0 & 1 & -1 \end{bmatrix} \tag{8.19}$$

通过求解式(8.18)，得到最终的频谱趋势：

$$\boldsymbol{S}_t = \left(\frac{2}{\beta}\boldsymbol{\Omega}^T\boldsymbol{\Omega} + \boldsymbol{I}\right)^{-1}\boldsymbol{S} \tag{8.20}$$

其中，$\boldsymbol{I}$ 为单位矩阵；$\left(\dfrac{2}{\beta}\boldsymbol{\Omega}^T\boldsymbol{\Omega} + \boldsymbol{I}\right)^{-1}$ 的作用为低通滤波。通常滤波参数 β 取 $e^{-10} \sim e^{-1}$，β 越小，得到的频谱趋势越光滑，即滤波器截止频率越小。

得到频谱趋势 $\boldsymbol{S}_t$ 后，提取趋势的局部极小值作为信号分量的频带边界，进一步在各频带内构造小波滤波器，提取信号分量。需要说明的是，为了得到最佳的频带划分结果，需要适当调整滤波参数 β。

8.2.2　仿真算例

EWT-ST 通过调整所提取频谱趋势的滤波参数 β 确定频带划分个数和结果分量个数。为了验证 EWT-ST 方法的噪声鲁棒性，在例 8.3 的信号 (8.16) 的基础上添加更强的白噪声，信噪比为 -5dB，记为 s_{n2}。这里首先以 s_{n2} 为例给出对其进行 EWT-ST 的 MATLAB 程序，如表 8.2 所示。其中，EWT-ST 函数 EWT_ST() 的 MATLAB 程序参见 8.4 节。

表 8.2　对图 8.11 所示仿真信号进行 EWT-ST 的 MATLAB 程序

```
clc
clear
close all
SampFreq = 5000;
t = 0:1/SampFreq:1;
[impulse harmonic]= genersig2(t);
Sig1 = 10*impulse;
Sig2 = harmonic;
Sig3 = cos(2*pi*500*t);
Sig = Sig1 + Sig2 + Sig3;
Sign = awgn(Sig,-5,'measured') ;
%%%%%%%%%%%时域波形%%%%%%%%%%%
figure
plot(t,Sign,'b-','linewidth',2);
xlabel('\fontname{宋体}时间\fontname{Times New Roman}{\itt} (s)');
ylabel('\fontname{宋体}幅值');
%%%%%%%%%%傅里叶频谱%%%%%%%%%%%
Spec = abs(fft(Sign));
Spec = Spec(1:end/2)/SampFreq;
Freqbin = linspace(0,SampFreq/2,length(Spec));
figure
plot(Freqbin,Spec,'b-','linewidth',2);
xlabel('\fontname{宋体}频率\fontname{Times New Roman}{\itf} (Hz)');
ylabel('\fontname{宋体}幅值');
%%%%%%%%% EWT-ST %%%%%%%%%
beta = 1e-7;
[IMF,mfb,boundaries]=EWT_ST(Sign,SampFreq,beta);
%%%%%%%%%%重构信号分量%%%%%%%%%
figure
set(gcf,'Position',[20 100 640 500]);
for k=1:3
    subplot(3,1,k)
    h1=plot(t,IMF(k,:),'b-','linewidth',1);
end
xlabel('\fontname{宋体}时间\fontname{Times New Roman}{\itt} (s)');
```

信号 s_{n2} 的时域波形和傅里叶频谱如图 8.11 所示。由图可知，由于强噪声的影响，难以从时域波形中观察到原信号的脉冲特征，线性调频信号 s_2 的频谱特征也基本被淹没。应用上述 EWT-ST 方法进行分析，得到的频带划分结果和重构信号分量如图 8.12 所示。由图 8.12(a) 可知，尽管信号频谱中难以直观辨识线性调频信号 s_2 的频谱，但 EWT-ST 方法提取的频谱趋势可以较为明显地体现该信号引起的波动，且整个频谱趋势中只有主要信号分量的波动，因此划分的频带数量也接近真实信号分量个数。由图 8.12(b) 可知，三个重构信号分量分别对应原信号[图 8.7(a)]的三个真实分量，但由于所划分的频带较宽(相比原信号带宽)，信号分量中包含部分噪声，信噪比较小。

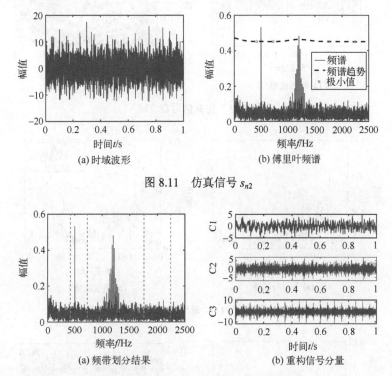

图 8.11　仿真信号 s_{n2}

图 8.12　EWT-ST 对信号 s_{n2} 的分解结果

【例 8.4】 多分量非平稳信号

此外，本节通过三个仿真信号进一步验证 EWT-ST 方法的分解性能。第一个仿真信号包含两个非平稳信号和高斯白噪声：

$$\begin{cases} s(t) = s_1(t) + s_2(t) + n(t) \\ s_1 = \cos[2\pi(200t^3 - 300t^2 + 200t)] \\ s_2 = 0.5\cos[600\pi t + 20\cos(2\pi t)] \end{cases} \quad (8.21)$$

其中，两个信号分量的瞬时频率分别为 $f_1(t) = 600t^2 - 600t + 200$ 和 $f_2(t) = 300 + 10\sin(2\pi t)$；信号持续时间为 $0\text{s} < t < 1\text{s}$；采样频率为 800Hz；信噪比为 5dB。图 8.13 给出了该信号的时域波形和 STFT 时频分布，由图可知，分量 s_1 具有较宽的频带范围，分量 s_2 的瞬时频率具有谐波调制特征。

图 8.14 给出了该信号的傅里叶频谱和提取的频谱趋势，图 8.15 给出了 EWT-ST 方法的频带划分结果和重构信号分量。由图 8.14 可知，EWT-ST 所提取的频谱趋势很好地体现了原信

号频谱的波动情况，通过频谱趋势可以提取到两个局部极小值。根据极小值点和端点将信号频谱划分出三个频带，如图 8.15(a) 所示，前两个频带的重构信号分量分别对应于原信号的两个信号分量，如图 8.15(b) 所示。

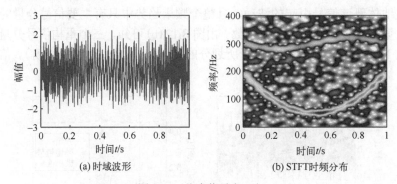

(a) 时域波形　　　　　　　　　(b) STFT时频分布

图 8.13　仿真信号(8.21)

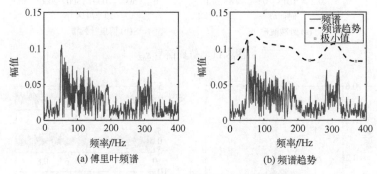

(a) 傅里叶频谱　　　　　　　　(b) 频谱趋势

图 8.14　信号(8.21)的傅里叶频谱和频谱趋势

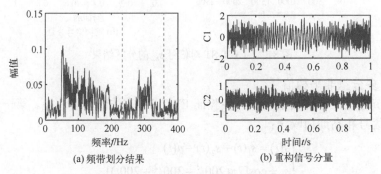

(a) 频带划分结果　　　　　　　(b) 重构信号分量

图 8.15　EWT-ST 对信号(8.21)的分解结果

【例 8.5】 多分量谐波调频信号

第二个仿真信号包含三个非平稳信号和高斯白噪声：

$$\begin{cases} s(t) = s_1(t) + s_2(t) + s_3(t) + n(t) \\ s_1 = \cos[100\pi t + \sin(10\pi t)] \\ s_2 = \cos[200\pi t + \sin(10\pi t)] \\ s_3 = \cos[300\pi t + \sin(10\pi t)] \end{cases} \tag{8.22}$$

其中，三个分量的瞬时频率分别为 $f_1(t) = 50 + 5\cos(10\pi t)$、$f_2(t) = f_1(t) + 50$ 和 $f_3(t) = f_1(t) +$
100。信号持续时间为 $0\mathrm{s} < t < 1\mathrm{s}$，采样频率为 500Hz，信噪比为 5dB。图 8.16 给出了该信号的
时域波形和 STFT 时频分布，由图可知，由于噪声的影响，信号分量瞬时频率的谐波调制特
性并不明显。

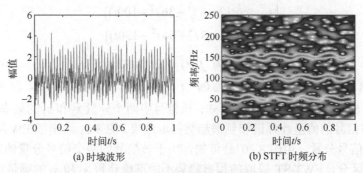

(a) 时域波形   (b) STFT 时频分布

图 8.16 仿真信号 (8.22)

图 8.17 给出了该信号的傅里叶频谱和频谱趋势提取结果。图 8.18 给出了 EWT-ST 方法的
频带划分结果和重构信号分量。由图 8.17(b) 可知，EWT-ST 所提取的频谱趋势很好地体现了
原信号频谱的波动情况，通过频谱趋势可以提取三个局部极小值。根据极小值点和端点将信
号频谱划分出四个频带，如图 8.18(a)，前三个频带的重构信号分量分别对应于原信号的三个
信号分量，如图 8.18(b) 所示。

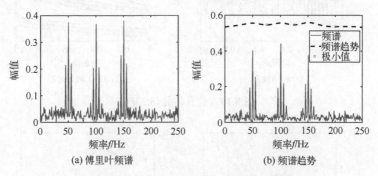

(a) 傅里叶频谱   (b) 频谱趋势

图 8.17 信号 (8.22) 的傅里叶频谱和频谱趋势

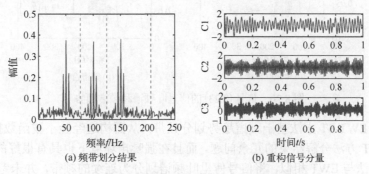

(a) 频带划分结果   (b) 重构信号分量

图 8.18 EWT-ST 对信号 (8.22) 的分解结果

【例8.6】 多分量频谱重叠信号

第三个仿真信号包含三个线性调频分量信号：

$$\begin{cases} s(t) = s_1(t) + s_2(t) + s_3(t) \\ s_1 = \cos[2\pi(4\,t^3 + 16\,t^2 + 30t)] \\ s_2 = \cos[2\pi(6\,t^3 + 36\,t^2 + 100t)] \\ s_3 = \cos[2\pi(8\,t^3 + 64\,t^2 + 130t)] \end{cases} \tag{8.23}$$

其中，三个分量的瞬时频率分别为 $f_1(t) = 12\,t^2 + 32\,t + 30$、$f_2(t) = 18\,t^2 + 72\,t + 100$ 和 $f_3(t) = 24\,t^2 + 128\,t + 130$；信号持续时间为 $0\text{s} < t < 1\text{s}$；采样频率为 800Hz。图 8.19 给出了该信号的时域波形和 STFT 时频分布，由图可知，该信号中两个分量 s_2 和 s_3 的频率范围存在重叠。图 8.20 给出了该信号的傅里叶频谱和频谱趋势提取结果。图 8.21 给出了 EWT-ST 方法的频带划分结果和重构信号分量。由图 8.20(a) 可知，由于该信号的两个信号分量的频谱存在重叠，傅里叶频谱无法区分，EWT-ST 提取的频谱趋势不能准确获得 s_2 和 s_3 的频带边界，只能以两个信号分量的未重叠部分划分频带，如图 8.21(a) 所示。因此，重构信号分量 C2 中包含信号分量 s_2 和 s_3 的大部分信息，而 C3 中只有少量 s_3 的信息。

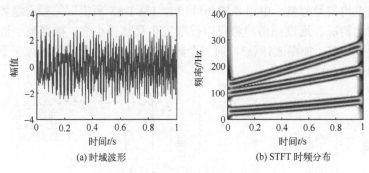

(a) 时域波形　　　　　　　　　　(b) STFT 时频分布

图 8.19　仿真信号 (8.23)

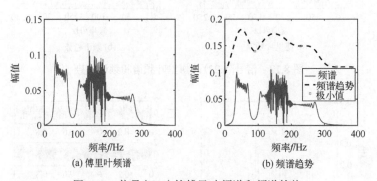

(a) 傅里叶频谱　　　　　　　　　　(b) 频谱趋势

图 8.20　信号 (8.23) 的傅里叶频谱和频谱趋势

综上所述，EWT-ST 方法基于频谱趋势划分频带，从而构造经验小波函数提取信号分量，不仅解决了 EWT 方法分解结果的冗余问题，而且在强噪声环境下也具有很好的鲁棒性。需要说明的是，该方法与 EWT 相似，将信号傅里叶频谱划分为连续的频带，并未考虑信号分量的实际带宽，因此得到的重构信号分量会包含部分噪声，信噪比较低。另外，EWT 和 EWT-ST 方法都假定各信号分量的频率范围相互独立，因此无法分离频谱重叠的信号。

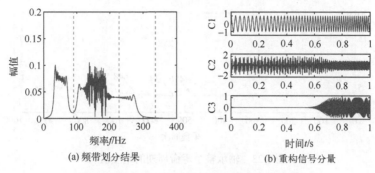

(a) 频带划分结果　　　　　　　　　　　(b) 重构信号分量

图 8.21　EWT-ST 对信号 (8.23) 的分解结果

8.3　应用案例分析

8.3.1　试验概述

本节将 EWT-ST 应用于轴承故障诊断中以验证其在实际信号分析中的有效性。轴承试验数据由辛辛那提大学智能维护系统中心 (IMD) 提供[11]。试验台和传感器的位置如图 8.22 所示，转动轴由 4 个 Rexnoed ZA-2115 双列轴承支撑，利用弹簧机构施加 6000lb (1lb = 0.453592kg) 的径向载荷，转动轴的转速保持在 2000r/min。在轴承座上安装加速度传感器，每隔 10min 采集一次振动信号。数据采样频率为 20000Hz，每次记录 20480 个数据点。试验从轴承开始运行到停止，共采集到 984 组信号，试验结束时，轴承 1 发生了外圈故障，该故障的特征频率 (BPFO) 为 236.4Hz[12]。

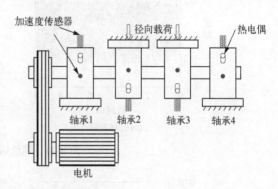

图 8.22　试验台和传感器布置位置

峭度是机械设备故障诊断中常用的无量纲指标。峭度指标对冲击信号特别敏感，在轴承无故障时，峭度值 $K \approx 3$，随着故障的出现和发展，峭度值 K 逐渐增大。为了初步分析轴承故障的演变过程，计算轴承整个寿命周期的峭度值，如图 8.23 所示。

由图 8.23 可知，在 0～500 次采集数据中峭度值基本在 $K \approx 3$ 附近波动。在 500～647 次数据采集中峭度值逐渐增大，第 648 次数据的峭度值出现了突变。此后的采集数据中峭度值一直处于较高水平且在较大范围内波动。这说明在第 648 次数据采集对应的时刻，轴承出现了较为严重的故障。为了验证 EWT-ST 方法在实际信号分析中的有效性，分别选取第 480 次 (健康轴承)、第 534 次 (早期故障) 和第 648 次采集数据 (严重故障) 进行分析。

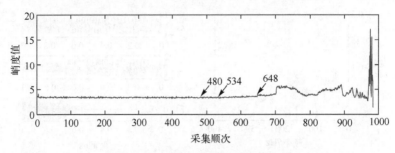

图 8.23　轴承整个寿命周期的峭度值

8.3.2　健康轴承

　　首先选取第 480 次采集数据,其峭度值为 3.4。信号时域波形和傅里叶频谱如图 8.24 所示。由图 8.24(b)可以看出,除 1000Hz 附近的主频外,频谱中无其他明显特征。利用 EWT-ST 分析该信号,频谱趋势结果和频带划分结果如图 8.25 所示。由图 8.25 可知,EWT-ST 提取的频谱趋势包含 5 个极小值,因此共划分得到 6 个频带,得到 6 个信号分量 C1~C6,如图 8.26 所示。从 6 个信号分量的振动波形和幅值仅能看出 C4 的振动幅值较大,各信号分量未出现明显的脉冲信号特征。包络谱能够有效提取轴承故障引起的冲击信号的特征频率。为了进一步分析,计算各信号分量的包络谱,如图 8.27 所示。由图可知,各信号分量的包络谱中未出现与外圈故障有关的特征频率,且各包络谱幅值处于较低水平,因此认为该时刻轴承未出现故障。

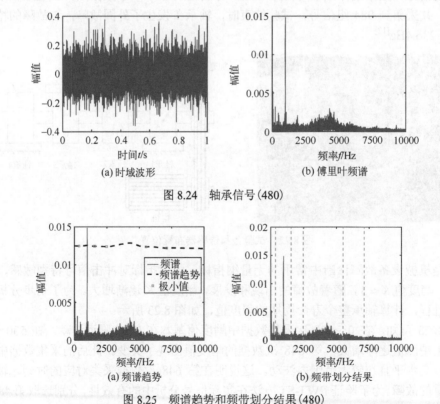

(a) 时域波形　　　　　　　　　　(b) 傅里叶频谱

图 8.24　轴承信号(480)

(a) 频谱趋势　　　　　　　　　　(b) 频带划分结果

图 8.25　频谱趋势和频带划分结果(480)

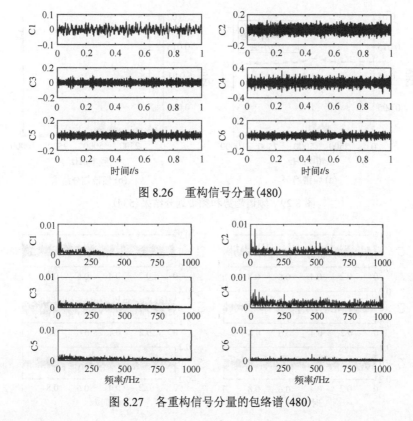

图 8.26　重构信号分量(480)

图 8.27　各重构信号分量的包络谱(480)

8.3.3　早期故障

选取第 534 次采集数据，其峭度值为 3.5。信号时域波形和傅里叶频谱如图 8.28 所示，相比图 8.25(b)，该信号频谱在 5000Hz 附近出现了多个较为明显的主频。利用 EWT-ST 分析该信号，频谱趋势结果和频带划分结果如图 8.29 所示，重构信号分量如图 8.30 所示。由图 8.29 可知，EWT-ST 提取的频谱趋势包含 5 个极小值，因此共划分得到 6 个频带，即得到 6 个信号分量。由图 8.30 可知，重构信号分量 C4 的振动幅值明显高于其他分量。为了分析各信号分量包含的信息，分别计算其包络谱，如图 8.31 所示。由图可知，信号分量 C4 的包络谱中存在较为明显的外圈故障频率 BPFO 及其倍频，表明该时刻轴承存在外圈故障。另外，可以看出该故障信号的包络谱幅值较小，因此为早期故障。

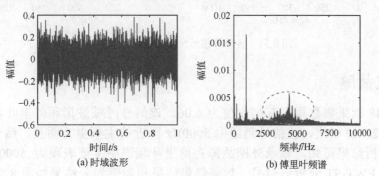

(a) 时域波形　　　　　　　　　(b) 傅里叶频谱

图 8.28　轴承信号(534)

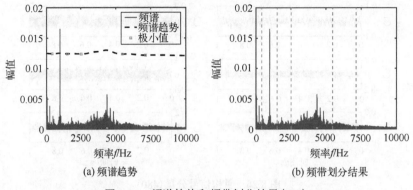

(a) 频谱趋势　　　　　　　　　　(b) 频带划分结果

图 8.29　频谱趋势和频带划分结果(534)

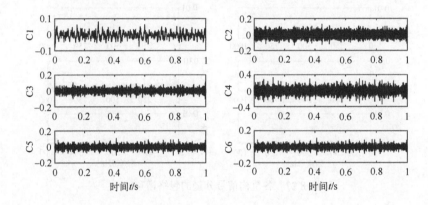

图 8.30　重构信号分量(534)

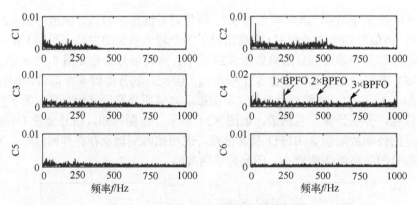

图 8.31　各重构信号分量的包络谱(534)

8.3.4　严重故障

选取第 648 次采集数据,其峭度值为 4.06。该信号时域波形和傅里叶频谱如图 8.32 所示。与图 8.28(b)相比,该信号频谱中 5000Hz 附近的主频更为明显,结合前面对两组采集数据的分析结果可知,轴承外圈故障在傅里叶频谱中主要表现为 5000Hz 附近的主频振动。利用 EWT-ST 分析该信号,频谱趋势结果和频带划分结果如图 8.33 所示,重构信号分量如图 8.34 所示。计算各信号分量的包络谱，如图 8.35 所示。由图 8.33 可知，EWT-ST 提取的频谱趋势包含 5 个极小值，因此共划分得到 6 个频带，得到 6 个信号分量。由图 8.34 可知，相比前两组信号，该信号的重构信号分量 C4 的振动幅值更大，而其他分量未出现明显差异，这表明 C4 中可能包含主要故障信息，该分量也对应上述 5000Hz 附近的主频振动。由图 8.35 可知，信号分量 C4 的包络谱中存在相当明显的外圈故障频率 BPFO 及其倍频，且包络谱幅值相比早期故障信号(图 8.31 中 C4)显著增大，表明该时刻轴承存在较为严重的外圈故障。综上所述，EWT-ST 方法可以有效识别不同程度的轴承故障。

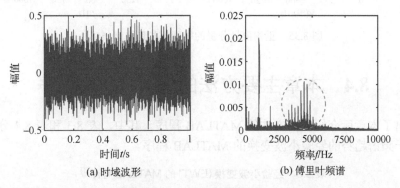

图 8.32 轴承信号(648)

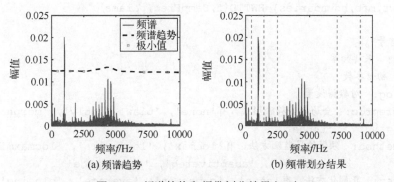

图 8.33 频谱趋势和频带划分结果(648)

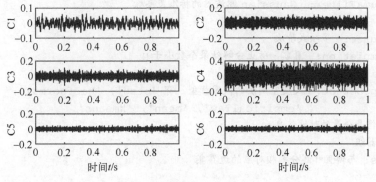

图 8.34 重构信号分量(648)

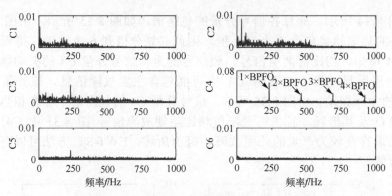

图 8.35　重构信号分量的峭度值和包络谱(648)

8.4　本章主要方法的 MATLAB 程序

本节给出了本章所介绍主要方法的 MATLAB 程序。其中，表 8.3 和表 8.4 分别为经验小波变换和基于频谱趋势的经验小波变换的 MATLAB 程序。

表 8.3　经验小波变换(EWT)的 MATLAB 程序[1]

```
%% 主程序
function [ewt,mfb,boundaries]=EWT1D(f,SampFreq,params)

%   f:  时域信号
%   SampFreq: 采样频率
%   params: 初始参数
%   params.log: 对数谱设置
%   params.preproc: 全局趋势移除形式，有'none', 'plaw', 'poly', 'morpho,
%                   'tophat'
%   params.method: 频带边界监测方法，有'locmax', 'locmaxmin', 'locmaxminf',
%                  'adaptive', 'adaptivereg', 'scalespace'
%   params.reg: 正则化方法，有'none', 'gaussian', 'average', 'closing'
%   params.lengthFilter: 滤波器带宽参数
%   params.sigmaFilter: Gaussian 滤波器的标准差参数
%   params.N: 预提取信号分量的个数
%   params.degree: 多项式阶次
%   params.completion: 置零，防止分解结果个数小于N
%   params.InitBounds: 初始边界
%   params.typeDetect: 尺度空间法的概率模型，有 'otsu', 'halfnormal',
%                      'empiricallaw', 'mean', 'kmeans'
%   ewt:  提取信号分量的时域信息
%   mfb:  滤波器组
%   boundaries: 与傅里叶线分割相对应的边界集

% 频带边界检测
ff=fft(f);
```

续表

```
boundaries = EWT_Boundaries_Detect(abs(ff(1:round(length(ff)/2))),params);
boundaries = boundaries*pi/round(length(ff)/2);
% 频域滤波
l=round(length(f)/2);
f=[f(l-1:-1:1);f;f(end:-1:end-l+1)];
ff=fft(f);
mfb=EWT_Meyer_FilterBank(boundaries,length(ff));
ewt=cell(length(mfb),1);
for k=1:length(mfb)
    ewt{k}=real(ifft(conj(mfb{k}).*ff));
    ewt{k}=ewt{k}(l:end-l);
end
%% Meyer 滤波器组的构造
function mfb=EWT_Meyer_FilterBank(boundaries,N)

%    boundaries: 频带边界
%    N: 信号长度
%    mfb: 滤波器组
Npic=length(boundaries);
gamma=1;
for k=1:Npic-1
    r=(boundaries(k+1)-boundaries(k))/(boundaries(k+1)+boundaries(k));
    if r<gamma
        gamma=r;
    end
end
r=(pi-boundaries(Npic))/(pi+boundaries(Npic));
if r<gamma
    gamma=r;
end
gamma=(1-1/N)*gamma;
mfb=cell(Npic+1,1);
mfb{1}=EWT_Meyer_Scaling(boundaries(1),gamma,N);
for k=1:Npic-1
    mfb{k+1}=EWT_Meyer_Wavelet(boundaries(k),boundaries(k+1),gamma,N);
end
mfb{Npic+1}=EWT_Meyer_Wavelet(boundaries(Npic),pi,gamma,N);
```

表 8.4　基于频谱趋势的经验小波变换 (EWT-ST) 的 MATLAB 程序

```
%% 主程序
function [IMF, mfb, boundaries]=EWT_ST(Sig,SampFreq,beta)

%   Sig:  时域信号
%   SampFreq:  采样频率
```

```
%   IMF: 提取信号分量的时域波形
%   mfb: 滤波器组
%   boundaries: 与傅里叶线分割相对应的边界集
f=Sig';
% 频带边界检测
Spec = (2*abs(fft(f))/length(f));
Spec = Spec(1:round(end/2));
Freqbin = linspace(0,SampFreq/2,length(Spec));
Spec_trend = curvesmooth(Spec',beta);
[peakset,indexp] = findpeaks(-Spec_trend);
boundaries = Freqbin(indexp);
boundaries = boundaries'*pi/round(length(Spec));
% 频域滤波
l=round(length(f)/2);
f=[f(l-1:-1:1);f;f(end:-1:end-l+1)];
ff=fft(f);
mfb=EWT_Meyer_FilterBank(boundaries,length(ff));
ewt=cell(length(mfb),1);
for k=1:length(mfb)
    ewt{k}=real(ifft(conj(mfb{k}).*ff));
    ewt{k}=ewt{k}(l:end-l);
end
for j=1:length(mfb)
    IMF(j,:) = ewt{j,1}(:,1);
end
end
% 频谱趋势提取
function outf = curvesmooth(f,beta)
% f: 待平滑数据,这里是信号频谱
% outf: 频谱趋势
% beta: 平滑度控制参数
[K,N] = size(f);
e = ones(N,1);
e2 = -2*e;
oper = spdiags([e e2 e], 0:2, N-2, N);
opedoub = oper'*oper;
outf = zeros (K,N);
for i = 1:K
    outf(i,:) = (2/beta*opedoub + speye(N))\f(i,:).';
end
end
```

参 考 文 献

[1] GILLES J. Empirical wavelet transform[J]. IEEE transactions on signal processing, 2013, 61 (16) : 3999-4010.

[2] HUANG N E, SHEN Z, LONG S R, et al. The empirical mode decomposition and the Hilbert spectrum for nonlinear and non-stationary time series analysis[J]. Proceedings of the royal society of London series A: mathematical, physical and engineering sciences, 1998, 454 (1971) : 903-995.

[3] LUO Z J, LIU T, YAN S Z, et al. Revised empirical wavelet transform based on auto-regressive power spectrum and its application to the mode decomposition of deployable structure[J]. Journal of sound and vibration, 2018, 431: 70-87.

[4] DAUBECHIES I. Ten lectures on wavelets[M]//CBMS-NSF regional conference series in applied mathematics. Siam:Society for Industrial and Applied Mathematics, 1992.

[5] GILLES J, HEAL K. A parameterless scale-space approach to find meaningful modes in histograms-application to image and spectrum segmentation[J]. International journal of wavelets multiresolution & information processing, 2014, 12 (6) : 391-209.

[6] OTSU N. A threshold selection method from gray-level histograms[J]. IEEE transactions on systems, man, and cybernetics, 1979, 9 (1) : 62-66.

[7] XU Y G, TIAN W K, ZHANG K, et al. Application of an enhanced fast kurtogram based on empirical wavelet transform for bearing fault diagnosis[J]. Measurement science and technology, 2019, 30 (3) : 1-24.

[8] ZHANG K, XU Y G, LIAO Z Q, et al. A novel fast entrogram and its applications in rolling bearing fault diagnosis[J]. Mechanical systems and signal processing, 2021, 154: 107582.

[9] CHEN S Q, DONG X J, PENG Z K, et al. Nonlinear chirp mode decomposition: a variational method[J]. IEEE transactions on signal processing, 2017, 65 (22) : 6024-6037.

[10] CHEN S Q, YANG Y, PENG Z K, et al. Adaptive chirp mode pursuit: algorithm and applications[J]. Mechanical systems and signal processing, 2019, 116: 566-584.

[11] QIU H, LEE J, LIN J, et al. Wavelet filter-based weak signature detection method and its application on rolling element bearing prognostics[J]. Journal of sound and vibration, 2006, 289 (4/5) : 1066-1090.

[12] NOMAN K, HE Q B, PENG Z K, et al. A scale independent flexible bearing health monitoring index based on time frequency manifold energy & entropy[J]. Measurement science and technology, 2020, 31 (11) : 1-20.

第 9 章　变分模式分解

经验小波变换(EWT)[1]在执行过程中受到预定义带通滤波器组边界的限制,当环境噪声较强或信号分量频域间隔较近时,难以正确划分各信号分量所在的频段,从而影响信号分解结果。针对经验小波变换的这些不足,同是来自加利福尼亚大学洛杉矶分校的 Dragomiretskiy 等于 2014 年提出了一种完全非递归的变分模式分解(VMD)[2]。该方法通过求解基于信号分量窄带条件所建立的变分约束优化问题,估计信号分量的中心频率并对其进行重构。变分模式分解本质上是一种具有自适应中心频率的维纳滤波器组,该方法不仅具有完善的理论支撑,而且比经验模式分解(EMD)和经验小波变换(EWT)具有更强的鲁棒性。然而,变分模式分解的研究对象主要为中心频率不同的窄带信号分量,因此无法适用于频谱互相重叠的宽带调频信号分量。上海交通大学的彭志科等基于动态时间规整思想提出了一种规整变分模式分解(warped variational mode decomposition,WVMD)[3]方法,将变分模式分解的研究对象拓展至多分量宽带调频信号。该方法通过动态时间规整对调频信号进行从时域到角域的坐标转换,以消除信号分量的非平稳特性,进而利用变分模式分解有效分解角域窄带信号,最后通过反向规整复原时域信号分量。规整变分模式分解方法具有良好的抗噪特性,并且可以分解瞬时频率十分接近的调频信号分量。9.1 节和 9.2 节将分别介绍变分模式分解与规整变分模式分解方法,9.3 节则将规整变分模式分解方法应用于分析变转速条件下的行星齿轮故障振动数据。

9.1　分解原理与方法

VMD 本质上是将经典维纳滤波推广到多个自适应频带。该方法假设信号具有窄带特性,即每个本征模式函数具有不同中心频率的有限带宽,从而构建基于带宽最小化准则的变分优化问题来估计各本征模式函数。为解决这一变分问题,VMD 利用交替方向乘子法不断更新各本征模式函数及其中心频率,并将各本征模式函数解调到相应的基频带,最终提取各个本征模式函数及相应的中心频率。

9.1.1　基本原理

VMD 通过联合优化方法同时估计所有信号分量,因此可以有效避免分量迭代提取过程中的误差传递问题,能够得到更精确的分量估计结果。该方法本质上是一种频域滤波方法,对于形如 2.1 节和 2.3 节所定义的信号模型,其假定每一个信号分量 $s_k(t)$ 都具有窄带特性,且频谱集中在一个中心频率 ω_k 附近,如图 9.1 所示。VMD 包括以下步骤:①通过 Hilbert 变换计算每一个信号分量 $s_k(t)$ 的解析信号;②通过将解析信号乘以一个以 ω_k 为频率的指数函数,从而将解析信号搬移到基带;③利用 H^1 高斯光滑指标评估搬移之后的信号带宽。具体而言,VMD 需要求解以下带约束的变分优化问题:

$$\min_{\{s_k\},\{\omega_k\}}\left\{\sum_{k=1}^{K}\left\|\partial_t\left[\left(\delta(t)+\frac{\mathrm{j}}{\pi t}\right)*s_k(t)\right]\mathrm{e}^{-\mathrm{j}\omega_k t}\right\|^2\right\},\quad \mathrm{s.t.}\quad \sum_{k=1}^{K}s_k=s \tag{9.1}$$

其中，$\|\cdot\|$ 代表 l_2 范数；$s(t)$ 代表输入信号；$s_k(t)$ 代表待估计的信号分量；ω_k 代表中心频率；K 代表分量个数；$\delta(t)$ 代表狄拉克函数；$*$ 代表卷积运算；$[\delta(t)+\mathrm{j}/\pi t]*s_k(t)$ 代表信号 $s_k(t)$ 的解析信号。

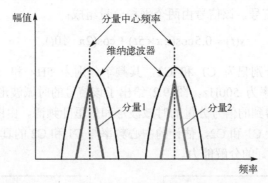

图 9.1　变分模式分解示意图(假定有两个信号分量)

VMD 利用增广拉格朗日乘子法求解上述带约束的优化问题。首先，式(9.1)的增广拉格朗日方程可以表示为

$$L(\{s_k\},\{\omega_k\},\lambda)=\beta\sum_{k=1}^{K}\left\|\partial_t\left[\left(\delta(t)+\frac{\mathrm{j}}{\pi t}\right)*s_k(t)\right]\mathrm{e}^{-\mathrm{j}\omega_k t}\right\|^2+\left\|s-\sum_{k=1}^{K}s_k\right\|^2+\left\langle\lambda(t),s-\sum_{k=1}^{K}s_k\right\rangle \tag{9.2}$$

其中，β 代表惩罚参数；$\lambda(t)$ 代表拉格朗日乘子；$\langle\cdot,\cdot\rangle$ 代表内积运算。求解式(9.1)等价于寻找 $L(\{s_k\},\{\omega_k\},\lambda)$ 的鞍点，具体可以通过迭代算法求解一系列子优化问题来实现。在第 m 次迭代中，第 k 个信号分量及其中心频率可以在傅里叶域进行更新：

$$\hat{s}_k^{m+1}(\omega)=\frac{\hat{s}(\omega)-\displaystyle\sum_{i<k}\hat{s}_i^{m+1}(\omega)-\sum_{i>k}\hat{s}_i^{m}(\omega)+\dfrac{\hat{\lambda}^m(\omega)}{2}}{1+2\beta(\omega-\omega_k^m)^2} \tag{9.3}$$

$$\omega_k^{n+1}=\frac{\displaystyle\int_0^{\infty}\omega\left|\hat{s}_k^{n+1}(\omega)\right|^2\mathrm{d}\omega}{\displaystyle\int_0^{\infty}\left|\hat{s}_k^{n+1}(\omega)\right|\mathrm{d}\omega} \tag{9.4}$$

其中，$\hat{s}_k$、$\hat{s}(\omega)$、$\hat{\lambda}(\omega)$ 分别代表 s_k、$s(t)$ 以及 $\lambda(t)$ 的傅里叶变换；上标 m 代表迭代次数。式(9.3)本质上可以视为一个中心频率在 ω_k^m 处的维纳带通滤波器，滤波器的带宽与 β 成反比。式(9.4)表明，VMD 通过计算功率谱 $\left|\hat{s}_k^{m+1}(\omega)\right|^2$ 的重心来估计瞬时频率，傅里叶频谱的峰值频率可以作为中心频率的初始值。信号分量的数量 K 也可以根据主谱峰值的数量进行估计[4]。在实际运算过程中，需要事先根据信号的频谱特征指定每一个分量的中心频率初值。信号分量的时域波形可以通过对式(9.3)中的频谱进行傅里叶逆变换来得到。

9.1.2　仿真算例

本节通过三个仿真算例来展示 VMD 的分解性能和特点。首先以第一个多分量平稳信号（例 9.1）为例，给出对其进行 VMD 的 MATLAB 程序，如表 9.1 所示。其中，执行 VMD 的函数 VMD( ) 的 MATLAB 程序参见 9.4 节。

【例 9.1】 多分量平稳信号

首先给出一个平稳信号，该信号由两个平稳分量组成：

$$s(t) = 0.5\cos(2\pi \times 5t) + \cos(2\pi \times 10t) \tag{9.5}$$

其中，$s(t)$ 的两个分量分别记为 C1 和 C2，其频率分别为 5Hz 和 10Hz。信号持续时间为 $0\text{s} < t < 1\text{s}$，信号采样频率为 500Hz。图 9.2 给出了该信号的时域波形和傅里叶频谱。图 9.3 给出了通过 VMD 分解得到的信号分量的时域波形和傅里叶频谱。由图 9.3 可知，VMD 准确地分离了 $s(t)$ 的两个分量 C1 和 C2，估计的中心频率与 C1 和 C2 的真实频率完全相等，说明 VMD 对窄带信号具有很好的分解能力。

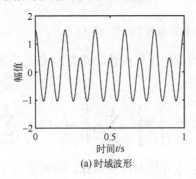
(a) 时域波形

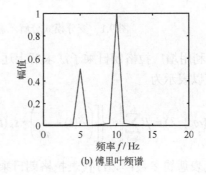
(b) 傅里叶频谱

图 9.2　仿真信号 (9.5)

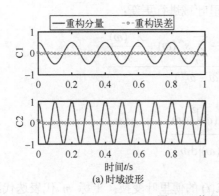
(a) 时域波形

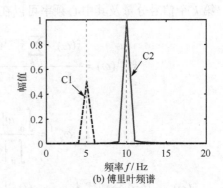
(b) 傅里叶频谱

图 9.3　信号 (9.5) 的分解结果

表 9.1　对多分量平稳信号（例 9.1）作 VMD 的 MATLAB 程序[2]

```
clc;clear;close all
SampFreq = 500;
t = 0:1/SampFreq:1;
```

```
Sig1 = 0.5*cos(2*pi*(5*t));
Sig2 = cos(2*pi*(10*t));
Sig = Sig1 + Sig2;
Sign = awgn(Sig,500,'measured');
%%%%%%%%%%%%时域信号%%%%%%%%%%%%
figure
plot(t,Sign,'b','linewidth',2);
xlabel('\fontname{宋体}时间\fontname{Times New Roman}{\itt} (s)');
ylabel('\fontname{宋体}幅值')
%%%%%%%%%%%%傅里叶变换%%%%%%%%%%%%
Spec = abs(fft(Sign))/length(Sign)*2;
Spec = Spec(1:end/2);
Freqbin = linspace(0,SampFreq/2,length(Spec));
figure
plot(Freqbin,Spec,'b','linewidth',2);
xlabel('\fontname{宋体}频率\fontname{Times New Roman}{\itf} (Hz)');
ylabel('\fontname{宋体}幅值');
%%%%%%%%%%%%变分模式分解%%%%%%%%%%%%
alpha = 1500;
tau = 1/alpha;
K = 2;
DC = 0;
init = [2/SampFreq 18/SampFreq];
tol = 1e-8;
[Sigmatrix_est, ~, omega,n] = VMD(Sign, alpha, tau, K, DC, init, tol);
%%%%%%%%%%%%信号分量%%%%%%%%%%%%
figure
for k=1:K
    subplot(K,1,k)
    h1=plot(t,Sigmatrix_est(k,:),'b-','linewidth',1);
end
xlabel('\fontname{宋体}时间\fontname{Times New Roman}{\itt} (s)');
%% 信号分量频谱
Spec_est1 = abs(fft(Sigmatrix_est(1,:)))/length(Sigmatrix_est(1,:))*2;
Spec_est1 = Spec_est1(1:end/2);
Spec_est2 = abs(fft(Sigmatrix_est(2,:)))/length(Sigmatrix_est(2,:))*2;
Spec_est2 = Spec_est2(1:end/2);
figure
set(gcf,'Color','w');
plot(Freqbin,Spec_est1,'b','linewidth',3);
hold on
plot(Freqbin,Spec_est2,'k-.','linewidth',3);
hold on
plot([omega(end,1)*SampFreq omega(end,1)*SampFreq],'r--.','linewidth',1);
hold on
```

续表

```
plot([omega(end,2)*SampFreq omega(end,2)*SampFreq],'r--.','linewidth',1);
xlabel('\fontname{宋体}频率\fontname{Times New Roman}{\itf} (Hz)');
ylabel('\fontname{宋体}幅值');
axis([0 20 0 1])
```

【例 9.2】 多分量线性调频信号

第二个信号包含一个平稳分量和一个线性调频分量：

$$s(t) = 0.5\cos(2\pi \times 50t) + \cos(2\pi \times 100t + 10\pi t^2) \tag{9.6}$$

其中，$s(t)$ 的两个分量分别记为 C1 和 C2，C1 的频率为 50Hz，C2 的瞬时频率为 $f_2 = 100 + 10t$。该信号持续时间为 $0\text{s} < t < 1\text{s}$，信号采样频率为 500Hz。图 9.4 给出了该信号的时域波形和短时傅里叶变换的时频分布。由图 9.4 可知，C1 分量频谱集中在 50Hz，C2 分量的瞬时频率线性变化，具有一定的频率带宽。

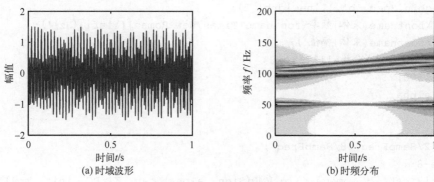

图 9.4 仿真信号 (9.6)

图 9.5 和图 9.6 分别给出了不同带宽参数下 VMD 得到的信号分量及其傅里叶频谱。由图 9.5 和图 9.6 可知，C1 的估计频率与真实频率相等，C2 的估计频率为 110Hz，为该分量的频带中心频率。对比两个带宽参数下的分解结果可知，VMD 能够准确地分离 C1 分量，而 C2 分量在带宽参数较大时误差更大。这主要是由于 VMD 中滤波器的带宽与参数 β 成反比，当 $\beta = 1500$ 时，滤波器带宽较小，滤除了 C2 的部分真实信息，这也进一步说明了 VMD 的窄带特性。

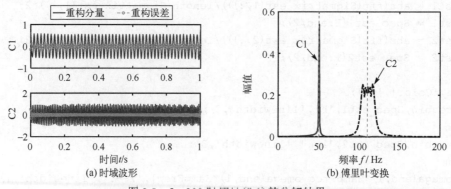

图 9.5 $\beta = 300$ 时信号 (9.6) 的分解结果

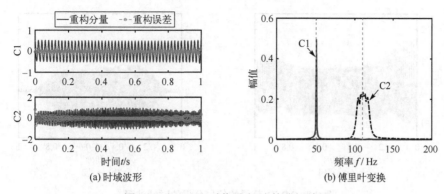

图 9.6 $\beta = 1500$ 时信号(9.6)的分解结果

【例 9.3】 多分量非线性调频信号

第三个信号包含两个非平稳分量:

$$s(t) = \mathrm{e}^{-0.3t} \times \cos[2\pi(50t + 300t^2 - 200t^3)]$$
$$+ \mathrm{e}^{-0.5t} \times \cos[2\pi(100t + 600t^2 - 400t^3)] \tag{9.7}$$

其中,$s(t)$ 的两个分量分别记为 C1 和 C2,C1 的瞬时频率为 $f_1(t) = 50 + 600t - 600t^2$,C2 的瞬时频率为 $f_2(t) = 2f_1(t)$。信号持续时间为 $0 < t < 1\mathrm{s}$,信号采样频率为 1500Hz。图 9.7 给出了该信号的时域波形、瞬时频率、傅里叶频谱以及利用短时傅里叶变换得到的信号时频分布。由图 9.7 可知,该信号的两个分量都具有较宽的频带且频率范围存在重叠。图 9.8 和图 9.9 分别给出了通过 VMD 得到的信号分量的时域波形和时频分布。由图 9.8 和图 9.9 可知,VMD

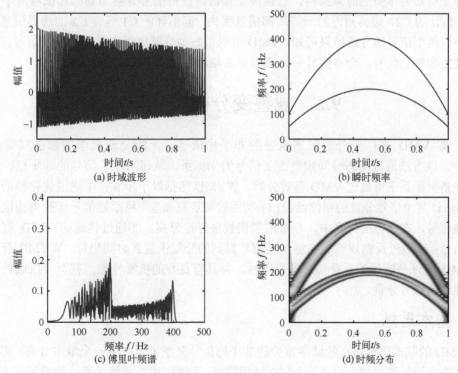

图 9.7 仿真信号(9.7)

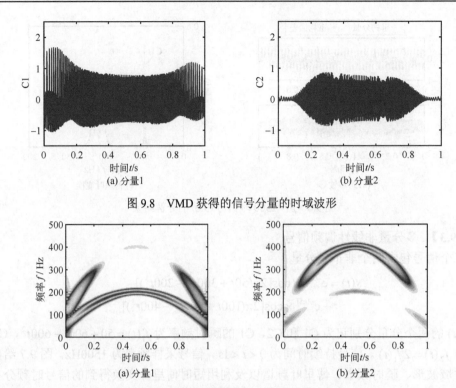

图 9.8　VMD 获得的信号分量的时域波形

图 9.9　VMD 获得的信号分量的时频分布

忽略了非平稳信号本身的时频结构，直接根据频谱特征将信号分解为高频和低频两个信号分量。对于估计的 C2，边界附近的一些局部信息丢失，而估计的 C1 包含 C2 的边界信息。由上述三个不同类型信号的分解结果可知，VMD 可以很好地分解频谱未重叠的窄带信号，而对于频率重叠的非平稳信号，会将信号分为高频和低频两部分，无法完全分离。

9.2　规整变分模式分解

为了将 VMD 推广至分析频谱重叠的非平稳信号，上海交通大学的彭志科等提出了 WVMD[3]。该方法通过动态时间规整改变信号的坐标系，从而消除了信号的非平稳特性，使得信号在新坐标系下可通过 VMD 有效分解。WVMD 包括以下步骤：①通过优化频谱集中指数，精确估计某个信号分量的相位函数；②利用时间规整原理[5]将原始信号转换为相位坐标系中的规整信号，在相位坐标系中，分量的频谱被很好地分离；③通过传统的 VMD 有效地分解规整信号；④通过反向规整变换将规整信号得到的分量恢复到时间坐标。WVMD 有效地解决了 VMD 无法分解频谱重叠信号的局限性，并具有良好的抗噪性能，甚至可以成功分离频率非常接近的信号分量。

9.2.1　基本思想

WVMD 的基本思想是在频域中重叠的非平稳信号分量可以在另一个域中分离。基于此，该方法首先将原始信号空间投影到 VMD 适用的另一空间，成功分解后通过逆投影将 VMD 结果转换到原始空间。

　　规整变换是应用最广泛的酉变换之一[6]，通过非线性函数 $w(t)$ 规整信号的时间轴实现，定义为

$$(\mathbf{U}s)(t) = \sqrt{|\dot{w}(t)|}\, s[w(t)] \tag{9.8}$$

其中，$\mathbf{U}$ 表示 $L^2(\mathbb{R})$ 的规整运算符；$\dot{w}(t)$ 表示非线性函数 $w(t)$ 的导数；包络 $\sqrt{|\dot{w}(t)|}$ 用于保护变换信号的能量[5]，可以根据不同的应用选择恰当的规整函数 $w(t)$。

　　许多现实生活中的信号如音乐、语音以及旋转机械的振动信号等通常都表现为谐波结构[7,8]，其频率分量为基频的整数倍。因此，可将 2.3 节的多分量非平稳信号模型改写为

$$
\begin{aligned}
s(t) &= \sum_{i=1}^{K} a_i(t)\cos\left[2\pi\int_0^t \alpha_i f_0(r)\mathrm{d}r + \beta_i\right] \\
&= \sum_{i=1}^{K} a_i(t)\cos[2\pi\alpha_i\phi(t) + \beta_i]
\end{aligned} \tag{9.9}
$$

其中，不考虑剩余信号成分；$f_0(t) > 0$ 为基频；$\alpha_i > 0$（$\alpha_i < \alpha_{i+1}$）为谐波阶数；$\phi(t) = \int_0^t f_0(r)\mathrm{d}r$ 表示基分量的相位函数；β_i 为初相位。

　　对于信号模型 (9.9)，可以选择 $\phi(t)$ 的反函数 [记为 $\phi^{-1}(t)$] 作为规整函数。由于 $f_0(t) > 0$，显然 $\phi(t)$ 为单调递增函数。因此，可以定义一个新坐标 $y = \phi(t) \in [0, \phi(T)]$（假设 $t \in [0, T]$），然后将关系式 $t = \phi^{-1}(y)$ 代入式 (9.9) 中获得规整信号：

$$s^w(y) = s[\phi^{-1}(y)] = \sum_{i=1}^{K} a_i^w(y)\cos(2\pi\alpha_i y + \varphi_i), \quad 0 \le y \le \phi(T) \tag{9.10}$$

其中，在应用程序中忽略了式 (9.8) 的包络项；$s^w(y)$ 表示新坐标 y 下的规整信号；$a_i^w(y)$ 表示第 i 个规整信号分量。式 (9.10) 表示的规整信号是一个多分量平稳信号，其瞬时频率为常数 α_i，$i = 1, 2, \cdots, K$。也就是说，处于傅里叶域的规整信号分量是很好分离的。因此，VMD 可以有效地分解式 (9.10) 的规整信号，且分量由 $\{\tilde{s}_i^w(y)\}_{i=1,2,\cdots,K}$ 得到。然后，需要进行反规整将信号分量恢复到正常时间坐标。也就是说，使用关系式 $y = \phi(t)$ 可以得到

$$\tilde{s}_i(t) = \tilde{s}_i^w[\phi(t)], \quad 0 \le t \le T \tag{9.11}$$

其中，$\{\tilde{s}_i^w(y)\}_{i=1,2,\cdots,K}$ 用所提出的 WVMD 方法表示最终获得的信号分量，该方法的流程图如图 9.10 所示。

图 9.10　WVMD 的流程图

9.2.2　基于优化 SCI 的相函数估计

　　由前面可知，进行上述规整变换，必须获得相位函数 $\phi(t)$ 或瞬时频率 $f_0(t)$ [式 (9.9)]。在机械工程的某些应用中，通常需要使用转速表测量与振动信号基频 $f_0(t)$ 相关的机器转速。一

些通过检测信号时频分布脊线估计 $f_0(t)$ 的方法简单且快速，但准确性受到时频分布分辨率的限制[9]。为此，提出一种不使用转速表和时频分布即可精确估计相位函数的方法。

根据 Weierstrass 近似原理，信号的相位或瞬时频率规律可以用多项式很好地描述。因此通过多项式相位的单分量信号说明该方法。根据式(2.11)有

$$z(t) = a(t)\mathrm{e}^{\mathrm{j}\left[2\pi\left(p_0t+\sum\limits_{m=1}^{M}\frac{p_m}{m+1}t^{m+1}\right)+\varphi\right]} \tag{9.12}$$

式(9.12)是通过将希尔伯特变换应用于相应的实数而获得的复值分析信号，该信号瞬时频率为 $f(t) = \sum\limits_{m=0}^{M}p_mt^m$，$\{p_m\}_{m=0,1,\cdots,M}$ 为瞬时频率的多项式因子，M 为多项式阶数。对于该信号模型，规整变换所需的相位函数为 $\phi(t) = p_0t+\sum\limits_{m=1}^{M}p_mt^{m+1}/(m+1)$，因此，相位估计问题实质为估计系数 $\{p_m\}_{m=0,1,\cdots,M}$，为此，将式(9.12)与匹配的指数函数相乘可获得解调信号：

$$z_d(t;\{\bar{p}_m\}_{m=1,2,\cdots,M}) = z(t)\mathrm{e}^{-\mathrm{j}2\pi\sum\limits_{m=1}^{M}\frac{\bar{p}_m}{m+1}t^{m+1}} = a(t)\mathrm{e}^{\mathrm{j}\left[2\pi\left(p_0t+\sum\limits_{m=1}^{M}\frac{p_m-\bar{p}_m}{m+1}t^{m+1}\right)+\varphi\right]} \tag{9.13}$$

其中，$\{\bar{p}_m\}_{m=1,2,\cdots,M}$ 是信号解调系数。显然，当 $\bar{p}_m = p_m$ 时，式(9.13)将会变为 $z_d(t) = a(t)\mathrm{e}^{\mathrm{j}(2\pi p_0t+\beta)}$，在这种情况下，信号的能量将集中在傅里叶域的频率 p_0 附近。换言之，信号将具有最集中的傅里叶频谱。为了测量解调信号的频谱浓度，定义 SCI 指标[10, 11]为

$$\mathrm{SCI}(\{\bar{p}_m\}_{m=1,2,\cdots,M}) = E\left\{\left|\mathcal{F}[z_d(t;\{\bar{p}_m\}_{m=1,2,\cdots,M})]\right|^4\right\} \tag{9.14}$$

其中，$\mathcal{F}[\cdot]$ 表示傅里叶变换；$E\{\cdot\}$ 为期望值(实际计算时用平均值代替)。因此，可通过最优化 SCI 指数获得最佳系数：

$$\{\hat{p}_m\}_{m=1,2,\cdots,M} = \arg\max\{\mathrm{SCI}(\{\bar{p}_m\}_{m=1,2,\cdots,M})\} \tag{9.15}$$

方程(9.15)为非线性优化问题，可通过智能优化算法(如粒子群优化算法)求解。通过式(9.15)中的估计系数，可以将信号解调为平稳信号 $z_d(t;\{\hat{p}_m\}_{m=1,\cdots,M}) \approx a(t)\mathrm{e}^{\mathrm{j}(2\pi p_0t+\beta)}$，因此初始频率系数可以通过找到频谱峰值来估计：

$$\hat{p}_0 = \arg\max\left\{\left|\mathcal{F}[z_d(t;\{\hat{p}_m\}_{m=1,2,\cdots,M})]\right|\right\} \tag{9.16}$$

根据式(9.15)和式(9.16)可以得到所有的相位系数 $\{\hat{p}_m\}_{m=0,\cdots,M}$。在实际应用中，多项式阶数可以通过试错法确定。初始可以尝试一个相对较大的多项式阶数，如果大于期望值，估计的高阶系数会变得非常小，则可进一步降低多项式阶数。对于多分量信号，上述方法将首先估计最强信号分量的系数。

基于上述方法，可以获得相位函数 $\phi(t) = \hat{p}_0t+\sum\limits_{m=1}^{M}\hat{p}_mt^{m+1}/(m+1)$，然后可以通过式(9.10)得到相位坐标中的规整信号，进一步可通过 VMD 来分解所获得的信号，最终分解结果可以转换到时域坐标下。实际应用中，信号是离散的，且式(9.10)和式(9.11)中的变换不是直接可用的。幸运的是，规整变换的效果类似于坐标变换，可以通过插值方法有效实现[12]。

首先，假设原始信号是均匀采样的，即 $t_l = lT/(N_t - 1)$，$l = 0, 1, \cdots, N_t - 1$，$T$ 为信号持续时间，N_t 为信号采样数量。为了避免频率混叠，应满足以下关系：

$$N_t > 2\alpha_K T \max_{t \in [0,T]} \{f_0(t)\} + 1 \tag{9.17}$$

其中，假设 $\alpha_i < \alpha_{i+1}$，也可以在相位坐标中生成 $y_n = n\phi(T)/(N_\phi - 1)$，$n = 0, 1, \cdots, N_\phi - 1$，其中，$N_\phi$ 为新坐标中的样本数量。类似地，N_ϕ 应满足：

$$N_\phi > 2\alpha_K \phi(T) + 1 \tag{9.18}$$

然后，通过在 $\{t_l\}_{l=0,1,\cdots,N_t-1}$ 和 $\{y_n\}_{n=0,1,\cdots,N_\phi-1}$ 范围插值原始信号 $s(t)$ 实现式 (9.10) 中的规整变换，即

$$s^w(y_n) = \text{Interpolate}(\phi(t_l), s(t_l), y_n), \quad n = 0, 1, \cdots, N_\phi - 1 \tag{9.19}$$

相似地，解规整变换通过 $\{y_n\}_{n=0,1,\cdots,N_\phi-1}$ 和 $\{t_l\}_{l=0,1,\cdots,N_t-1}$ 插值原始信号 $\tilde{s}_i^w(y)$ 实现，即

$$\tilde{s}_i(t_l) = \text{Interpolate}(y_n, \tilde{s}_i^w(y_n), \phi(t_l)), \quad l = 0, 1, \cdots, N_t - 1 \tag{9.20}$$

对于式 (9.19) 和式 (9.20)，样条插值总会产生一定误差，但根据仿真结果，当信号经过精细采样（即在固定的时间段 T 内，N_t 和 N_ϕ 足够大）后，误差可以忽略不计。假设 $N_\phi = 2N_t$，可以很好地平衡计算复杂度和插值精度。

9.2.3　仿真算例

本节通过多个仿真算例说明 WVMD 分析非平稳信号的有效性和特点。首先以例 9.3 中的多分量非线性调频信号为例，给出对其进行 WVMD 的 MATLAB 程序，如表 9.2 所示。其中，规整变分模式分解函数 WVMD() 的 MATLAB 程序可参见 9.4 节。

表 9.2　对多分量非线性调频信号 (例 9.3) 作 WVMD 的 MATLAB 程序

```
clc;clear;close all
SampFreq = 1500; t = 0:1/SampFreq:1;
Sig1 = exp(-0.3*t).*cos(2*pi*(-200*t.^3 + 300*t.^2 + 50*t));
IF1 = -600*t.^2 + 600*t + 50;
Sig2 = exp(-0.5*t).*cos(2*pi*(-400*t.^3 + 600*t.^2 + 100*t));
IF2 = -1200*t.^2 + 1200*t + 100;
Sig = Sig1 + Sig2;
Sign = awgn(Sig,500,'measured');
stdnoise = std(Sign - Sig);
%%%%%%%%%%%%时域波形%%%%%%%%%%%%
figure
plot(t,Sign,'b-','linewidth',2);
xlabel('\fontname{宋体}时间\fontname{Times New Roman}{\itt} (s)');
ylabel('\fontname{宋体}幅值');
%%%%%%%%%%傅里叶频谱%%%%%%%%%%
Spec = abs(fft(Sign));Spec = Spec(1:end/2);
Freqbin = linspace(0,SampFreq/2,length(Spec));
figure
plot(Freqbin,Spec,'b-','linewidth',2);
```

续表

```
xlabel('\fontname{宋体}频率\fontname{Times New Roman}{\itf} (Hz)');
ylabel('\fontname{宋体}幅值');
%%%%%%%%%%%短时傅里叶时频分布%%%%%%%%%%%
figure
[Spec,f] = STFT(Sign',SampFreq,512,256);
imagesc(t,f,abs(Spec));
xlabel('\fontname{宋体}时间\fontname{Times New Roman}{\itt} (s)');
ylabel('\fontname{宋体}频率\fontname{Times New Roman}{\itf} (Hz)');
set(gca,'YDir','normal')
%% 规整变分模式分解
K = 2;
[coeffset IFest Samp_phi Sig_est Spec_order orderbin omega] = …
    WVMD(Sign,SampFreq,t,searchregion,K)
%%%%%%%%%%%归一化规整阶次谱%%%%%%%%%%%
figure
plot(orderbin,Spec_order,'b','linewidth',3);
hold on
plot([omega(end,1)*Samp_phi omega(end,1)*Samp_phi],[0 1],'r-.');
hold on
plot([omega(end,2)*Samp_phi omega(end,2)*Samp_phi],[0 1],'r-.');
xlabel('\fontname{宋体}阶次');
ylabel('\fontname{宋体}幅值');
%%%%%%%%%%%规整信号分量%%%%%%%%%%%
figure
subplot(2,1,1)
plot(uniformphi,Sigmatrix_phi_est(1,:),'b','linewidth',3);
ylabel('\fontname{Times New Roman} C1');
subplot(2,1,2)
plot(uniformphi,Sigmatrix_phi_est(2,:),'b','linewidth',3);
xlabel('\fontname{宋体}时间\fontname{Times New Roman}{\itt} (s)');
ylabel('\fontname{Times New Roman} C2');
%%%%%%%%%%%反规整变换%%%%%%%%%%%
figure
plot(t,Sig1_est,'b','linewidth',1);
xlabel('\fontname{宋体}时间\fontname{Times New Roman}{\itt} (s)');
ylabel('\fontname{Times New Roman} C1');
figure
plot(t,Sig2_est,'b','linewidth',1);
xlabel('\fontname{宋体}时间\fontname{Times New Roman}{\itt} (s)');
ylabel('\fontname{Times New Roman} C2');
%%%%%%%%%%%重构信号分量的短时傅里叶变换时频分布%%%%%%%%%%%%%%%
figure
[Spec1est,f] = STFT(Sig1_est',SampFreq,512,256);
imagesc(t,f,abs(Spec1est));
set(gca,'YDir','normal')
```

续表

```
xlabel('\fontname{宋体}时间\fontname{Times New Roman}{\itt} (s)');
ylabel('\fontname{宋体}频率\fontname{Times New Roman}{\itf} (Hz)');
figure
[Spec1est,f] = STFT(Sig2_est',SampFreq,512,256);
imagesc(t,f,abs(Spec1est));
set(gca,'YDir','normal')
xlabel('\fontname{宋体}时间\fontname{Times New Roman}{\itt} (s)');
ylabel('\fontname{宋体}频率\fontname{Times New Roman}{\itf} (Hz)');
```

　　运行该程序即可得到式(9.7)的分解结果。由于式(9.7)的信号分量 C1 具有更强的能量，因此 WVMD 首先估计到 C1 的相位系数，其值为{49.97, 600.17, −600.19}，与真实值{50, 600, −600}几乎一致。然后由式(9.10)获得规整信号，其傅里叶频谱如图 9.11 所示，点画线表示通过 VMD 估计的阶次。由于与 C1 匹配的相位函数用于规整变换，故 C1 在阶次谱中集中于 1 阶附近。与原始信号的频谱相比，规整信号的分量在阶次谱中窄带化且分离良好，因此 VMD 可以有效分解如图 9.11 所示的规整信号。最后，将相位坐标中获得的分量映射到正常时间坐标，如图 9.12 所示。结果表明，WVMD 成功地分离了频谱重叠分量。

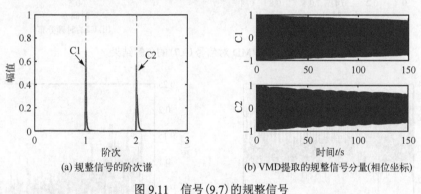

(a) 规整信号的阶次谱　　　　　　　　(b) VMD提取的规整信号分量(相位坐标)

图 9.11　信号(9.7)的规整信号

此外，本节通过三个仿真信号进一步验证了 WVMD 的分解性能。

【例 9.4】　转子停机仿真振动信号

第一个仿真信号包含三个非平稳信号，模拟停机过程中转子的振动响应，即

$$s(t) = \sum_{i=1}^{3} \mathrm{e}^{-i\gamma t} \times \cos\left[2\pi i \left(150t - 110t^2 + \frac{110}{3} t^3 \right) \right] \tag{9.21}$$

其中，$\gamma = 0.3$ 表示基频的阻尼系数；三个分量(C1、C2 和 C3)的瞬时频率分别为 $f_1(t) = 150 - 220t + 110t^2$、$f_2(t) = 2f_1(t)$ 和 $f_3(t) = 3f_1(t)$，其中 C1 是基频也就是旋转频率分量；采样频率设置为 1500Hz。该信号中添加标准偏差为 0.5 的高斯噪声，信噪比分别为 1.78dB、0.67dB 和 −0.32dB。图 9.13 给出了含噪信号的时域波形、傅里叶频谱及不同方法得到的时频分布。由图 9.13(b)可知，由于强噪声影响，信号傅里叶频谱并不能发现有用信息，且三个信号分量在频域中是重叠的，因此 VMD 无法分解该信号。由图 9.13(c)、(d)可知，相比短时傅里叶变换，

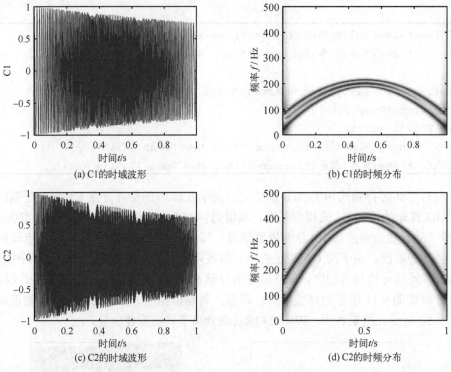

(a) C1的时域波形

(b) C1的时频分布

(c) C2的时域波形

(d) C2的时频分布

图 9.12　WVMD 对信号(9.7)的分解结果

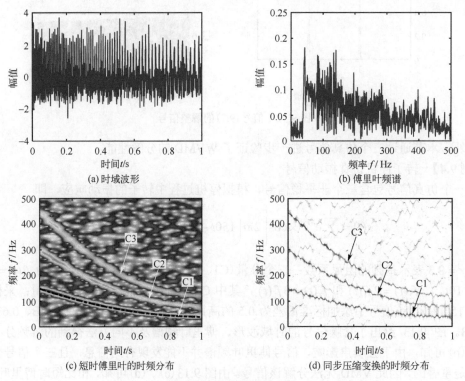

(a) 时域波形

(b) 傅里叶频谱

(c) 短时傅里叶的时频分布

(d) 同步压缩变换的时频分布

图 9.13　仿真信号(9.21)

同步压缩变换的时频分布效果更好，但由于噪声的干扰，其能量脊线在真实瞬时频率周围呈现出明显的振荡。

　　应用 WVMD 分析该噪声信号，估计的相位系数如表 9.3 所示，规整变换得到的阶次谱和最终提取的信号分量如图 9.14 所示。为了对比分析，应用 EEMD 分解该信号，其分解结果的时频分布如图 9.15 所示。由表 9.3 可知，WVMD 估计的相位

表 9.3　信号 (9.21) 的估计相位系数

项目	$\hat{P}_0$	$\hat{P}_1$	$\hat{P}_2$
估计值	149.9001	−219.6889	109.8185
真实值	150	−220	110

系数与真实值匹配得非常好。由图 9.14 可知，使用估计相位对信号进行规整变换后，在频谱中可以清楚地观察到三个信号分量，WVMD 获得的三个信号分量与原信号分量吻合度较好，其信噪比分别为 15.21dB、14.49dB 和 13.18dB，比原始信噪比 (1.78dB、0.67dB 和 −0.32dB) 有显著的提升。由图 9.15 可知，EEMD 提取的分量要么包含一些不相关的分量 (噪声或其他信号分量)，要么丢失一些重要的部分。本示例表明 WVMD 具有很强的抗噪性能。

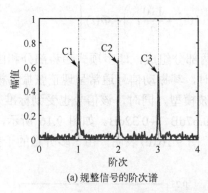
(a) 规整信号的阶次谱

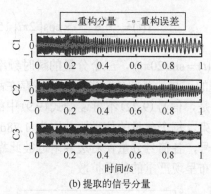
(b) 提取的信号分量

图 9.14　WVMD 对信号 (9.21) 的分解结果

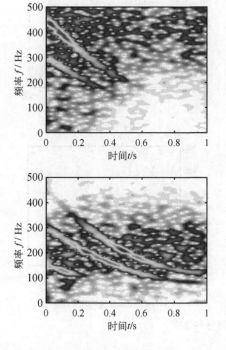
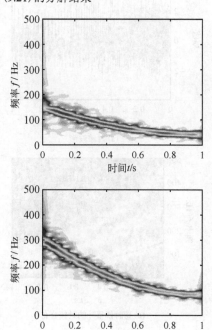

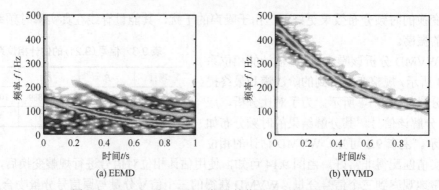

(a) EEMD　　　　　　　　　　　(b) WVMD

图 9.15　EEMD 和 WVMD 提取的信号 (9.21) 分量时频分布

【例 9.5】　存在故障的转子停机仿真振动信号

第二个仿真信号是在信号 (9.21) 的基础上增加了额外的正弦频率调制项：

$$s(t) = \sum_{i=1}^{3} \mathrm{e}^{-0.3it} \times \cos\left[2\pi i\left(150t - 110t^2 + \frac{110}{3}t^3\right) + \Phi(t)\right] \tag{9.22}$$

其中，$\Phi(t) = \sin(20\pi t)$，三个分量的瞬时频率由两部分组成，即多项式趋势部分和由相位项 $\Phi(t)$ 引起的正弦振荡部分。当旋转机械存在故障时，其振动信号通常呈现正弦振荡模式。值得注意的是，信号 (9.22) 不再遵循式 (9.9) 中的谐波模型，同时，该信号也受到标准差为 0.5 的噪声污染，每个分量的信噪比分别为 1.78dB、0.67dB、−0.32dB。如图 9.16 所示，由于正弦调制信号，各信号分量在右边界附近彼此靠近。图 9.16 (d) 表明，由于多分量的干扰，SST 的时频分布呈现严重的能量扩散。

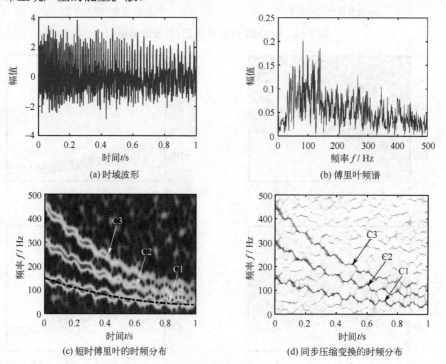

(a) 时域波形　　　　　　　　　　　(b) 傅里叶频谱

(c) 短时傅里叶的时频分布　　　　　　　　　　　(d) 同步压缩变换的时频分布

图 9.16　仿真信号 (9.22)

应用 WVMD 分析该信号，估计的相位系数如表 9.4 所示。由于采用多项式调频模型无法表征正弦调频项，只能捕获瞬时频率的多项式趋势，如图 9.16(c) 所示。该信号的 WVMD 分析结果如图 9.17 所示。由图可知，尽管只估计了用于规整变换的相位函数的多项式项，规整信号分量仍然可以从频谱中分离，与图 9.14(a) 中的频谱相比，

表 9.4　信号 (9.22) 的估计相位系数

项目	$\hat{P}_0$	$\hat{P}_1$	$\hat{P}_2$
估计值	149.9001	−219.7773	109.8711
真实值	150	−220	110

存在由每个信号分量的正弦调频项诱导的一些边带。分解分量如图 9.17(b) 所示，三个分量的 SNR 分别为 12.85dB、12.18dB 和 11.57dB。图 9.18 给出了 EEMD 和 WVMD 的结果。结果表明，EEMD 不能分离这些分量，而 WVMD 能有效地提取每个信号分量。上述算例表明，该方法能够适应更复杂的信号模型。

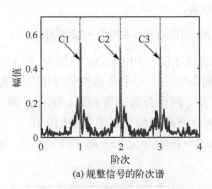

(a) 规整信号的阶次谱

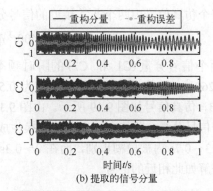

(b) 提取的信号分量

图 9.17　WVMD 对信号 (9.22) 的分解结果

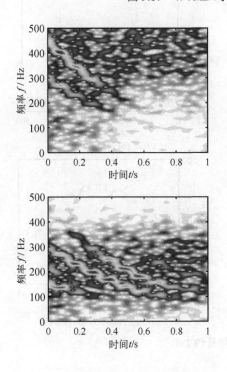

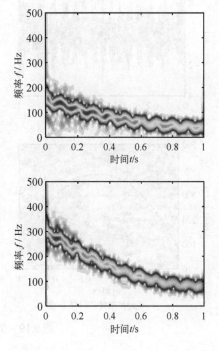

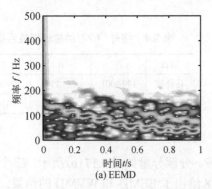
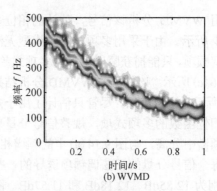

(a) EEMD　　　　　　　　　　　　　　　　(b) WVMD

图 9.18　EEMD 和 WVMD 提取的信号(9.22)分量的时频分布

【例 9.6】　多分量紧邻非线性调频信号

第三个仿真信号由两个非常接近的信号分量组成：

$$s(t) = \cos[2\pi(80t + 600t^2 - 400t^3)] + 0.8\cos[2\pi(84t + 630t^2 - 420t^3)] \tag{9.23}$$

其中，两个信号分量(C1 和 C2)的瞬时频率分别为 $f_1(t) = 80 + 1200t - 1200t^2$ 和 $f_2(t) = 84 + 1260t - 1260t^2$。该信号仍然添加标准差为 0.5 的高斯噪声，每个分量的信噪比分别为 3.02dB 和 1.08dB，仿真信号如图 9.19 所示。由图 9.19 可知，两个分量非常接近，因此时频分布似乎只有一个信号分量。即使在同步压缩变换生成的高分辨率时频分布中[图 9.19 (d)]，这两个分量只在 0.3~0.7s 内被模糊识别，而在 0~0.3s 和 0.7~1s 完全无法分离。研究表明，现有方法很少能分解如此相近的信号。

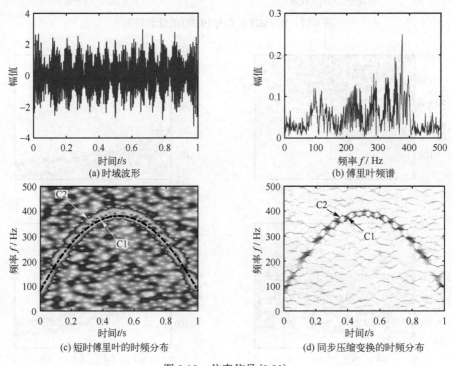

(a) 时域波形　　　　　　　　　　　　　　(b) 傅里叶频谱

(c) 短时傅里叶的时频分布　　　　　　　　(d) 同步压缩变换的时频分布

图 9.19　仿真信号(9.23)

　　应用 WVMD 分析该信号。首先，估计的相位
系数和相应的瞬时频率如表 9.5 和图 9.19(c) 所示，
由此可知，该方法即使对相近的信号分量也能精确
估计相位参数。规整信号的阶次谱和最终提取的信
号分量分别如图 9.20(a)、(b) 所示。结果表明，通
过规整变换，可以在频谱中清晰地识别非常接近的

表 9.5　信号 (9.23) 的估计相位系数

项目	$\hat{P}_0$	$\hat{P}_1$	$\hat{P}_2$
估计值	79.9467	1.2003×10^3	-1.2005×10^3
真实值	80	1200	-1200

信号分量，重构信号分量的信噪比分别为 17.48dB 和 15.48dB。EEMD 和 WVMD 的分解分量
的时频分布如图 9.21 所示，结果表明，EEMD 不能分离这些分量，而 WVMD 可以成功分离
如此接近的信号分量。

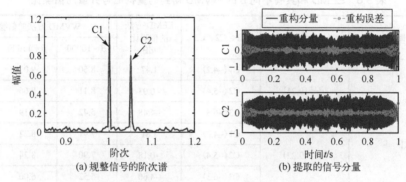

(a) 规整信号的阶次谱　　　　　　　　　　(b) 提取的信号分量

图 9.20　WVMD 对信号 (9.23) 的分解结果

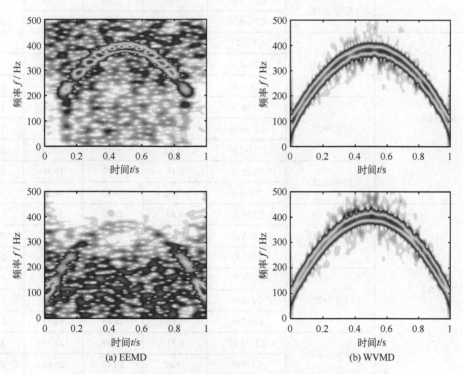

(a) EEMD　　　　　　　　　　　　　　(b) WVMD

图 9.21　EEMD 和 WVMD 对信号 (9.23) 的分解结果的时频分布

　　为了进一步说明该方法的噪声鲁棒性，将不同标准差的噪声添加到上述三个仿真信号中，

然后通过 EEMD 和具有不同 β(1000, 15000, 20000) 的 WVMD 方法分析这些信号。每个重构信号分量的信噪比如表 9.6 所示。由表中数据可知，EEMD 方法不能正确分离这些宽带非平稳信号，因此信噪比非常低，而 WVMD 可以有效地增加估计分量的信噪比。具体而言，在大多数情况下，增加 β 可以通过 WVMD 改善估计信号分量的 SNR，这是因为较大的 β 会导致较小的滤波器带宽，可以去除更多的噪声，但对于宽带信号[如图 9.17(a) 所示的边带信号]，小带宽可排除一些有效信息，导致分解效果更差(参见表 9.6 中噪声标准差 SD = 0.2 的信号)。研究表明，WVMD 的性能对 β 不敏感(即 WVMD 的结果与大范围的 β 没有显著差异)，且在实际应用中可以通过反复实验很容易地找到合适的值。

表 9.6　EEMD 和具有不同 β 的 WVMD 得到的重构信号分量的信噪比

噪声标准差	信号	C1、C2、C3	EEMD 方法的信噪比 /dB	WVMD 方法的信噪比/dB		
				$\beta = 10000$	$\beta = 15000$	$\beta = 20000$
SD = 1	信号 (9.21)	C1 (−4.2)	1.47	8.50	9.07	9.49
		C2 (−5.4)	−0.03	8.11	8.66	9.09
		C3 (−6.3)	−4.48	5.42	6.19	6.78
	信号 (9.22)	C1 (−4.2)	1.81	7.91	8.22	8.34
		C2 (−5.4)	−0.18	7.90	8.24	8.41
		C3 (−6.3)	−4.60	5.52	6.00	6.29
	信号 (9.23)	C1 (−3.0)	−0.95	11.98	12.64	13.08
		C2 (−4.9)	−4.31	9.35	10.09	10.61
SD = 0.6	信号 (9.21)	C1 (0.2)	3.86	12.86	13.39	13.76
		C2 (−0.9)	1.65	12.47	13.05	13.50
		C3 (−1.9)	−1.60	10.39	11.04	11.52
	信号 (9.22)	C1 (0.2)	3.75	11.82	11.66	11.37
		C2 (−0.9)	1.11	11.37	11.36	11.21
		C3 (−1.9)	−1.42	9.62	10.10	10.33
	信号 (9.23)	C1 (1.4)	0.17	15.92	16.51	16.93
		C2 (−0.5)	−2.56	14.05	14.53	14.84
SD = 0.2	信号 (9.21)	C1 (9.7)	8.86	21.02	21.14	21.15
		C2 (8.6)	2.72	20.35	20.67	20.87
		C3 (7.6)	1.93	20.11	20.75	21.22
	信号 (9.22)	C1 (9.7)	6.89	16.25	14.95	13.92
		C2 (8.6)	1.86	15.74	14.76	13.92
		C3 (7.6)	1.76	16.48	15.72	14.94
	信号 (9.23)	C1 (11.0)	0.31	21.19	21.33	21.40
		C2 (9.0)	−1.87	20.42	20.62	20.73

值得注意的是，WVMD 可以与一些先进的时频分析方法集成，以生成多分量信号的高

分辨率时频分布。具体而言，使用时频分析方法对 WVMD 获得的每个信号分量进行分析，再将分析结果进行组合，得到高分辨率时频分布。例如，WVMD 与参数化时频变换相结合，得到的方法称为 WVMD-PTFT[13]。图 9.22 给出了该方法对上述三个信号分解结果的时频分布。由图 9.22 可知，与 STFT 和 SST 相比，WVMD-PTFT 不仅可以提高时频分布的分辨率和能量集中性，而且还可以避免其他信号分量或噪声的干扰，从而清晰地显示每个信号的时频分布结果。

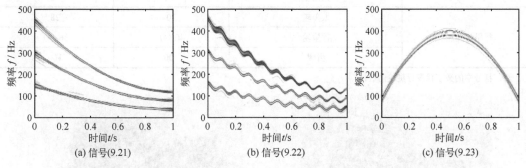

(a) 信号(9.21)   (b) 信号(9.22)   (c) 信号(9.23)

图 9.22 WVMD-PTFT 的时频分布

9.3 变转速行星齿轮故障诊断应用

9.3.1 试验概述

本节将 WVMD 应用于变转速行星齿轮故障诊断中以验证其在实际信号分析中的有效性。图 9.23 给出了齿轮传动试验装置，其中定轴齿轮箱和行星齿轮箱都具有两级传动结构。齿轮箱结构参数见表 9.7。在试验中，考虑两种类型的齿轮故障：①第一级行星齿轮箱的太阳轮齿面磨损；②第二级行星齿轮箱的太阳轮轮齿剥落。图 9.24 给出了上述两种齿轮故障的照片。表 9.8 给出了齿轮的故障特征频率，其中，$f_d(t)$ 代表电机转频。然后，分别使用健康齿轮以及上述两种故障齿轮进行三组实验，并通过行星齿轮箱箱体上的加速度计采集振动信号。在试验中，为了模拟变转速工况，将电机转频从 60Hz 逐渐减小到 40Hz。

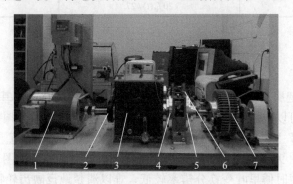

图 9.23 齿轮传动试验装置

1-电机；2-转速计；3-定轴齿轮箱；4-第一级行星齿轮箱；5-第二级行星齿轮箱；6-加速度计；7-负载装置

表 9.7　试验装置中的齿轮箱结构参数

齿轮箱	齿轮类型	齿数	
		第一级	第二级
定轴齿轮箱	输入轴	32	—
	中间轴	80	40
	输出轴	—	72
行星齿轮箱	太阳轮	20	28
	行星轮	40 (4)	36 (4)
	齿圈	100	100

注：括号中的数字代表行星轮的数目。

(a) 所有轮齿出现磨损（第一级）

(b) 某个轮齿局部剥落（第二级）

图 9.24　太阳轮故障示意图

表 9.8　行星齿轮箱特征频率

齿轮特征频率	第一级	第二级
啮合频率 f_m	$100 f_d(t)/27$	$175 f_d(t)/216$
太阳轮转频 f_{sr}	$2 f_d(t)/9$	$f_d(t)/27$
太阳轮故障频率 f_s	$20 f_d(t)/27$	$25 f_d(t)/216$

注：$f_d(t)$ 代表电机转频。

9.3.2　健康齿轮

第一个试验使用健康齿轮，从而获取无故障状态下行星齿轮箱的基准振动信号。电机最高转频为 60Hz，因此可以根据传动关系计算出第一级行星齿轮箱啮合频率的最大值为 222Hz。由于齿轮故障特征频率主要集中在啮合频率附近，只考虑 0～400Hz 范围内的振动信号，足以反映齿轮健康状态。图 9.25 给出了齿轮无故障情况下的振动信号。由图 9.25(c) 可知，信号受噪声干扰，并且由于短时傅里叶变换分辨率较低，难以清楚地反映齿轮特征频率的变化情况。

为了准确提取信号特征，采用 WVMD 处理该信号。首先估计振动信号的相函数，如图 9.25(c) 中的黑色虚线；再通过动态时间规整得到相位坐标下的振动信号波形，如图 9.26(a)

所示，对其进行傅里叶变换，得到相位坐标下的阶次谱，如图 9.26(b) 所示；其次通过 VMD 对相位坐标下的振动信号进行分解，最后进行解规整得到时域下的分解分量。从图 9.26(b) 的阶次谱中可以观察到 5 个主要特征分量，根据这些特征分量与参考瞬时频率的阶次关系可以提取这些分量的瞬时频率，其中，f_{m1}、f_{sr1} 和 f_s 分别代表第一级行星齿轮箱的啮合频率、太阳轮转频和太阳轮故障特征频率。

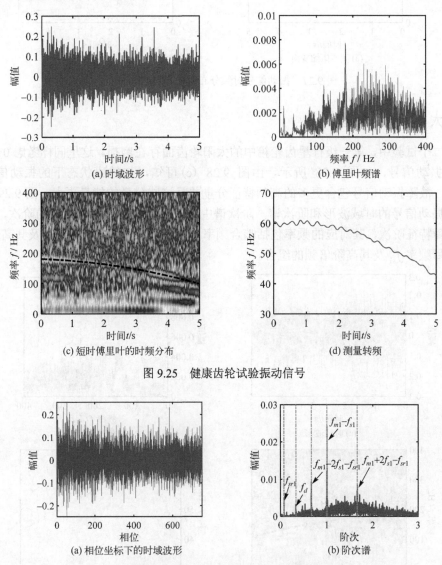

图 9.25 健康齿轮试验振动信号

图 9.26 相位坐标下的振动信号(健康齿轮)

图 9.27 为同步压缩变换和 WVMD 得到的信号时频分布，由图可知，同步压缩变换容易忽略某些幅值较小的信号成分，因此得到的时频分布会丢失某些分量的局部信息，导致分量时频特征不连续，而 WVMD 得到的时频分布能够清楚地反映所有分量的时频特征。需要指出的是，上述特征分量的幅值都较低，因此存在这些分量并不能表明行星齿轮箱出现故障。这些分量主要由齿轮加工误差和一些微小瑕疵引起，在实际工程中无法避免。

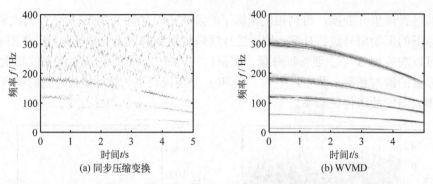

(a) 同步压缩变换   (b) WVMD

图 9.27   振动信号时频分布对比(健康齿轮)

9.3.3   太阳轮齿面磨损

在第二个试验中,第一级行星齿轮箱中的太阳轮齿面存在磨损。这里同样考虑 0~400Hz 范围内的振动信号,如图 9.28 所示。由图 9.28 (c)可知,与健康状态下的振动信号相比 (图 9.25),故障振动信号包含更多的高频特征分量并且这些分量的能量更大。图 9.29 为相位 坐标下的振动信号的时域波形和阶次谱,阶次谱中不仅存在与健康齿轮相同的阶次,还出现 了新的故障特征阶次,其对应的频率包括啮合频率 f_{m1}、f_{m1} 和太阳轮转频 f_{sr1} 及其高阶倍频、 太阳轮故障频率 f_{s1} 及其高阶倍频的组合。

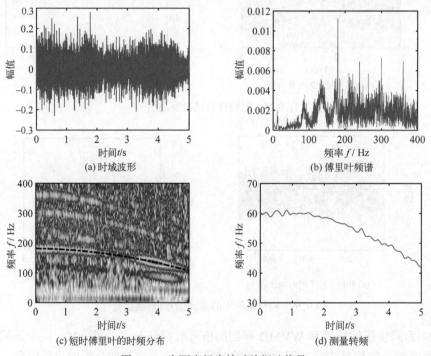

(a) 时域波形   (b) 傅里叶频谱

(c) 短时傅里叶的时频分布   (d) 测量转频

图 9.28   齿面磨损齿轮试验振动信号

值得注意的是,WVMD 能够识别间隔很近的瞬时频率,即 f_{m1} 和 $f_{m1}+f_{sr1}$。上述分析结 果表明,第一级行星齿轮箱的太阳轮出现故障。图 9.30 给出了振动信号的时频分布,由图可 知,WVMD 得到的时频分布能够更清楚地描述故障特征频率以及分量幅值的变化规律。

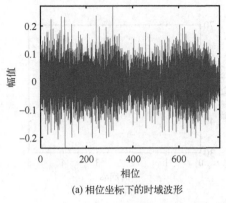

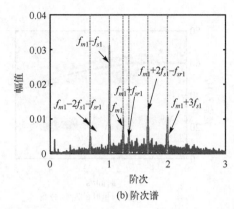

(a) 相位坐标下的时域波形　　　　　　　　　　　　(b) 阶次谱

图 9.29　相位坐标下的振动信号(太阳轮磨损)

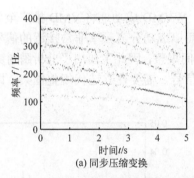

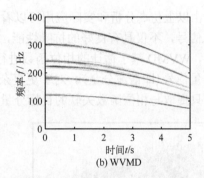

(a) 同步压缩变换　　　　　　　　　　　　　　(b) WVMD

图 9.30　振动信号时频分布对比(太阳轮磨损)

9.3.4　太阳轮轮齿剥落

在第三个试验中，第二级行星齿轮箱的太阳轮存在轮齿剥落损伤。根据传动关系可知，第二级行星齿轮箱啮合频率的最大值为 49Hz。因此，只考虑 0~80Hz 范围内的振动信号，如图 9.31 所示。图 9.32 为相位坐标下的振动信号的波形和阶次谱。由图 9.32(b)可知，WVMD能够有效识别间隔近(如 f_d 和 $f_{m2}+2f_{s2}$)、能量弱(如 $f_{m2}+3f_{s2}+f_{sr2}$)的故障特征分量，其中 f_{m2}、f_{sr2} 和 f_{s2} 分别代表第二级行星齿轮箱的啮合频率、太阳轮转频以及太阳轮故障频率。上述阶次谱表明太阳轮存在故障。图 9.33 为不同方法得到的信号时频分布，从图中可以看出，同步压缩变换只能识别两个信号分量，WVMD 更清楚地描述了故障特征频率以及分量幅值的

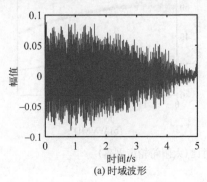

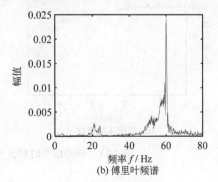

(a) 时域波形　　　　　　　　　　　　　　　(b) 傅里叶频谱

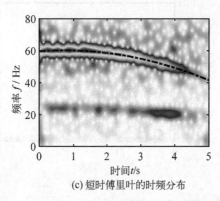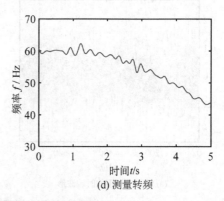

(c) 短时傅里叶的时频分布　　　　　　(d) 测量转频

图 9.31　太阳轮轮齿剥落情况下的振动信号

变化规律。由以上仿真分析和实际应用可以看出，WVMD 成功地将 VMD 推广至分析频谱重叠的非平稳信号，不仅具有良好的抗噪性能，还可以成功分离频率非常接近的信号分量。需要指出的是，WVMD 基于估计的相位函数进行时间规整，因此主要用于分析瞬时频率为倍数关系的多分量信号(即谐波分量)。对于更复杂的信号，需要建立迭代规整框架，即在每次规整变换时，只提取与相位函数关联的目标分量。

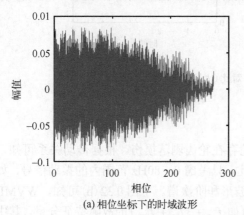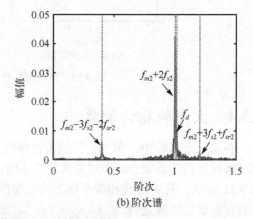

(a) 相位坐标下的时域波形　　　　　　(b) 阶次谱

图 9.32　相位坐标下的振动信号(太阳轮轮齿剥落)

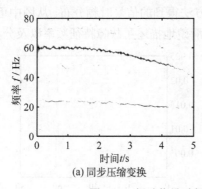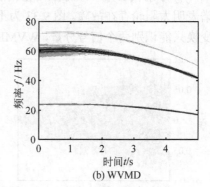

(a) 同步压缩变换　　　　　　　　(b) WVMD

图 9.33　振动信号时频分布对比(太阳轮轮齿剥落)

9.4　本章主要方法的 MATLAB 程序

本节给出了本章所介绍主要方法的 MATLAB 程序。其中，表 9.9 和表 9.10 分别为 VMD 和 WVMD 的 MATLAB 程序。

表 9.9　VMD 的 MATLAB 程序[2]

```
function [u, u_hat, omega] = VMD(signal, alpha, tau, K, DC, init, tol)
% 输入参数:
%          signal:  时域信号
%          alpha:  带宽参数
%          tau:  拉格朗日乘子参数, 噪声情况下置 0
%          K:  预提取信号分量的个数
%          DC:  直流分量
%          init:  初始中心频率
%          tol:  收敛判别准则, 通常为 1e-6
% 输入参数:
%          u:  提取信号分量的时域信息
%          u_hat:  提取信号分量的频谱信息
%          omega:  提取信号分量的中心频率

save_T = length(signal);
fs = 1/save_T;
% 镜像扩展信号
T = save_T;
f_mirror(1:T/2) = signal(T/2:-1:1);
f_mirror(T/2+1:3*T/2) = signal;
f_mirror(3*T/2+1:2*T) = signal(T:-1:T/2+1);
f = f_mirror;
T = length(f);
t = (1:T)/T;
freqs = t-0.5-1/T;
N = 500;
Alpha = alpha*ones(1,K);
f_hat = fftshift((fft(f)));
f_hat_plus = f_hat;
f_hat_plus(1:T/2) = 0;
u_hat_plus = zeros(N, length(freqs), K);
omega_plus = zeros(N, K);
% 初始化
omega_plus(1,:) = init;
%switch init
%    case 1
%        for i = 1:K
%            omega_plus(1,i) = (0.5/K)*(i-1);
```

```
%        end
%    case 2
%        omega_plus(1,:) = sort(exp(log(fs) + (log(0.5)-log(fs))*rand(1,K)));
%    otherwise
%        omega_plus(1,:) = 0;
%end
if DC
    omega_plus(1,1) = 0;
end
lambda_hat = zeros(N, length(freqs));
uDiff = tol+eps; % update step
n = 1; % loop counter
sum_uk = 0; % accumulator
%% 主循环
while ( uDiff > tol &&  n < N )
    % 更新第一个模式
    k = 1;
    sum_uk = u_hat_plus(n,:,K) + sum_uk - u_hat_plus(n,:,1);
    u_hat_plus(n+1,:,k) = (f_hat_plus - sum_uk - lambda_hat(n,:)/2)./ …
        (1+Alpha(1,k)*(freqs - omega_plus(n,k)).^2);
    if ~DC
        omega_plus(n+1,k) = (freqs(T/2+1:T)*(abs(u_hat_plus(n+1, …
            T/2+1:T,k)).^2)')/sum(abs(u_hat_plus(n+1,T/2+1:T,k)).^2);
    end
    % 更新其他模式
    for k=2:K
        sum_uk = u_hat_plus(n+1,:,k-1) + sum_uk - u_hat_plus(n,:,k);
        u_hat_plus(n+1,:,k) = (f_hat_plus - sum_uk - lambda_hat(n,:)/2)./ …
            (1+Alpha(1,k)*(freqs - omega_plus(n,k)).^2);
        omega_plus(n+1,k) = (freqs(T/2+1:T)*(abs(u_hat_plus(n+1, T/ …
            2+1:T, k)).^2)')/sum(abs(u_hat_plus(n+1,T/2+1:T,k)).^2);
    end
    lambda_hat(n+1,:) = lambda_hat(n,:) + tau*(sum(u_hat_plus(n+1,:,:),3) - …
        f_hat_plus);
    n = n+1;
    uDiff = eps;
    for i=1:K
        uDiff = uDiff + 1/T*(u_hat_plus(n,:,i)-u_hat_plus(n-1,:,i))* …
            conj((u_hat_plus(n,:,i)-u_hat_plus(n-1,:,i)))';
    end
    uDiff = abs(uDiff);
end
N = min(N,n);
omega = omega_plus(1:N,:);
u_hat = zeros(T, K);
```

续表

```
u_hat((T/2+1):T,:) = squeeze(u_hat_plus(N,(T/2+1):T,:));
u_hat((T/2+1):-1:2,:) = squeeze(conj(u_hat_plus(N,(T/2+1):T,:)));
u_hat(1,:) = conj(u_hat(end,:));
u = zeros(K,length(t));
for k = 1:K
    u(k,:)=real(ifft(ifftshift(u_hat(:,k))));
end
u = u(:,T/4+1:3*T/4);                        %取消镜像
clear u_hat;                                 %重新计算频谱
for k = 1:K
    u_hat(:,k)=fftshift(fft(u(k,:)))';
end
end
```

表 9.10　WVMD 的 MATLAB 程序

```
function [coeffset IFest Samp_phi Sig_est Spec_order orderbin omega] = …
         WVMD(Sign,SampFreq,t,searchregion,K)
% 输入参数:
%        Sign: 时域信号
%        SampFreq: 采样频率
%        t: 采样时间
%        searchregion: 参数搜索范围
%        K: 信号分量个数
% 输出参数:
%        coeffset: 多项式参数
%        IFest: 估计瞬时频率
%        Samp_phi: 采样相位
%        Sig_est: 估计信号分量
%        Spec_order: 归一化阶次
%        orderbin: 采样阶次
%        omega: 估计瞬时频率

%%%%%%%%%%规整变换%%%%%%%%%%%%
[coeffset,optimal] = coeff_est(Sign,t,SampFreq,searchregion);
IFest = polyval(fliplr(coeffset),t);
[Sig_phi uniformphi phi]= interpo2phi(t,coeffset,Sign);
%%%%%%%%%%VMD分解规整变换信号%%%%%%%%%%%
Samp_phi = 1/(uniformphi(2)-uniformphi(1));
Spec_order = 2*abs(fft(Sig_phi))/length(Sig_phi);
Spec_order = Spec_order(1:end/2);
orderbin = linspace(0,Samp_phi/2,length(Spec_order));
alpha = 20000;tau = 0;DC = 0;
init = [0.5/Samp_phi 1.5/Samp_phi 3.5/Samp_phi];
tol = 1e-8;
[Sigmatrix_phi_est, ~, omega,n] = VMD(Sig_phi, alpha, tau, K, DC, init, tol);
```

续表

```
%%%%%%%%%%反规整变换%%%%%%%%%%
for i= 1:K
    Sig_est(i,:) = spline(uniformphi,Sigmatrix_phi_est(i,:),phi);
end
end
```

参 考 文 献

[1]　GILLES J. Empirical wavelet transform[J]. IEEE transactions on signal processing, 2013, 61(16): 3999-4010.

[2]　DRAGOMIRETSKIY K, ZOSSO D. Variational mode decomposition[J]. IEEE transactions on signal processing, 2014, 62(3): 531-544.

[3]　CHEN S Q, YANG Y, DONG X J, et al. Warped variational mode decomposition with application to vibration signals of varying-speed rotating machineries[J]. IEEE transactions on instrumentation and measurement, 2019, 68(8): 2755-2767.

[4]　YU S W, MA J W. Complex variational mode decomposition for slop-preserving denoising[J]. IEEE transactions on geoscience and remote sensing, 2018, 56(1): 586-597.

[5]　JARROT A, IOANA C, QUINQUIS A. Toward the use of the time-warping principle with discrete-time sequences[J]. Journal of computers, 2007, 2(6): 49-55.

[6]　BARANIUK R G, JONES D L. Unitary equivalence: a new twist on signal processing[J]. IEEE transactions on signal processing, 1995, 43(10): 2269-2282.

[7]　SHAO H, JIN W, QIAN S E. Order tracking by discrete Gabor expansion[J]. IEEE transactions on instrumentation and measurement, 2003, 52(3): 754-761.

[8]　DUAN Z Y, ZHANG Y G, ZHANG C S, et al. Unsupervised single-channel music source separation by average harmonic structure modeling[J]. IEEE transactions on audio, speech, and language processing, 2008, 16(4): 766-778.

[9]　FENG Z P, CHEN X W, LIANG M, et al. Time-frequency demodulation analysis based on iterative generalized demodulation for fault diagnosis of planetary gearbox under nonstationary conditions[J]. Mechanical systems and signal processing, 2015, 62/63: 54-74.

[10]　YANG Y, PENG Z K, DONG X J, et al. Application of parameterized time-frequency analysis on multicomponent frequency modulated signals[J]. IEEE transactions on instrumentation and measurement, 2014, 63(12): 3169-3180.

[11]　CHEN S Q, YANG Y, WEI K X, et al. Time-varying frequency-modulated component extraction based on parameterized demodulation and singular value decomposition[J]. IEEE transactions on instrumentation and measurement, 2016, 65(2): 276-285.

[12]　HOU T Y, SHI Z Q. Adaptive data analysis via sparse time-frequency representation[J]. Advances in adaptive data analysis, 2011, 3(1): 1-28.

[13]　YANG Y, PENG Z K, DONG X J, et al. General parameterized time-frequency transform[J]. IEEE transactions on signal processing, 2014, 62(11): 2751-2764.

第 10 章　非线性调频分量非参数化分解

在现有非参数化信号分解方法中，经验模式分解可归类为一种纯数据驱动的时域分解方法，而经验小波变换和变分模式分解则可归类为频域分解方法。这三种信号分解方法不依赖于先验的参数化模型即可实现多分量信号分解及其非平稳特征提取。然而，这三种信号分解方法（及其改进与衍生方法）的研究对象在一定程度上都局限于频率调制程度较弱且在时频域完全分离的窄带信号，当面对具有强非线性调频规律的多分量宽带调频信号时，总是难以获得令人满意的分解结果。

借鉴变分模式分解的变分约束优化思想，上海交通大学的彭志科等通过引入解调算子将其研究对象拓展至一般的非线性调频宽带分量，提出了非线性调频分量非参数化分解（non-parameterized nonlinear frequency modulated component decomposition，NPNFMCD）方法。根据非平稳信号被完全解调为准平稳信号时其带宽值达到最小这一本质特征，非线性调频分量非参数化分解利用变分算子度量被解调信号的带宽，从而将非线性调频分量分解问题转化为基于变分约束优化的最优解调问题。解决这一最优解调问题的策略有两种：第一种为调频分量联合优化策略，这一策略通过严格求解带约束的变分优化问题精确重构信号分量，可适应调频分量紧邻或相互交叉等极端情形，根据该联合优化策略发展而来的非线性调频分量非参数化分解方法称为变分非线性调频分量分解（variational nonlinear chirp mode decomposition，VNCMD）；第二种为调频分量自适应追踪策略，这一策略通过放宽变分优化模型的约束条件迭代分解信号分量，可自适应地更新分解带宽参数及确定分量个数，提升了分解算法对复杂环境的适应能力，根据该自适应追踪策略发展而来的非线性调频分量非参数化分解方法称为自适应调频分量分解（adaptive chirp mode decomposition，ACMD）。变分模式分解（VMD）本质上是一种具有自适应中心频率的维纳滤波器组，而非线性调频分量非参数化分解亦可视为中心频率自适应于信号分量瞬时频率的一种时频滤波器组。本章首先介绍非线性调频分量非参数化分解的理论基础与基本原理，然后分别介绍变分约束最优解调模型的两种求解策略：变分联合优化[1]与变分自适应追踪[2]，最后将非线性调频分量非参数化分解应用于旋转机械转子碰摩故障诊断，通过动力学仿真分析与实验验证了本章所提出非线性调频分量非参数化分解方法的有效性和优越性。

10.1　理论基础与基本原理

10.1.1　非线性调频分量带宽

本节介绍非线性调频分量的带宽定义，为后面非参数化分解方法研究提供理论依据。回顾第 6 章中式（6.1）定义的非线性调频分量模型，表达式为

$$s(t) = a(t)\cos\left[2\pi\int_0^t f(\tau)\mathrm{d}\tau + \theta_0\right] \tag{10.1}$$

其中，$a(t)$ 是信号的瞬时幅值，反映了信号的幅值调制规律；$f(t)$ 为信号的瞬时频率，反映了信号的频率调制规律。因此，式(10.1)定义的信号模型也称为调幅-调频信号模型。虽然瞬时幅值 $a(t)$ 是一个缓慢变化的窄带函数，但是由于频率调制作用，信号 $s(t)$ 通常是一个宽带信号。也就是说，式(10.1)中非线性调频分量的带宽由其调幅和调频规律共同决定。假定 $a(t)$ 是一个有限带宽函数，可以给出如下的经验带宽定义[3]。

定义 10.1 非线性调频分量的带宽可以由式(10.2)估计：

$$\mathrm{BW} = \mathrm{BW}_{\mathrm{AM}} + \mathrm{BW}_{\mathrm{FM}} \tag{10.2}$$

其中，$\mathrm{BW}_{\mathrm{AM}} = 2F_a$ 代表由信号调幅规律引起的带宽，F_a 代表瞬时幅值 $a(t)$ 的最高频率；$\mathrm{BW}_{\mathrm{FM}}$ 代表由调频规律产生的带宽，该带宽值可以由 Carson 带宽规则[4]计算。

需要说明的是，理论上任何调频信号都具有无限宽的边带，但实际上在 Carson 带宽内的信号功率占信号总功率的 98%以上。同理，虽然瞬时幅值 $a(t)$ 不总是有限带宽函数，但是总能找到一个有限带宽 $\mathrm{BW}_{\mathrm{AM}}$，可以覆盖 $a(t)$ 的主要功率所在范围。因此，虽然定义 10.1 缺乏严格的数学证明，该定义仍在实际应用中发挥着重要作用。值得注意的是，瞬时幅值 $a(t)$ 通常是窄带函数，因此对于一个宽带的非线性调频分量来说，其带宽主要由 $\mathrm{BW}_{\mathrm{FM}}$ 决定，即

$$\mathrm{BW}_{\mathrm{FM}} \gg \mathrm{BW}_{\mathrm{AM}} \tag{10.3}$$

10.1.2 非线性调频分量解调原理

如前面所述，频率解调能够降低非线性调频分量的频率调制程度，从而减小信号带宽。为了方便说明，考虑式(10.1)的解析信号，表达式为

$$z(t) = a(t)\exp\left\{\mathrm{j}\left[2\pi\int_0^t f(\tau)\mathrm{d}\tau + \theta_0\right]\right\} \tag{10.4}$$

可以分别定义频率解调算子和调制算子，表达式为[5]

$$\Phi^-(t) = \exp\left\{-\mathrm{j}2\pi\left[\int_0^t f_d(\tau)\mathrm{d}\tau - f_c t\right]\right\} \tag{10.5}$$

$$\Phi^+(t) = \exp\left\{\mathrm{j}2\pi\left[\int_0^t f_d(\tau)\mathrm{d}\tau - f_c t\right]\right\} \tag{10.6}$$

其中，$f_d(t) > 0$ 称为解调频率；$f_c > 0$ 称为载波频率。上述两个算子是共轭关系，并且有 $\Phi^-(t) \cdot \Phi^+(t) = 1$。将解析信号乘以解调算子，得到解调信号，表达式为

$$z_d(t) = z(t)\Phi^-(t) = a(t)\exp\left\{\mathrm{j}\left\{2\pi f_c t + 2\pi\int_0^t [f(\tau) - f_d(\tau)]\mathrm{d}\tau + \theta_0\right\}\right\} \tag{10.7}$$

当解调频率和瞬时频率相等，即 $f_d(t) = f(t)$ 时，信号被解调为 $z_d(t) = a(t)\exp[\mathrm{j}(2\pi f_c t + \theta_0)]$。此时解调信号相位中的调频项被消除，该信号变为一个集中在载波频率 f_c 附近的纯调幅信号，其带宽值达到最小，即 $\mathrm{BW}_{\min} = \mathrm{BW}_{\mathrm{AM}}$，如式(10.2)所示。图 10.1 给出了一个非线性

调频分量及其解调信号的频谱。从图中可以看出，解调信号具有更集中的频谱。将解调信号乘以频率调制算子，可以恢复原始解析信号，表达式为

$$z(t) = z_d(t)\Phi^+(t) \tag{10.8}$$

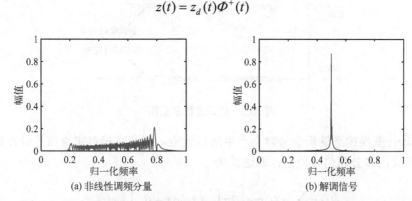

(a) 非线性调频分量　　　　　　　　　　　(b) 解调信号

图 10.1　非线性调频分量及其解调信号的频谱

需要注意的是，上述解调方法同样适用于实数信号。通过三角恒等变换，可以得到式(10.7)和式(10.8)的实数形式：

$$\mathrm{Re}\{z_d(t)\} = \mathrm{Re}\{z(t)\} \cdot \mathrm{Re}\{\Phi^-(t)\} - \mathrm{Im}\{z(t)\} \cdot \mathrm{Im}\{\Phi^-(t)\} \tag{10.9}$$

$$\mathrm{Re}\{z(t)\} = \mathrm{Re}\{z_d(t)\} \cdot \mathrm{Re}\{\Phi^+(t)\} - \mathrm{Im}\{z_d(t)\} \cdot \mathrm{Im}\{\Phi^+(t)\} \tag{10.10}$$

其中，$\mathrm{Re}\{\}$ 和 $\mathrm{Im}\{\}$ 分别代表实部和虚部。

10.1.3　非线性调频分量分解原理

如前面所述，通过解调方法可以将宽带的非线性调频分量变为窄带的信号分量。最理想的情况下，当解调频率和瞬时频率相等时，解调信号的带宽达到最小。因此，可以通过最小化解调信号的带宽，估计瞬时频率以及重构信号分量。为方便说明非参数化分解方法的原理，现将解调过程分为两步，如图 10.2 所示。在步骤(1)中，利用解调算子消除信号相位中的调频项，即 $z_d(t) = z(t)\exp\left\{-\mathrm{j}2\pi\left[\int_0^t f(\tau)\mathrm{d}\tau - f_c t\right]\right\}$。此时解调信号 $z_d(t)$ 的频谱将集中在载波频率 f_c 附近，其带宽从 BW 减小到最小值 $\mathrm{BW_{AM}}$。在步骤(2)中，为了评估解调信号 $z_d(t)$ 的带宽大小，需要将 $z_d(t)$ 进一步解调到基带，即 $z_b(t) = z_d(t)\exp(-\mathrm{j}2\pi f_c t)$，其中 $z_b(t)$ 表示基带信号。在步骤(2)中，只对信号进行频移操作，并未改变信号的带宽(带宽仍为 $\mathrm{BW_{AM}}$)。获取基带信号的原因在于：基带信号的带宽直接由其最高频率决定，而最高频率可以由信号的振荡快慢程度(或光滑程度)来反映，因此带宽容易被评估和比较。上述两步解调过程可以合为一步完成，即 $z_b(t) = z(t)\exp\left[-\mathrm{j}2\pi\int_0^t f(\tau)\mathrm{d}\tau\right]$，其中，$f(t)$ 为非线性调频分量的瞬时频率。利用该解调过程可以估计信号瞬时频率，即寻找一个光滑函数 $\tilde{f}(t)$，使被其解调之后的基带信号的带宽最小。需要指出的是，变分模式分解方法只涉及上述步骤(2)中的解调过程，因此变分模式分解既不能改变信号带宽也不能估计信号瞬时频率。

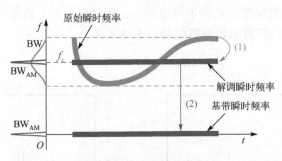

图 10.2　解调过程示意图

利用 Hilbert 变换构造解析信号时会产生边界效应，因此直接对实数信号进行解调。首先回顾第 2 章定义的多分量信号模型，表达式为

$$s(t) = \sum_{i=1}^{K} a_i(t) \cos\left[2\pi \int_0^t f_i(\tau)\mathrm{d}\tau + \theta_{i0} \right] + n(t) \tag{10.11}$$

其中，K 为信号分量个数；$n(t) \sim \mathcal{N}(0, \sigma^2)$ 代表均值为 0、方差为 σ^2 的高斯白噪声。根据式 (10.10)，式 (10.11) 可以改写为

$$s(t) = \sum_{i=1}^{K} \left\{ u_{id}(t) \cos\left[2\pi \int_0^t \tilde{f}_i(\tau)\mathrm{d}\tau \right] + v_{id}(t) \sin\left[2\pi \int_0^t \tilde{f}_i(\tau)\mathrm{d}\tau \right] \right\} + n(t) \tag{10.12}$$

其中

$$\begin{cases} u_{id}(t) = a_i(t) \cos\left\{ 2\pi \int_0^t \left[f_i(\tau) - \tilde{f}_i(\tau) \right]\mathrm{d}\tau + \theta_{i0} \right\} \\ v_{id}(t) = -a_i(t) \sin\left\{ 2\pi \int_0^t \left[f_i(\tau) - \tilde{f}_i(\tau) \right]\mathrm{d}\tau + \theta_{i0} \right\} \end{cases} \tag{10.13}$$

其中，瞬时幅值 $a_i(t) = \sqrt{u_{id}^2(t) + v_{id}^2(t)}$，$u_{id}(t)$ 和 $v_{id}(t)$ 为两个相位相差 90° 的解调信号；$\tilde{f}_i(t)$ 为解调频率。注意，式 (10.13) 和式 (6.3) 形式一致。两式的区别在于：在式 (6.3) 中，假定信号瞬时频率已经通过参数化时频变换估计到，因此令解调频率等于瞬时频率，即 $\tilde{f}_i(t) = f_i(t)$；而在式 (10.13) 中，解调频率 $\tilde{f}_i(t)$ 是任意函数，需要通过优化方法确定最优解调频率。由前面的分析可知，基带信号的带宽大小可以由其振荡快慢程度反映。因此，本章分解方法的基本思想是：寻找最优解调频率，使解调信号 $u_{id}(t)$ 和 $v_{id}(t)$ 振荡最缓慢，即最光滑。在得到最优解调频率和最优解调信号之后，可以通过式 (10.12) 重构相应信号分量。

10.2　非线性调频分量分解策略 I：变分联合优化

本节将该分解问题建模为变分优化问题，继而通过联合优化求解变分问题精确重构信号分量，提出变分非线性调频分量分解 (VNCMD) 方法。该方法的优势是能够处理分量紧邻、相交等极端条件下的信号。

10.2.1　变分优化模型

如前面所述，可以根据基带信号的光滑程度评估信号的带宽。参考维纳滤波[3]和 Vold-Kalman 滤波[6]等方法的基本思想，可通过计算信号的二阶导数的能量来评估信号的光滑程度，进而反映信号的带宽大小。对此，为了估计最优解调频率和相应的解调信号，本节提出的变分优化模型如式(10.14)所示：

$$\min_{\{u_{id}(t)\},\{v_{id}(t)\},\{\tilde{f}_i(t)\}}\left\{\sum_{i=1}^{K}\left[\left\|u_{id}''(t)\right\|_2^2+\left\|v_{id}''(t)\right\|_2^2\right]\right\}$$

$$\text{s.t.}\ \left\|s(t)-\sum_{i=1}^{K}\left\{u_{id}(t)\cos\left[2\pi\int_0^t\tilde{f}_i(\tau)\mathrm{d}\tau\right]+v_{id}(t)\sin\left[2\pi\int_0^t\tilde{f}_i(\tau)\mathrm{d}\tau\right]\right\}\right\|_2\le\xi$$

$$(10.14)$$

其中，$(\cdot)''$ 代表二阶导数；$\|\cdot\|_2$ 代表 l_2 范数；$\xi>0$ 是由噪声水平决定的约束上界。式(10.14)表明，变分非线性调频分量分解方法通过寻找最优的解调频率 $\{\tilde{f}_i(t):i=1,\cdots,K\}$ 使解调信号 $\{u_{id}(t):i=1,\cdots,K\}$ 和 $\{v_{id}(t):i=1,\cdots,K\}$ 最光滑，即带宽最小。需要注意的是，第 6 章的参数化分解方法将瞬时频率估计和幅值函数估计分为两步独立完成，而变分非线性调频分量分解方法需要同时估计信号分量的解调频率和相应的解调信号。因此，变分非线性调频分量分解方法能够有效避免瞬时频率估计误差对后续幅值估计结果的影响(即误差传递)。另外，需要说明的是：由于采用时变的解调频率 $\tilde{f}_i(t)$，变分非线性调频分量分解方法能够分析各类宽带调频信号；如果令 $\tilde{f}_i(t)$ 为常数，该方法将退化为 VMD 方法，只能分解频率范围不重叠的窄带信号分量。此外，变分非线性调频分量分解方法同时估计所有信号分量，该方法分辨率高，能够准确分离紧邻、相交的信号分量。后面将参考稀疏分解[7-9]的算法框架求解式(10.14)中的变分优化问题。需要指出的是，稀疏分解方法依赖于参数化的原子字典，如傅里叶字典、小波字典等，本节给出的变分非线性调频分量分解方法是完全非参数化方法，适应性更强。

10.2.2　联合优化算法

假定信号采样时刻为 $t=t_0,\cdots,t_{N-1}$，式(10.14)的离散形式可以表示为

$$\min_{\{u_{id}\},\{v_{id}\},\{f_i\}}\left\{\sum_i\left(\left\|\boldsymbol{\Omega u}_i\right\|_2^2+\left\|\boldsymbol{\Omega v}_i\right\|_2^2\right)\right\}$$

$$\text{s.t.}\ \left\|s-\sum_i(\boldsymbol{A}_i\boldsymbol{u}_{id}+\boldsymbol{B}_i\boldsymbol{v}_{id})\right\|_2\le\xi$$

$$(10.15)$$

其中，$\xi=\sigma\sqrt{N}$，σ 代表噪声的标准偏差；$\boldsymbol{\Omega}$ 是一个二阶差分矩阵；$\boldsymbol{u}_{id}=[u_{id}(t_0)\cdots u_{id}(t_{N-1})]^{\mathrm{T}}$；$\boldsymbol{v}_{id}=[v_{id}(t_0)\cdots v_{id}(t_{N-1})]^{\mathrm{T}}$；$\boldsymbol{f}_i=[\tilde{f}_i(t_0)\cdots\tilde{f}_i(t_{N-1})]^{\mathrm{T}}$；$\boldsymbol{s}=[s(t_0)\cdots s(t_{N-1})]^{\mathrm{T}}$。

$$\boldsymbol{A}_i=\mathrm{diag}[\cos\phi_i(t_0)\cdots\cos\phi_i(t_{N-1})] \tag{10.16}$$

$$\boldsymbol{B}_i=\mathrm{diag}[\sin\phi_i(t_0)\cdots\sin\phi_i(t_{N-1})] \tag{10.17}$$

其中，$\phi_i(t)=2\pi\int_0^t\tilde{f}_i(\tau)\mathrm{d}\tau$。

约束集合 $\left\| s - \sum_i (A_i u_i + B_i v_i) \right\|_2 \leq \xi$ 是一个中心在零点，半径为 ξ 的欧几里得球，定义如下：

$$\mathcal{C}_\xi \stackrel{\text{def}}{=} \{ c \in \mathbb{R}^{N \times 1} : \|c\|_2 \leq \xi \} \tag{10.18}$$

进一步定义集合(10.18)的指示函数，如式(10.19)所示：

$$\mathcal{I}_{\mathcal{C}_\xi}(z) \stackrel{\text{def}}{=} \begin{cases} 0, & z \in \mathcal{C}_\xi \\ +\infty, & z \notin \mathcal{C}_\xi \end{cases} \tag{10.19}$$

引入辅助变量 $w \in \mathbb{R}^{N \times 1}$，可以得到一个与式(10.15)等效的优化问题：

$$\min_{\{u_{id}\}, \{v_{id}\}, \{f_i\}, w} \left\{ \mathcal{I}_{\mathcal{C}_\xi}(w) + \sum_i \left(\|\boldsymbol{\Omega} u_{id}\|_2^2 + \|\boldsymbol{\Omega} v_{id}\|_2^2 \right) \right\}$$
$$\text{s.t.} \quad w = s - \sum_i (A_i u_{id} + B_i v_{id}) \tag{10.20}$$

本质上，w 是一个与噪声有关的变量。由此可见，与现有大部分方法不同，变分非线性调频分量分解方法明确考虑了噪声的影响，因此在噪声条件下具有更好的滤波性能和收敛性能。为了严格求解上述带约束的优化问题，首先得到式(10.20)的增广拉格朗日表达式：

$$L_\alpha(\{u_{id}\}, \{v_{id}\}, \{f_i\}, w, \lambda) = \mathcal{I}_{\mathcal{C}_\xi}(w) + \sum_i \left(\|\boldsymbol{\Omega} u_{id}\|_2^2 + \|\boldsymbol{\Omega} v_{id}\|_2^2 \right)$$
$$+ \lambda^{\text{T}} \left[w + \sum_i (A_i u_{id} + B_i v_{id}) - s \right] + \frac{\alpha}{2} \left\| w + \sum_i (A_i u_{id} + B_i v_{id}) - s \right\|_2^2 \tag{10.21}$$

式(10.21)可以进一步整理为

$$L_\alpha(\{u_{id}\}, \{v_{id}\}, \{f_i\}, w, \lambda) = \mathcal{I}_{\mathcal{C}_\xi}(w) + \sum_i \left(\|\boldsymbol{\Omega} u_{id}\|_2^2 + \|\boldsymbol{\Omega} v_{id}\|_2^2 \right)$$
$$+ \frac{\alpha}{2} \left\| w + \sum_i (A_i u_{id} + B_i v_{id}) - s + \frac{1}{\alpha} \lambda \right\|_2^2 - \frac{1}{2\alpha} \|\lambda\|_2^2 \tag{10.22}$$

其中，$\lambda \in \mathbb{R}^{N \times 1}$ 代表拉格朗日乘子；$\alpha > 0$ 为惩罚参数。后面将利用交替方向乘子法(alternating direction method of multipliers，ADMM)[10]求解该优化问题。ADMM 的基本思想是将一个复杂的优化问题分解为一系列子优化问题，在每一个子优化问题中只须独立更新某个优化变量。注意，为了简化符号，后面将省略变量的迭代计数符号，即上标 n。需要强调的是，在迭代过程中，总是使用最新更新的变量。

在第 n 次迭代中，首先更新噪声变量，如式(10.23)所示：

$$w^{n+1} = \arg\min_w \{ L_\alpha(\{u_{id}\}, \{v_{id}\}, \{f_i\}, w, \lambda) \}$$
$$= \arg\min_w \left\{ \mathcal{I}_{\mathcal{C}_\xi}(w) + \frac{\alpha}{2} \left\| w + \sum_i (A_i u_{id} + B_i v_{id}) - s + \frac{1}{\alpha} \lambda \right\|_2^2 \right\} \tag{10.23}$$

式(10.23)可以通过近邻算子求解，定义如下[11]：

$$\text{prox}_{\mathcal{C}_\xi/\alpha}(\boldsymbol{x}) \overset{\text{def}}{=} \underset{\boldsymbol{w}}{\text{argmin}}\left\{\mathcal{I}_{\mathcal{C}_\xi}(\boldsymbol{w}) + \frac{\alpha}{2}\|\boldsymbol{w} - \boldsymbol{x}\|_2^2\right\} \tag{10.24}$$

由于 $\mathcal{I}_{\mathcal{C}_\xi}(\boldsymbol{w})$ 为凸集 $\mathcal{C}_\xi$ 的指示函数，近邻算子 $\text{prox}_{\mathcal{C}_\xi/\alpha}(\boldsymbol{x})$ 等效为向集合 $\mathcal{C}_\xi$ 进行投影运算，投影结果与惩罚参数 α 无关[12]，即

$$\text{prox}_{\mathcal{C}_\xi/\alpha}(\boldsymbol{x}) = \mathcal{P}_{\mathcal{C}_\xi}(\boldsymbol{x}) \overset{\text{def}}{=} \begin{cases} \xi \cdot \dfrac{\boldsymbol{x}}{\|\boldsymbol{x}\|_2}, & \|\boldsymbol{x}\|_2 > \xi \\ \boldsymbol{x}, & \|\boldsymbol{x}\|_2 \leqslant \xi \end{cases} \tag{10.25}$$

因此，式 (10.23) 的求解结果可以最终表示为

$$\boldsymbol{w}^{n+1} = \mathcal{P}_{\mathcal{C}_\xi}\left[\boldsymbol{s} - \sum_i(\boldsymbol{A}_i\boldsymbol{u}_{id} + \boldsymbol{B}_i\boldsymbol{v}_{id}) - \frac{1}{\alpha}\boldsymbol{\lambda}\right] \tag{10.26}$$

解调信号可以通过式 (10.27) 和式 (10.28) 更新：

$$\begin{aligned} \boldsymbol{u}_{id}^{n+1} &= \underset{\boldsymbol{u}_{id}}{\text{arg min}}\{L_\alpha(\{\boldsymbol{u}_{id}\}, \{\boldsymbol{v}_{id}\}, \{\boldsymbol{f}_i\}, \boldsymbol{w}, \boldsymbol{\lambda})\} \\ &= \underset{\boldsymbol{u}_{id}}{\text{arg min}}\left\{\|\boldsymbol{\Omega}\boldsymbol{u}_{id}\|_2^2 + \frac{\alpha}{2}\left\|\boldsymbol{w} + \boldsymbol{A}_i\boldsymbol{u}_{id} + \sum_{m\neq i}\boldsymbol{A}_m\boldsymbol{u}_{md} + \sum_m\boldsymbol{B}_m\boldsymbol{v}_{md} - \boldsymbol{s} + \frac{1}{\alpha}\boldsymbol{\lambda}\right\|_2^2\right\} \end{aligned} \tag{10.27}$$

$$\begin{aligned} \boldsymbol{v}_{id}^{n+1} &= \underset{\boldsymbol{v}_{id}}{\text{arg min}}\{L_\alpha(\{\boldsymbol{u}_{id}\}, \{\boldsymbol{v}_{id}\}, \{\boldsymbol{f}_i\}, \boldsymbol{w}, \boldsymbol{\lambda})\} \\ &= \underset{\boldsymbol{v}_{id}}{\text{arg min}}\left\{\|\boldsymbol{\Omega}\boldsymbol{v}_{id}\|_2^2 + \frac{\alpha}{2}\left\|\boldsymbol{w} + \boldsymbol{B}_i\boldsymbol{v}_{id} + \sum_m\boldsymbol{A}_m\boldsymbol{u}_{md} + \sum_{m\neq i}\boldsymbol{B}_m\boldsymbol{v}_{md} - \boldsymbol{s} + \frac{1}{\alpha}\boldsymbol{\lambda}\right\|_2^2\right\} \end{aligned} \tag{10.28}$$

通过令式 (10.27) 和式 (10.28) 的梯度为零，可以得到其解析解：

$$\boldsymbol{u}_{id}^{n+1} = \underbrace{\left(\frac{2}{\alpha}\boldsymbol{\Omega}^{\text{T}}\boldsymbol{\Omega} + \boldsymbol{A}_i^{\text{T}}\boldsymbol{A}_i\right)^{-1}}_{\boldsymbol{L}_{iu}}\boldsymbol{A}_i^{\text{T}}\underbrace{\left(\boldsymbol{s} - \sum_{m\neq i}\boldsymbol{A}_m\boldsymbol{u}_{md} - \sum_m\boldsymbol{B}_m\boldsymbol{v}_{md} - \boldsymbol{w} - \frac{1}{\alpha}\boldsymbol{\lambda}\right)}_{\boldsymbol{e}_{iu}} \tag{10.29}$$

$$\boldsymbol{v}_{id}^{n+1} = \underbrace{\left(\frac{2}{\alpha}\boldsymbol{\Omega}^{\text{T}}\boldsymbol{\Omega} + \boldsymbol{B}_i^{\text{T}}\boldsymbol{B}_i\right)^{-1}}_{\boldsymbol{L}_{iv}}\boldsymbol{B}_i^{\text{T}}\underbrace{\left(\boldsymbol{s} - \sum_m\boldsymbol{A}_m\boldsymbol{u}_{md} - \sum_{m\neq i}\boldsymbol{B}_m\boldsymbol{v}_{md} - \boldsymbol{w} - \frac{1}{\alpha}\boldsymbol{\lambda}\right)}_{\boldsymbol{e}_{iv}} \tag{10.30}$$

其中，$\boldsymbol{L}_{iu}$ 和 $\boldsymbol{L}_{iv}$ 的作用是低通滤波；$\boldsymbol{e}_{iu}$ 和 $\boldsymbol{e}_{iv}$ 代表剔除其他无关信号成分及噪声之后的剩余信号。最优解调信号具有低通性质，因此式 (10.29) 和式 (10.30) 本质上是通过对剩余信号 $\boldsymbol{e}_{iu}$ 和 $\boldsymbol{e}_{iv}$ 低通滤波提取解调信号。同时，由于剩余信号中已经不含其他无关成分，式 (10.29) 和式 (10.30) 能够得到更纯净的解调信号。利用解调信号可以重构信号分量：

$$\boldsymbol{s}_i^{n+1} = \boldsymbol{A}_i\boldsymbol{u}_{id}^{n+1} + \boldsymbol{B}_i\boldsymbol{v}_{id}^{n+1} = \boldsymbol{A}_i\boldsymbol{L}_{iu}\boldsymbol{A}_i^{\text{T}}\boldsymbol{e}_{iu} + \boldsymbol{B}_i\boldsymbol{L}_{iv}\boldsymbol{B}_i^{\text{T}}\boldsymbol{e}_{iv} \tag{10.31}$$

注意：与 Vold-Kalman 时频滤波的思想一致，本节利用信号二阶导数的能量来评估信号的带宽，因此变分非线性调频分量分解方法同样具有时频滤波性质。式 (10.31) 可以解释为：利用时频滤波器 $\boldsymbol{A}_i\boldsymbol{L}_{iu}\boldsymbol{A}_i^{\text{T}}$ 和 $\boldsymbol{B}_i\boldsymbol{L}_{iv}\boldsymbol{B}_i^{\text{T}}$ 从剩余信号 $\boldsymbol{e}_{iu}$ 和 $\boldsymbol{e}_{iv}$ 中提取非线性调频分量 $\boldsymbol{s}_i^{n+1}$；上述两个

时频滤波器则是通过对低通滤波器 $\boldsymbol{L}_{iu}$ 和 $\boldsymbol{L}_{iv}$ 进行频率调制来获得。滤波器带宽由惩罚参数 α 决定，如式(10.29)和式(10.30)所示。通常 α 越小，得到的信号越光滑，即滤波器带宽越小。

如式(10.13)所示，解调信号的瞬时频率为 $f_i(t)-\tilde{f}_i(t)$，即原始信号的瞬时频率 $f_i(t)$ 与解调频率 $\tilde{f}_i(t)$ 之间的差值。因此，可以提取解调信号的瞬时频率(作为频率增量)，用于更新解调频率。首先利用反正切解调提取频率增量[7]，表达式如下：

$$\Delta\tilde{f}_i^{n+1}(t)=-\frac{1}{2\pi}\frac{\mathrm{d}}{\mathrm{d}t}\left[\arctan\frac{\boldsymbol{v}_{id}^{n+1}(t)}{\boldsymbol{u}_{id}^{n+1}(t)}\right]=\frac{\boldsymbol{v}_{id}^{n+1}(t)\cdot[\boldsymbol{u}_{id}^{n+1}(t)]'-\boldsymbol{u}_{id}^{n+1}(t)\cdot[\boldsymbol{v}_{id}^{n+1}(t)]'}{2\pi\{[\boldsymbol{u}_{id}^{n+1}(t)]^2+[\boldsymbol{v}_{id}^{n+1}(t)]^2\}}\tag{10.32}$$

其中，$(\cdot)'$ 代表一阶导数。信号的瞬时频率是缓变、光滑函数[13]，因此假定上述频率增量也是光滑函数，满足如下关系：

$$\min_{\Delta f_i^{n+1}}\left\{\left\|\boldsymbol{\Omega}\Delta\boldsymbol{f}_i^{n+1}\right\|_2^2+\frac{\mu}{2}\left\|\Delta\boldsymbol{f}_i^{n+1}-\Delta\tilde{\boldsymbol{f}}_i^{n+1}\right\|_2^2\right\}\tag{10.33}$$

其中，$\boldsymbol{\Omega}$ 是一个二阶差分矩阵；$\Delta\tilde{\boldsymbol{f}}_i^{n+1}=[\Delta\tilde{f}_i^{n+1}(t_0),\cdots,\Delta\tilde{f}_i^{n+1}(t_{N-1})]^{\mathrm{T}}$ 代表式(10.32)中计算得到的频率增量；$\Delta\boldsymbol{f}_i^{n+1}$ 代表期望的频率增量，具有缓变、光滑特性；μ 代表惩罚参数。通过求解式(10.33)，得到最终的频率增量：

$$\Delta\boldsymbol{f}_i^{n+1}=\left(\frac{2}{\mu}\boldsymbol{\Omega}^{\mathrm{T}}\boldsymbol{\Omega}+\boldsymbol{I}\right)^{-1}\Delta\tilde{\boldsymbol{f}}_i^{n+1}\tag{10.34}$$

其中，$\boldsymbol{I}$ 为单位矩阵；$\left(\frac{2}{\mu}\boldsymbol{\Omega}^{\mathrm{T}}\boldsymbol{\Omega}+\boldsymbol{I}\right)^{-1}$ 的作用是低通滤波，提升频率增量的光滑程度。通常 μ 越小，得到的频率增量越光滑。利用频率增量可以更新解调频率，如式(10.35)所示：

$$\boldsymbol{f}_i^{n+1}=\boldsymbol{f}_i^n+\rho\cdot\Delta\boldsymbol{f}_i^{n+1}\tag{10.35}$$

其中，$0<\rho\leq1$ 是一个比例系数，其目的是控制更新速度，提升算法稳定性。令 $\rho=0.5$。最后，需要更新拉格朗日乘子，表达式如下：

$$\lambda^{n+1}=\lambda^n+\alpha\left(\boldsymbol{w}^{n+1}+\sum_i\boldsymbol{s}_i^{n+1}-\boldsymbol{s}\right)\tag{10.36}$$

表10.1给出了变分非线性调频分量分解方法的完整算法。为了进一步提升算法的稳定性以及加快收敛速度，在该算法第14~19步中加入了重启加速步骤[14]。也就是说，如果剩余信号能量 $\left\|\boldsymbol{w}^{n+1}+\sum_i\boldsymbol{s}_i^{n+1}-\boldsymbol{s}\right\|_2^2$ 大于某一阈值(阈值设为信号能量 $\|\boldsymbol{s}\|_2^2$)，将重新初始化拉格朗日乘子和解调信号，而瞬时频率保持不变。该重启步骤可以有效改善算法的收敛性能。变分非线性调频分量分解方法的优化过程可以直观概括为：①利用解调频率对信号进行频率解调；②通过低通滤波提取解调信号；③提取解调信号的瞬时频率，并将其作为频率增量用于修正解调频率；④重复上述步骤，直到算法收敛。本质上，低通滤波的作用是检验解调信号是否满足窄带、低通性质，即检验频率解调是否成功将宽带的非线性调频分量变换为窄带信号分量。如前面所述，滤波带宽由惩罚参数 α 决定：α 越小，得到的信号越光滑，即带宽越窄。同理，惩罚参数 μ 越小，得到的瞬时频率越光滑，并且算法收敛性能越好。但是，在分析强

时变调频信号时，为了表征快速变化的瞬时频率，往往需要使用较大的惩罚参数 μ。因此，在处理复杂信号时，建议随着算法迭代次数增加，逐渐增大参数 μ。

表 10.1 变分非线性调频分量分解算法

1: 初始化：输入 s、α、μ、瞬时频率初值 f_i^1，基于式 (10.16) 和式 (10.17) 构建分析矩阵 A_i^1 和 B_i^1、

$u_{id}^1 \leftarrow \left[\dfrac{2}{\alpha}\boldsymbol{\Omega}^T\boldsymbol{\Omega} + (A_i^1)^T A_i^1\right]^{-1}(A_i^1)^T s$，$v_{id}^1 \leftarrow \left[\dfrac{2}{\alpha}\boldsymbol{\Omega}^T\boldsymbol{\Omega} + (B_i^1)^T B_i^1\right]^{-1}(B_i^1)^T s$，$i = 1, \cdots, K$；$\lambda^1 \leftarrow 0$、$n \leftarrow 0$

2: while $\sum\limits_i \left\|s_i^{n+1} - s_i^n\right\|_2^2 \Big/ \left\|s_i^n\right\|_2^2 > \varepsilon$ do

3:　　　$n \leftarrow n+1$

4:　　　$w^{n+1} \leftarrow \mathcal{P}_{C_\xi}\left[s - \sum\limits_i (A_i^n u_{id}^n + B_i^n v_{id}^n) - \dfrac{1}{\alpha}\lambda^n\right]$

5:　　　for $i \leftarrow 1$ to K

6:　　　　　$u_{id}^{n+1} \leftarrow \arg\min\limits_{u_{id}}\{L_\alpha(\{u_{(m<i)d}^{n+1}, u_{(m\geq i)d}^n\}, \{v_{(m<i)d}^{n+1}, v_{(m\geq i)d}^n\}, \{f_{m<i}^n, f_{m\geq i}^n\}, w^{n+1}, \lambda^n)\}$

7:　　　　　$v_{id}^{n+1} \leftarrow \arg\min\limits_{v_{id}}\{L_\alpha(\{u_{(m\leq i)d}^{n+1}, u_{(m>i)d}^n\}, \{v_{(m<i)d}^{n+1}, v_{(m\geq i)d}^n\}, \{f_{m<i}^{n+1}, f_{m\geq i}^n\}, w^{n+1}, \lambda^n)\}$

8:　　　　　$\Delta\tilde{f}_i^{n+1}(t) \leftarrow$ 由解调信号 $u_{id}^{n+1}(t)$ 和 $v_{id}^{n+1}(t)$ 计算频率增量 [式 (10.32)]

9:　　　　　$f_i^{n+1} \leftarrow f_i^n + \dfrac{1}{2}\left(\dfrac{2}{\mu}\boldsymbol{\Omega}^T\boldsymbol{\Omega} + I\right)^{-1}\Delta\tilde{f}_i^{n+1}$

10:　　　　$A_i^{n+1}, B_i^{n+1} \leftarrow$ 由瞬时频率 f_i^{n+1} 构建分析矩阵 [式 (10.16) 和式 (10.17)]

11:　　　　$s_i^{n+1} \leftarrow A_i^{n+1} u_{id}^{n+1} + B_i^{n+1} v_{id}^{n+1}$

12:　　　end for

13:　　　$\lambda^{n+1} \leftarrow$ 更新拉格朗日乘子 [式 (10.36)]

14:　　　if $\left\|w^{n+1} + \sum\limits_i s_i^{n+1} - s\right\|_2^2 > \|s\|_2^2$ then

15:　　　　　$\lambda^{n+1} \leftarrow 0$

16:　　　　　for $i \leftarrow 1$ to K

17:　　　　　　　$u_{id}^{n+1} \leftarrow \left[\dfrac{2}{\alpha}\boldsymbol{\Omega}^T\boldsymbol{\Omega} + (A_i^{n+1})^T A_i^{n+1}\right]^{-1}(A_i^{n+1})^T s$

18:　　　　　　　$v_{id}^{n+1} \leftarrow \left[\dfrac{2}{\alpha}\boldsymbol{\Omega}^T\boldsymbol{\Omega} + (B_i^{n+1})^T B_i^{n+1}\right]^{-1}(B_i^{n+1})^T s$

19:　　　　　end for

20:　　　end if

21: end while

10.2.3 仿真算例

本节通过三个仿真算例验证该方法的有效性。首先通过一个受噪声污染的非线性调频信号测试算法的抗噪性能；其次分别通过一个分量紧邻和一个分量相交的信号，验证该方法对这类极端情况下的信号的分析能力。

1. 抗噪性能分析

考虑一个受噪声污染的单分量非线性调频信号，表达式为

$$s_n(t) = \cos[2\pi(1.5 + 150t - 100t^2 + 416t^3 - 200t^4)] + n(t) \tag{10.37}$$

其中，信号的瞬时频率为 $f(t) = 150 - 200t + 1248t^2 - 800t^3$；$n(t)$ 是一个均值为 0、标准偏差为 σ 的高斯白噪声；信号采样频率为 2000Hz，信号长度为 1s。值得注意的是，表 10.1 中算法的收敛结果依赖于噪声水平以及提供的瞬时频率初值。本节首先测试该算法在不同噪声强度和初值条件下的收敛性能，测试算法的 MATLAB 程序如表 10.2 所示。其中，变分非线性调频分量分解的 MATLAB 程序 VNCMD( ) 可参见 10.5 节。假定瞬时频率初值为 $f_{ini}(t) = f(t) + O_e$，其中 $f(t)$ 是瞬时频率真实值，O_e 代表偏移误差。考虑四种不同大小的偏移误差 O_e，即 100Hz、150Hz、170Hz、200Hz 和 250Hz，与之相对应的瞬时频率初值的相对误差(RE)分别为 35.4%、53.0%、60.1%、70.7%和 88.4%。此外，噪声标准偏差 σ 从 0 逐渐增大到 1(步长 0.1)。采用上述瞬时频率初值，在每一个噪声水平下执行算法 100 次，得到算法的收敛成功率，如图 10.3(a)所示。其中，判定算法成功收敛的条件是最终估计的瞬时频率的相对误差小于 1%。在上述仿真中，分别令惩罚参数 α 和 μ 为 1×10^{-2} 和 1×10^{-10}，设定算法收敛阈值 ε 为 1×10^{-8}。从图 10.3(a)中可以看出，当提供的瞬时频率初值的相对误差 RE 小于 60%时，变分非线性调频分量分解方法在较强的噪声水平下(如 $\sigma = 0.6$)仍具有较高的收敛成功率(90%以上)。根据信号先验信息，容易获得满足上述条件的瞬时频率初值，但是当噪声强度过大时，只有相对准确的瞬时频率初值才能保证算法收敛。此时，需要借助时频脊线提取或者频谱峰值检测等方法得到满意的瞬时频率初值。

表 10.2　分析 VNCMD 抗噪性能的 MATLAB 程序

```
clc;clear;close all
SampFreq = 2000;
t = 0:1/SampFreq:1;
Sig1 =cos(2*pi*(1.5+150*t - 100*t.^2 + 416*t.^3 - 200*t.^4));
IF = 150 - 200*t + 1248*t.^2 - 800*t.^3;
STD = 0.4976;                    %噪声标准偏差
noise = addnoise(length(Sig1),0,STD);
Sign = Sig1 + noise;
%%%%%%%%%%%时域波形%%%%%%%%%%%%
figure
plot(t,Sign,'b-','linewidth',2)
xlabel('\fontname{宋体}时间\fontname{Times New Roman}{\itt} (s)');
ylabel('\fontname{宋体}幅值');
%%%%%%%%%%非线性调频分量参数化分解%%%%%%%%%%%%
eIF = 200*ones(1,length(t));      %初始瞬时频率估计
[0.5*ones(1,length(t));100*ones(1, length(t))]
alpha = 1e-2;
beta = 1e-10;
sigmar = 0.4976;
var = sigmar.^2;                 %噪声方差
tol = 1e-15;                     %收敛阈值
```

```
[IFmset IA smset] = VNCMD(Sign,SampFreq,eIF,alpha,beta,var,tol);
%%%%%%%%%%%%%重构分量%%%%%%%%%%%%%
figure
h1=plot(t,smset(1,:,end),'b-','linewidth',1);
hold on
h2=plot(t,Sig1 - smset(1,:,end),'k-o','MarkerIndices',1:60:length(t),…
    'linewidth',1);
l1=legend([h1,h2],{'重构信号','重构误差'});
xlabel('\fontname{宋体}时间\fontname{Times New Roman}{\itt} (s)');
ylabel('\fontname{宋体}幅值');
```

　　需要说明的是，在实际应用中，需要提前估计噪声强度，即噪声的标准偏差 σ。获取准确的噪声强度能够提升算法的滤波(即去噪)性能和收敛性能。如果估计的 σ 值比真实值小，提取的信号分量中将包含多余的噪声。相反地，当设定的 σ 值大于真实值时，会导致信号分量能量损失，严重时甚至会引发算法稳定性问题。为简单起见，可以通过小波分解方法粗略估计噪声标准偏差 σ。此外，还可以利用时频域的迭代方法得到更准确的 σ 估计结果[15]。需要注意的是，当实际噪声不服从高斯分布时，无法用 σ 值准确描述噪声性质。在这种情况下，强制算法满足式(10.15)中的约束条件，可能引起收敛问题，得到无意义的分解结果。为了缓解该问题，可以舍弃噪声变量 w 和拉格朗日乘子 λ(即令 $w=0$ 和 $\lambda=0$)，从而得到一个最小二乘近似解[3]。该方法能够提升算法对复杂环境的适应能力。需要强调的是，如果只舍弃噪声变量 w(即 $w=0$ 和 $\lambda\neq0$)，式(10.15)中的约束条件将变为 $s=\sum_i(A_i\boldsymbol{u}_{id}+B_i\boldsymbol{v}_{id})$。也就是说，重构的信号分量中将包含更多的噪声(相当于设定 $\sigma=0$)。图 10.3(b)给出了令 $w=0$、$\lambda=0$ 时算法(即简化算法)的收敛率。从图中可以看出，简化算法的收敛性能不如原始算法，但是当提供的瞬时频率初值较准确时，简化算法也具有较高的收敛率。

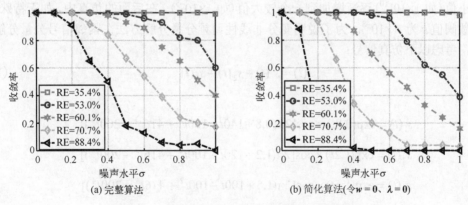

(a) 完整算法　　　　　　　　　　　　(b) 简化算法(令 $w=0$、$\lambda=0$)

图 10.3　不同噪声水平下变分分解算法的收敛率

　　接下来，将对比变分非线性调频分量分解(VNCMD)与变分模式分解(VMD)和解调二阶同步压缩变换(De-SST2)[5]对含噪声信号的重构性能。De-SST2 方法结合了频率解调和二阶同步压缩变换的优点，因此对强时变调频信号具有较高的重构精度。在本例中，式(10.37)中噪声的标准偏差为 0.5，噪声信号的信噪比为 3.01dB；将 VNCMD 的瞬时频率初值粗略设为恒定频率 200Hz。图 10.4 给出了原始噪声信号以及利用不同方法重构得到的信号。如前面所述，VMD 的本质是利用频域的带通滤波器提取信号。为了提取宽带的非平稳信号，需要增大 VMD 的滤波带宽，因此会引入大量噪声成分，如图 10.4(b) 所示。De-SST2 的重构结果也容易受噪声干扰，因此信号波形的平滑性有待进一步提升，如图 10.4(c) 所示。对于 VNCMD：首先，利用时频域迭代方法[15]估计噪声的标准偏差，估计值为 0.4967；然后，利用该估计值对信号进行重构，结果如图 10.4(d) 所示。与 VMD 不同，VNCMD 能够将宽带信号解调为窄带信号，进而通过窄带滤波器提取相应的解调信号，因此能够隔离大部分噪声成分。此外，式(10.26)中的投影运算也能有效抑制噪声干扰。因此，VNCMD 能够显著提升信噪比，如图 10.4(d) 所示。该算例表明，VNCMD 具有较强的抗噪性能。

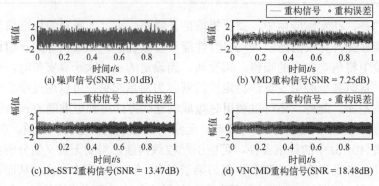

图 10.4　噪声信号(10.37)及其重构结果

2. 紧邻信号分解

变分非线性调频分量分解采用联合优化方法同时重构所有信号分量，方法分辨率高，在处理分布紧密的信号分量方面具有显著优势。为了有效抑制紧邻分量之间的干涉，可以将惩罚参数 α 设定为较小值，如 $1\times10^{-6} \le \alpha \le 1\times10^{-5}$。如前面所述，参数 μ 可以随着迭代过程从一个较小值(如 1×10^{-10})逐渐增加到一个较大值(如 1×10^{-5})。在后面的仿真中，如无特殊说明，设定收敛阈值 ε 为 1×10^{-8}。为了说明变分非线性调频分量分解方法在紧邻信号分量分解中的有效性，考虑以下仿真信号：

$$s(t) = s_1(t) + s_2(t) + s_3(t) \tag{10.38}$$

其中

$$s_1(t) = \exp(0.8t)\times\cos[2\pi(0.8+140t-100t^2+416t^3-200t^4)]$$

$$s_2(t) = \exp(1.2t)\times\cos[2\pi(1.2+120t-100t^2+416t^3-200t^4)]$$

$$s_3(t) = \exp(1.5t)\times\cos[2\pi(1.5+100t-100t^2+416t^3-200t^4)]$$

以上三个信号分量的瞬时频率变化趋势一致，相邻两个分量只间隔 20Hz。应用变分非线性调频分量分解方法分析该信号，表 10.3 给出了对应的 MATLAB 程序。

表 10.3　VNCMD 分解紧邻调频信号的 MATLAB 程序

```
clc;clear;close all
SampFreq = 2000;
```

```
t = 0:1/SampFreq:1;
Sig1 = exp(0.8*t).*cos(2*pi*(0.8+140*t - 100*t.^2 + 416*t.^3 - 200*t.^4));
IF1 = 140 - 200*t + 1248*t.^2 - 800*t.^3;
Sig2 = exp(1.2*t).*cos(2*pi*(1.2+120*t - 100*t.^2 + 416*t.^3 - 200*t.^4));
IF2 = 120 - 200*t + 1248*t.^2 - 800*t.^3;
Sig3 = exp(1.5*t).*cos(2*pi*(1.5+100*t - 100*t.^2 + 416*t.^3 - 200*t.^4));
IF3 = 100 - 200*t + 1248*t.^2 - 800*t.^3;
Sig = Sig1 + Sig2 + Sig3;
noise = addnoise(length(Sig),0,0);
Sig = Sig + noise;
%%%%%%%%%%时域波形%%%%%%%%%%%
figure
plot(t,Sig,'b-','linewidth',2);
xlabel('\fontname{宋体}时间\fontname{Times New Roman}{\itt} (s)');
ylabel('\fontname{宋体}幅值');
%%%%%%%%%%短时傅里叶时频分布%%%%%%%%%%%
figure
[Spec,f] = Polychirplet(Sig',SampFreq,0,512,256);
imagesc(t,f,Spec);
colormap JET
set(gca,'YDir','normal')
xlabel('\fontname{宋体}时间\fontname{Times New Roman}{\itt} (s)');
ylabel('\fontname{宋体}频率\fontname{Times New Roman}{\itf} (Hz)');
%%%%%%%%%%变分联合优化%%%%%%%%%%%
eIF = [500*ones(1,length(t));100*ones(1,length(t));20*ones(1,length(t))];
alpha = 1e-5;                %如果不收敛的时候，适当放大带宽即可
beta = 1e-5;                 %滤波器带宽取无穷，即不对瞬时频率滤波
var = 0^2;                   %噪声方差取 0;
tol = 1e-8;                  %收敛阈值
[IFmset IA smset] = VNCMD(Sig,SampFreq,eIF,alpha,beta,var,tol);
%%%%%%%%%%瞬时频率%%%%%%%%%%%
figure
h1=plot(t,[IF1;IF2;IF3],'b-','linewidth',3);
hold on
h2=plot(t,IFmset(:,:,end),'ro','MarkerIndices',1:50:length(t),…
    'linewidth',1);
legend([h1(1,1),h2(1,1)],{'真实值','估计值'})
xlabel('\fontname{宋体}时间\fontname{Times New Roman}{\itt} (s)');
ylabel('\fontname{宋体}频率\fontname{Times New Roman}{\itf} (Hz)');
%%%%%%%%%%瞬时幅值%%%%%%%%%%%
figure
h1=plot(t,smset(1,:,end),'b-','linewidth',2);
hold on
h2=plot(t,Sig1 - smset(1,:,end),'k-o','MarkerIndices',1:60:length(t),…
    'linewidth',1);
l1=legend([h1(1,1),h2(1,1)],{'重构信号分量','重构误差'});
```

```
xlabel('\fontname{宋体}时间\fontname{Times New Roman}{\itt} (s)');
ylabel('\fontname{Times New Roman}C1');
figure
h1=plot(t,smset(2,:,end),'b-','linewidth',2);
hold on
h2=plot(t,Sig2 - smset(2,:,end),'k-o','MarkerIndices',1:60:length(t),…
    'linewidth',1);
l1=legend([h1(1,1),h2(1,1)],{'重构信号分量','重构误差'});
xlabel('\fontname{宋体}时间\fontname{Times New Roman}{\itt} (s)');
ylabel('\fontname{Times New Roman}C2');
figure
h1=plot(t,smset(3,:,end),'b-','linewidth',2);
hold on
h2=plot(t,Sig3 - smset(3,:,end),'k-o','MarkerIndices',1:60:length(t),…
    'linewidth',1);
l1=legend([h1(1,1),h2(1,1)],{'重构信号分量','重构误差'});
xlabel('\fontname{宋体}时间\fontname{Times New Roman}{\itt} (s)');
ylabel('\fontname{Times New Roman}C3');
```

图 10.5 给出了信号(10.38)的时域波形和时频分布,其中三个信号分量分别被标记为 C1～C3。从图 10.5(b)中可以看出,由于分量之间距离太近,短时傅里叶变换难以清楚区分三个信号分量,并且分量之间存在"网状"的干涉结构,无法反映信号真实的时频特征。接下来,利用 De-SST2 方法以及 VNCMD 方法分析信号(10.38)。在 VNCMD 方法中,将三个信号分量的瞬时频率初值分别设为 500Hz、100Hz 和 20Hz。

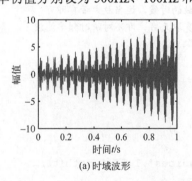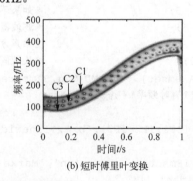

(a) 时域波形　　　　　　　　　　(b) 短时傅里叶变换

图 10.5　仿真信号(10.38)

图 10.6 给出了两种方法估计的信号瞬时频率。De-SST2 方法通过提取 SST2 的时频脊线来估计瞬时频率。受时频分布上"网状"干涉结构的影响,De-SST2 方法只能得到一些杂乱、无序的时频脊线,无法反映信号真实的瞬时频率变化规律,如图 10.6(a)所示。对于 VNCMD 方法,即使只是粗略设置了三个恒定的瞬时频率初值,该方法也能收敛到正确结果,并且具有很高的瞬时频率估计精度,如图 10.6(b)所示。图 10.7 给出了通过两种方法重构得到的信号分量。De-SST2 方法通过时频逆变换重构信号分量,当信号分量间隔较近时,不同分量的时频系数存在干涉,因此 De-SST2 方法得到的信号分量存在较大误差。不仅如此,该方法还存

在严重的边界效应, 如图 10.7(a) 所示。De-SST2 方法得到的三个信号分量的信噪比分别为 9.06dB、7.01dB 和 12.79dB。VNCMD 方法通过求解变分优化问题同时估计所有信号分量, 因此能够准确识别和重构分布紧密的信号分量, 如图 10.7(b) 所示。VNCMD 方法得到的三个信号分量的信噪比分别为 42.20dB、39.33dB 和 43.15dB, 显著优于 De-SST2 方法的重构结果。

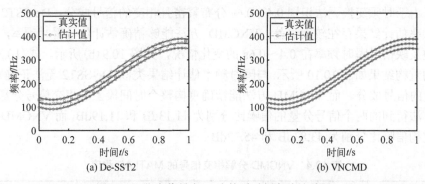

图 10.6　仿真信号 (10.38) 的瞬时频率估计结果

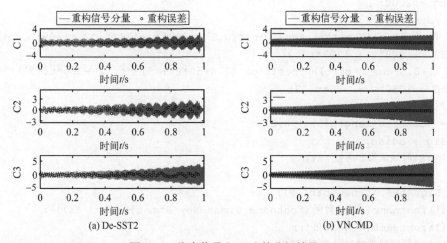

图 10.7　仿真信号 (10.38) 的分解结果

3. 相交信号分解

接下来, 考虑更极端的情况, 即信号分量的瞬时频率相交, 以如下信号为例:

$$s(t) = s_1(t) + s_2(t) \tag{10.39}$$

其中

$$s_1(t) = [1 + 0.5\cos(2\pi t)] \times \cos[2\pi(0.2 + 532t - 474t^2 + 369t^3)]$$

$$s_2(t) = [1 + 0.5\cos(2\pi t)] \times \cos[2\pi(0.8 + 50t + 525t^2 - 300t^3)]$$

其中, 两个信号分量的瞬时频率分别为 $f_1(t) = 532 - 948t + 1107t^2$ 和 $f_2(t) = 50 + 1050t - 900t^2$, 分别将两个分量记为 C1 和 C2; 信号的采样频率为 2000Hz。应用变分非线性调频分量分解方法分析该信号, 表 10.4 给出了分析该 2-分量相交信号的 MATLAB 程序。图 10.8 给出了上述信号的时域波形和时频分布。两个信号分量的瞬时频率在 0.4s 和 0.6s 两个时刻相交。在 0.4~

0.6s 时间段，由于两个分量的瞬时频率的变化率十分相近，并且二者本身距离很近，从信号时频分布中无法区分两个信号分量，如图 10.8(b) 所示。图 10.9 给出了 De-SST2 和 VNCMD 方法估计的瞬时频率，其中，在 VNCMD 方法中，将两个分量的瞬时频率初值分别设为 700Hz 和 20Hz。从图 10.9(a) 中可以看出，De-SST2 这类基于时频变换的分析方法存在明显的边界效应，并且由于时频变换无法识别 0.4~0.6s 分布紧密且相交的信号成分，De-SST2 在该时间段的瞬时频率估计结果存在较大误差。VNCMD 方法能够精确估计信号瞬时频率，估计结果可以清楚地反映信号瞬时频率在 0.4~0.6s 的变化情况，如图 10.9(b) 所示。式(10.39) 中两个信号分量的重构结果如图 10.10 所示。与瞬时频率估计结果类似，De-SST2 无法正确重构 0.4~0.6s 时间段的信号成分，而 VNCMD 方法能精确重构整个时间段上的相交信号分量。式中，De-SST2 方法得到的两个信号分量的信噪比分别为 11.13dB 和 11.19dB，而 VNCMD 方法的两个信号的重构信噪比分别为 43.83dB 和 45.32dB。

表 10.4　VNCMD 分解相交信号的 MATLAB 程序

```
clc;clear;close all
SampFreq = 2000;
t = 0:1/SampFreq:1;
Sig1 = (1+0.5*cos(2*pi*t)).*cos(2*pi*(0.2 + 532*t -474*t.^2 + 369*t.^3));
IF1 = 532 - 948*t + 1107*t.^2;
Sig2 = (1+0.5*cos(2*pi*t)).*cos(2*pi*(0.8+50*t + 525*t.^2 -300*t.^3));
IF2 = 50 + 1050*t - 900*t.^2;
Sig = Sig1+Sig2;
noise = addnoise(length(Sig),0,0);
Sig = Sig + noise;
%%%%%%%%%%时域波形%%%%%%%%%%%
figure
plot(t,Sig,'b-','linewidth',2);
xlabel('\fontname{宋体}时间\fontname{Times New Roman}{\itt} (s)');
ylabel('\fontname{宋体}幅值');
%%%%%%%%%%%短时傅里叶时频分布%%%%%%%%%%%%
figure
[Spec,f] = Polychirplet(Sig',SampFreq,0,512,256);
imagesc(t,f,Spec);
set(gca,'YDir','normal')
xlabel('\fontname{宋体}时间\fontname{Times New Roman}{\itt} (s)');
ylabel('\fontname{宋体}频率\fontname{Times New Roman}{\itf} (Hz)');
%%%%%%%%%%%变分联合优化%%%%%%%%%%%%
eIF = [700*ones(1,length(t));20*ones(1,length(t))];
alpha = 5e-6;                    %如果不收敛的时候，适当放大带宽即可
beta = 1e-6;                     %滤波器带宽取无穷，即不对瞬时频率滤波
var = 0^2;                       %噪声方差取 0;
tol = 1e-8;                      %收敛阈值
[IFmset IA smset] = VNCMD(Sig,SampFreq,eIF,alpha,beta,var,tol);
%%%%%%%%%%%%瞬时频率%%%%%%%%%%%%%
figure
```

```
h1=plot(t,IF1,'b-','linewidth',3);
hold on
plot(t,IFmset(1,:,end),'ro','MarkerIndices',1:50:length(t),'linewidth',1);
hold on
plot(t,IF2,'b','linewidth',3)
hold on
h2=plot(t,IFmset(2,:,end),'ro','MarkerIndices',1:50:length(t),…
    'linewidth',1);
legend([h1(1,1),h2(1,1)],{'真实值','估计值'})
xlabel('\fontname{宋体}时间\fontname{Times New Roman}{\itt} (s)');
ylabel('\fontname{宋体}频率\fontname{Times New Roman}{\itf} (Hz)');
%%%%%%%%%%%瞬时幅值%%%%%%%%%%%%%
figure
h1=plot(t,smset(1,:,end),'b-','linewidth',2);
hold on
h2=plot(t,Sig1 - smset(1,:,end),'k-o','MarkerIndices',1:60:length(t),…
    'linewidth',1);
l1=legend([h1,h2],{'重构信号分量','重构误差'});
xlabel('\fontname{宋体}时间\fontname{Times New Roman}{\itt} (s)');
ylabel('\fontname{Times New Roman}C1');
figure
h1=plot(t,smset(2,:,end),'b-','linewidth',2);
hold on
h2=plot(t,Sig2 - smset(2,:,end),'k-o','MarkerIndices',1:60:length(t),…
    'linewidth',1);
l1=legend([h1,h2],{'重构信号分量','重构误差'});
xlabel('\fontname{宋体}时间\fontname{Times New Roman}{\itt} (s)');
ylabel('\fontname{Times New Roman}C2');
```

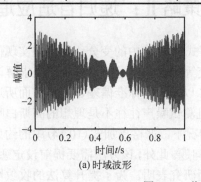

(a) 时域波形

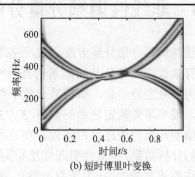

(b) 短时傅里叶变换

图 10.8　仿真信号 (10.39)

　　通过对式 (10.38) 和式 (10.39) 中的仿真信号的分析表明，VNCMD 方法能够有效处理分量紧邻、相交等极端条件下的信号。需要说明的是，非线性调频分量参数化分解方法通过对多分量信号联合优化，也能处理相交的信号分量，如式 (6.39) 中的仿真信号所示。然而，该参数化方法需要利用时频脊线信息提前估计信号瞬时频率。由前面的分析可知，当信号分量间隔较近或者分量相交并且在交点附近的瞬时频率变化率相近时，从信号时频分布中无法区分不同的信号分量，此时，时频脊线提取方法无法提供正确的瞬时频率信息。这种情况下，参数化分解方法不再适用。变分非线性调频分量分解方法能够通过自适应迭代方法估计信号瞬时频率，因此能够处理更复杂的非平稳信号。

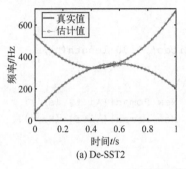 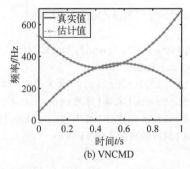

(a) De-SST2　　　　　　　　　　　　　(b) VNCMD

图 10.9　仿真信号(10.39)的瞬时频率估计结果

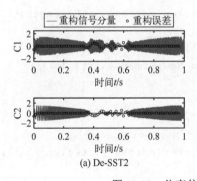 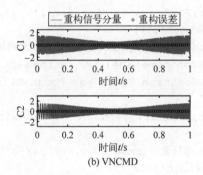

(a) De-SST2　　　　　　　　　　　　　(b) VNCMD

图 10.10　仿真信号(10.39)的分解结果

10.3　非线性调频分量分解策略Ⅱ：递归自适应追踪

变分非线性调频分量分解方法通过严格求解式(10.14)中的变分优化问题实现信号分解，该方法能够有效处理信号分量间隔紧密甚至相交等极端条件下的信号，但是求解该优化问题需要充分利用信号先验信息，如信号分量个数 K 以及噪声标准偏差 σ。如前面所述，对于实际工程信号，很难事先确定分量的数目 K，并且测试噪声往往不是理想的高斯白噪声，因此难以用标准偏差 σ 准确描述噪声特性。在这种情况下，严格施加式(10.14)中的约束条件并不能得到满意的分析结果，甚至会引起算法稳定性问题。此外，该方法需要提前设定惩罚参数 α，从而控制算法的滤波带宽(α 为带宽参数)。然而研究表明，为了提升算法的收敛性能，需要根据不同优化阶段自适应调整带宽参数 α。最后，如何设定信号分量的瞬时频率初值也是该方法有待解决的一个关键问题。

在许多应用中，信号复杂程度不及式(10.38)和式(10.39)的极端信号，因此可以放松约束条件，提升算法在实际环境中的适应性和稳定性。具体而言，受匹配追踪算法启发[7, 16, 17]，本节提出自适应调频分量分解(ACMD)方法，该方法无须设定信号分量个数以及噪声强度，通过递归算法逐个提取信号分量，并且在迭代过程中自适应地更新带宽参数，提升了算法在噪声条件下的收敛性能。此外，该方法提供了一种基于 Hilbert 变换的瞬时频率初始化方法，能够自动给定迭代算法的频率初值。综上所述，自适应调频分量分解方法包括三个关键技术：①递归算法框架；②带宽更新算法；③瞬时频率初始化方法。后面将详细介绍这三个关键技术。

10.3.1　递归算法框架

如前面所述，变分非线性调频分量分解方法通过严格求解带约束的变分问题，同时估计所有信号分量。当缺乏充分的信号先验信息时，该方法容易产生稳定性问题。受匹配追踪启发[7, 16]，自适应调频分量分解方法通过放松优化约束条件，采用递归算法框架逐个提取信号分量。具体而言，第 i 个信号分量可以通过式（10.40）估计：

$$\min_{u_{id}(t),v_{id}(t),\tilde{f}_i(t)}\left\{\left\|u''_{id}(t)\right\|_2^2+\left\|v''_{id}(t)\right\|_2^2+\alpha\left\|s(t)-s_i(t)\right\|_2^2\right\} \tag{10.40}$$

其中

$$s_i(t)=u_{id}(t)\cos\left[2\pi\int_0^t\tilde{f}_i(\tau)\mathrm{d}\tau\right]+v_{id}(t)\sin\left[2\pi\int_0^t\tilde{f}_i(\tau)\mathrm{d}\tau\right] \tag{10.41}$$

其中，$s(t)$ 代表输入信号；$s_i(t)$ 代表待估计的目标分量；$\tilde{f}_i(t)$ 代表解调频率；$u_{id}(t)$ 和 $v_{id}(t)$ 代表相应的解调信号，具体如式（10.13）所示。与式（10.14）中的变分模型一致，式（10.40）利用解调信号的二阶导数的能量来衡量信号的光滑程度，从而评估信号带宽。式（10.40）中的惩罚参数 α 与变分方法的惩罚参数作用一致，即控制滤波带宽。当 α 越小时，式（10.40）中解调信号的光滑程度约束项 $\left[\text{即}\left\|u''_{id}(t)\right\|_2^2+\left\|v''_{id}(t)\right\|_2^2\right]$ 对目标函数的贡献越大，因此得到的解调信号越光滑，即信号带宽越小。与匹配追踪方法类似，式（10.40）本质上是一种贪心算法，该方法通过最小化剩余信号的能量 $\left[\text{即}\left\|s(t)-s_i(t)\right\|_2^2\right]$ 来估计最优信号分量。

此处同样假定信号的采样时间为 $t=t_0,\cdots,t_{N-1}$，将式（10.40）代入式（10.41）得到矩阵形式的目标函数，表达式为

$$J_\alpha(\boldsymbol{x}_i,\boldsymbol{K}_i)=\left\|\boldsymbol{\varLambda}\boldsymbol{x}_i\right\|_2^2+\alpha\left\|\boldsymbol{s}-\boldsymbol{K}_i\boldsymbol{x}_i\right\|_2^2 \tag{10.42}$$

其中，$\boldsymbol{s}=[s(t_0)\cdots s(t_{N-1})]^{\mathrm{T}}$；$\boldsymbol{x}_i=[(\boldsymbol{u}_{id})^{\mathrm{T}}\ (\boldsymbol{v}_{id})^{\mathrm{T}}]^{\mathrm{T}}$；$\boldsymbol{u}_{id}=[u_{id}(t_0)\cdots u_{id}(t_{N-1})]$；$\boldsymbol{v}_{id}=[v_{id}(t_0)\cdots v_{id}(t_{N-1})]^{\mathrm{T}}$；

$$\boldsymbol{K}_i=[\boldsymbol{A}_i\ \boldsymbol{B}_i] \tag{10.43}$$

其中，矩阵 $\boldsymbol{A}_i$ 和 $\boldsymbol{B}_i$ 已由式（10.16）和式（10.17）给出；$\boldsymbol{\varLambda}=\begin{bmatrix}\boldsymbol{\varOmega}&\boldsymbol{0}\\\boldsymbol{0}&\boldsymbol{\varOmega}\end{bmatrix}$，其中 $\boldsymbol{\varOmega}$ 是一个二阶差分矩阵，$\boldsymbol{0}$ 代表零矩阵。

为了使式（10.42）中的目标函数达到最小，采用迭代算法交替更新解调信号和瞬时频率。首先，通过令目标函数的梯度为零 $\left[\text{即}\partial J_\alpha(\boldsymbol{x}_i,\boldsymbol{K}_i)/\partial\boldsymbol{x}_i=\boldsymbol{0}\right]$ 来更新解调信号向量 $\boldsymbol{x}_i$，表达式为

$$\boldsymbol{x}_i^{n+1}=\begin{bmatrix}\boldsymbol{u}_{id}^{n+1}\\\boldsymbol{v}_{id}^{n+1}\end{bmatrix}=\left[\frac{1}{\alpha}\boldsymbol{\varLambda}^{\mathrm{T}}\boldsymbol{\varLambda}+(\boldsymbol{K}_i^n)^{\mathrm{T}}\boldsymbol{K}_i^n\right]^{-1}(\boldsymbol{K}_i^n)^{\mathrm{T}}\boldsymbol{s} \tag{10.44}$$

其中，上标 n 代表迭代计数符号。同样地，根据式(10.32)～式(10.35)可以更新信号分量的瞬时频率，记为 f_i^{n+1}；然后利用得到的瞬时频率，根据式(10.43)、式(10.16)和式(10.17)可以更新分析矩阵 K_i^{n+1}。最后，目标信号分量可以通过式(10.45)更新：

$$s_i^{n+1} = K_i^{n+1} x_i^{n+1} \tag{10.45}$$

重复执行上述步骤，直到算法收敛，可以最终估计到目标信号分量，记为 $\tilde{s}_i$。为了估计其他信号分量，参照匹配追踪的算法框架，将估计的信号分量 $\tilde{s}_i$ 从当前信号中减去，然后对剩余信号再次执行上述迭代估计步骤。当剩余信号的能量小于设定阈值时，终止算法，并输出所有信号分量。上述递归分量提取方法无须事先设定信号分量的数目，并且算法稳定性更好。

10.3.2　带宽自适应更新算法

如前面所述，变分非线性调频分量分解方法具有时频带通滤波性质。这里滤波器的中心频率是当前估计的瞬时频率 f_i^n，滤波器的带宽由惩罚参数 α 决定。由前面的分析可知：α 越小，得到的信号越光滑，即滤波带宽越小。需要指出的是，变分模式分解[3]、变分非线性调频分量分解以及稀疏时频分析方法[18]等基于信号滤波的分解方法在整个优化过程中都采用固定的滤波带宽。由经验可知，在优化初期，瞬时频率估计值往往远离真实值，即存在较大的估计误差。在该阶段，期望使用较大的滤波器带宽，以补偿瞬时频率误差，从而尽可能多地提取信号有效信息。如图 10.11(a)所示，在优化初期，需要使用较大的带宽 BW_1 才能使滤波器的通频带覆盖目标信号(即实线)。与之相反，在优化后期，由于瞬时频率估计值接近真实值，只需要使用很小的滤波带宽就能够提取目标信号，如图 10.11(b)所示。在该阶段，采用小滤波带宽可以有效抑制噪声干扰。

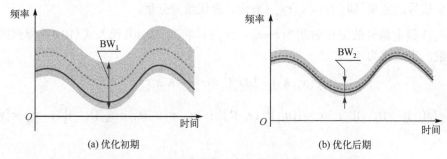

(a) 优化初期　　　　　　　　　　(b) 优化后期

图 10.11　不同优化阶段的带宽自适应更新原理示意图

为了提升算法收敛性能，使用以下带宽更新规则：随着迭代次数的增加，滤波带宽从一个较大的初始值逐渐减小到一个较小值(即逐渐减小参数 α)。本节介绍一种迭代算法来自适应更新滤波带宽，该算法利用了匹配追踪的正交性质[16, 17]。首先，考虑以下信号模型：

$$s = \hat{s}_i + \hat{r}_i \tag{10.46}$$

其中，s 代表输入信号(列向量形式)；$\hat{s}_i$ 代表最优信号分量；$\hat{r}_i$ 代表最优剩余信号。根据匹配追踪基本原理，最优信号分量 $\hat{s}_i$ 是通过将信号 s 往非线性调频分量信号空间中的某个基函数上进行正交投影来得到的。因此，最优信号分量 $\hat{s}_i$ 与最优剩余信号 $\hat{r}_i$ 正交，即

$$\langle \hat{s}_i, \hat{r}_i \rangle = \hat{s}_i^{\mathrm{T}} \hat{r}_i = 0 \tag{10.47}$$

其中，$\langle \cdot, \cdot \rangle$ 代表内积运算。式 (10.47) 表明，最优信号分量与剩余信号之间相互独立，无干涉。结合式 (10.46) 和式 (10.47)，得到关系式为

$$\frac{\hat{s}_i^{\mathrm{T}} \hat{s}_i}{\hat{s}_i^{\mathrm{T}} s} = 1 \tag{10.48}$$

此外，根据式 (10.44) 和式 (10.45)，可以得到关系式为

$$
\begin{aligned}
\hat{s}_i &= \hat{K}_i \hat{x}_i = \hat{K}_i \left[\frac{1}{\hat{\alpha}} \Lambda^{\mathrm{T}} \Lambda + (\hat{K}_i)^{\mathrm{T}} \hat{K}_i \right]^{-1} (\hat{K}_i)^{\mathrm{T}} s \\
&= \frac{1}{\hat{\alpha}} \hat{K}_i \left[\frac{1}{\hat{\alpha}^2} \Lambda^{\mathrm{T}} \Lambda + \frac{1}{\hat{\alpha}} (\hat{K}_i)^{\mathrm{T}} \hat{K}_i \right]^{-1} (\hat{K}_i)^{\mathrm{T}} s \\
&= \frac{1}{\hat{\alpha}} R(\hat{\alpha}; \hat{K}_i) s
\end{aligned}
\tag{10.49}
$$

其中，$\hat{K}_i$ 代表由瞬时频率最优估计值构造的分析矩阵；$\hat{x}_i$ 代表由最优解调信号构成的列向量；$\hat{\alpha}$ 代表最优带宽参数。矩阵 $R(\hat{\alpha}; \hat{K}_i)$ 与 $\hat{K}_i$ 和 $\hat{\alpha}$ 有关，表达式为

$$R(\hat{\alpha}; \hat{K}_i) = \hat{K}_i \left[\frac{1}{\hat{\alpha}^2} \Lambda^{\mathrm{T}} \Lambda + \frac{1}{\hat{\alpha}} (\hat{K}_i)^{\mathrm{T}} \hat{K}_i \right]^{-1} (\hat{K}_i)^{\mathrm{T}} \tag{10.50}$$

将式 (10.49) 代入式 (10.48)，可以得到最优带宽参数的表达式为

$$\hat{\alpha} = \frac{s^{\mathrm{T}} [R(\hat{\alpha}; \hat{K}_i)]^{\mathrm{T}} R(\hat{\alpha}; \hat{K}_i) s}{s^{\mathrm{T}} [R(\hat{\alpha}; \hat{K}_i)]^{\mathrm{T}} s} \tag{10.51}$$

在实际中，最优带宽参数为式 (10.51) 的不动点[17]，可以使用如下迭代算法求解：

$$\alpha^{n+1} = \frac{s^{\mathrm{T}} [R(\alpha^n; K_i^{n+1})]^{\mathrm{T}} R(\alpha^n; K_i^{n+1}) s}{s^{\mathrm{T}} [R(\alpha^n; K_i^{n+1})]^{\mathrm{T}} s} \tag{10.52}$$

其中，上标 n 代表迭代计数符号。实际上，根据式 (10.48)，式 (10.51) 可以简化 (等效) 为

$$\alpha^{n+1} = \frac{\alpha^n (s_i^{n+1})^{\mathrm{T}} s_i^{n+1}}{(s_i^{n+1})^{\mathrm{T}} s} \tag{10.53}$$

注意：当 $s_i^{n+1} \neq \hat{s}_i$ 时，有 $(s_i^{n+1})^{\mathrm{T}} s_i^{n+1} / (s_i^{n+1})^{\mathrm{T}} s < 1$，即在迭代过程中带宽参数 α 会逐渐减小。将 $(s_i^{n+1})^{\mathrm{T}} s_i^{n+1} / (s_i^{n+1})^{\mathrm{T}} s$ 称为正交性指标 (index of orthogonality，IO)，用于测量估计的目标信号分量 s_i^{n+1} 与剩余信号 $s - s_i^{n+1}$ 之间的独立性。如果 IO 值较大 (最优情况 IO =1)，表明信号分量与剩余信号之间的干涉较小。通常，带宽参数 α 越小，可以排除更多的无关信号成分和噪声，因此得到的信号分量的 IO 值越大。因此，随着迭代次数增加，参数 α 会逐渐减小 [根据式 (10.53)]，而 IO 值则逐渐增大。IO 值反过来会控制参数 α 的减小速率。只有当 IO 值接近 1 时，式 (10.53) 将停止更新带宽参数 α，此时得到最优参数 $\hat{\alpha}$ 以及最优信号分量 $\hat{s}_i$，如式 (10.48) 所示。

　　表 10.5 给出了自适应调频分量分解算法的主要步骤。该算法包括内、外两层循环。内层循环的目的是利用迭代算法估计单个信号分量及其瞬时频率，外层循环的目的是将内层循环

得到的分量从当前信号中剔除，继而从剩余信号中提取其他信号分量。该方法无须事先设定信号分量个数以及噪声强度，并且能够自适应地更新带宽参数，因此在强噪声情况下具有更好的稳定性和收敛性。

表 10.5　自适应调频分量分解算法

1: 初始化：$r_1 \leftarrow s$、α^1、μ、$i \leftarrow 0$

2: while $\|r_{i+1}\|_2^2 > \delta \|s\|_2^2$ do

3:　　$i \leftarrow i+1$

4:　　获取瞬时频率初值 $f_i^1(t)$，构建初始分析矩阵 K_i^1，$n \leftarrow 0$

5:　　while $\sum_i \|s_i^{n+1} - s_i^n\|_2^2 / \|s_i^n\|_2^2 > \varepsilon$ do

6:　　　　$n \leftarrow n+1$

7:　　　　$x_i^{n+1} = \begin{bmatrix} u_{id}^{n+1} \\ v_{id}^{n+1} \end{bmatrix} \leftarrow \left[\dfrac{1}{\alpha^n} \Lambda^T \Lambda + (K_i^n)^T K_i^n \right]^{-1} (K_i^n)^T r_i$

8:　　　　$\Delta \tilde{f}_i^{n+1}(t) \leftarrow$ 由解调信号 $u_{id}^{n+1}(t)$ 和 $v_{id}^{n+1}(t)$ 计算频率增量［式(10.32)］

9:　　　　$f_i^{n+1} \leftarrow f_i^n + \left(\dfrac{1}{\mu} \Omega^T \Omega + I \right)^{-1} \Delta \tilde{f}_i^{n+1}$

10:　　　　$K_i^{n+1} \leftarrow$ 由瞬时频率 $f_i^{n+1}(t)$ 构建分析矩阵［式(10.43)、式(10.16)和式(10.17)］

11:　　　　$s_i^{n+1} \leftarrow K_i^{n+1} x_i^{n+1}$

12:　　　　$\alpha^{n+1} \leftarrow \dfrac{\alpha^n (s_i^{n+1})^T s_i^{n+1}}{(s_i^{n+1})^T r_i}$

13:　　end while

14:　　$r_{i+1} \leftarrow r_i - s_i^{n+1}$

15: end while

需要说明的是，该算法需要输入带宽参数初值 α^1。由前面的分析可知，由于瞬时频率初值 $f_i^1(t)$ 与真实值之间的偏差可能较大，需要使用较大的初始带宽参数 α^1 来补偿瞬时频率偏差。通常将 α^1 设置为 $1 \times 10^{-4} \sim 1 \times 10^{-2}$。另外，在该算法中，需要人为指定信号分量的瞬时频率初值，如算法步骤 4 所示。当瞬时频率初值偏离真值太多时，该算法只能提取到瞬时频率初值附近的噪声成分。此时，正交性指标 IO 将远远小于 1，因此滤波带宽将快速收缩到一个很小值。遇到这类情况，需要重新指定瞬时频率初值，或者增大初始带宽参数 α^1。后面将介绍瞬时频率初始化方法。

10.3.3　瞬时频率初始化

通过提取信号时频分布的能量脊线通常可以获得满意的瞬时频率初值，但是，计算信号时频分布进而从分布上提取时频脊线，会使信号分解过程变得冗长，并且大大增加了算法计算量。由于 Hilbert 变换能够提供信号的频率信息[19]，本节将介绍一种高效的基于 Hilbert 变换的瞬时频率初始化方法。

首先，忽略噪声影响，将式(10.11)中的信号模型改写为

$$s(t) = \sum_{i=1}^{K} a_i(t) \cos \varphi_i(t) \tag{10.54}$$

其中，$\varphi_i(t) = 2\pi \int_0^t f_i(\tau) d\tau + \theta_{i0}$ 代表第 i 个信号分量的瞬时相位函数。利用 Hilbert 变换可以得到式(10.54)的解析信号：

$$z(t) = s(t) + j\mathcal{H}[s(t)] \approx \sum_{i=1}^{K} a_i(t) \exp[j\varphi_i(t)] = A(t) \exp[j\varphi(t)] \tag{10.55}$$

其中，$j = \sqrt{-1}$；$\mathcal{H}[\cdot]$ 代表 Hilbert 变换；$A(t)$ 和 $\varphi(t)$ 分别代表整个解析信号的幅值函数和相位函数。Wei 等[20]给出了式(10.55)的瞬时频率的解析表达式，如下：

$$f(t) = \frac{\varphi'(t)}{2\pi} = \sum_{i=1}^{K} \frac{w_i(t)}{A^2(t)} \frac{\varphi_i'(t)}{2\pi} + G(t) \tag{10.56}$$

$$A^2(t) = \sum_{i=1}^{K} w_i(t) \tag{10.57}$$

$$w_i(t) = \sum_{m=1}^{K} a_i(t) a_m(t) \cos[\varphi_i(t) - \varphi_m(t)] \tag{10.58}$$

$$G(t) = \sum_{i=1}^{M} \sum_{m=1}^{M} \frac{a_i'(t) a_m(t)}{2\pi A^2(t)} \sin[\varphi_i(t) - \varphi_m(t)] \tag{10.59}$$

从式(10.56)中可以看出，多分量信号的瞬时频率由两项组成：第一项代表每一个信号分量的瞬时频率[即 $\varphi_i'(t)/2\pi$]的加权平均值，第二项 $G(t)$ 是一个与信号分量幅值有关的振荡函数。如果 $a_k(t) \gg a_i(t)$，其中 $k \neq i$，可以得到 $f(t) \approx \varphi_k'(t)/2\pi$ [20]。也就是说，当某个信号分量的能量占显著优势时，整个多分量信号的瞬时频率 $f(t)$ 约等于该主要分量的瞬时频率。此外，实际应用中通常希望瞬时频率初值足够光滑，因此需要降低式(10.56)中的振荡函数 $G(t)$ 对瞬时频率 $f(t)$ 的影响。对此，与式(10.34)中的操作类似，利用低通滤波对多分量信号的瞬时频率 $f(t)$ 进行平滑，从而获取信号分解算法所需的瞬时频率初值。综上所述，表 10.5 的算法中的瞬时频率初始化过程(算法步骤 4)包括：①利用 Hilbert 变换计算当前剩余信号 r_{i+1} 的瞬时频率；②对瞬时频率进行低通滤波[参照式(10.34)]得到瞬时频率初值。

由前面的分析可知，上述方法得到的瞬时频率初值本质上是当前剩余信号分量的瞬时频率的加权平均值。该初值通常靠近能量较大的信号分量的瞬时频率。因此，本节提出的信号分解方法将首先提取能量较大的信号分量。其他学者[19, 21, 22]也提出了一些类似的基于 Hilbert 变换的瞬时频率计算方法。需要指出的是，当信号的频率为常数(即平稳信号)时，可以直接检测信号傅里叶频谱的峰值频率来作为信号分解算法的频率初值，并且表 10.5 的算法中的步骤 9 可以简化为

$$f_i^{n+1} = f_i^n + \frac{1}{T} \int_0^T \Delta \tilde{f}_i^{n+1}(t) dt \tag{10.60}$$

其中，f_i^n 和 f_i^{n+1} 分别代表在第 n 次和 $n+1$ 次迭代中估计的频率值(为常数)；T 代表信号的持续时间长度。

10.3.4　仿真算例

本节通过两个仿真算例分别验证自适应调频分量分解方法的抗噪性能以及对多分量信号的分解能力。

1. 抗噪性能分析

考虑一个受强噪声污染的多项式调频信号，表达式为

$$s_n(t) = \cos[2\pi(2.6 + 30t + 9t^2 - 2t^3 + 0.18t^4)] + n(t) \tag{10.61}$$

其中，$n(t)$ 是一个均值为 0、标准偏差为 1.26 的高斯白噪声。$s_n(t)$ 的信噪比为 –5dB。信号的瞬时频率为 $f(t) = 30 + 18t - 6t^2 + 0.72t^3$。图 10.12 给出了该噪声信号的时域波形和时频分布。从图 10.12(b) 中可以看出，由于受强噪声干扰，无法从时频分布中准确获取信号时频特征。

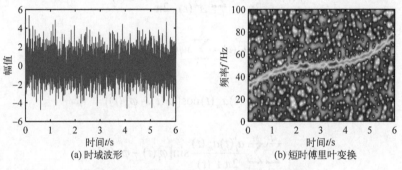

图 10.12　仿真信号(10.61)（SNR = –5dB）

利用自适应调频分量分解（ACMD）方法分析该噪声信号，表 10.6 给出了分析该信号的 MATLAB 程序。其中，自适应调频分量分解方法的 MATLAB 程序 ACMD() 可参见 10.5 节。在本例中：将初始带宽参数 α^1 设为 1×10^{-2}；由于噪声较强，并且信号瞬时频率变化缓慢，将瞬时频率平滑参数 μ 设为一个较小值，即 1×10^{-10}。为了说明 ACMD 的优势，将其与变分非线性调频分量分解（VNCMD）进行对比。VNCMD 采用固定的带宽参数 α，此处考虑两种情况，即小带宽参数 1×10^{-4} 和大带宽参数 1×10^{-2}。利用 10.3.3 节中介绍的 Hilbert 变换法为 ACMD 和 VNCMD 提供瞬时频率初值。图 10.13 给出了不同方法估计到的瞬时频率以及重构的信号波形。从图 10.13 中可以看出，受强噪声干扰，Hilbert 变换得到的瞬时频率初值偏离了真实值，但是其变化趋势仍然与真实情况相近，如图 10.13(a)、(c)、(e) 中的点画线所示。对于 VNCMD，当采用较小的带宽参数 α（即 1×10^{-4}）时，如果瞬时频率初值与真实值之间偏差较大，该方法无法收敛到正确结果，如图 10.13(a) 和 (b) 中 0~2.5s 时间段的结果所示(注意：在 2.5~6s 时间段，瞬时频率初值与真实值偏差较小，因此 VNCMD 能得到正确结果)。与之相反，如果采用较大的带宽参数 α（即 1×10^{-2}），VNCMD 在重构信号的同时将引入更多的噪声成分。此时，VNCMD 得到的瞬时频率曲线的光滑性差，并且重构信号的信噪比较低，如图 10.13(c) 和 (d) 所示。如前面所述，ACMD 采用自适应带宽更新规则：在迭代初期采用较大的滤波带宽以补偿瞬时频率初值误差；在迭代后期逐渐减小带宽从而降低噪声影响。因此，ACMD 能够得到更精确的瞬时频率估计和信号重构结果，如图 10.13(e) 和 (f) 所示。图 10.13(b)、(d) 和 (f) 中重构信号的信噪比分别为

3.29dB、3.19dB 和 15.84dB。该仿真算例表明，在强噪声条件下，ACMD 比 VNCMD 具有更好的收敛性能和滤波性能。

表 10.6　分析 ACMD 抗噪性能的 MATLAB 程序

```
clc;clear;close all
SampFreq = 500;
t = 0:1/SampFreq:6;
Sig = cos(2*pi*(2.6+ 30*t + 9*t.^2 -2*t.^3 + 0.18*t.^4));
IF = 30 + 18*t - 6*t.^2 + 0.72*t.^3;
Sign = awgn(Sig,-5,'measured');

%%%%%%%%%%%%时域信号%%%%%%%%%%%%
figure
plot(t,Sign,'b-','linewidth',2);
xlabel('\fontname{宋体}时间\fontname{Times New Roman}{\itt} (s)');
ylabel('\fontname{宋体}幅值');

%%%%%%%%%%%%短时傅里叶时频分布%%%%%%%%%%%%
figure
[Spec,f] = STFT(Sign',SampFreq,512,256);
set(gca,'YDir','normal')
xlabel('\fontname{宋体}时间\fontname{Times New Roman}{\itt} (s)');
ylabel('\fontname{宋体}频率\fontname{Times New Roman}{\itf} (Hz)');

%%%%%%%%%%%%自适应调频分量分解%%%%%%%%%%%%
alpha0 = 1e-2;
beta = 1e-10;
gama = 0;
phase = unwrap(angle(hilbert(Sign)));
iniIF = Differ(phase,1/SampFreq)/2/pi;
iniIF = curvesmooth(iniIF,beta);
var = 0;
tol = 1e-20;
alpha1 = 1e-2;
alpha2 = 1e-4;
[IFset1 IAest1 sset1 alpha opindexset1] = …
    ACMD(Sign,SampFreq,iniIF,alpha0,beta,tol); %自适应带宽规则
[IFset2 IAest2 sset2 opindexset2] =VNCMD(Sign,SampFreq,iniIF,alpha1,beta,tol);
[IFset3 IAest3 sset3 opindexset3] =VNCMD(Sign,SampFreq,iniIF,alpha2,beta,tol);

%%%%%%%%%%瞬时频率%%%%%%%%%%%%
figure
plot(t,iniIF,'k-.','linewidth',3)
hold on
plot(t,[IF],'b','linewidth',3)
hold on
```

```
plot(t,IFset1(end,:),'r--o','MarkerIndices',1:50:length(t),'linewidth',1)
legend('初始值','真实值','估计值')
xlabel('\fontname{宋体}时间\fontname{Times New Roman}{\itt} (s)');
ylabel('\fontname{宋体}频率\fontname{Times New Roman}{\itf} (Hz)');
figure
plot(t,iniIF,'k-.','linewidth',3)
hold on
plot(t,[IF],'b','linewidth',3)
hold on
plot(t,IFset2(end,:),'r--o','MarkerIndices',1:50:length(t),'linewidth',1)
legend('初始值','真实值','估计值')
xlabel('\fontname{宋体}时间\fontname{Times New Roman}{\itt} (s)');
ylabel('\fontname{宋体}频率\fontname{Times New Roman}{\itf} (Hz)');
figure
plot(t,iniIF,'k-.','linewidth',3)
hold on
plot(t,[IF],'b','linewidth',3)
hold on
plot(t,IFset3(end,:),'r--o','MarkerIndices',1:50:length(t),'linewidth',1)
legend('初始值','真实值','估计值')
set(gca,'YDir','normal')
xlabel('\fontname{宋体}时间\fontname{Times New Roman}{\itt} (s)');
ylabel('\fontname{宋体}频率\fontname{Times New Roman}{\itf} (Hz)');

%% 重构分量
figure
set(gcf,'Color','w');
h1=plot(t,sset1(end,:),'b-','linewidth',2);
hold on
h2=plot(t,Sig - sset1(end,:),'k-o','MarkerIndices',1:60:length(t),…
    'linewidth',1);
l1=legend([h1,h2],{'重构信号','重构误差'});
xlabel('\fontname{宋体}时间\fontname{Times New Roman}{\itt} (s)');
ylabel('\fontname{宋体}幅值');

figure
h1=plot(t,sset2(end,:),'b-','linewidth',2);
hold on
h2=plot(t,Sig - sset2(end,:),'k-o','MarkerIndices',1:60:length(t),…
    'linewidth',1);
l1=legend([h1,h2],{'重构信号','重构误差'});
xlabel('\fontname{宋体}时间\fontname{Times New Roman}{\itt} (s)');
ylabel('\fontname{宋体}幅值');

figure
h1=plot(t,sset3(end,:),'b-','linewidth',2);
```

```
hold on
h2=plot(t,Sig - sset3(end,:),'k-o','MarkerIndices',1:60:length(t),…
    'linewidth',1);
l1=legend([h1,h2],{'重构信号','重构误差'});
xlabel('\fontname{宋体}时间\fontname{Times New Roman}{\itt} (s)');
ylabel('\fontname{宋体}幅值');
```

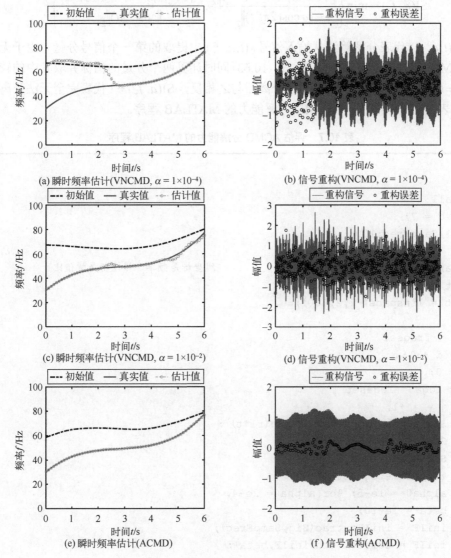

图 10.13　仿真信号(10.61)的分析结果对比

2. 分解能力评估

与 VNCMD 不同，ACMD 采用递归算法框架逐个提取信号分量。虽然算法稳定性和适应性增强，但是对瞬时频率相交或者间隔极近的信号分量的分析能力会减弱。为了测试 ACMD 的分解能力，考虑如下两分量的测试信号[23]：

$$s(t; a, f_r) = \cos(2\pi t) + a\cos(2\pi f_r t) \tag{10.62}$$

其中，$0 \leqslant f_r \leqslant 1$ 和 $0.01 \leqslant a \leqslant 100$ 分别代表两个信号分量的频率比和幅值比。本质上，f_r 控制两个信号分量的频率距离：f_r 越大，两个信号分量距离越近，越难被分离（当 $f_r = 1$ 时，两个分量完全重合）。利用式 (10.62) 可以测试分解算法对不同幅值比和频率比的信号分量的分离能力。定义分离指标 (separation index，SI) 来量化算法的分解性能，表达式为

$$\text{SI}(a, f_r) = \min\left\{\frac{\|\tilde{s}_1(t; a, f_r) - \cos(2\pi t)\|_2}{\|a\cos(2\pi f_r t)\|_2}, \frac{\|\tilde{s}_1(t; a, f_r) - a\cos(2\pi f_r t)\|_2}{\|\cos(2\pi t)\|_2}\right\} \tag{10.63}$$

其中，$\tilde{s}_1(t; a, f_r)$ 代表分解算法从输入信号 $s(t; a, f_r)$ 中提取的第一个信号分量。由于无法事先确定 ACMD 首先提取哪一个分量，式 (10.63) 同时计算两个分量的指标并取其中的较小值。$\text{SI}(a, f_r) = 0$ 表明两个信号分量被完美分离，与之相反，$\text{SI}(a, f_r) = 1$ 代表完全无法分离两个信号分量。表 10.7 给出了评估 ACMD 分解能力的 MATLAB 程序。

表 10.7 评估 ACMD 分解能力的 MATLAB 程序

```
clc
clear
close all
SampFreq = 7;
t = 0:1/SampFreq:100;
i = 0;
setsepar = zeros(101,100);            %纵坐标是频率，横坐标是幅值比
freqset = 0:0.01:1;
logaset = linspace(-2,2,100);

for f1 = freqset
    i = i + 1;
    j = 0;
    for loga = logaset
        j = j +1;
        Sig1 = (10^loga)*cos(2*pi*(f1*t));
        Sig2 = cos(2*pi*(t));
        Sig = Sig1 + Sig2;
        %% parameter setting
        alpha0 = 1e-5; %or alpha = 2e-4;
        beta = 1e-10;
        iniIF = iniIFextrac(Sig,SampFreq);
        iniIF = curvesmooth(iniIF,beta);
        var = 0;
        tol = 1e-7;
        [IFset IAest sset alpha opindexset] = ...
            ACMD (Sig,SampFreq,iniIF,alpha0, beta,tol);
        cf1 = corrcoef(sset,Sig1);
        ct2 = corrcoef(sset,Sig2);
        if cf1(1,2)>cf2(1,2) % the obtained one is sig1
```

```
        sepaindex = norm(sset-Sig1)/norm(Sig2);
    else
        sepaindex = norm(sset-Sig2)/norm(Sig1);
    end
    setsepar(i,j) = min([norm(sset-Sig2)/norm(Sig1) …
        norm(sset-Sig1)/norm(Sig2)]);
    end
end

figure
imagesc(logaset,freqset,setsepar,'Parent',gca);
axis([-2 2 0 1]);
set(gca,'YDir','normal');
xlabel('{log_{10}}\ita','FontSize',25,'FontName','Times New Roman');
ylabel('\itf_r','FontSize',25,'FontName','Times New Roman');
```

　　为了分离两个间隔较近的信号分量，ACMD 的最大带宽不能过大。对此，需要选用较小的初始带宽参数 α^1。为了研究初始带宽参数 α^1 对 ACMD 方法分解性能的影响，在后续仿真中使用三个不同的 α^1 参数值，即 1×10^{-5}、1×10^{-6} 和 1×10^{-8}。为了对比说明不同方法的分解性能，利用经验模式分解 (EMD)、基于时变滤波的 EMD(time-varying filtering based EMD，TVF-EMD) 改进方法[21]和经验小波变换 (EWT) 分解式 (10.62) 中的信号。图 10.14 给出了根据不同方法的分解结果计算得到的式 (10.63) 中的分离指标 SI(a, f_r)。

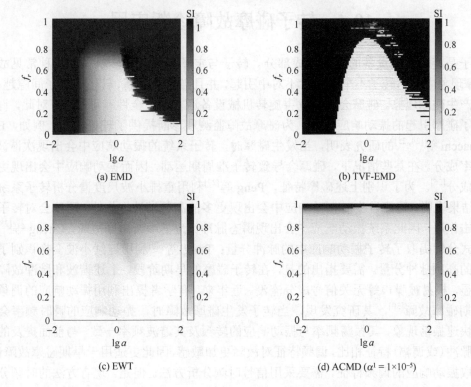

(a) EMD

(b) TVF-EMD

(c) EWT

(d) ACMD ($\alpha^1 = 1\times10^{-5}$)

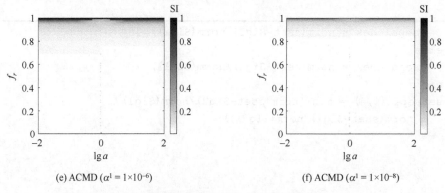

(e) ACMD ($\alpha^1 = 1 \times 10^{-6}$)　　　　　　　　　　　(f) ACMD ($\alpha^1 = 1 \times 10^{-8}$)

图 10.14　不同方法得到的仿真信号 (10.62) 的分离指标 $SI(a, f_r)$

从图 10.14 中可以看出，EMD、TVF-EMD 和 EWT 三种方法得到的 $SI(a, f_r)$ 结果与信号分量的频率比 f_r 和幅值比 a 都有关系，而 ACMD 的分解结果受幅值比 a 的影响较小。EMD 和 TVF-EMD 两种方法只能分离频率比 f_r 小于某个截止值的信号分量。EMD 的截止频率比为 0.67，而其改进方法 TVF-EMD 将截止频率比提升至 0.8，如图 10.14 (a) 和 (b) 所示。EWT 方法的分解性能优于 EMD 和 TVF-EMD，但是当信号分量的频率比 f_r 大于 0.8 时，EWT 的分解误差会明显增大。对于 ACMD，如果令初始带宽参数 $\alpha^1 = 1 \times 10^{-5}$，其截止频率比能够达到 0.96。如果减小初始带宽值，能够进一步提升 ACMD 的分解能力。如图 10.14 (f) 所示，当 $\alpha^1 = 1 \times 10^{-8}$ 时，ACMD 几乎能够分解任意频率比 ($f_r \neq 1$) 的信号分量。该仿真结果表明，虽然 ACMD 采用与匹配追踪类似的递归算法框架，但该方法对紧邻信号分量仍具备较强的分解能力。

10.4　转子碰摩故障诊断应用

转子是旋转机械设备的重要组成部分。转子与定子碰摩是旋转机械的一种常见故障类型。碰摩现象主要由转子不平衡或者不对中引起，并且当转速越高、转子与定子间隙越小时，越容易产生碰摩现象。碰摩会严重危害旋转机械设备运行的安全性和可靠性。对此，许多学者研究了碰摩引起的振动响应特征，为碰摩故障监测和诊断提供了理论依据。例如，Ehrich 和 Pennacchi 等[24, 25]的研究表明，当发生碰摩时，转子系统的振动响应中会出现次谐波、超谐波频率成分。在某些情况下，碰摩会导致转子准周期运动，因而振动响应中会出现更复杂的频率成分[26]。为了识别上述碰摩特征，Peng 等[27]利用重排小波尺度谱分析转子系统振动响应，结果表明，碰摩发生时振动响应中会出现更多的高频谐波。此外，碰摩会对转子系统产生冲击作用，因此系统振动响应中会出现瞬态脉冲。为了诊断碰摩故障，Cheng 等[28]利用经验模式分解提取了转子振动响应中的脉冲分量；Peng 等[29]利用连续小波变换识别了振动响应中的高频脉冲分量。需要指出的是，在转子碰摩的早期阶段，上述谐波和脉冲故障特征并不明显，极易被噪声等无关信号成分淹没。近年来，有学者提出利用振动响应的调频特征诊断早期碰摩故障[30]，其研究发现，当转子发生碰摩故障时，振动响应的瞬时频率会出现周期性快速振荡现象，其振荡频率与振动响应的转频及其谐波频率一致。与前面提及的谐波特征和脉冲（或调幅）特征相比，调频特征对故障更加敏感，因此更适用于早期碰摩故障诊断。为了提取振动响应的调频特征，需要采用信号时频分析方法。但是，现有方法的时频分辨率有限，无法准确表征振动响应的强时变调频规律。此外，对于这类复杂信号，很难构造恰当的参数模型描述信号特征，因此非参数化的信号分析方法更具优势。对此，本节将利用上述非线性调频分量非参数化分解方法提取振动信号快速振荡的瞬时频率，从而实现转子碰摩故障诊断。

本节首先介绍基于非线性调频分量非参数化分解的碰摩故障诊断方法，然后分别通过动力学仿真信号、转子试验台振动数据以及某工厂重油催化裂化装置的实测振动数据验证所提方法的有效性。

10.4.1　故障诊断方法

考虑到 10.3 节中的自适应调频分量分解方法对复杂环境的适应能力更强，本节采用该方法诊断转子碰摩故障。下面提及的非线性调频分量非参数化分解方法，未做特殊说明时，均指自适应调频分量分解方法。为了有效提取快速振荡的瞬时频率，需要将算法中的带宽控制参数 α 和瞬时频率平滑参数 μ 设置为较大值。此外，由于瞬时频率通常在振动响应的谐波频率附近振荡，可以将分解算法的频率初值设为振动响应的谐波频率。因此，本节通过检测振动响应频谱中的峰值频率来获取频率初值。

本节提出的转子碰摩故障诊断方法包括以下步骤。

(1) 振动信号采集：采集可能存在碰摩故障的转子轴承处的振动数据；

(2) 振动信号分解：利用非线性调频分量非参数化分解方法提取振动信号中的子信号分量，同时估计这些分量的瞬时频率和瞬时幅值；

(3) 振动信号时频表示：根据估计的信号分量的瞬时频率和瞬时幅值，构造振动信号高分辨率的时频分布；

(4) 特征提取与故障诊断：利用非线性调频分量非参数化分解方法可以得到信号高分辨率的时频分布，从时频分布中可以观察振动信号的瞬时频率是否具有周期振荡特征；如果瞬时频率存在振荡现象，需要进一步检验其振荡频率是否与振动信号的谐波频率一致；如果上述条件均满足，表明转子系统存在碰摩故障。需要指出的是，本节方法可以同时提取多种故障特征，从而揭示不同故障特征之间的关联性。因此，为了得到更可靠的故障诊断结果，除了检验上述调频特征之外，还可以进一步检验提取的信号分量是否具有周期调幅特征（由周期碰摩产生）。

10.4.2　仿真分析

本节将通过动力学仿真信号验证所提出的碰摩故障诊断方法的有效性。采用 Jeffcott 转子模型仿真碰摩发生时转子系统的振动响应[31]。图 10.15 为 Jeffcott 转子系统示意图。定子中心（即 O）位于坐标轴原点，$x(t)$ 和 $y(t)$ 分别代表转子中心（即 O_1）沿 x 和 y 方向的位移。系统所受激励力包括转子不平衡力、重力和碰摩力。该系统的动力学方程可以表示为

$$
\begin{bmatrix} m & \\ & m \end{bmatrix} \begin{bmatrix} \ddot{x}(t) \\ \ddot{y}(t) \end{bmatrix} + \begin{bmatrix} c & \\ & c \end{bmatrix} \begin{bmatrix} \dot{x}(t) \\ \dot{y}(t) \end{bmatrix} + \begin{bmatrix} k & \\ & k \end{bmatrix} \begin{bmatrix} x(t) \\ y(t) \end{bmatrix}
$$
$$
= mU\omega^2 \begin{bmatrix} \cos(\omega t) \\ \sin(\omega t) \end{bmatrix} - \begin{bmatrix} 0 \\ mg \end{bmatrix} + \begin{bmatrix} F_x(x,y) \\ F_y(x,y) \end{bmatrix}
$$

$$(10.64)$$

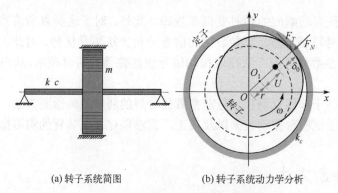

(a) 转子系统简图　　　　　　　　(b) 转子系统动力学分析

图 10.15　Jeffcott 转子系统示意图

其中，m 代表转子集中质量；c 和 k 分别代表转轴的阻尼和刚度系数；U 代表转子不平衡量；ω 代表转速；g 代表重力加速度；$F_x(x,y)$ 和 $F_y(x,y)$ 分别代表沿 x 和 y 方向的碰摩力。碰摩力的表达式为

$$\begin{bmatrix} F_x(x,y) \\ F_y(x,y) \end{bmatrix} = -H(r-\delta_0)\frac{(r-\delta_0)k_c}{r}\begin{bmatrix} 1 & -\lambda \\ \lambda & 1 \end{bmatrix}\begin{bmatrix} x \\ y \end{bmatrix} \tag{10.65}$$

其中，$r=\sqrt{x^2+y^2}$ 代表转子径向位移；δ_0 代表转子和定子之间的初始间隙；k_c 代表定子径向刚度；λ 代表摩擦系数；$H(\cdot)$ 代表 Heaviside 函数（即阶跃函数），表达式为

$$H(x)=\begin{cases} 0, & x<0 \\ 1, & x\geqslant 0 \end{cases} \tag{10.66}$$

式 (10.65) 表明，只有当 $r\geqslant\delta_0$ 时，才会出现碰摩。

采用龙格-库塔法求解式 (10.64) 中的动力学方程，从而获取转子系统振动响应。表 10.8 给出了转子系统的部分仿真参数。在下面的仿真中，考虑三种不同的间隙和转速情况。首先，假定转子和定子之间的初始间隙较大，即 $\delta_0=1\times10^{-3}$ m，转速为 $\omega=3000$ r/min。

表 10.8　转子系统仿真参数

参数	m/kg	U/m	c/(N·s·m^{-1})	k/(N·m^{-1})	k_c/(N·m^{-1})	λ
取值	2	4×10^{-5}	880	6×10^4	8×10^6	0.7

图 10.16 给出了仿真得到的转子振动响应时域波形、傅里叶频谱以及通过非线性调频分量非参数化分解方法得到的振动响应时频分布。由于间隙较大，转子和定子之间未发生碰摩。

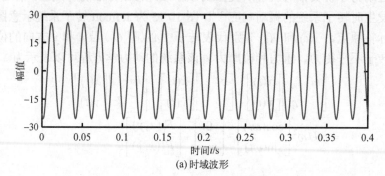

(a) 时域波形

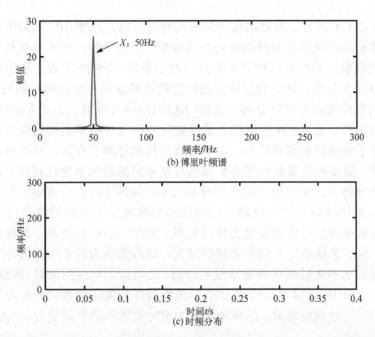

图 10.16　振动响应时域波形、傅里叶频谱以及时频分布（$\delta_0 = 1 \times 10^{-3} \text{m}$，$\omega = 3000 \text{r/min}$；无碰摩）

因此，振动响应傅里叶频谱中除了转频（即 50Hz）之外不包含其他谐波频率，并且响应的瞬时频率是平行于时间轴的直线，没有出现振荡现象。接下来，缩小转子和定子之间的间隙，即 $\delta_0 = 1 \times 10^{-4} \text{m}$，转速仍为 3000r/min。在这种情况下，转子运动过程中会与定子轻微碰摩。图 10.17 给出了振动响应的时域波形和傅里叶频谱。从傅里叶频谱中可以看出，发生碰摩时，振动响应中出现了除转频之外的谐波分量，即 2X 和 3X。

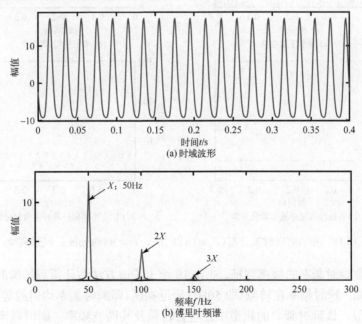

图 10.17　振动响应时域波形及其傅里叶频谱（$\delta_0 = 1 \times 10^{-4} \text{m}$，$\omega = 3000 \text{r/min}$；轻微碰摩）

图 10.18 给出了不同方法得到的振动响应的时频分布。从图 10.18(a) 中可以看出，同步压缩变换能够粗略反映信号瞬时频率的振荡现象，但由于瞬时频率变化较快，其时频分布出现能量分散现象，导致时频特征不连续。希尔伯特-黄变换[32]首先利用经验模式分解方法提取信号中的子分量，继而利用希尔伯特变换计算这些分量的瞬时幅值和瞬时频率，最后根据计算结果构造信号时频分布。从图 10.18(b) 中可以看出，希尔伯特-黄变换能够识别瞬时频率的振荡特征。非线性调频分量参数化分解方法需要通过提取时频脊线获取瞬时频率初值，对于该强时变调频信号，由于时频变换的分辨率有限，难以得到满意的脊线提取结果。此外，很难构造参数模型表征该信号复杂的瞬时频率变化规律。因此，非线性调频分量参数化分解方法无法得到满意的分析结果，如图 10.18(c) 所示。与之相反，非线性调频分量非参数化分解方法不依赖时频脊线和参数模型，因此对复杂信号的适应能力强，能够有效提取碰摩信号快速振荡的瞬时频率，如图 10.18(d) 所示。需要指出的是，在碰摩发生时刻，转子系统的固有频率会瞬间增大，该现象称为转子刚化效应[33]。因此，瞬时频率局部峰值点的到达时刻代表碰摩发生时刻，此时振动响应的能量(或瞬时幅值)也会达到瞬态峰值。从图 10.18(d) 中可以看出，非线性调频分量非参数化分解方法得到的时频分布清楚地揭示了上述刚化现象，即振动响应的瞬时频率和瞬时幅值(或能量)同时达到局部峰值点。

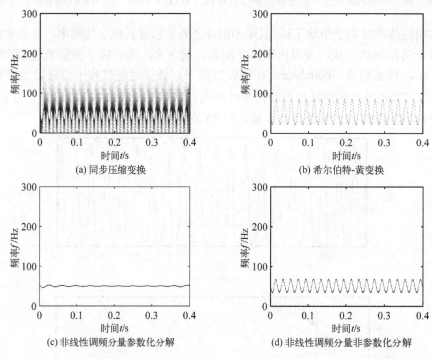

图 10.18 振动响应时频分布 ($\delta_0 = 1 \times 10^{-4}$m ， $\omega = 3000$r/min ；轻微碰摩)

为进一步研究瞬时频率的振荡特征，图 10.19 给出了该方法估计得到的瞬时频率及其傅里叶频谱。由图可知，瞬时频率在转频(即 50Hz)附近振荡(即瞬时频率均值约等于转频)，且与原始振动响应类似，该瞬时频率的频谱中也包含转频及其谐波频率。瞬时频率的主要振荡频率为 50Hz，与转频相等，表明转子系统发生碰摩故障。另外，瞬时频率的主要振荡频率反映了周期碰摩的重复频率。在本例中，碰摩重复频率与转频一致，表明转子每转一周，均会出现一次碰摩。

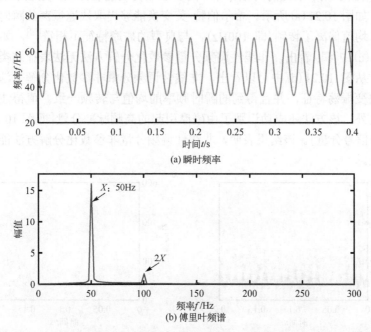

(a) 瞬时频率

(b) 傅里叶频谱

图 10.19　非线性调频分量非参数化分解方法估计的瞬时频率及其傅里叶频谱
（$\delta_0 = 1 \times 10^{-4} \mathrm{m}$ ；$\omega = 3000 \mathrm{r/min}$ ；轻微碰摩）

接下来，转子与定子间隙不变，将转速增加到 6000r/min，此时转子系统振动响应如图 10.20

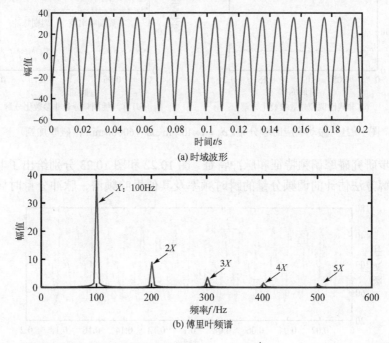

(a) 时域波形

(b) 傅里叶频谱

图 10.20　振动响应时域波形及其傅里叶频谱（$\delta_0 = 1 \times 10^{-4} \mathrm{m}$ ，$\omega = 6000 \mathrm{r/min}$ ；碰摩加剧）

所示。从图中可以看出，振动响应的频谱中包含更多的谐波频率，表明随着转速增加，碰摩加剧。图 10.21 给出了振动响应的时频分布。同步压缩变换能量分散，无法准确反映信号的强时变调频特征，如图 10.21(a)所示。希尔伯特-黄变换能够提取快速振荡的瞬时频率，但是得到的瞬时频率的均值偏离了转频(即 100Hz)，与典型的碰摩特征不相符[34]，如图 10.21(b)所示。从图 10.21(c)中可以看出，非线性调频分量参数化分解方法无法表征这类强时变调频规律。与之相反，从图 10.21(d)中可以看出，非线性调频分量非参数化分解方法准确描述了信号瞬时频率的快变振荡特征，并且得到的瞬时频率的均值与转频一致。值得注意的是，除了上述调频特征之外，该方法还成功识别了由碰摩引起的高频脉冲分量[即图 10.21(d)中 400～500Hz 范围内的信号分量]。该结果表明，非线性调频分量非参数化分解方法能够同时提取多种碰摩故障特征。

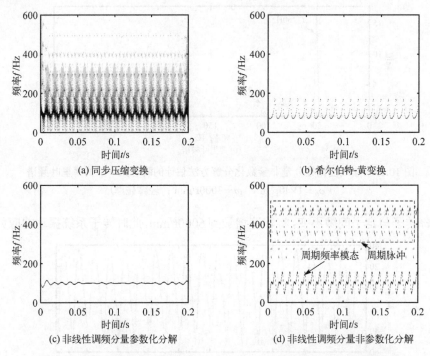

图 10.21　振动响应时频分布($\delta_0 = 1 \times 10^{-4} \mathrm{m}$，$\omega = 6000\mathrm{r/min}$；碰摩加剧)

为了进一步研究碰摩调频特征和脉冲特征，图 10.22 和图 10.23 分别给出了非线性调频分量非参数化分解方法估计的调频分量的瞬时频率及其傅里叶频谱、脉冲分量时域波形及其包

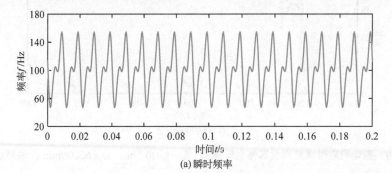

(a)瞬时频率

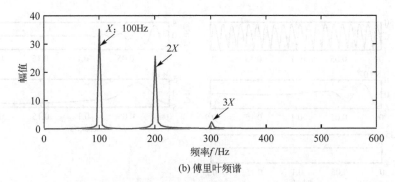

(b) 傅里叶频谱

图 10.22　非线性调频分量非参数化分解方法估计的瞬时频率及其傅里叶频谱
（$\delta_0 = 1 \times 10^{-4}$m，$\omega = 6000$r/min；碰摩加剧）

络谱。从瞬时频率的频谱中可以看出，瞬时频率的主要振荡频率与转频一致，表明系统每转一周，均会出现一次碰摩。脉冲分量的包络谱可以反映周期脉冲的重复频率，也就是碰摩重复频率。从图 10.23 中可以看出，包络谱中的峰值频率也与转频相等，进一步验证了上述基于调频特征的分析结果。

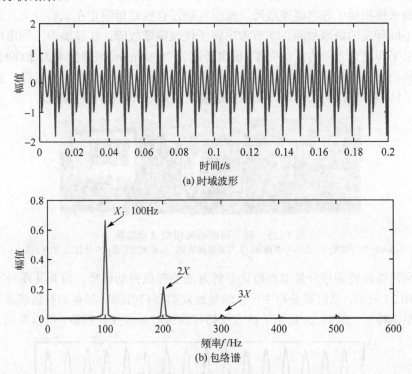

图 10.23　非线性调频分量非参数化分解方法提取的脉冲分量时域波形及其包络谱
（$\delta_0 = 1 \times 10^{-4}$m，$\omega = 6000$r/min；碰摩加剧）

为了对比说明非线性调频分量非参数化分解方法在多故障特征提取中的优势，图 10.24 给出了经验模式分解方法对该振动响应的分析结果。从图中可以看出，经验模式分解无法提取该响应中的脉冲分量。

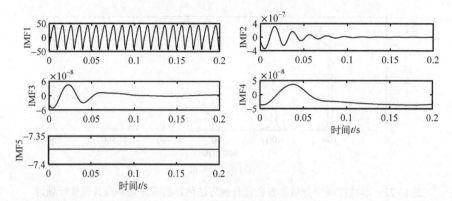

图 10.24　经验模式分解得到的振动响应的本征模函数（$\delta_0 = 1 \times 10^{-4}\text{m}$，$\omega = 6000\text{r/min}$；碰摩加剧）

10.4.3　试验验证

为了验证非线性调频分量非参数化分解方法的有效性，此处考虑转子碰摩故障模拟试验台的振动数据。图 10.25 为试验装置图片。在试验中，通过使 Bently 试验台配备的摩擦杆与转子表面接触来模拟转子径向碰摩故障。摩擦杆通过自锁螺母固定在试验台上，调整螺母松紧可以模拟不同程度的碰摩故障。本节考虑转子轻微碰摩故障。在试验中，利用电涡流传感器采集转子水平和垂直方向的振动位移。设定转速为 2000r/min，采样频率为 2000Hz。图 10.26 为试验中采集的转子振动信号及其频谱。从图中可以看出，由于碰摩十分轻微，振动信号频谱中只出现了转频和轻微的二倍频。现有方法很难识别这类轻微早期故障。

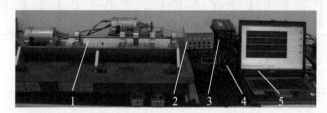

图 10.25　转子碰摩故障模拟试验装置
1-Bently 转子试验台；2-信号调理器；3-数据采集系统；4-转速控制器；5-计算机(数据采集)

对此，利用非线性调频分量非参数化分解方法处理该振动信号，得到其高分辨率的时频分布，如图 10.27 所示。从时频分布中可以清楚地观察到信号瞬时频率的振荡现象。为了分析瞬时频率的振荡特征，图 10.28 给出了该方法估计的瞬时频率及其频谱。可以看出，瞬时频率

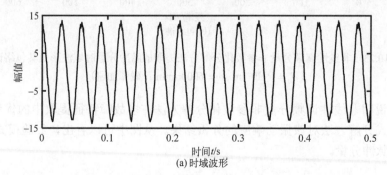

(a) 时域波形

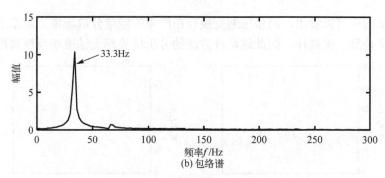

(b) 包络谱

图 10.26　转子试验台振动信号及其频谱

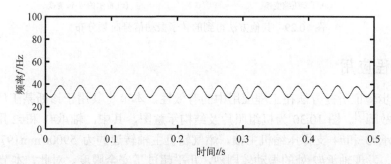

图 10.27　非线性调频分量非参数化分解方法得到的转子振动信号时频分布

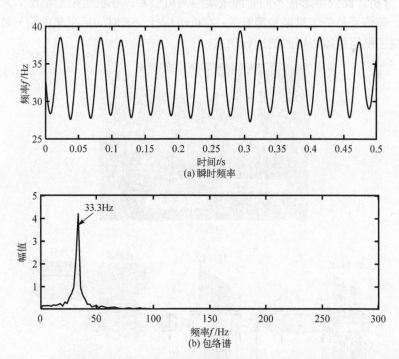

(a) 瞬时频率

(b) 包络谱

图 10.28　非线性调频分量非参数化分解方法估计的转子振动信号的瞬时频率及其频谱

在转频附近振荡，其振荡频率为 33.3Hz，与转频一致，表明转子系统每转一周，发生一次碰摩。为了对比说明该方法在碰摩故障诊断中的优势，图 10.29 给出了其他方法得到的振动信号的时频分布。从图中可以看出，同步压缩变换存在严重的能量分散现象，而希尔伯特-黄变换得到的时频特征杂乱、无规律，因此这两种方法的分析结果都无法准确反映碰摩现象。

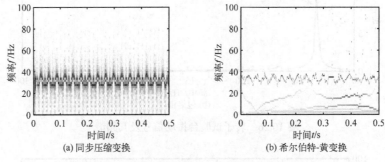

(a) 同步压缩变换　　　　　　　　　　　(b) 希尔伯特-黄变换

图 10.29　其他方法得到的转子振动信号时频分布

10.4.4　工程应用

为了进一步验证所提方法在工程应用中的有效性，本节将其用于诊断某工厂的重油催化裂化机组碰摩故障[7]。图 10.30 为机组照片及结构示意图，其中，轴承#1 和#2 用于支撑燃气轮机主轴，轴承#3 和#4 支撑压缩机主轴。燃气轮机主轴转速约为 5900r/min (97.8Hz)。在机组运行过程中，发现轴承#2 处的振动较剧烈，几乎超过了安全限度。对此，本节对轴承#2 的振动信号进行分析。此处考虑在不同时间采集的两组信号：在机组刚启动不久采集的信号称为振动信号 1，该信号与机组早期故障有关；在机组运行一段时间后采集的信号称为振动信号 2，该信号反映了机组故障加剧时的运行状态。

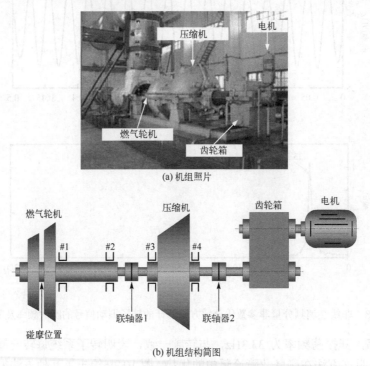

(a) 机组照片

(b) 机组结构简图

图 10.30　重油催化裂化机组

首先分析振动信号 1，其时域波形和频谱如图 10.31 所示。由于故障不明显，只能从信号频谱中观察到两个频率成分，即转频(X)及其二倍频($2X$)。图 10.32 给出了非线性调频分量非参数化分解方法得到的振动信号 1 的时频分布。从图中可以看出，该方法从振动信号中提取出了 7 个信号分量，并且这些分量的瞬时频率都具有振荡现象。

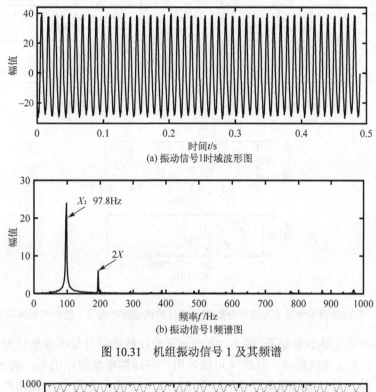

(a) 振动信号1时域波形图

(b) 振动信号1频谱图

图 10.31　机组振动信号 1 及其频谱

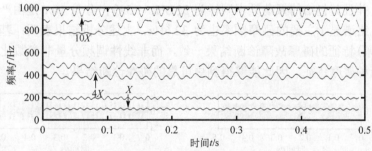

图 10.32　非线性调频分量非参数化分解方法得到的机组振动信号 1 的时频分布

为了进一步研究瞬时频率的振荡特征，以 3 个典型信号分量为例，即转频(X)及其高阶倍频($4X$ 和 $10X$)，给出了这些分量的瞬时频率以及瞬时频率的频谱，如图 10.33 所示。从图 10.33(a) 中可以看出，分量 X 的瞬时频率在转频(97.8Hz)附近振荡，并且其振荡频率与转频一致。该现象表明机组存在碰摩故障。如 10.4.3 节所述，碰摩加剧时能够激发出更多的高频谐波分量，因此高频分量可能包含更丰富的碰摩特征信息。对此，图 10.33(b) 和 (c) 分析了高频分量 $4X$ 和 $10X$ 的瞬时频率的振荡特征。值得注意的是，高频分量 $4X$ 和 $10X$ 的瞬时频率的主要振荡频率为 32.6Hz，恰好是转频的 1/3(记为 $1/3X$)。该结果表明，每三个旋转周期会出现一次严重碰摩。需要说明的是，在信号频谱中(图 10.31)无法识别次谐波频率 1/3X。也就是说，在早期轻微碰摩故障诊断中，调频特征比频谱谐波特征更有效。

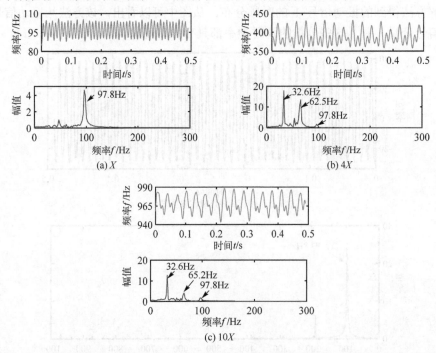

图 10.33　非线性调频分量非参数化分解方法估计的机组振动信号 1 的瞬时频率及其频谱

为了进一步验证上述分析结果，图 10.34 给出了非线性调频分量非参数化分解方法提取的谐波分量 4X 和 10X 及其包络谱。从图中可以看出，在周期碰摩的作用下，谐波分量 4X 具有周期调幅特征，并且其包络的振荡频率同样为 32.6Hz(1/3X)；分量 10X 是由严重碰摩引起的脉冲分量，其包络谱显示主要的碰摩频率也为 32.6Hz。上述分析结果表明：基于调频特征和基于脉冲(或调幅)特征的碰摩故障诊断结果一致，而非线性调频分量非参数化分解方法能够同时提取上述两种碰摩特征，因此能够得到更可靠的碰摩诊断结果。

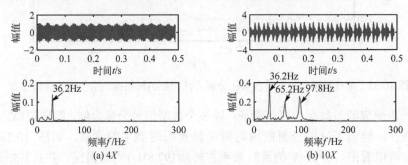

图 10.34　非线性调频分量非参数化分解方法提取的机组振动信号 1 的谐波分量及其包络谱

为了进一步验证上述诊断结果，下面将利用非线性调频分量非参数化分解方法分析振动信号 2。振动信号 2 是在转子碰摩加剧的情况下采集的，其时域波形和频谱如图 10.35 所示。可以看出，由于碰摩加剧，信号波形和频谱变得更复杂，并且频谱中出现了次谐波频率 1/3*X*。图 10.36 为该方法得到的振动信号 2 的时频分布。从图中可以看出，信号包含更多的谐波成分，并且高频谐波的幅值明显增大。时频分布清楚地揭示了瞬时频率的快速振荡现象。

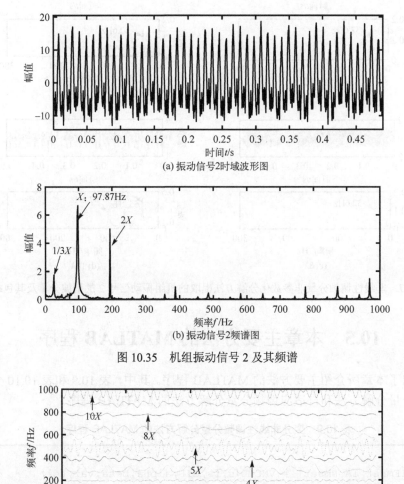

(a) 振动信号2时域波形图

(b) 振动信号2频谱图

图 10.35　机组振动信号 2 及其频谱

图 10.36　非线性调频分量非参数化分解方法得到的机组振动信号 2 的时频分布

　　由于篇幅所限，这里不再分析瞬时频率的振荡特征，而是直接给出能够反映碰摩故障的高频谐波分量(即 4*X*、5*X*、8*X* 和 10*X*)，如图 10.37 所示。从图中可以看出，谐波分量 4*X*、5*X* 和 8*X* 具有周期调幅特征，而分量 10*X* 呈现出明显的周期脉冲特征。从这些分量的包络谱中可以看出，包络信号的主要振荡频率(即碰摩重复频率)为 32.6Hz(1/3*X*)，与前面振动信号 1 的分析结果一致。根据前面振动信号 1 和振动信号 2 的分析结果，可以判定该重油催化裂化机组存在碰摩故障，并且碰摩重复频率为转频的 1/3。在机组停机检修过程中，发现燃气轮机轮毂和气体密封套之间存在碰摩[35]，碰摩位置如图 10.30(b)所示，验证了上述诊断结果。

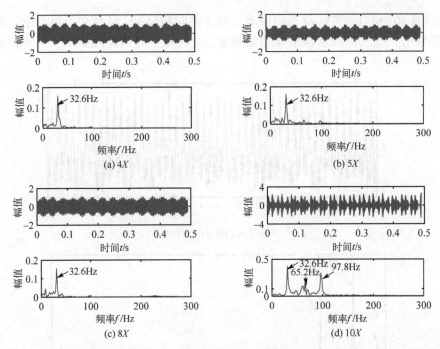

图 10.37　非线性调频分量非参数化分解方法提取的机组振动信号 2 的谐波分量及其包络谱

10.5　本章主要方法的 MATLAB 程序

本节给出了本章所介绍主要方法的 MATLAB 程序。其中,表 10.9 和表 10.10 分别为变分非线性调频分量分解方法和自适应调频分量分解方法的 MATLAB 程序。

表 10.9　变分非线性调频分量分解方法的 MATLAB 程序

```
% 主函数:
function [IFmset IA smset] = VNCMD(s,fs,eIF,alpha,beta,var,tol)
%    s: 信号数据
%    fs: 采样频率
%    eIF: 瞬时频率初值,矩阵行数为分量个数
%    lamuda: 对偶更新向量
%    alpha,beta: 控制滤波器带宽,belta 用于瞬时频率滤波,如果不限制滤波,令 belta = inf
%    var: 噪声方差
%    tol: 收敛判定阈值
%    IFmset: 迭代过程中的瞬时频率
%    smset: 迭代过程中的信号分量
%    IA: 最终收敛之后的信号瞬时幅值
[K,N] = size(eIF);
t = (0:N-1)/fs;
e = ones(N,1);
e2 = -2*e;
e2(1) = -1;e2(end) = -1;                        %消除边界效应
```

```
oper = spdiags([e e2 e], -1:1, N, N);
opedoub = oper'*oper;
sinm = zeros(K,N);cosm = zeros(K,N);
xm = zeros(K,N);ym = zeros(K,N);                    %存放每个分量得到的两个正交分量
iternum = 500;
IFsetiter = zeros(K,N,iternum+1);
IFsetiter(:,:,1) = eIF;                             %存放每次迭代得到的各个分量瞬时频率
ssetiter = zeros(K,N,iternum+1);                    %存放每次迭代得到的各个分量
lamuda = zeros(1,N);                                %对偶更新向量，行向量
for i = 1:K
    sinm(i,:) = sin(2*pi*(cumtrapz(t,eIF(i,:))));
    cosm(i,:) = cos(2*pi*(cumtrapz(t,eIF(i,:))));
    Bm = spdiags(sinm(i,:)', 0, N, N);
    Bdoubm = spdiags((sinm(i,:).^2)', 0, N, N);
    Am = spdiags(cosm(i,:)', 0, N, N);
    Adoubm = spdiags((cosm(i,:).^2)', 0, N, N);
    xm(i,:) = (2/alpha*opedoub + Adoubm)\(Am'*s(:));
    ym(i,:) = (2/alpha*opedoub + Bdoubm)\(Bm'*s(:));
    ssetiter(i,:,1) = xm(i,:).*cosm(i,:) + ym(i,:).*sinm(i,:);
iter = 1;
sDif = tol + 1;
sum_x = sum(xm.*cosm,1);
sum_y = sum(ym.*sinm,1);
while ( sDif > tol && iter <= iternum )
    betathr = 10^(iter/8-10);                       %逐渐增大 beta
    if betathr>beta
        betathr = beta;
    end
    u = projec(s - sum_x - sum_y - lamuda/alpha,var);
    for i = 1:K
        % lamuda = zeros(1,N);
        Bm = spdiags(sinm(i,:)', 0, N, N);
        Bdoubm = spdiags((sinm(i,:).^2)', 0, N, N);
        Am = spdiags(cosm(i,:)', 0, N, N);
        Adoubm = spdiags((cosm(i,:).^2)', 0, N, N);
        sum_x = sum_x - xm(i,:).*cosm(i,:);
        xm(i,:) = (2/alpha*opedoub + Adoubm)\(Am'* (s - sum_x - sum_y - …
            u - lamuda/alpha)')
        interx = xm(i,:).*cosm(i,:);
        sum_x = sum_x + interx;
        sum_y = sum_y - ym(i,:).*sinm(i,:);
        ym(i,:) = (2/alpha*opedoub + Bdoubm)\(Bm'* (s - sum_x - sum_y - …
            u - lamuda/alpha)')
        deltapha = unwrap(atan2(ym(i,:),xm(i,:)));
        deltaIF = Differ(deltapha,1/fs)/2/pi;
```

```
        deltaIF = (2/betathr*opedoub + speye(N))\deltaIF';
        eIF(i,:) = eIF(i,:) - 0.5*deltaIF';
        sinm(i,:) = sin(2*pi*(cumtrapz(t,eIF(i,:))));
        cosm(i,:) = cos(2*pi*(cumtrapz(t,eIF(i,:))));
        %%%%%%%%%%%%%%%更新 sum_x 以及 sum_y%%%%%%%%%%%%%%%%%%
        sum_x = sum_x - interx + xm(i,:).*cosm(i,:);
        sum_y = sum_y + ym(i,:).*sinm(i,:);
        ssetiter(i,:,iter+1) = xm(i,:).*cosm(i,:) + ym(i,:).*sinm(i,:);
    end
    IFsetiter(:,:,iter+1) = eIF;
    lamuda = lamuda + alpha*(u + sum_x + sum_y -s);
    if norm(u + sum_x + sum_y -s)>norm(s)            %大于阈值还未收敛时，重新初始化
        lamuda = zeros(1,length(t));
        for i = 1:K
            Bm = spdiags(sinm(i,:)', 0, N, N);
            Bdoubm = spdiags((sinm(i,:).^2)', 0, N, N);
            Am = spdiags(cosm(i,:)', 0, N, N);
            Adoubm = spdiags((cosm(i,:).^2)', 0, N, N);
            xm(i,:) = (2/alpha*opedoub + Adoubm)\(Am'*s(:));
            ym(i,:) = (2/alpha*opedoub + Bdoubm)\(Bm'*s(:));
            ssetiter(i,:,iter+1) = xm(i,:).*cosm(i,:) + ym(i,:).*sinm(i,:);
        end
        sum_x = sum(xm.*cosm,1);
        sum_y = sum(ym.*sinm,1);
    end
    sDif = 0;
    for i = 1:K
        sDif = sDif + (norm(ssetiter(i,:,iter+1) - ssetiter(i,:,iter))/ …
            norm(ssetiter(i,:,iter))).^2;
    end
    iter = iter + 1;
end
    IFmset = IFsetiter(:,:,1:iter);
    smset = ssetiter(:,:,1:iter);
    IA = sqrt(xm.^2 + ym.^2);
end


% 子函数1:
function ybar = Differ(y,delta)
L = length(y);
ybar = zeros(1,L-2);
for i = 2 : L-1
    ybar(i-1)=(y(i+1)-y(i-1))/(2*delta);
end
ybar = [(y(2)-y(1))/delta,ybar,(y(end)-y(end-1))/delta];
```

续表

```
end

% 子函数2:
function u = projec(vec,var)
M = length(vec);                        %向量维数
e = sqrt(M*var);                        %噪声阈值
u = vec;
if norm(vec) > e
    u = e/norm(vec)*vec;
end
end
```

表 10.10　自适应调频分量分解方法的 MATLAB 程序

```
%主函数:
function [IFsetiter IAest ssetiter alpha coindexset] = …
    ACMD(s,fs,eIF,alpha0,beta,tol)
%   s: 信号数据，行向量
%   fs: 采样频率
%   eIF: 输入的瞬时频率初值
%   alpha0: 惩罚参数初值，控制滤波器带宽
%   beta: 惩罚参数,用于瞬时频率滤波
%   tol: 收敛判定阈值
%   IFsetiter: 迭代过程中的瞬时频率
%   ssetiter: 迭代过程中的信号分量
%   IAest: 最终收敛之后的信号瞬时幅值
%   alpha: 最终收敛之后惩罚参数
%   coindexset: 正交性指标
N = length(eIF);
t = (0:N-1)/fs;
e = ones(N,1);
e2 = -2*e;
oper = spdiags([e e2 e], 0:2, N-2, N);
spzeros = spdiags([zeros(N,1)], 0, N-2, N);
opedoub = oper'*oper;
phim = [oper spzeros;spzeros oper];
phidoubm = phim'*phim;
iternum = 500;
IFsetiter = zeros(iternum,N);
ssetiter = zeros(iternum,N);
ysetiter = zeros(iternum,2*N);
coindexset = zeros(1,iternum);
iter = 1;
sDif = tol + 1;
alpha = alpha0;
while (sDif > tol && iter <= iternum)
```

续表

```
        cosm = cos(2*pi*(cumtrapz(t,eIF)));
        sinm = sin(2*pi*(cumtrapz(t,eIF)));
        Cm = spdiags(cosm(:), 0, N, N);
        Sm = spdiags(sinm(:), 0, N, N);
        Kerm = [Cm Sm]; %kernel matrix
        Kerdoubm = Kerm'*Kerm;
        ym = (1/alpha*phidoubm + Kerdoubm)\(Kerm'*s(:));
        si = Kerm*ym;
        ssetiter(iter,:) = si;
        ysetiter(iter,:) = ym;
        ycm = (ym(1:N))'; ysm = (ym(N+1:end))';
        ycmbar = Differ(ycm,1/fs); ysmbar = Differ(ysm,1/fs);
        deltaIF = (ycm.*ysmbar - ysm.*ycmbar)./(ycm.^2 + ysm.^2)/2/pi;
        deltaIF = (1/beta*opedoub + speye(N))\deltaIF';
        eIF = eIF - deltaIF';% update the IF
        IFsetiter(iter,:) = eIF;
        coindexset(iter) = sum(si.^2)/sum(si(:).*s(:));
        alpha = alpha*coindexset(iter);
        if alpha < 1e-10
            alpha = 1e-6;
        end
        if iter>1
            sDif = (norm(ssetiter(iter,:) - ssetiter(iter-1,:))/ …
                norm(ssetiter(iter-1,:))).^2;
        end
        iter = iter + 1;
    end
    iter = iter -1;
    opindex = iter;
    if iter == iternum
        [~, opindex] = min(abs(coindexset - 1));
    end
    IAest = (sqrt(ycm.^2 + ysm.^2))';
end
```

参　考　文　献

[1]　CHEN S Q, DONG X J, PENG Z K, et al. Nonlinear chirp mode decomposition: a variational method[J]. IEEE transactions on signal processing, 2017, 65(22): 6024-6037.

[2]　CHEN S Q, YANG Y, PENG Z K, et al. Adaptive chirp mode pursuit: algorithm and applications[J]. Mechanical systems and signal processing, 2019, 116: 566-584.

[3]　DRAGOMIRETSKIY K, ZOSSO D. Variational mode decomposition[J]. IEEE transactions on signal processing, 2014, 62(3): 531-544.

[4]　CARSON J R. Notes on the theory of modulation[J]. Proceedings of the institute of radio engineers, 1922, 10(1): 57-64.

[5]　MEIGNEN S, PHAM D H, MCLAUGHLIN S. On demodulation, ridge detection, and synchrosqueezing for multicomponent signals[J]. IEEE transactions on signal processing, 2017, 65(8): 2093-2103.

[6]　PAN M C, LIN Y F. Further exploration of Vold-Kalman-filtering order tracking with shaft-speed information— I : theoretical part, numerical implementation and parameter investigations[J]. Mechanical systems and signal processing, 2006, 20(5): 1134-1154.

[7]　HOU T Y, SHI Z Q. Data-driven time-frequency analysis[J]. Applied and computational harmonic analysis, 2013, 35(2): 284-308.

[8]　HOU T Y, SHI Z Q. Sparse time-frequency decomposition based on dictionary adaptation[J]. Philosophical transactions of the royal society A: mathematical, physical and engineering sciences, 2016, 374(2065): 20150192.

[9]　DU Z H, CHEN X F, ZHANG H, et al. Sparse feature identification based on union of redundant dictionary for wind turbine gearbox fault diagnosis[J]. IEEE transactions on industrial electronics, 2015, 62(10): 6594-6605.

[10]　BOYD S, PARIKH N, CHU E, et al. Distributed optimization and statistical learning via the alternating direction method of multipliers[J]. Foundations and trends® in machine learning, 2010, 3(1): 1-122.

[11]　PARIKH N, BOYD S. Proximal algorithms[J]. Foundations and trends® in optimization, 2014, 1(3): 127-239.

[12]　SADEGHI M, BABAIE-ZADEH M. Iterative sparsification-projection: fast and robust sparse signal approximation[J]. IEEE transactions on signal processing, 2016, 64(21): 5536-5548.

[13]　MCNEILL S I. Decomposing a signal into short-time narrow-banded modes[J]. Journal of sound and vibration, 2016, 373: 325-339.

[14]　GOLDSTEIN T, O'DONOGHUE B, SETZER S, et al. Fast alternating direction optimization methods[J]. SIAM journal on imaging sciences, 2014, 7(3): 1588-1623.

[15]　MILLIOZ F, MARTIN N. Circularity of the STFT and spectral kurtosis for time-frequency segmentation in Gaussian environment[J]. IEEE transactions on signal processing, 2011, 59(2): 515-524.

[16]　MALLAT S G, ZHANG Z F. Matching pursuits with time-frequency dictionaries[J]. IEEE transactions on signal processing, 1993, 41(12): 3397-3415.

[17]　PENG S L, HWANG W L. Null space pursuit: an operator-based approach to adaptive signal separation[J]. IEEE transactions on signal processing, 2010, 58(5): 2475-2483.

[18]　HOU T Y, SHI Z Q. Adaptive data analysis via sparse time-frequency representation[J]. Advances in adaptive data analysis, 2011, 3(01n02): 1-28.

[19]　FELDMAN M. Time-varying vibration decomposition and analysis based on the Hilbert transform[J]. Journal of sound and vibration, 2006(3/4/5), 295: 518-530.

[20]　WEI D, BOVIK A C. On the instantaneous frequencies of multicomponent AM-FM signals[J]. IEEE signal processing letters, 1998, 5(4): 84-86.

[21]　LI H, LI Z, MO W. A time varying filter approach for empirical mode decomposition[J]. Signal processing, 2017, 138: 146-158.

[22]　GUO B K, PENG S L, HU X Y, et al. Complex-valued differential operator-based method for multi-component signal separation[J]. Signal processing, 2017, 132: 66-76.

[23] RILLING G, FLANDRIN P. One or two frequencies? The empirical mode decomposition answers[J]. IEEE transactions on signal processing, 2008, 56(1): 85-95.

[24] EHRICH F F. High order subharmonic response of high speed rotors in bearing clearance[J]. Journal of vibration, acoustics, stress, and reliability in design, 1988, 110(1): 9-16.

[25] PENNACCHI P, BACHSCHMID N, TANZI E. Light and short arc rubs in rotating machines: experimental tests and modelling[J]. Mechanical systems and signal processing, 2009, 23(7): 2205-2227.

[26] MA H, WU Z Y, TAI X Y, et al. Dynamic characteristics analysis of a rotor system with two types of limiters[J]. International journal of mechanical sciences, 2014, 88: 192-201.

[27] PENG Z K, CHU F L, TSE P W. Detection of the rubbing-caused impacts for rotor-stator fault diagnosis using reassigned scalogram[J]. Mechanical systems and signal processing, 2005, 19(2): 391-409.

[28] CHENG J S, YU D J, TANG J S, et al. Application of SVM and SVD technique based on EMD to the fault diagnosis of the rotating machinery[J]. Shock and vibration, 2009, 16(1): 89-98.

[29] PENG Z, HE Y, LU Q, et al. Feature extraction of the rub-impact rotor system by means of wavelet analysis[J]. Journal of sound and vibration, 2003, 259(4): 1000-1010.

[30] WANG Y X, HE Z J, ZI Y Y. A demodulation method based on improved local mean decomposition and its application in rub-impact fault diagnosis[J]. Measurement science and technology, 2009, 20(2): 025704.

[31] CHU F, ZHANG Z. Bifurcation and chaos in a rub-impact Jeffcott rotor system[J]. Journal of sound and vibration, 1998, 210(1): 1-18.

[32] HUANG N E, SHEN Z, LONG S R, et al. The empirical mode decomposition and the Hilbert spectrum for nonlinear and non-stationary time series analysis[J]. Proceedings of the royal society of London series A: mathematical, physical and engineering sciences, 1998, 454(1971): 903-995.

[33] CHU F L, LU W X. Stiffening effect of the rotor during the rotor-to-stator rub in a rotating machine[J]. Journal of sound and vibration, 2007, 308(3/4/5): 758-766.

[34] WANG S B, YANG L H, CHEN X F, et al. Nonlinear squeezing time-frequency transform and application in rotor rub-impact fault diagnosis[J]. Journal of manufacturing science and engineering, 2017, 139(10): 101005.

[35] 王诗彬. 机械故障诊断的匹配时频分析原理及其应用研究[D]. 西安: 西安交通大学, 2015.

第 11 章 频散信号参数化时频分析与分解

频散信号是一种具有频变特性的非平稳信号，广泛应用于结构健康监测[1]、无损检测[2]、水下声学[3]和生物医学[4]等领域。群延迟（group delay，GD）定义为相位函数对频率的导数，是描述频散信号频变特性的重要物理量[5, 6]。实际频散信号通常包含多个频散分量，这些分量的群延迟曲线时常出现相互交叉现象[7]，精准估计群延迟曲线并准确提取频散分量对实际应用至关重要。为此，Yang 等[8]在参数化时频变换的基础上提出了频域参数化时频变换方法。该方法给出了频域参数化时频变换的统一数学定义，并以多项式和泛谐波为变换核提出了多项式频延变换（frequency-domain polynomial chirplet transform，FPCT）[5]和泛谐波频延变换（frequency-domain generalized warblet transform，FGWT）[6]。频域参数化时频变换可以有效分析非线性频散信号，获得具有高集中度的时频表示，从而精准估计非线性群延迟。与时域参数化时频变换类似，频域方法的研究对象也为单分量频散信号，并且当参数化模型与信号群延迟变化规律不匹配时，难以获得期望的时频表示结果。频散补偿方法（dispersion compensation method，DCM）是一种广为应用的多分量频散信号分析技术[9, 10]。该方法通过频散补偿将具有频率变化特性的频散分量转换为瞬态脉冲，然后通过短时矩形窗分离瞬态脉冲信号。然而，该方法无法分离在时频域重叠或交叉的频散分量。为了解决这一问题，Chen 等将非线性调频分量分解[11, 12]的最优解调思想和联合优化策略运用于频散信号分析，提出广义频散分量分解[13]（generalized dispersive mode decomposition，GDMD）方法。该方法通过一种联合优化算法精确估计交叉频散分量的群延迟，进而实现频散分量分离。此外，根据 GDMD 方法的输出结果可以构造高质量的时频分布，清晰地揭示多分量频散信号的时频特征。

11.1 广义频散分量模型

频散信号是一种具有频变特性的非平稳信号，通常包含多个频散分量，这些分量的群延迟曲线往往相互交叉。为表征信号的频散特性，首先定义广义频散分量（generalized dispersive mode，GDM）。

定义 11.1 若信号 $s(t)$ 的傅里叶变换 $S(f) = \int_{-\infty}^{\infty} s(t)\exp(-\mathrm{j}2\pi ft)\mathrm{d}t$ 为

$$S(f) = A(f)\exp\left\{-\mathrm{j}\left[2\pi\int_0^f \tau(\lambda)\mathrm{d}\lambda + \varphi\right]\right\} \tag{11.1}$$

则称 $s(t)$ 为广义频散分量，其中 $A(f)$ 和 $\tau(f)$ 满足以下条件：

$$A \in C^1(\mathbb{R}) \bigcap L^\infty(\mathbb{R}), \quad \tau \in C^1(\mathbb{R})$$

$$\inf_{f\in\mathbb{R}} A(f) > 0, \quad \inf_{f\in\mathbb{R}} \tau(f) > 0$$

$$\sup_{f\in\mathbb{R}}\tau(f)<\infty\ ,\quad \sup_{f\in\mathbb{R}}\left|\tau'(f)\right|<\infty$$

$$\left|A'(f)\right|,\left|\tau'(f)\right|\leqslant\varepsilon\ ,\quad \forall f\in\mathbb{R}$$

其中，$j=\sqrt{-1}$；f 代表频率变量；$A(f)$、$\tau(f)$ 和 φ 分别表示频域信号 $S(f)$ 的幅值、群延迟和初始相位；$\varepsilon>0$ 控制 $A(f)$ 和 $\tau(f)$ 的变化率。需要注意的是，式(11.1)的相位函数前添加负号，用于反映其延时特性。式(11.1)表明广义频散分量可以有效表征频率变化的幅值和群延迟。

实际频散信号通常包含多个频散分量和环境噪声，因此可以表示为

$$S(f)=\sum_{i=1}^{M}S_i(f)+\eta(f)$$

$$=\sum_{i=1}^{M}A_i(f)\exp\left\{-j\left[2\pi\int_0^f\tau_i(\lambda)\mathrm{d}\lambda+\varphi_i\right]\right\}+\eta(f)$$

(11.2)

其中，M 为频散分量个数；$S_i(f)$ 为式(11.1)中定义的第 i 个分量；$\eta(f)$ 表示频域噪声。

需要说明的是，第 6 章所定义的非线性调频分量和本章的广义频散分量之间存在明显的双重对偶关系。前者用于时变信号特征(如瞬时频率)建模，后者用于频散特征(如群延迟)建模，两者都有广泛的应用。图 11.1 给出了典型的瞬时频率和群延迟的示意图。正如前面所述，广义频散分量不仅可以模拟导波这样的宽带频散信号，还可以模拟脉冲信号(即群延迟几乎恒定，时频分布几乎平行于频率轴)，这在机械故障诊断中已得到广泛的研究[14-16]。

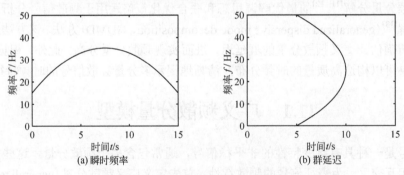

图 11.1　瞬时频率和群延迟的示意图

11.2　频散信号参数化时频变换

第 4 章所介绍的参数化时频变换方法可实现复杂非线性调频信号高集中度时频表征及其瞬时频率精准估计。然而，该方法难以分析频散信号，特别是具有非线性局部群延迟的非平稳信号。因此，为有效分析非线性频散信号，上海交通大学的彭志科等提出频域参数化时频变换方法。该方法首先给出了参数化时频变换统一数学定义的频域对偶定义，然后在此基础上分别提出了多项式频延变换[5]和泛谐波频延变换[6]。

11.2.1　频域参数化时频变换统一定义

对于定义 11.1 中的频散信号 $s(t)$，广义参数化时频变换的频域对偶定义为

$$\mathrm{FTF}_S(t,f;Q) = \frac{1}{2\pi}\int_{-\infty}^{+\infty} \bar{Z}(\theta)G_\sigma^*(\theta-f)\exp(\mathrm{j}\theta t)\mathrm{d}\theta \tag{11.3}$$

其中

$$\bar{Z}(\theta) = S(\theta)\cdot \Gamma_Q^R(\theta)\cdot \Gamma_{f,Q}^S(\theta)$$

$$\Gamma_Q^R(\theta) = \exp\left[-\mathrm{j}\int_0^\theta \gamma_Q(f)\mathrm{d}f\right]$$

$$\Gamma_{f,Q}^S(\theta) = \exp[\mathrm{j}\theta\cdot\gamma_Q(f)]$$

其中，$G_\sigma(\theta) = F[g_\sigma(t)] = \int_{-\infty}^{+\infty} g_\sigma(t)\exp(-\mathrm{j}\theta t)\mathrm{d}t$ 为频窗函数；$\Gamma_Q^R(\theta)$ 和 $\Gamma_{f,Q}^S(\theta)$ 分别为由频域变换核参数 Q 定义的频延旋转算子和平移算子；$\gamma_Q(\theta)$ 为任意对频率连续可积的变换核。当 $\gamma_Q(\theta) = 0$ 时，式 (11.3) 将退化为短频傅里叶变换 (short frequency Fourier transform，SFFT)，因此参数化时频变换的频域对偶定义可分解为三个变换算子，即频延旋转算子、频延平移算子和短频傅里叶变换算子。该频域对偶定义的原理与时域定义相似，区别在于前者采用的频延旋转算子和平移算子是频率的函数，通过对信号局部群延迟进行旋转和平移，从而得到集中度较高的时频表示，其脊线位置代表信号局部群延迟曲线；后者采用的频率旋转和平移算子是时间的函数。

与时域定义一样，频域对偶定义也具有线性可加性、时移不变性和频移不变性，证明过程与 4.1.2 节中一致，此处从略。值得注意的是，当瞬时频率和局部群延迟均单调可逆时，参数化时频变换与频域参数化时频变换等价，而当它们分别是时间或频率的非线性函数时，两种变换则不等价。因此，具有非线性局部群延迟的非平稳信号不能采用参数化时频变换进行分析，反之亦然。

11.2.2　多项式频延变换和泛谐波频延变换

与参数化时频变换一样，当选择不同变换核时，在频域参数化时频变换统一定义框架基础上可发展出不同的群延迟变换。本节分别介绍基于多项式变换核和泛谐波变换核的频延变换。

基于多项式频延旋转算子和平移算子的频延变换称为多项式频延变换[5]，定义为

$$\mathrm{FPCT}_S(t,f;q_1,q_2,\cdots,q_n) = \frac{1}{2\pi}\int_{-\infty}^{+\infty} \bar{Z}_{q_1,q_2,\cdots,q_n}(\theta)G_\sigma^*(\theta-f)\exp(\mathrm{j}\theta t)\mathrm{d}\theta \tag{11.4}$$

其中

$$\bar{Z}_{q_1,q_2,\cdots,q_n}(\theta) = S(\theta)\cdot \Gamma_{q_1,q_2,\cdots,q_n}^R(f)\cdot \Gamma_{f,q_1,q_2,\cdots,q_n}^S(\theta)$$

$$\Gamma_{q_1,q_2,\cdots,q_n}^R(\theta) = \exp\left(-\mathrm{j}\sum_{i=2}^{n+1}\frac{1}{i}q_{i-1}\theta^i\right)$$

$$\Gamma^S_{f,q_1,q_2,\cdots,q_n}(\theta) = \exp\left(j\theta \cdot \sum_{i=2}^{n+1} \frac{1}{i} q_{i-1} f^{i-1}\right)$$

其中，$\Gamma^R_{q_1,q_2,\cdots,q_n}(\theta)$ 和 $\Gamma^S_{f,q_1,q_2,\cdots,q_n}(\theta)$ 分别为频延旋转算子和平移算子；n 为多项式阶数；$\{q_1,q_2,\cdots,q_n\}$ 为多项式频延变换的多项式变换核的参数向量。

类似地，通过将泛谐波作为变换核，定义泛谐波频延变换[6]为

$$\mathrm{FGWT}_S(t,f;\hat{\boldsymbol{a}},\hat{\boldsymbol{b}},\hat{\boldsymbol{h}}) = \frac{1}{2\pi}\int_{-\infty}^{+\infty} \overline{Z}_{\hat{a},\hat{b},\hat{h}}(\theta) G^*_\sigma(\theta - f)\exp(j\theta t)\mathrm{d}\theta \tag{11.5}$$

其中

$$\overline{Z}_{\hat{a},\hat{b},\hat{h}}(\theta) = S(\theta) \cdot \Gamma^R_{\hat{a},\hat{b},\hat{h}}(\theta) \cdot \Gamma^S_{f,\hat{a},\hat{b},\hat{h}}(\theta)$$

$$\Gamma^R_{\hat{a},\hat{b},\hat{h}}(\theta) = \exp\left\{-j\left[\sum_{i=1}^{m}\frac{\hat{a}_i}{\hat{h}_i}\cos(2\pi \cdot \hat{h}_i \cdot \theta) + \sum_{i=1}^{m}\frac{\hat{b}_i}{\hat{h}_i}\cos(2\pi \cdot \hat{h}_i \cdot \theta)\right]\right\}$$

$$\Gamma^S_{f,\hat{a},\hat{b},\hat{h}}(\theta) = \exp\left\{j2\pi\theta\left[-\sum_{i=1}^{m}\hat{a}_i\sin(2\pi \cdot \hat{h}_i \cdot f) + \sum_{i=1}^{m}\hat{b}_i\cos(2\pi \cdot \hat{h}_i \cdot f)\right]\right\}$$

其中，m 为泛谐波的谐波阶数；$\{\hat{a}_1,\hat{a}_2,\cdots,\hat{a}_m\}$、$\{\hat{b}_1,\hat{b}_2,\cdots,\hat{b}_m\}$、$\{\hat{h}_1,\hat{h}_2,\cdots,\hat{h}_m\}$ 分别为泛谐波变换核的正弦项系数、余弦项系数和谐波频率；$\Gamma^R_{\hat{a},\hat{b},\hat{h}}(\theta)$ 和 $\Gamma^S_{f,\hat{a},\hat{b},\hat{h}}(\theta)$ 分别为泛谐波频延旋转算子和平移算子。

从式(11.4)和式(11.5)可以看出，多项式频延变换和泛谐波频延变换分别与多项式调频小波变换和泛谐波调频小波变换的工作原理相似，区别在于频延变换中两个算子旋转和平移的对象是信号局部群延迟，而调频小波变换中旋转和平移的是信号瞬时频率。

11.2.3　仿真算例

本节通过两个仿真算例分别说明两种频域参数化时频变换的有效性。

【例 11.1】　多项式频延变换示例

首先应用多项式频延变换分析一个频散噪声信号：

$$S(f) = \exp[-j2\pi(-0.0054f^3 + 0.36f^2 + 4.78f)] \tag{11.6}$$

其中，该信号的群延迟为 $\tau(f) = -0.0162f^2 + 0.72f + 4.78$，采样频率为 100Hz，同样受到强噪声污染，信噪比为 -5dB。信号的时域波形和 SFFT 时频分布如图 11.2 所示，其中，时域波形通过对式(11.6)进行傅里叶逆变换得到。由图可知，噪声几乎完全淹没了该信号的时域特征，短傅里叶变换的时频集中性较差，难以观察到该信号的频散特征。应用多项式频延变换方法分析该信号，对应的 MATLAB 计算程序如表 11.1 所示。其中，多项式频延变换函数 FPCT( ) 的 MATLAB 程序参见 11.5 节。图 11.3 给出了多项式频延变换获得的时频分布和基于多项式频延变换提取的时频脊线。由图可知，多项式频延变换通过多项式频延变换核准确逼近该信号群延迟，从而获得具有较高集中度的时频表示，进一步通过提取该时频分布的脊线获得了该信号的非线性群延迟。

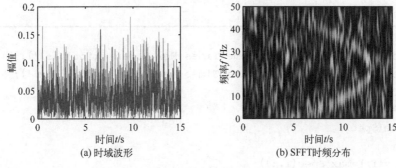

图 11.2　仿真信号(11.6)

表 11.1　频散信号(例 11.1)多项式频延变换的 MATLAB 程序

```
clc;clear;close all
N = 1500;
SampFreq = 100;
t = (0:N-1)/SampFreq;
f = (0:N/2)*SampFreq/N;
Sig = exp(-1i*2*pi*(4.78*f + 0.36*f.^2 - 0.0054*f.^3));
GD = -0.0162*f.^2+0.72*f+4.78;
iDFs1 = [Sig,conj(fliplr(Sig(2:ceil(N/2))))];
ifftSig1 = ifft(iDFs1);
sig = real(ifftSig1);
%% 无噪声信号时域波形
figure
plot(t,abs(sig),'b','linewidth',1);
xlabel('\fontname{宋体}时间\fontname{Times New Roman}{\itt} (s)');
ylabel('\fontname{宋体}幅值');
%% 噪声信号时域波形
iSig = awgn(sig,-5,'measured');
figure
plot(t,abs(iSig),'b','linewidth',1);
xlabel('\fontname{宋体}时间\fontname{Times New Roman}{\itt} (s)');
ylabel('\fontname{宋体}幅值');
%% 短频傅里叶变换
figure
[Spec,f1] = FPCT(iSig',SampFreq,0,1024,256);
imagesc(t,f1,Spec);
xlabel('\fontname{宋体}时间\fontname{Times New Roman}{\itt} (s)');
ylabel('\fontname{宋体}频率\fontname{Times New Roman}{\itf} (Hz)');
set(gca,'YDir','normal');
%% 频域参数化时频变换
[~, I] = max(Spec,[],2);
[~, z] = polylsqr(f1,t(I),2);
figure
[Spec,f1,t] = FPCT(iSig',SampFreq,z(2:end),1024,256);
```

```
imagesc(t,f1,Spec);
xlabel('\fontname{宋体}时间\fontname{Times New Roman}{\itt} (s)');
ylabel('\fontname{宋体}频率\fontname{Times New Roman}{\itf} (Hz)');
set(gca,'YDir','normal');
%% 脊线提取群时延
[m n] = size(Spec);
for i = 1:m
    [Max(i) v(i)]=max(Spec(i,:));
end
figure
h1=plot(GD,f,'b','linewidth',2)
hold on
h2=plot(t(v),f1,'ro','linewidth',2)
xlabel('\fontname{宋体}时间\fontname{Times New Roman}{\itt} (s)');
ylabel('\fontname{宋体}频率\fontname{Times New Roman}{\itf} (Hz)');
legend([h1(1,1),h2(1,1)],{'真实值','估计值'})
```

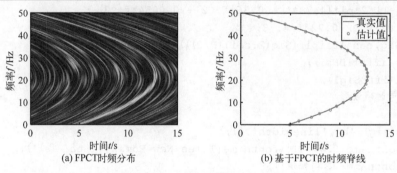

(a) FPCT时频分布　　　　　　　(b) 基于FPCT的时频脊线

图 11.3　FPCT 分析结果(11.6)

【例 11.2】 泛谐波频延变换示例

其次，应用泛谐波频延变换分析一个频散噪声信号：

$$S(f) = \exp\left[-j2\pi\left(-\frac{1}{300}f^3 + \frac{1}{20}f^2 + 4f + 10\cos(0.1f)\right)\right] \tag{11.7}$$

其中，该信号的群延迟为 $\tau(f) = -0.01f^2 + 0.1f + 4 - \sin(0.1f)$，采样频率为 200Hz，且受到强噪声污染，信噪比为 –5dB。该信号的时域波形和短频傅里叶变换(SFFT)获得的时频分布如图 11.4 所示，其中时域波形通过对式(11.7)进行傅里叶逆变换得到。由图可知，尽管信号持续时间为 4~8s，但由于噪声影响，时域波形中几乎不能观察到任何信号特征，短频傅里叶变换的时频集中性较差，也难以观察到该信号的频散特征。应用泛谐波频延变换方法分析该信号，对应的 MATLAB 程序如表 11.2 所示。图 11.5 给出了泛谐波频延变换获得的时频分布和基于泛谐波频延变换提取的时频脊线。由图可知，泛谐波频延变换通过泛谐波频延变换核准确逼近该信号群延迟，从而获得具有较高集中度的时频表示，进一步通过提取该时频分布的脊线即可获得该信号的非线性群延迟。

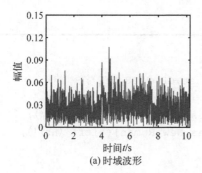

(a) 时域波形

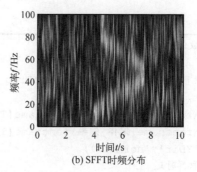

(b) SFFT时频分布

图 11.4　仿真信号(11.7)

表 11.2　频散信号(例 11.2)泛谐波频延变换的 MATLAB 程序

```
clc;clear;
close all
N = 2048;
SampFreq = 200;
t = (0:N)/SampFreq;
f = (0:N/2)*SampFreq/N;
Phase = -2*pi*(4*f+0.1*f.^2/2-0.001*f.^3/3+10*cos(0.1*f));
GD = 4+0.1*f-0.001*f.^2-sin(0.1*f);
Y_temp = exp(1i*Phase);
Y_temp_n = awgn(Y_temp,-5,'measured');
sig = [zeros(1,1024) Y_temp];
sig =ifft(sig);
sig = sig(1:2049);
sig_n = [zeros(1,1024) Y_temp_n];
sig_n = ifft(sig_n);
sig_n = sig_n(1:2049);
%% 无噪声信号时域波形
figure
plot(t,abs(sig),'b','linewidth',2);
xlabel('\fontname{宋体}时间\fontname{Times New Roman}{\itt} (s)');
ylabel('\fontname{宋体}幅值');
%% 噪声信号时域波形
figure
plot(t,abs(sig_n),'b','linewidth',2);
xlabel('\fontname{宋体}时间\fontname{Times New Roman}{\itt} (s)');
ylabel('\fontname{宋体}幅值');
%% 短频傅里叶变换
figure
[Spec,f,t] = FGWT(Y_temp_n.',SampFreq,0,0,2048,512);%rate(:,1)
imagesc(t,f,Spec);
xlabel('\fontname{宋体}时间\fontname{Times New Roman}{\itt} (s)');
ylabel('\fontname{宋体}频率\fontname{Times New Roman}{\itf} (Hz)'6);
set(gca,'YDir','normal');
```

```
%% 频域参数化时频变换
figure
[Spec,f,t] =FGWT(Y_temp_n.',SampFreq,Phase,GD,2048,512);
imagesc(t,f,Spec);
xlabel('\fontname{宋体}时间\fontname{Times New Roman}{\itt} (s)');
ylabel('\fontname{宋体}频率\fontname{Times New Roman}{\itf} (Hz)');
set(gca,'YDir','normal');
%% 脊线提取群时延
[m n] = size(Spec);
for i = 1:m
    [Max(i) v(i)]=max(Spec(i,:));
end
figure
h1=plot(GD,f,'b','linewidth',2)
hold on
h2=plot(t(v),f,'r-o','linewidth',2)
xlabel('\fontname{宋体}时间\fontname{Times New Roman}{\itt} (s)');
ylabel('\fontname{宋体}频率\fontname{Times New Roman}{\itf} (Hz)');
legend([h1(1,1),h2(1,1)],{'真实值','估计值'})
```

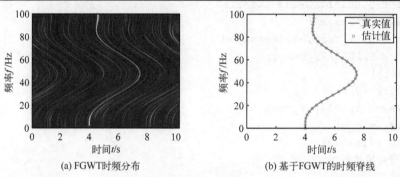

(a) FGWT时频分布　　　　　　　　　(b) 基于FGWT的时频脊线

图 11.5　FGWT 分析结果(11.7)

11.3　广义频散分量分解

　　频域参数化时频变换的单核属性使其仅限于单分量信号，不能在一次执行中完全表征所有信号分量，且当通用参数化模型与信号不匹配时，无法获得期望的信号分解结果。第 10 章介绍的变分非线性调频分量分解方法可自适应分解多分量信号，具有较高的时频分辨率和良好的噪声鲁棒性。上海交通大学的彭志科等基于时域和频域的对偶关系，将非线性调频分量分解的最优解调思想和联合优化策略[11]运用于频散信号分析，提出了广义频散分量分解方法。

11.3.1　理论基础与基本原理

　　对于如式(11.2)所示的多分量频散信号，通过对每个信号分量引入辅助时间延迟 $\tilde{\tau}_i(f)$，可以表示为

$$S(f) = \sum_{i=1}^{M} G_i(f) \exp\left[-\mathrm{j}2\pi \int_0^f \overline{\tau}_i(\lambda)\mathrm{d}\lambda \right] + \eta(f) \tag{11.8}$$

其中

$$G_i(f) = A_i(f) \exp\left\{ -\mathrm{j}\left\{ 2\pi \int_0^f [\tau_i(\lambda) - \overline{\tau}_i(\lambda)]\mathrm{d}\lambda + \varphi_i \right\} \right\} \tag{11.9}$$

由式(11.9)可知，与频率解调相似，式(11.9)表示频散补偿[9]且 $\overline{\tau}_i(f)$ 表示补偿量。理论上，当 $\overline{\tau}_i(f) = \tau_i(f)$ 时，$G_i(f)$ 的频散效应将会完全消失，从而产生位于 $\tau = 0$ 处的瞬时脉冲(持续时间很短)，即频散补偿可用于减小频散效应，从而缩短频散信号的有效持续时间。因此，GDMD 方法将频散信号分解问题表述为频散补偿的最优化问题，同时搜索最优的群延迟和频散分量，其中，最优群延迟使得信号在频散补偿之后具有最短持续时间(纯瞬态脉冲)。此外，为了处理重叠分量，采用高分辨率联合优化策略同时估计所有信号分量，该方法可以精确分配交叉点处重叠分量的能量。具体而言，GDMD 方法的表述为

$$\min_{\{G_i(f)\},\{\overline{\tau}_i(f)\}} \left\{ \sum_{i=1}^{M} \left\| G_i''(f) \right\|_2^2 + \alpha \left\| S(f) - \sum_{i=1}^{M} S_i(f) \right\|_2^2 \right\} \tag{11.10}$$

其中

$$S_i(f) = G_i(f) \exp\left[-\mathrm{j}2\pi \int_0^f \overline{\tau}_i(\lambda)\mathrm{d}\lambda \right]$$

与第 10 章变分非线性调频分量分解的信号带宽评估方法[11, 12]相似，GDMD 方法通过二阶导数的平方的 l_2 范数评估频域信号的平滑度，并评估其在时域中的持续时间[17]。图 11.6 展示了 GDMD 方法的频散补偿原理。

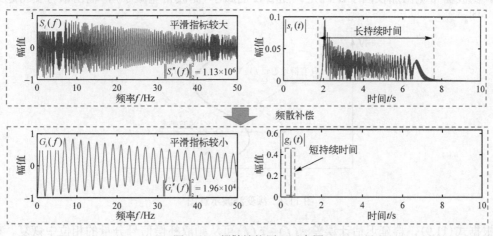

图 11.6 频散补偿原理示意图

假定频域信号在 $f = f_0, \cdots, f_{N-1}$ 处采样，N 为频率采样数量，式(11.10)可以表示为

$$\min_{\boldsymbol{g},\boldsymbol{K}}[\mathcal{J}_\alpha(\boldsymbol{g},\boldsymbol{K})] = \min_{\boldsymbol{g},\boldsymbol{K}}\left\{ \left\| \boldsymbol{\Psi}\boldsymbol{g} \right\|_2^2 + \alpha \left\| \boldsymbol{s} - \boldsymbol{K}\boldsymbol{g} \right\|_2^2 \right\} \tag{11.11}$$

其中，$\boldsymbol{s} = [S(f_0),\cdots,S(f_{N-1})]^{\mathrm{T}}$；$\boldsymbol{g} = [(\boldsymbol{g}_1)^{\mathrm{T}},\cdots,(\boldsymbol{g}_M)^{\mathrm{T}}]^{\mathrm{T}}$，其中 $\boldsymbol{g}_i = [G_i(f_0),\cdots,G_i(f_{N-1})]^{\mathrm{T}}$，$(i = 1,\cdots,M)$，上标 T 表示转置；核矩阵 $\boldsymbol{K}$ 为

$$K = [K_1, \cdots, K_M] \tag{11.12}$$

其中，K_i 表示对角矩阵：

$$K_i = \mathrm{diag}[\exp[-\mathrm{j}\theta_i(f_0)], \cdots, \exp[-\mathrm{j}\theta_i(f_{N-1})]]] \tag{11.13}$$

其中，$\theta_i(f) = 2\pi \int_0^f \overline{\tau}_i(\lambda)\mathrm{d}\lambda$。式 (11.11) 中矩阵 $\boldsymbol{\Psi}$ 表示 M 个频散分量的二阶差分运算：

$$\boldsymbol{\Psi} = \mathrm{diag}[\underbrace{\boldsymbol{\Lambda}, \cdots, \boldsymbol{\Lambda}}_{M \text{ 个矩阵}}] \tag{11.14}$$

其中，$\boldsymbol{\Lambda}$ 为二阶差分矩阵。

　　GDMD 方法通过引入一种迭代算法求解式 (11.11) 中的优化问题。在第 n 次迭代中，令式 (11.11) 的梯度为零，向量 $\boldsymbol{g}$ 可通过式 (11.15) 更新：

$$\boldsymbol{g}^{(n+1)} = \begin{bmatrix} \boldsymbol{g}_1^{(n+1)} \\ \vdots \\ \boldsymbol{g}_M^{(n+1)} \end{bmatrix} = \boldsymbol{g}\big|_{\partial \mathcal{J}_\alpha(\boldsymbol{g}, \boldsymbol{K}^{(n)})/\partial \boldsymbol{g}=0} = \left[\frac{1}{\alpha} \boldsymbol{\Psi}^\mathrm{T} \boldsymbol{\Psi} + (\boldsymbol{K}^{(n)})^\mathrm{H} \boldsymbol{K}^{(n)} \right]^{-1} (\boldsymbol{K}^{(n)})^\mathrm{H} \boldsymbol{s} \tag{11.15}$$

其中，上标 H 和 (n) 分别表示共轭转置和迭代次数。$\boldsymbol{K}^{(n)}$ 根据更新后的群延迟 $\tau_i^{(n)}(f)$ 构造，然后分离每个信号分量：

$$\boldsymbol{s}_i^{(n+1)} = \boldsymbol{K}_i^{(n)} \boldsymbol{g}_i^{(n+1)} \tag{11.16}$$

其中，$\boldsymbol{K}_i^{(n)}$ 为 $\boldsymbol{K}^{(n)}$ 的子矩阵。式 (11.15) 和式 (11.16) 本质上为频散分量的频率滤波器，如图 11.7 所示。滤波器带宽由加权因子 α 确定。随着 α 的减小（滤波带宽减小），输出信号变得越来越光滑[17,18]。

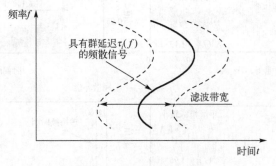

图 11.7　频变滤波示意图

　　根据式 (11.9)，群延迟估计误差 $\tau_i(f) - \overline{\tau}_i(f)$ 可从频散补偿信号分量的相位中恢复。在第 n 次迭代中，通过式 (11.15) 更新 $G_i(f)$ 后，群延迟通过式 (11.17) 获得

$$\Delta\tau_i^{(n+1)}(f) = -\frac{1}{2\pi} \left\{ \frac{\mathrm{d}}{\mathrm{d}f} \{\mathrm{unwrap}[\angle G_i^{(n+1)}(f)]\} \right\} \tag{11.17}$$

其中，$\angle$ 表示相位角；unwrap$(\cdot)$ 表示相位的展开。考虑到噪声的影响，利用低通滤波器对式 (11.17) 中的 $\Delta\tau_i^{(n+1)}(f)$ 进行预处理。群延迟的最终表达式为

$$\tau_i^{(n+1)} = \tau_i^{(n)} + \underbrace{\left(\frac{1}{\upsilon}\boldsymbol{\Lambda}^{\mathrm{T}}\boldsymbol{\Lambda} + \boldsymbol{E}\right)^{-1}}_{\text{低通滤波器}} \Delta\tau_i^{(n+1)} \tag{11.18}$$

其中，$\Delta\tau_i^{(n+1)} = [\Delta\tau_i^{(n+1)}(f_0),\cdots,\Delta\tau_i^{(n+1)}(f_{N-1})]^{\mathrm{T}}$；$\tau_i^{(n)} = [\tau_i^{(n)}(f_0),\cdots,\tau_i^{(n)}(f_{N-1})]^{\mathrm{T}}$；$\boldsymbol{E}$ 为单位矩阵；υ 为控制输出群延迟光滑度的权重因子[19]。新估计的群延迟 $\tau_i^{(n+1)}(f)$ 用于更新矩阵 $\boldsymbol{K}^{(n+1)}$，然后在下一次迭代中执行式 (11.15)～式 (11.18)。当两个连续迭代之间提取的分量几乎没有变化时，停止迭代。

值得注意的是，上述算法在频域中提取频散分量，然后使用傅里叶逆变换恢复分量的时域波形。GDMD 方法的流程图如图 11.8 所示。由图 11.8 可知，GDMD 方法的输出结果包括群延迟和频散分量。幅值函数对分量取模 $\tilde{A}_i(f) = |\tilde{S}_i(f)|$，利用振幅和群延迟，多分量频散信号的高质量时频分布可以构建为

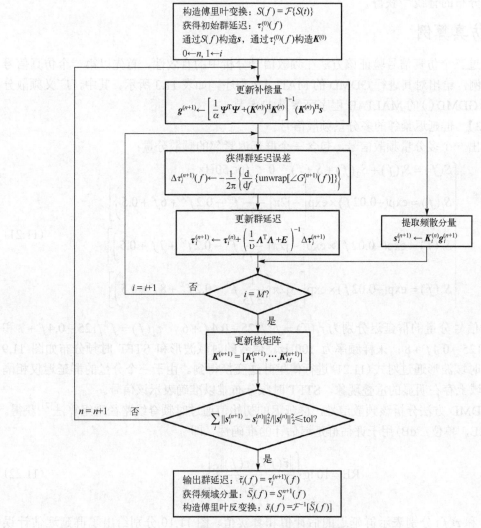

图 11.8　GDMD 方法的流程图

$$\text{TFD}(t, f) = \sum_{i=1}^{M} \tilde{A}_i(f)\delta[t - \tilde{\tau}_i(f)] \tag{11.19}$$

其中，$\delta(\cdot)$ 表示狄拉克函数，定义为

$$\delta(t) = \begin{cases} 1, & t = 0 \\ 0, & t \neq 0 \end{cases} \tag{11.20}$$

　　GDMD 方法采用联合优化策略提取重叠信号分量，因此类似于 VMD[19]和 VNCMD[17]，需要提前指定分量个数 M。在实际应用中，可以根据信号的先验信息或借助时频分析(如 TFA)等其他信号处理技术确定合适的 M[20]。此外，还应分别给定加权因子 α 和 υ，以调节输出信号分量和群延迟的平滑度。根据不同的信号特征和噪声水平建议取值范围为 $1 \times 10^{-6} \leqslant \alpha \leqslant 1 \times 10^{-2}$，$1 \times 10^{-8} \leqslant \upsilon \leqslant 1 \times 10^{-5}$。至于群延迟的初始化问题，可通过检测时域信号波形的峰值或检测信号时频分布的脊线[21]获得。

11.3.2　仿真算例

　　本节通过三个仿真信号验证该方法在频散信号分析中的有效性。首先以第一个仿真信号(例 11.3)为例，给出对其进行 GDMD 的 MATLAB 程序，如表 11.3 所示。其中，广义频散分量分解函数 GDMD( )的 MALTAB 程序可参见 11.5 节。

　　【例 11.3】　群延迟紧邻的多分量频散信号

　　首先给出一个多分量频散信号，包含三个群延迟紧邻的频散分量：

$$\begin{cases} S(f) = S_1(f) + S_2(f) + S_3(f), & 0 \leqslant f \leqslant 50\text{Hz} \\ S_1(f) = \exp(-0.02f) \times \exp\left[-\mathrm{j}2\pi\left(\dfrac{1}{375}f^3 - 0.2f^2 + 6f + 0.5\right)\right] \\ S_2(f) = \exp(-0.02f) \times \exp\left[-\mathrm{j}2\pi\left(\dfrac{1}{375}f^3 - 0.2f^2 + 7f + 0.5\right)\right] \\ S_3(f) = \exp(-0.02f) \times \exp\left[-\mathrm{j}2\pi\left(\dfrac{1}{375}f^3 - 0.2f^2 + 8f + 0.5\right)\right] \end{cases} \tag{11.21}$$

其中，三个信号分量的群延迟分别为 $\tau_1(f) = f^2/125 - 0.4f + 6$，$\tau_2(f) = f^2/125 - 0.4f + 7$ 和 $\tau_3(f) = f^2/125 - 0.4f + 8$；采样频率为 100Hz。信号的时域波形和 STFT 时频分布如图 11.9 所示，其中时域波形通过对式(11.21)进行傅里叶逆变换得到。由于三个分量的群延迟仅相隔 1s，且在时域上存在明显的重叠现象，STFT 时频分布难以准确表示该信号。

　　应用 GDMD 方法分析该频散信号，群延迟的初始值通过时频脊线路径重组算法[21]获得。相对误差(RE，单位：dB)用于评估群延迟估计的准确性，即

$$\text{RE} = 10\lg\left\{\frac{\|\tilde{\tau}(f) - \tau(f)\|_2^2}{\|\tau(f)\|_2^2}\right\} \tag{11.22}$$

其中，$\tilde{\tau}(f)$ 和 $\tau(f)$ 分别表示群延迟的估计值和真实值。图 11.10 分别给出了群延迟估计误差随迭代次数的变化情况和群延迟估计结果。由图 11.10(a)可知，随着迭代次数的增加，群延迟估计误差迅速减小，这表明 GDMD 方法具有良好的收敛性能。由图 11.10(b)可知，

最终得到的群延迟估计值和真实值吻合得很好，说明 GDMD 方法可以准确估计紧邻的群延迟。

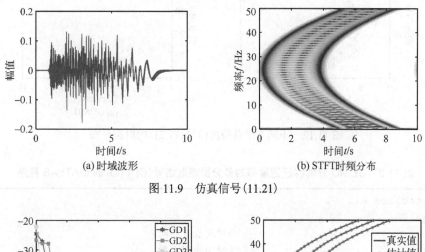

(a) 时域波形　　　　　　　　　　　　　　(b) STFT时频分布

图 11.9　仿真信号 (11.21)

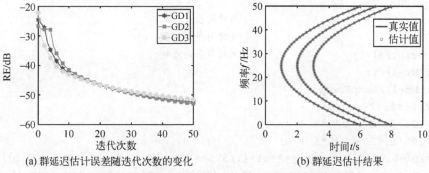

(a) 群延迟估计误差随迭代次数的变化　　　　　(b) 群延迟估计结果

图 11.10　GDMD 方法对信号 (11.21) 的群延迟估计

图 11.11 给出了 GDMD 方法对信号 (11.21) 的分析结果，包括重构的时域和频域分量。由图可知，通过 GDMD 方法的联合优化策略，三个紧邻分量在时域和频域均以高精度完全分离。为了评估时频表示的性能，对比 GDMD 和 SST 分析该频散信号获得的 TFD，如图 11.12 所示。由图可知，由于三个频散分量的群延迟在低频 (0～10Hz) 和高频 (40～50Hz) 部分相隔非常近，SST 不能获得的高分辨率的 TFD，而 GDMD 的 TFD 可以准确表示紧邻分量的平滑群延迟，也清楚地显示了其能量变化。

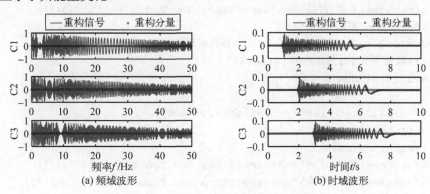

(a) 频域波形　　　　　　　　　　　　　　(b) 时域波形

图 11.11　信号 (11.21) 的 GDMD 结果

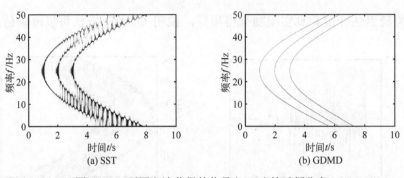

图 11.12　不同方法获得的信号(11.21)的时频分布

表 11.3　GDMD 分解群延迟紧邻的多分量频散信号(例 11.3)的 MATLAB 程序

```
clc;clear;close all
SampFreq=100;
T = 10;                                %时间长度
Nt = 1000;                             %时间序列点数
Nf = floor(Nt/2)+1;                    %频率序列点数
f = (0 : Nf-1)/T;
t = (0 : Nt-1)/SampFreq;
gd1 = 1/125*f.^2 - 2/5*f + 6;
gd2 = 1/125*f.^2 - 2/5*f + 7;
gd3 = 1/125*f.^2 - 2/5*f + 8;
Ds1 = (exp(-0.02*f)).*exp(-j*2*pi*(1/375*f.^3 - 1/5*f.^2 + 6*f + 0.5));
iDFs1 = [Ds1,conj(fliplr(Ds1(2:ceil(Nt/2))))]; ifftSig1 = ifft(iDFs1);
Ds2 = (exp(-0.02*f)).*exp(-j*2*pi*(1/375*f.^3 - 1/5*f.^2 + 7*f + 0.5));
iDFs2 = [Ds2,conj(fliplr(Ds2(2:ceil(Nt/2))))]; ifftSig2 = ifft(iDFs2);
Ds3 = (exp(-0.02*f)).*exp(-j*2*pi*(1/375*f.^3 - 1/5*f.^2 + 8*f + 0.5));
iDFs3 = [Ds3,conj(fliplr(Ds3(2:ceil(Nt/2))))]; ifftSig3 = ifft(iDFs3);
Sig = real(ifftSig1 + ifftSig2 + ifftSig3);
%%%%%%%%%%%%时域信号%%%%%%%%%%%%
figure
plot(t,Sig,'b','linewidth',2);
xlabel('\fontname{宋体}时间\fontname{Times New Roman}{\itt} (s)');
ylabel('\fontname{宋体}幅值');
Dsn = Ds1 + Ds2 + Ds3;              %转换到频域
%%%%%%%%%%%%短频傅里叶时频分布%%%%%%%%%%%%
Nfrebin = 1024;window = 24;
figure
[Spec,f] = SFFT(Dsn(:),SampFreq,Nfrebin,window);
imagesc(t,f,abs(Spec));
set(gca,'YDir','normal')
xlabel('\fontname{宋体}时间\fontname{Times New Roman}{\itt} (s)');
ylabel('\fontname{宋体}频率\fontname{Times New Roman}{\itf} (Hz)');
%%%%%%%%%%%%脊线提取%%%%%%%%%%%%
bw = T/100;beta1 = 1e-3; num = 3; delta = 20;
```

```
[tidexmult, tfdv] = extridge_mult(Dsn, SampFreq, num, delta, …
    beta1,bw,Nfrebin,window);
%%%%%%%%%%%%脊线路径重组%%%%%%%%%%%%%%%%
thrt = length(t)/30;
[tindex, ~] = RPRG(tidexmult,thrt);
%%%%%%%%%%%%%频散信号分解%%%%%%%%%%%%%
bw1 = T/100;
[~,eD1] = Dechirp_filter(Dsn,SampFreq,bw1,t(tindex(1,:)),beta1);
[~,eD2] = Dechirp_filter(Dsn,SampFreq,bw1,t(tindex(2,:)),beta1);
[~,eD3] = Dechirp_filter(Dsn,SampFreq,bw1,t(tindex(3,:)),beta1);
 ieDFs1 = [eD1,conj(fliplr(eD1(2:ceil(Nt/2))))]; iffteSig1 = ifft(ieDFs1);
 ieDFs2 = [eD2,conj(fliplr(eD2(2:ceil(Nt/2))))]; iffteSig2 = ifft(ieDFs2);
 ieDFs3 = [eD3,conj(fliplr(eD3(2:ceil(Nt/2))))]; iffteSig3 = ifft(ieDFs3);
%% 广义频分分量分解
beta = 1e-7;
iniGD = curvesmooth(t(tindex),beta);
alpha = 1e-3;
tol = 1e-8;
[eGDest Desest] = GDMD(Dsn,T,iniGD,alpha,beta,tol);
GDMDeD1 = Desest(1,:,end);GDMDeD2 = Desest(2,:,end);
GDMDeD3 = Desest(3,:,end);
ieADFs1 = [GDMDeD1,conj(fliplr(GDMDeD1(2:ceil(Nt/2))))];
iffteASig1 = ifft(ieADFs1);
ieADFs2 = [GDMDeD2,conj(fliplr(GDMDeD2(2:ceil(Nt/2))))];
iffteASig2 = ifft(ieADFs2);
ieADFs3 = [GDMDeD3,conj(fliplr(GDMDeD3(2:ceil(Nt/2))))];
iffteASig3 = ifft(ieADFs3);
figure
h1=plot([gd1;gd2;gd3],f,'b','linewidth',3);
hold on
h2=plot(eGDest(:,:,end),f,'r--','linewidth',3);
legend([h1(1,1),h2(1,1)],{'真实值','估计值'})
xlabel('\fontname{宋体}时间\fontname{Times New Roman}{\itt} (s)');
ylabel('\fontname{宋体}频率\fontname{Times New Roman}{\itf} (Hz)');
[~,~,iternum] = size(eGDest);

REset = zeros(3,iternum+1);
REset(1,1) = 20*log10(norm(iniGD(1,:) - gd2)/norm(gd2));
REset(2,1) = 20*log10(norm(iniGD(2,:) - gd3)/norm(gd3));
REset(3,1) = 20*log10(norm(iniGD(3,:) - gd1)/norm(gd1));
for iii = 1:iternum
    REset(1,iii+1) = 20*log10(norm(eGDest(1,:,iii) - gd2)/norm(gd2));
    REset(2,iii+1) = 20*log10(norm(eGDest(2,:,iii) - gd3)/norm(gd3));
    REset(3,iii+1) = 20*log10(norm(eGDest(3,:,iii) - gd1)/norm(gd1));
end
```

```
figure
plot([0:iternum],REset(1,:),'b','LineWidth',2,'Marker','h')
hold on
plot([0:iternum],REset(2,:),'r','LineWidth',2,'Marker','s')
hold on
plot([0:iternum],REset(3,:),'g','LineWidth',2,'Marker','o')
legend('GD1','GD2','GD3')
xlabel('\fontname{宋体}迭代次数');
ylabel('\fontname{Times New Roman}RE(dB)');
%% 重构信号与误差
figure
axes('position',[0.15 0.79 0.82 0.17]);
plot(f,GDMDeD3,'b-','linewidth',2);
hold on
plot(f,Ds1-GDMDeD3,'k-o','MarkerIndices',1:20:length(t),'MarkerSize',4);
axes('position',[0.15 0.48 0.82 0.17]);
plot(f,GDMDeD1,'b-','linewidth',2);
hold on
plot(f,Ds2-GDMDeD1,'k-o','MarkerIndices',1:20:length(t),'MarkerSize',4);
axes('position',[0.15 0.17 0.82 0.17]);
plot(f,GDMDeD2,'b-','linewidth',2);
hold on
plot(f,Ds3-GDMDeD2,'k-o','MarkerIndices',1:20:length(t),'MarkerSize',4);
xlabel('\fontname{宋体}频率\fontname{Times New Roman}{\itf} (Hz)');


figure
axes('position',[0.16 0.79 0.81 0.17]);
plot(t,iffteASig3,'b-','linewidth',2);
hold on
plot(t,ifftSig1-iffteASig3,'k-o','MarkerIndices','MarkerSize',4);
axes('position',[0.16 0.48 0.81 0.17]);
plot(t,iffteASig1,'b-','linewidth',2);
hold on
plot(t,ifftSig2-iffteASig1,'k-o','MarkerIndices', 'MarkerSize',4);
axes('position',[0.16 0.17 0.81 0.17]);
plot(t,iffteASig2,'b-','linewidth',2);
hold on
plot(t,ifftSig3-iffteASig2,'k-o','MarkerIndices', 'MarkerSize',4);
xlabel('\fontname{宋体}时间\fontname{Times New Roman}{\itt} (s)');
```

【例 11.4】 群延迟相互交叉的频散分量

第二个仿真信号包含三个群延迟相互交叉的频散分量：

$$\begin{cases} S(f) = S_1(f) + S_2(f) + S_3(f), \quad 0\text{Hz} \leqslant f \leqslant 50\text{Hz} \\ S_1(f) = 1.5\exp\left[-\mathrm{j}2\pi\left(-\dfrac{1}{375}f^3 + 0.2f^2 + 6f + 0.3\right)\right] \\ S_2(f) = \left[1 + 0.2\cos\left(\dfrac{2\pi}{25}f\right)\right] \times \exp\left[-\mathrm{j}2\pi\left(\dfrac{1}{375}f^3 - 0.2f^2 + 10.5f + 0.5\right)\right] \\ S_3(f) = \left[1 + 0.2\sin\left(\dfrac{2\pi}{25}f\right)\right] \times \exp\left[-\mathrm{j}2\pi\left(-\dfrac{1}{750}f^3 + 12f + 0.8\right)\right] \end{cases} \quad (11.23)$$

其中，三个信号分量的群延迟分别为 $\tau_1(f) = -f^2/125 + 0.4f + 6$，$\tau_2(f) = f^2/125 - 0.4f + 10.5$ 和 $\tau_3(f) = -f^2/250 + 12$；采样频率为 100Hz。信号的时域波形和 STFT 时频分布如图 11.13 所示，其中时域波形通过对式(11.23)进行傅里叶逆变换得到。如图 11.13(b)所示，三个分量的群延迟相互交叉，现有方法难以准确分离该信号。

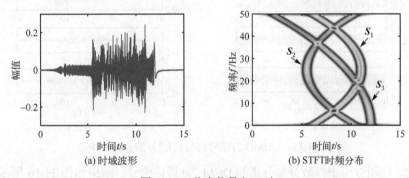

(a) 时域波形　　　　　　　　　(b) STFT时频分布

图 11.13　仿真信号(11.23)

应用 GDMD 方法分析该频散信号，交叉群延迟的初始值同样通过时频脊线路径重组算法获得。本例中收敛阈值设置为 $\text{tol} = 1\times10^{-8}$，权重因子分别设置为 $\alpha = 1\times10^{-3}$，1×10^{-4}，$\upsilon = 1\times10^{-5}$，$1\times10^{-7}$。在不同的参数设置下，GDMD 方法迭代次数不同，直到满足终止条件。图 11.14 给出了群延迟估计误差随迭代次数的变化情况。由图可知，对于不同的参数设置，随着迭代次数的增加，群延迟估计误差都能迅速减小到非常小的值，这表明不同参数下 GDMD 方法同样具有良好的收敛性能。另外还可以看出，无噪声情况下，较大的权重因子使得 GDMD 方法更快收敛，因为它具有较大的误差补偿带宽。图 11.15 给出了 GDMD 方法对信号(11.23)的分析结果，包括重构的时域和频域分量。由图可知，通过 GDMD 方法的联合优化策略，三个重叠分量在时域和频域均以高精度完全分离。

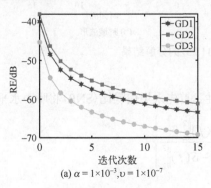

(a) $\alpha = 1\times10^{-3}, \upsilon = 1\times10^{-7}$

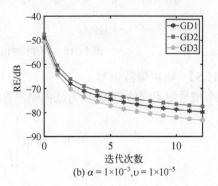

(b) $\alpha = 1\times10^{-3}, \upsilon = 1\times10^{-5}$

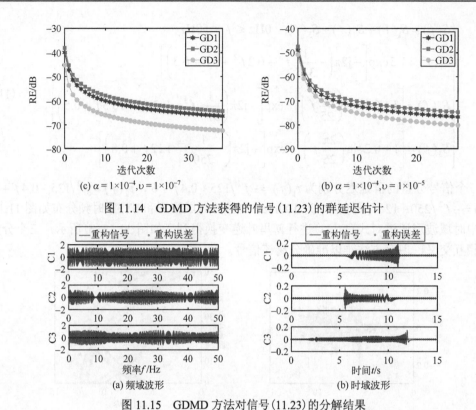

图 11.14　GDMD 方法获得的信号 (11.23) 的群延迟估计

图 11.15　GDMD 方法对信号 (11.23) 的分解结果

　　为了对比，应用专用于频散分量分离的 DCM[9] 分析该信号，结果如图 11.16 所示。DCM 采用一个短时窗口分离频散补偿分量，在处理交叉分量时会包括交叉点附近的所有信号信息，因此 DCM 在交叉点处引入了较大的重构误差。此外，由于时间窗口的限制，DCM 的重构结果具有严重的端点效应。

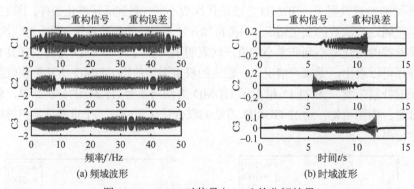

图 11.16　DCM 对信号 (11.23) 的分解结果

【例 11.5】　噪声频散信号

第三个信号用于评估 GDMD 方法的噪声鲁棒性。首先采用信噪比 (SNR) 将噪声水平量化为

$$SNR = 10\lg\left\{\frac{\|S(f)\|_2^2}{\|S(f) - S(f)\|_2^2}\right\} \tag{11.24}$$

其中，$\tilde{S}(f)$ 表示噪声信号；$S(f)$ 表示理论信号。在信号(11.23)的基础上添加高斯白噪声，信噪比为 0dB，记为 S_n。该信号的时域波形如图 11.17(a)所示。应用 GDMD 方法分析该信号，为了减小噪声干扰，设置相对较小的权重因子 $\alpha = 1 \times 10^{-5}$，$\upsilon = 1 \times 10^{-7}$。图 11.17(b)给出 GDMD 方法重构的信号分量的总和。由图可知，GDMD 方法可以有效去除噪声，显著提高信号信噪比，表明 GDMD 方法可以作为一种强大的频散信号去噪工具。为了评估时频表示性能，对比 SST 和 GDMD 方法分析噪声频散信号 S_n 获得的 TFD，如图 11.18 所示。由图可知，由于噪声影响了频散信号的局部能量，SST 的 TFD 显示出非平滑振荡分量，而 GDMD 方法的 TFD 可以准确表示交叉分量的平滑群延迟，也清楚地显示了其能量变化。

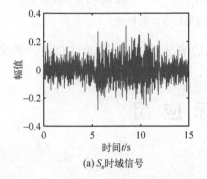 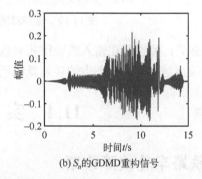

(a) S_n 时域信号　　　　　　　　　　　　(b) S_n 的 GDMD 重构信号

图 11.17　S_n 的时域信号和重构结果

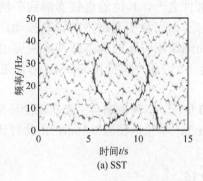 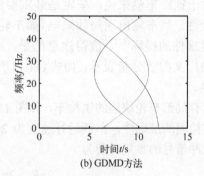

(a) SST　　　　　　　　　　　　　　(b) GDMD 方法

图 11.18　不同方法获得的 S_n 的时频分布

为了进一步体现 GDMD 在噪声信号处理中的优势，比较不同的输入信噪比水平下 GDMD 方法和 DCM 的输出信号的信噪比，如图 11.19 所示。由图可知，GDMD 方法比 DCM 表现出

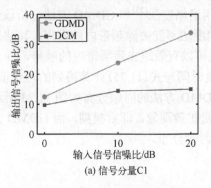 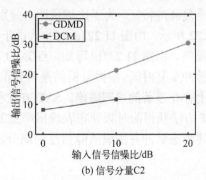

(a) 信号分量 C1　　　　　　　　　　　(b) 信号分量 C2

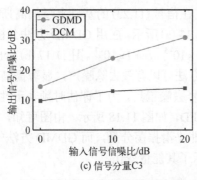
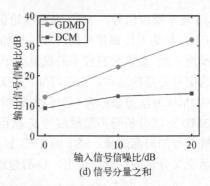

(c) 信号分量C3　　　　　　　(d) 信号分量之和

图 11.19　噪声对输出结果信噪比的影响

更好的去噪效果,特别是在输入信噪比相对较高的情况下。这是因为 DCM 不能完全分离交叉分量,当噪声越小时,所产生的误差就越明显。

11.4 实际应用

11.4.1 铁路车轮故障诊断

轨道交通以其运输能力强、准点性好、安全性高等优点在人们的日常生活中发挥着重要作用。对于铁路车辆来说,车轮是最重要的部件之一,其性能直接影响到车辆的运行稳定性和安全性。当车轮出现局部缺陷(如车轮扁疤)时,会引起剧烈的轮轨振动,导致轨道和车辆关键部件的损坏[22]。值得注意的是,由局部缺陷引起的瞬态脉冲响应可由相对恒定的群延迟的广义频散分量表示,如式(11.1)所定义,因此本节应用 GDMD 方法进行铁路车轮故障检测。

考虑具有局部车轮缺陷的轨检车,如图 11.20 所示。车轮缺陷会引起车辆的异常振动,严重影响轨道检测的准确性。车辆运行速度为 20km/h,车轮半径为 0.16m,由此可计算车轮缺陷引起的脉冲信号的重复时间为

$$RT = \frac{2\pi R}{v} = \frac{2\pi \times 0.16}{20/3.6} \approx 0.18s \tag{11.25}$$

本次故障诊断通过分析车辆振动加速度实现,该信号的时域波形和 STFT 时频分布如图 11.21 所示。由于噪声的干扰,从 STFT 时频分布中仅能看到一些模糊的脉冲信号,无法清楚地获得重复脉冲特征。为了比较说明,分别应用谱峭度法[23]和 GDMD 方法分析该信号,结果如图 11.22 所示。由图 11.22(a)可知,由于谱峭度法不能去除频带内的噪声,其结果信号仍存在明显噪声。由图 11.22(b)可知,GDMD 方法可以有效地去除频带内的噪声,并且可以清晰地识别脉冲重复时间。根据分析结果得到的重复时间与式(11.25)计算得到的理论值相匹配,表明车轮上存在显著的局部缺陷。SST 方法和 GDMD 方法的时频分布如图 11.23 所示,结果表明,SST 方法获得的时频分布表现出严重的能量扩散现象,非常模糊,而 GDMD 方法可以成功地描述瞬态脉冲并生成故障信号的高分辨率时频分布。

(a) 轨检车　　　　　　　　　　　　(c) 测量位置

图 11.20　含车轮扁疤的轨检车振动信号的检测

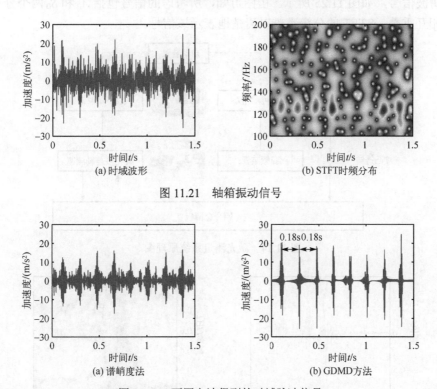

图 11.21　轴箱振动信号

图 11.22　不同方法得到的时域脉冲信号

11.4.2　兰姆波信号分析

　　兰姆波是一种典型的在薄板中传播的导波，其在长距离传播中衰减率低，在无损检测和结构健康监测中得到了广泛的应用。兰姆波通常由对称和反对称两种分量组成，分别用 A_i 和 S_i 表示，阶数 $i = 0,1,\cdots$。这些信号分量都表现出很强的频散特性，并且在时频域中经常重叠或交叉，如何准确地分离这些频散信号一直是实际应用中的难点。

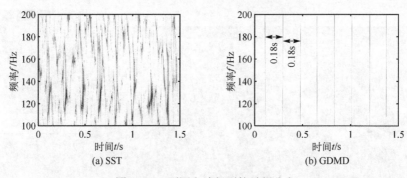

图 11.23　不同方法得到的时频分布

本实例中，实验兰姆波信号由点源和接收器激光系统激发和收集[5,6]，实验试样为铝合金薄板，厚度为 3.7mm，如图 11.24 所示。兰姆波发射位置与接收位置间的传播距离为 145mm。激光系统的频率测量范围有限，导致高频分量的测量结果不准确，因此仅考虑 0～1.1MHz 范围内的兰姆波信号，如图 11.25 所示。由图可知，所考虑的信号包括 A_0 和 S_0 两个分量，在时频分布上相互重叠，STFT 的分辨率难以清楚地表示该信号。

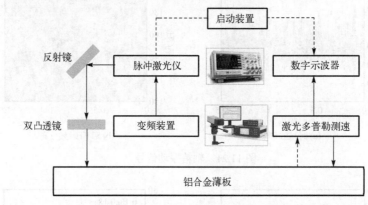

图 11.24　激光测量系统原理图

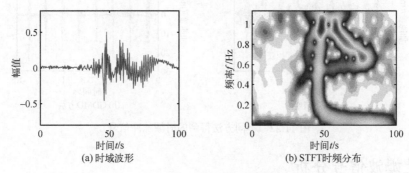

图 11.25　实验兰姆波信号

应用 GDMD 方法分析实验兰姆波信号，分离的重叠信号分量如图 11.26 所示，由图可知，在大约 50μs 时，A_0 分量表现出瞬态脉冲特征，与图 11.25 中的时频分量相匹配。为了进一步显示该方法的准确性，将获得的分量之和与原信号进行比较，并给出 DCM 获得的结果以进行对比，如图 11.27 所示，由图可知，对于 DCM 的分解结果，在 50～100μs 内重构信号和原始信号之间存在较大偏差。而对于 GDMD 方法，由于已经滤除了部分噪声，重构信号和原始信号基本匹配。最后，图 11.28 比较了 SST 和 GDMD 方法获得的兰姆波信号的时频分布。结果表明，SST 产生的 TFD 受到严重的能量扩散，尤其是 A_0 分量在 $t = 50$μs 时的瞬态特征，而 GDMD 方法的时频分布可以清晰地表示两个重叠的信号模式。由以上仿真分析和实际应用可知，GDMD 方法基于最优频散补偿思想和联合优化策略分析频散信号，精确估计了各频散分量的群延迟和频率变化幅值。该方法不仅可以提取群延迟紧邻或交叉的频散分量，而且具有良好的抗噪性能，其输出结果还可以构造高质量的时频分布，在频散信号分析中具有广阔的应用前景。

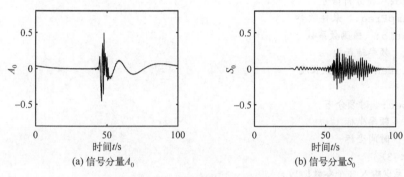

图 11.26　兰姆波信号的 GDMD 结果

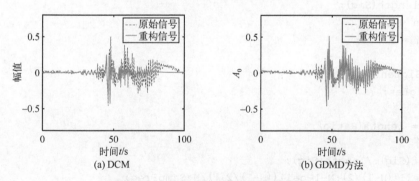

图 11.27　不同方法重构的兰姆波信号

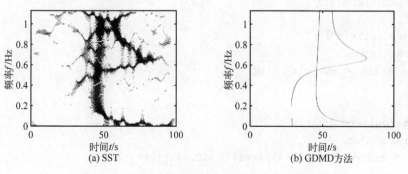

图 11.28　不同方法得到的兰姆波信号的时频分布

11.5　本章主要方法的 MATLAB 程序

本节给出了本章所介绍主要方法的 MATLAB 程序。其中，表 11.4 和表 11.5 分别为多项式频延变换和广义频散分量分解的 MATLAB 程序。

表 11.4　多项式频延变换的 MATLAB 程序

```
function [Spec,f,t] = FPCT(Sig,SampFreq,Ratio,N,WinLen);
%输入参数:
%        Sig:   待分析信号
%        SampFreq:  采样频率
%        Ratio:  核函数系数
%        N:  频率轴点数
%        WinLen:  窗函数长度
%输出参数:
%        Spec:  时频分布
%        f:  频率坐标
%        t:  时间坐标
if(nargin < 3)
    error('至少输入 3 个参数! ');
end
SigLen = length(Sig);
if (nargin < 5)
    WinLen = N / 4;
end
if N ~= SigLen
    N = SigLen;
end
RatioNum = length(Ratio);
%% 信号频谱
Spec = fft(Sig)./length(Sig);
Freq=( -ceil((N-1)/2):N-1-ceil((N-1)/2) )/N*SampFreq;
df = Freq(end/2+1:end);
sigfft = Spec(1:end/2);
%% 平移算子
shift = zeros(size(df));
for k = 1:RatioNum,
    shift = shift + Ratio(k) * df.^k;
end
%% 旋转算子
kernel = zeros(size(df));
for k = 1:RatioNum,
    kernel = kernel + Ratio(k)/(k+1) * df.^(k+1);
end
rSig = sigfft.* exp(j * 2 * pi * kernel');
```

```
WinLen = ceil(WinLen / 2) * 2;
f = linspace(-1,1,WinLen)';
WinFun = exp(log(0.005) * f.^2 );
WinFun = WinFun / norm(WinFun);
Lh = (WinLen - 1)/2;
fft_len = length(df);
Spec = zeros(SigLen,fft_len) ;
Rdt = zeros(SigLen,1);
conjSpec = Spec;
for iLoop = 1:fft_len,
    tau = -min([round(fft_len/2)-1,Lh,iLoop-1]):min([round(fft_len/2)- …
        1,Lh,fft_len-iLoop]);
    temp = floor(iLoop + tau);
    temp1 = floor(Lh+1+tau);
    Rdt(1:length(temp)) = df(temp);
    wSig = rSig(temp);
    wSig = wSig.* conj(WinFun(temp1));
    Spec(1:length(wSig),iLoop) = wSig;
    Spec(:,iLoop) = Spec(:,iLoop) .* exp(-j * 2.0 * pi * shift(iLoop) * Rdt);
    conjSpec(:,iLoop)  = fliplr(Spec(:,iLoop));
end
iSpec = [conjSpec(1:end-1,:);Spec];
iLen = length(iSpec);
Spec = iSpec(round(iLen/2):end,:);
Spec = ifft(Spec);
Spec = abs(Spec)/2/pi;
[SigLen,nLevel] = size(Spec);
f = [0:nLevel-1]/nLevel * SampFreq/2;
t = (0: SigLen-1)/SampFreq;
[fmax fmin] = FreqRange(Sig);
fmax = fmax * SampFreq;
fmin = fmin * SampFreq;
Spec = Spec';
End
function [fmax, fmin] = FreqRange(Sig);
% 确定频率范围
if(length(Sig) < 32),
    error('The signal is too short!');
end
sptr = fft(Sig);
sptrLen = length(sptr);
sptr = sptr(1:round(sptrLen/2)+1);
f = linspace(0,0.5,round(sptrLen/2)+1);
iLen = length(sptr);
TotalEngery = sum(abs(sptr));
```

```
MaxSptr = max(abs(sptr));
Temp = 0;
maxFreq = 0;
for j = 1:iLen
    Temp = Temp + abs(sptr(j));
    if(Temp > 0.90 * TotalEngery)
        maxFreq = j;
        break;
    end
end
Temp = find(abs(sptr) > MaxSptr/50);
fmin = f(Temp(1));
Temp = max(Temp);
if(Temp > maxFreq),
    maxFreq = Temp;
end
Temp = f(maxFreq);
fmax = ceil(Temp/0.05) * 0.05;
fmin = floor(fmin/0.05) * 0.05;
if(fmin == 0.0),
    fmin = 0.001;
end
```

表 11.5　广义频散分量分解(GDMD)的 MATLAB 程序

```
function [GDest sest] = GDMD(s,T,iniGD,alpha,beta,tol)

% 输入参数:
%        s:    时域信号
%        T:    信号持续时间
%        iniGD:  初始群延迟(初始群延迟的个数决定预提取的信号分量个数)
%        alpha: 带宽参数
%        beta:  平滑参数
%        tol:   收敛阈值, 取 1e-7, 1e-8, 1e-9
% 输出参数:
%        GDest:   群延迟估计结果
%        sest:    频域信号分量估计结果

[num,N] = size(iniGD);                    %N 为频率采样个数, num 为预提取信号分量个数;
f = (0:N-1)/T;                            %采样频率;
e = ones(N,1);e2 = -2*e;
oper = spdiags([e e2 e], 0:2, N-2, N);    %二阶差分矩阵
opedoub = oper'*oper;
tempm = repmat('oper,',1,num);
phimnum = eval(sprintf('blkdiag(%s)',tempm(1:end-1)));
phidoubmnum = phimnum'*phimnum;
```

```
Kermnum = spdiags([zeros(N,1)], 0, N, N*num);
iternum = 150;
GDiter = zeros(num,N,iternum);          %存放每一次迭代估计的群延迟
siter = zeros(num,N,iternum);           %存放每一个信号分量
iter = 1;
sDif = tol + 1;
while ( sDif > tol && iter <= iternum )
    for kk = 1:num                       %第 kk 个信号分量
        expm = exp(-1i*(2*pi*(cumtrapz(f,eGDset(kk,:)))));
        Kerm = spdiags(expm(:), 0, N, N);
        Kermnum(:,((kk-1)*N+1):N*kk) = Kerm;
    end
    Kerdoubmnum = Kermnum'*Kermnum;
    ymnum = (1/alpha*phidoubmnum + Kerdoubmnum)\(Kermnum'*s(:));
    for kk = 1:num
        ym = ymnum(((kk-1)*N+1):N*kk);
        deltaphase = unwrap(angle(ym));          %相位补偿增量
        deltaGD = Differ(deltaphase,1/T)/2/pi;
        deltaGD = (1/beta*opedoub + speye(N))\deltaGD(:);
        eGDset(kk,:) = eGDset(kk,:) - deltaGD.';
        siter(kk,:,iter) = Kermnum(:,((kk-1)*N+1):N*kk)*ym;
    end
    GDiter(:,:,iter) = eGDset;
    if iter>1
        sDif = 0;
        for kk = 1:num
            sDif = sDif + (norm(siter(kk,:,iter) - siter(kk,:,iter-1))/ …
                norm(siter(kk,:,iter-1))).^2;
        end
    end
    iter = iter + 1;
end
GDest = GDiter(:,:,1:iter-1);
sest = siter(:,:,1:iter-1);
end

function ybar = Differ(y,delta)
L = length(y);
ybar = zeros(1,L-2);
for i = 2 : L-1
  ybar(i-1)=(y(i+1)-y(i-1))/(2*delta);
end
ybar = [(y(2)-y(1))/delta,ybar,(y(end)-y(end-1))/delta];
End
```

参 考 文 献

[1]　OCHÔA P A, GROVES R M, BENEDICTUS R. Effects of high-amplitude low-frequency structural vibrations and machinery sound waves on ultrasonic guided wave propagation for health monitoring of composite aircraft primary structures[J]. Journal of sound and vibration, 2020, 475: 115289.

[2]　HOWARD R, CEGLA F. On the probability of detecting wall thinning defects with dispersive circumferential guided waves[J]. NDT and E international, 2017, 86: 73-82.

[3]　UDOVYDCHENKOV I A. Array design considerations for exploitation of stable weakly dispersive modal pulses in the deep ocean[J]. Journal of sound and vibration, 2017, 400: 402-416.

[4]　VALLET Q, BOCHUD N, CHAPPARD C, et al. In vivo characterization of cortical bone using guided waves measured by axial transmission[J]. IEEE transactions on ultrasonics ferroelectrics and frequency control, 2016, 63(9): 1361-1371.

[5]　YANG Y, PENG Z K, ZHANG W M, et al. Frequency-varying group delay estimation using frequency domain polynomial chirplet transform[J]. Mechanical systems and signal processing, 2014, 46(1): 146-162.

[6]　YANG Y, PENG Z K, ZHANG W M, et al. Dispersion analysis for broadband guided wave using generalized warblet transform[J]. Journal of sound and vibration, 2016, 367: 22-36.

[7]　HE J Z, LECKEY C A C, LESER P E, et al. Multi-mode reverse time migration damage imaging using ultrasonic guided waves[J]. Ultrasonics, 2019, 94: 319-331.

[8]　YANG Y, PENG Z K, DONG X J, et al. General parameterized time-frequency transform[J]. IEEE transactions on signal processing, 2014, 62(11): 2751-2764.

[9]　XU K L, TA D A, MOILANEN P, et al. Mode separation of Lamb waves based on dispersion compensation method[J]. The journal of the acoustical society of America, 2012, 131(4): 2714-2722.

[10]　XU C B, YANG Z B, CHEN X F, et al. A guided wave dispersion compensation method based on compressed sensing[J]. Mechanical systems and signal processing, 2018, 103: 89-104.

[11]　CHEN S Q, DONG X J, PENG Z K, et al. Nonlinear chirp mode decomposition: a variational method[J]. IEEE transactions on signal processing, 2017, 65(22): 6024-6037.

[12]　CHEN S Q, YANG Y, PENG Z K, et al. Adaptive chirp mode pursuit: algorithm and applications[J]. Mechanical systems and signal processing, 2019, 116: 566-584.

[13]　CHEN S Q, WANG K Y, PENG Z K, et al. Generalized dispersive mode decomposition: algorithm and applications[J]. Journal of sound and vibration, 2021, 429: 1-16.

[14]　HUANG W G, GAO G Q, LI N, et al. Time-frequency squeezing and generalized demodulation combined for variable speed bearing fault diagnosis[J]. IEEE transactions on instrumentation and measurement, 2019, 68(8): 2819-2829.

[15]　LU S L, ZHOU P, WANG X X, et al. Condition monitoring and fault diagnosis of motor bearings using undersampled vibration signals from a wireless sensor network[J]. Journal of sound and vibration, 2018, 414: 81-96.

[16]　HUANG Y, LIN J H, LIU Z C, et al. A modified scale-space guiding variational mode decomposition for high-speed railway bearing fault diagnosis[J]. Journal of sound and vibration, 2019, 444: 216-234.

[17] PAN M C, LIN Y F. Further exploration of Vold-Kalman-filtering order tracking with shaft-speed information—Ⅰ: theoretical part, numerical implementation and parameter investigations[J]. Mechanical systems and signal processing, 2006, 20(5): 1134-1154.

[18] TARVAINEN M P, RANTA-AHO P O, KARJALAINEN P A. An advanced detrending method with application to HRV analysis[J]. IEEE transactions on biomedical engineering, 2002, 49(2): 172-175.

[19] DRAGOMIRETSKIY K, ZOSSO D. Variational mode decomposition[J]. IEEE transactions on signal processing, 2014, 62(3): 531-544.

[20] CHEN S Q, DONG X J, XING G P, et al. Separation of overlapped non-stationary signals by ridge path regrouping and intrinsic chirp component decomposition[J]. IEEE sensors journal, 2017, 17(18): 5994-6005.

[21] MEIGNEN S, OBERLIN T, MCLAUGHLIN S. A new algorithm for multicomponent signals analysis based on synchrosqueezing: with an application to signal sampling and denoising[J]. IEEE transactions on signal processing, 2012, 60(11): 5787-5798.

[22] ZHAI W. Vehicle-track coupled dynamics: theory and applications[M]. Singapore: Springer Singapore, 2020.

[23] ANTONI J. Fast computation of the kurtogram for the detection of transient faults[J]. Mechanical systems and signal processing, 2007, 21(1): 108-124.